U0257898

刘彦文——著

工地社会

引洮上山水利工程的革命、集体主义与现代化

Revolution, Collectivism, and Modernization in China: A Case Study of the Yintao Water Conservancy Project in Gansu Province

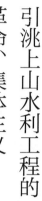

社会科学文献出版社
SOCIAL SCIENCES ACADEMIC PRESS（CHINA）

本书由哈佛燕京学社出版基金资助，特此致谢！

序

〔英〕沈艾娣*

研究中国西北地区历史的学者都会认识到水利灌溉在此地是多么的重要。20世纪中叶，甘肃中东部地区的人们为灌溉农田而尝试利用洮河水资源，这本书是关于这项尝试的研究。本书的贡献不仅在于将灌溉系统的社会角色从传统中国拉近到当代，还在于以一个大型水利工程的视角拓宽了20世纪全球史以及极富戏剧性的20世纪中国社会史的研究视域。

最近几年，有许多学者都十分关注水利系统在中国区域化运作的历史。[①] 这提醒我们，在长期将灌溉工程看作传统中国国家建设之关键的同时，水资源的分配同样在前近代到近代中国基层权力的构建中发挥了关键作用。在水资源短缺的西北地区尤当如此。这些都为本书提供了背景知识。

然而，20世纪中国的历史与更大范围的全球史是相互作用在一起的。20世纪同样是一个将大型水利工程付诸实践的世纪，远不止在中国，还有美国的田纳西河流域管理局的系列工程，苏联斯大林时期对大型水利工程的热衷，以及蕴含着社会发展理念的埃及阿斯旺大坝等等。所有这些巨型工程都有同一个信念，那就是将它们孕育的潜力转化为经济发展及增加国家力量的动力，这是这一时段全世界政治精英的核心信念。

因此，当政治因素与冷战时局形塑这些大型工程的实施时，它们的基本方法和目标同样被这些因素的鸿沟所塑造。许多这类工程的目的都是发电，但是灌溉本身也极具吸引力，因为它饱含着将土地从沙漠变成绿洲的美好愿景。然而，从长远来看，它们巨大的规模往往招致争议，许多工程后来被证明产生了当时不曾预见的环境影响。[②] 中国的故事是这些历史当

* 沈艾娣（Henrietta Harrison），牛津大学教授。

① 白尔恒、〔法〕蓝克利、魏丕信编著《沟洫佚闻杂录》，中华书局，2003。

② 〔美〕詹姆斯·C. 斯科特：《国家的视角：那些试图改善人类状况的项目是如何失败的》，王晓毅译，社会科学文献出版社，2004；Paul R. Josephson，"Projects of the century' in Soviet History: Large-scale Technologies from Lenin to Gorbachev", *Technology and Culture* 36. 3 (1995).

中的一部分。1930～1940年代，来自西方国际发展组织的工程师开始介入中国灌溉系统改造工程；到1950～1960年代，来自苏联的专家也在中国的水利工程建设方面发挥了作用。① 然而，我们对中国经验仍所知甚少。也正因为此，本书是对这一类型的全球史研究的重要贡献。

就像这一时期的其他水利工程一样，引洮工程规模巨大，因此它所带来的社会影响也非常大。本书从细节上呈现和分析了引洮工程对参与者的影响。作者不仅把这个工程描述成为一个建设性的，同时还是一个教育性的。参与进来的干部、工人、学生及工程人员在参加工程建设的同时要理解新中国的理念，从而在工程结束后思想认识得到进一步提升。识字培训、电影、戏剧以及各种显著的政治教育都被用作达到此一目的的工具。水利工程本身也是一种对外来参观者的教育方式。与此同时，这个工程在建设过程中不可避免地掺杂着卫生安全问题，发生了许多事故与工伤，甚至影响了参与者的余生。

所有这些都来自这项极为认真细致的研究。本书的资料来源包括从各地方到引洮工程局机关的档案、公开出版品以及一些对工程师、民工等人有趣的口述采访。在目前以谨慎和细致著称的共和国早期史研究中，本书可以说是一个典范。不仅仅是由于这本书有关引洮工程本身的原始档案材料很丰富，还由于它提供了让我们最大限度地了解甘肃诸如农业合作化等历史的原始材料。这些材料在书中都被审慎地用来描绘一个令人印象深刻的水利工程的建设图景以及它对地方社会产生的影响。

这本书描绘的引洮工程始于1958年，在1960年代初结束。其同名工程于2006年再次上马，并于2015年成功完成大部分。这本书描绘了当时的复杂情况，这么一个重大工程一开始被设想成以群众力量为主，并且在"民办公助"的方针下修建，也因此而技术和投资十分不足。因为对于混凝土、钢铁、炸药及其他先进工程技术方面的内在需要与实践严重脱节，从而导致了引洮工程的失败。这本书还讨论了当地政府在这个水利工程中面临的这些实际困难。然而，新世纪修建的引洮工程成功了，它使用先进的隧道挖掘技术和设备，取代之前简单繁重的体力劳动，这在之前几乎是不可能的。本书最后一部分描述了这个雄心勃勃的工程目标未完成的隐

---

① Sigurd Eliassen, Dragon Wang's River, London：John Day，1957.

退，它放弃了之前所做的所有工作及其曾经创造的那个工地社会。

　　对1949年后的中国历史存在着多元的叙述框架。然而，选择哪一种叙述框架在很大程度上取决于它何时结束。本书作者也十分清楚这对大型基建工程来说也是如此。引洮工程在1962年被标以"一无效益"的标签而惨淡收场。而如果将它的结束时间点放置在现在，它的成功实施使其形成另一种历史叙述模式。如果将节点放到一百年后，考虑到大型灌溉项目对环境的长期影响，我们也不清楚届时的研究者会如何评价它们。

目　录

图表目录

导言　引洮上山水利工程与工地社会

一　引洮工程与共和国治水史研究

据 2015 年 8 月 7 日《人民日报》报道，引洮工程的一期供水工程正式运行，成功解决甘肃 7 个县区 154 万人的生产生活用水问题，二期工程正式开工建设，全部完成后可解决省内 1/6 人口的饮水困难问题。为解决全国最干旱区域之一的甘肃中东部地区百姓的生存用水问题，在半个多世纪以前，这项工程就由地方政府付诸实施。虽然中途停止，无果而终，但当年难以度量的付出并未付之东流。当引洮工程终见成效之时，数万前辈建设者用血肉之躯铸就的生命歌哭，仍是无比珍贵的历史遗产，值得体味与书写。

肇始于 1950 年代末的这项工程时称引洮上山水利工程，时有"银河落人间""山上运河"之美誉。按照规划，它是在洮河上游海拔 2250 米的岷县古城村，把洮河水拦住，使它转北向东，流到海拔 1400 米的庆阳县境内的董志塬，沿途灌溉农田、发电、通航等，以此充分利用洮河水。规划区域非常辽阔，西界洮河，东邻马莲河，南抵渭河、泾河，北接黄河，"灌溉会川、临洮、渭源、定西、陇西、通渭、会宁、榆中、皋兰、靖远、固原、西吉、海原、平凉、庆阳、镇原、宁县、合水、泾川、环县、甘谷、秦安、兰州市 23 县市旱荒地 1200～2000 余万亩，长达 1130 余公里，引水 150～250 秒立方。"[①] 这一工程在 1958 年 6 月开工之初，《人民日报》便在头版报道，长标题为《穿过两千公尺高的崇山峻岭修一条一千多公里长的大渠，惊天动地的引洮工程开工，工程与运河媲美，将把二千万亩旱地变为水田》。[②] 一时间，这一"调水梦"传遍全国，此后吸引各地前来参

---

① 《关于引洮水利工程测量计划》（1958 年 3 月 12 日），甘肃省档案馆藏，全宗号 231，目录号 1，案卷号 587。下文称为甘档，档案号：231－1－587。
② 《穿过两千公尺高的崇山峻岭修一条一千多公里长的大渠，惊天动地的引洮工程开工，工程与运河媲美，将把二千万亩旱地变为水田》，《人民日报》1958 年 6 月 14 日，第 1 版。

观学习。资料显示："自（1958 年）6 月 17 日开工到 12 月 5 日为止，先后接待全国、本省参观团 94 个，2435 人……全国已有 22 个省的代表到引洮工程进行了参观"。① 可见，引洮工程不仅是甘肃的样板，在全国也首屈一指。

引洮工程在当时被称为"共产主义的工程，英雄人民的创举"，以"民办公助、就地取材"为兴办方针，由上述规划所及的定西、平凉、天水等受益地区提供劳动力、粮食、物资等，全省百姓倾尽全力支援。在其施工三余年来，十几万精壮劳动力在各级党组织和政府的领导下，在崇山峻岭、黄土沟壑中与洮河为伴，栉风沐雨，呕心沥血，为早日实现引洮梦而苦战奋斗。引洮工程的初次实践，集中展现了在科技水平和经济条件都十分有限的集体化时代，共产党领导和组织民众进行大型水利工程的建设何以可能，具体而微地揭示了集中力量办大事的社会主义体制特征与运行机制，呈现出各种组织结构中活动着的人与制度、政策交互作用的日常图景。

集体化时代的诸多问题，如"政治运动泛化""剥夺农民粮食""以农养工""城乡二元结构""知识分子被打压"等常常被书写成为一种"压迫叙事"模式。② 但对水利建设的成就则多持肯定态度。单以大型水利工程而言，据国际大坝委员会统计，1950 年，"在坝高 15 米以上大坝 5196 座坝中，中国只有 22 座"；到 1982 年，"全世界 15 米以上大坝为 34798 座，中国为 18595 座，占总数的 53.4%。"③ 短短 30 年的发展岂止以倍数计？但遗憾的是，学术界对共和国集体化时期治水史的研究相当薄弱，大型水利工程建设的研究更甚，相关讨论主要分为以下几种。

第一，从科学技术的角度讨论治水、水利工程及其与地质、水文、

① 《关于半年来接待外宾、来宾工作的总结报告》（1958 年 12 月 6 日），甘档，档案号：231 - 1 - 432。

② 这一问题在张济顺教授的著作《远去的都市：1950 年代的上海》（社会科学文献出版社，2015）自序中有深刻的反思和讨论。

③ 潘家铮、何璟主编《中国大坝 50 年》，中国水利水电出版社，2000，第 6 页。大型水利工程包括水库（总库容≥1 亿 m³）、水电站（装机容量≥30 万 kw）、水闸（过闸流量≥1000m³/s）、泵站（装机流量≥50m³/s 或装机功率≥10000KW）、跨流域并跨水资源三级区的引调水工程、2 级及以上堤防工程灌溉面积 30 万亩及以上的灌区。

生态环境的关系。如《黄河枢纽工程技术》《黄河青铜峡水利枢纽工程施工技术总结》《黄河三门峡工程泥沙问题》《黄河流域三门峡水库区水文实验资料》《黄河万家寨水利枢纽》等，及主要载于《人民黄河》《中国水利》《治淮》《地理学报》《水利与电力》等期刊上的论文等。

第二，亲历治水第一线的水利专家如张光斗、张含英、钱正英、李锐、王化云、袁隆、汪胡桢、陈惺等人的个人论述。如张含英对水利发展和改革历程进行了个人回顾；李锐讲述了亲历的农田水利化运动和水利水电"大跃进"；王化云记述黄河流域的人民胜利渠、三门峡、刘家峡等工程兴建详情；袁隆讲述了黄河流域的防洪、抗旱到水土保持；陈惺则从治淮谈到治黄；等等。① 这些回忆都极具史料价值。

第三，概述性介绍，主要包括两类。一类在志书中，如《黄河三门峡水力枢纽志》《刘家峡水电厂志》《河南黄河大事记》《东营市黄河志》等；一类在水利通史中，如王瑞芳的《当代中国水利史（1949～2011）》讨论引黄灌溉济卫工程、三门峡工程建设等，类似还有高峻的《新中国治水事业的起步（1949～1957）》《中国当代治水史论探》等。而水利部门编写的《新中国农田水利史略》《水利辉煌50年》《万里黄河第一坝》《人民胜利渠引黄灌溉30年》等书，因其自身占据的资料优势，独具参考价值。

第四，从社会科学或历史学的角度进行的分析和讨论。罗兹·墨菲（Rhoads Murphey）早在1967年就已指出共和国成立的头20年"人类与自然的关系是要藐视和征服大自然"。② 米克尔·奥森柏格（Michel Charles Oksenberg）以1957～1958年农田水利化运动中水利政策的制定来讨论新中国如何制定方针政策。③ 戴维·艾伦·佩兹（David Allen Pietz）从历史长时段来探讨当代中国特别是华北平原黄河流域面临的水问题及挑战，认

① 张含英：《余生议水录》，中国水利水电出版社，1999；李锐：《大跃进亲历记》，南方出版社，1999；王化云：《我的治河实践》，河南科学技术出版社，1989；袁隆：《治水六十年》，黄河水利出版社，2006；陈惺：《治水无止境》，中国水利水电出版社，2009。

② Rhoads Murphey, "Man and Nature in China", *Modern Asian Studies*, 1967, Vol. 1 (4), pp. 313 – 333

③ Michel Charles Oksenberg, "Policy Formulation in Communist China: The Case of the Mass Irrigation Campaign, 1957 – 58", Doctoral Dissertation of Columbia University, 1969.

为是长期以来包括传统时期的综合作用，造成当今中国的水资源问题。[1]
但遗憾的是，他们几乎没有使用一手史料。同样的问题也出现在如李海
红、包和平等中国学者的研究中。[2]

近年来，由于地方档案的逐步开放，在学术界出现一批使用档案文献
的研究成果。比如，赵筱侠的博士论文探讨共和国"治理淮河、沂沭泗水
系的战略决策形成的背景，治理规划的制定，重大水利工程的上马与付诸
实施，论述'大跃进'对苏北地区水利建设的特殊影响，以及水利建设中
的社会动员问题。"[3] 不过材料来源集中在政府文件、总结报告上，且多直
接引用，分析略显单薄。吕志茹对于根治海河运动的研究、葛玲对治淮运
动的研究则将水利工程与地方社会联系起来，为读者提供一幅大修水利运
动下底层乡村社会的图景，亦为本书提供了借鉴。[4] 还有一些涉及水利建
设工地上民工日常生活的细致研究。如刘璁考察 1958～1960 年太浦河工程
上海段工地管理体制以及工地民工的日常生活，提出此时期的"水利建设
指挥部实际上带有基层组织的性质。这一时期的水利建设不仅具有改造自
然的性质还包含着改造社会的目的"。[5] 郭丽娟对根治海河运动中的民工动
员、组织、施工、管理、经济报酬、后勤保障等各个方面进行了描述。[6]
这些研究注意考察水利兴修过程中具体的民工日常生活实践以及乡村社会
的丰富面相，对本书具有参考价值。

综上所述，档案、史志、口述回忆等多种文献资料进入研究视野，使

---

[1] David Allen Pietz, *The Yellow River: The Problem of Water in Modern China*, Harvard University Press, 2015.

[2] 李海红：《史学视角下的红旗渠研究》，巴蜀书社，2012；包和平：《工程的社会研究——三门峡工程中的争论与解决》，内蒙古教育出版社，2007。

[3] 赵筱侠：《苏北地区重大水利建设研究（1949 - 1966）》，博士学位论文，南京大学，2012。

[4] 吕志茹：《"根治海河"运动与乡村社会研究（1963～1980）》，人民出版社，2015；吕志茹：《集体化时期大型水利工程中的民工用粮——以河北省根治海河工程为例》，《中国经济史研究》2014 年第 3 期；吕志茹：《主体与后盾：根治海河运动中的生产队角色》，《中共党史研究》2013 年第 5 期；葛玲：《二十世纪五十年代后期皖西北河网化运动研究——以临泉县为例的初步考察》，《中共党史研究》2013 年第 10 期；葛玲：《新中国成立初期皖西北地区治淮运动的初步研究》，《中共党史研究》2012 年第 4 期；等等。

[5] 刘璁：《人民公社初期水利建设工地管理与民工日常生活——以 1958～1960 年太浦河工程上海段为例》，硕士学位论文，上海师范大学，2010。

[6] 郭丽娟：《河北省根治海河民工研究》，硕士学位论文，河北师范大学，2006。

我们能够宏观了解某些水利工程的概况，也能够通过一些个案来探究水利工程兴修的日常生活图景和乡村生活。然而，这些研究并没有将具体的工程兴修实践与国家的各项制度、社会主义体制特征与运行机制等相勾连，难以全面呈现国家在这些工程兴修中的角色、作用及具体运作方式，也就无法解释大型水利工程在技术水平有限与物资匮乏的集体化时代何以屡屡成为可能。本书以"大跃进"时期出现在甘肃的典型样板——引洮工程的兴修为例，综摄大量一手档案、文献报刊、口述访谈等史料，尝试对这一问题进行历史学的解答。

同时，由于中国长期以农业立国，水利是农业的命脉，治水特别是修建大型水利工程由于投入大、涉及范围广而多被认为是国家应该承担的职能，无论是在传统时期还是在向现代化转型的时代都是如此。这就使得引洮工程的修建过程，不仅是集体化时代修建水利工程经验教训的浓缩和折射，还能够作为国家治水脉络的一个不可或缺的环节，来反映农业中国从传统向现代化迈进过程中的一些国家的结构性特质。

二　从传统到现代：治水与大型水利工程建设

将国家在修建大型水利工程中扮演的角色高度抽象化，强调的是在兴修大型公共水利工程中所体现的国家的强有力地位，以及这类工程对国计民生的重要作用。[①] 无论是王朝国家，还是现代民族国家，凡举大型水利之兴，皆不离此。例如，郑国渠最早实为与秦毗邻的韩国之"疲秦之计"，足见这一工程对国力消耗之巨。但其建成后灌溉良田，终使关中沃野千里，对秦之强盛意义尤甚。东汉明帝时期"发军卒数十万令王景和王吴修汴渠治黄河"，耗费"犹以百亿计"。[②] 隋炀帝主持修建的京杭大运河，有沟通南北交通之伟绩，因此劳民伤财动摇国本。元末贾鲁治河，"发民夫

---

① 杨联陞：《从经济角度看帝制中国的公共工程》，《洪业·杨联陞卷》，河北教育出版社，1996，第 752~808 页。
② 姚汉源：《中国水利发展史》，上海人民出版社，2005，第 66 页。

十五万人，军卒二万人兴工"，虽有时效，但终成政权"倾覆的导火线"。①
可见，中国"治水国家"之论断在传统时代更多表现在地方政府及绅士精
英难以插手的大型水利工程上，正因王朝国家可在短时间调集大量人力、
物力、财力，才使得这些工程成为可能，然稍有不慎对国力伤害亦甚巨。
因此，魏特夫（Karl August Wittfogel）提出，由于东方社会的水利灌溉需
要一体化协作，以及强有力的、集权式的操作与控制，因而产生专制主义
传统，成为水利专制统治（Hydraulic despotism），即"治水需专制，专制
为治水"的理论。② 国内外学者对此见仁见智、褒贬不一，以"不治水，
照样专制"和"既不治水，也不专制"两种看法为主导。③ 无独有偶，中
国学者冀朝鼎也认为治水在传统中国"实质上是一种国家职能"，目的虽
在于"增加农业产量以及为运输，特别是为漕运创造便利条件"，但"各
个朝代都把它们当作社会与政治斗争中的重要政治手段和有力的武器。"④
在此基础上，冀氏提出中国历史上存在"基本经济区"，与王朝兴衰有莫
大关联。

　　民国时期内忧外患不断，但出于对国富民强和现代化的追求，政府很
重视水利建设。西方现代水利科学技术开始引入，水位观测站、湖泊观测
站、径流泥沙测验站、水文监测站等在大江大河上逐步设立，专门的水利
管理部门如黄河水利委员会、扬子江水利委员会、导淮委员会、华北水利
委员会等也建立起来，在大江大河的科学测量、地质勘探、水患治理和发
展利用上都起了积极作用。如在淮河治理上，北洋政府引进西方科学技术
对淮河流域的地形、河道、水势进行测量、规划；南京国民政府设立导淮
委员会，制定有"中国现代水利史上第一份杰作"之称的"导淮工程计
划"，使"淮河流域有关水利各项建设明显呈一进步发展趋势"。⑤ 因此，

---

① 姚汉源：《中国水利发展史》，第 328~329 页。
② 〔美〕卡尔·A. 魏特夫：《东方专制主义——对于集权力量的比较研究》，徐式谷译，中
　国社会科学出版社，1989。
③ 秦晖：《"治水社会论"批判》，http://news. ifeng. com/history/special/zhongguoshizhishui/de-
　tail_2010_07/21/1809968_0. shtml。访问时间：2012 年 2 月 24 日。
④ 冀朝鼎：《中国历史上的基本经济区与水利事业的发展》，朱诗鳌译，中国社会科学出版
　社，1981，第 7~8 页。
⑤ 黄丽生：《淮河流域的水利事业（1912－1937）——从公共工程看民初社会变迁之个案研
　究》，台北，台湾师范大学历史研究所专刊，1986，第 356~360 页。

戴维·艾伦·佩兹以导淮委员会为切入点探讨淮河治理与国家建设之间的关系，指出淮河治理为国民政府将政权统治向地方延伸提供了有限的机会。① 可见，大型水利工程建设始终是一项国家职能，亦可为国家在地方的政权建设提供帮助。

早在 1934 年，毛泽东在江西瑞金召开的第二次全国工农代表大会上便提出，"水利是农业的命脉，我们也应予以极大的注意"。② 共和国成立之后，十分重视发展水利事业，兴建许多大型水利工程。第一个系统治水工程——治淮工程，号称有千万余人次的农民、知识分子、干部、大学生等群体的参与，使得金寨县的响洪甸水库和梅山水库、霍山县的磨子潭水库和佛子岭水库，舒城县的龙河口水库等镶嵌在崇山峻岭中，发挥了防洪、除涝、灌溉、发电、航运等综合功能。中国人自己设计、施工、建造的大型水电工程——刘家峡水电站，有效地将陕、甘、青三省的电网联结在一起，对兰州及甘肃、宁夏等地经济的发展至关重要。此外还有荆江分洪工程、永定河官厅水库、石漫滩水库、密云水库、新安江水库等，都惠及一方百姓，发挥了积极作用。

在科技水平有限的情况下，社会主义集中力量办大事的"举国体制"在兴建这些大型工程过程中得到充分发挥。作为"共产主义道德原则"的集体主义，旨在教育人们将国家利益和集体利益放在首位，一切行动以国家和集体为重，由此而形成的社会凝聚力是集中大量人力、物力等优势资源兴建大型水利工程的关键，归根结底体现在集体主义的弘扬及中国共产党的领导两方面。因此，学者舒尔曼（Franz Schurmann）指出，共和国"就像一个由不同种类的砖瓦拼凑而成的摩天大楼，使它凝聚起来的就是意识形态与组织制度"。③

改革开放之后，随着科学技术水平和综合国力的快速提升，有"甘肃三峡"之称的引洮工程才会在半个多世纪前受挫以后重新提上议事日程。在历经十余次向国务院和有关部门重提议案、经历重重论证之后，引洮工

---

① 〔美〕戴维·艾伦·佩兹：《工程国家：民国时期（1927－1937）的淮河治理及国家建设》，姜智琴译，江苏人民出版社，2011。

② 《毛泽东选集》第 1 卷，人民出版社，1991，第 132 页。有关毛泽东对水利问题的看法，参见王琳《毛泽东水利思想及其当代价值》，博士学位论文，山西大学，2012。

③ Franz Schurmann, *Ideology and Organization in Communist China*, Berkeley：University of California Press，1968，pp. 1.

程于 2006 年 11 月再次启动。作为甘肃省规模最大、投资最多、施工难度
最高的跨流域调水工程，它得到中央和甘肃各级政府的重视和支持，数十
家国内外施工队伍和数千名建设者携带先进的大型机械在高山峡谷中施
工。[①] 其修建"对于从根本上解决甘肃中部水资源短缺问题、改善生态环
境、促进区域经济社会发展具有十分重要的意义"。[②] 特别是引洮供水一期
工程在 2015 年 8 月全面通水后，迟滞半个世纪的"调水梦"终于逐步开
花结果。定西人李全福说，从前"喝的是黄泥汤"，"吃啥都能觉出水的苦
咸味，天再热身子再脏也没水洗澡"，而今引来了洮河水，"随时可以淋浴
冲凉""洗脚也不用等下雨了"。[③] 在引洮工程发挥效益的当下来追根溯源，
用原始档案、文献和口述资料来回望半个多世纪之前的引洮工程之修建的
历史背景和具体过程，更具有历史意义。

引洮工程出现在全国最干旱区域之一的甘肃中东部地区，此地常年缺
水，有"十年九旱"之称。早在民国时期，就有地方有识之士三次提出
"引洮济渭"的设想，试图利用充裕的洮河水来弥补渭水之不足，沿途灌
溉农田，但因战乱频仍而未能实践。共和国成立之后，在这一地区虽然也
进行了一些小型水利事业，但抵御自然灾害的能力依然较低，逢大旱必然
影响农业收成。1957 年，此地像全国其他地区一样掀起农田水利化建设运
动，并出现被中央点名表扬的武山县东梁渠引水上山工程。东梁渠不足 30
公里，灌溉面积最初仅为 4000 多亩，但给了人们信心和启发，使地方政府
思忖以引水上山的方式根本上解决这一地区的干旱问题，引洮工程就诞生
在这一历史背景下。引洮的设想一经提出，就得到各方响应与支持。将汹
涌澎湃的洮河水充分利用起来以解陇中之渴，是数代旱塬百姓的热切渴
望，"只要能把洮河引上山，要什么我们有什么"的口号显示了他们的决
心。于是，在地方各级党和政府的组织领导下，短时间内，干部、技术人
员、普通民工和资金、粮食、工具等便源源不断地涌向引洮工地，一个全
新的社会——"工地社会"出现了。

---

① 《引洮纪实之圆梦九甸峡》，甘肃人民出版社，2011。
② 樊弋滋：《甘肃引洮供水一期工程正式运行，二期工程全面开工建设》，《中国水利报》
2015 年 8 月 11 日，第 1 版。
③ 林治波、刘海天：《活水解了陇中"渴"，过去挑咸水，今天洗淋浴》，《人民日报》2017
年 9 月 13 日，第 10 版。

三 "工地社会"与"国家政权建设"的
非常规路径

由修建大型水利工程延伸而来的"工地社会"（The New Work-camp Society），为本书的核心概念。特指共和国成立以后，与引洮工程类似的大型工程在建设过程中，由于国家权力在工地上扩张、渗透与运作而形成的一种特殊的临时性的社会状态。在这个工地社会中，常规制度（组织、宣传、保障等）与非常规制度（参观、慰问、运动式管理等）的交叉运作，浮夸—反浮夸、科学—非科学的张力与博弈，"新"干部的树立、英雄模范的塑造、普通民工的生存、"五类分子"的改造、"反革命"的证成等，都表现得淋漓尽致。这些多姿多彩的生产和生活场景，是十几万工地民工及为其提供生存资源的几百万后方百姓在特殊年代的血与泪、光荣与梦想，是社会主义集中力量办大事制度的具体体现，代表着一个革命政党要在"一穷二白"的基础上建立"新社会"的艰难尝试。

关于类似"引洮"这样的大型工程，国外学者也有不少著述，能够帮助笔者对"工地社会"这一概念进行进一步的修葺和完善。

斯科特（James C. Scott）通过对苏联集体化、坦桑尼亚村庄化以及各类农业简单化带来后果的考察，悉数这些带有强烈美好主观愿望、试图改造人类社会的大工程失败的原因。[①] 笔者肯定这一研究的前瞻性，认为这些分析也许适用于探讨引洮工程及中国其他大型工程失败的原因，但笔者关注的并不是这些依靠政治强力所推动的工程必然失败的原因，而是这些工程上形形色色的各类群体生产与生活在那个为工程建设目标而奋斗的持续性状况。这些工程并不是一蹴而就、转瞬即逝的，而是接连不断地在不同时代和国度层出叠见，本身即隐含巨大合理性。利用历史文本、口述资

---

① 斯科特总结导致这类工程失败的四个因素是"能够重塑社会的国家简单化""极端现代化意识形态""独裁主义的国家""软弱的公民社会"。参见〔美〕詹姆斯·C. 斯科特《国家的视角：那些试图改善人类状况的项目是如何失败的》，王晓毅译，社会科学文献出版社，2004，第4~6页。

料和田野调查，对某个工程上不同群体的衣食住行、商业、娱乐、生产、人际交往等各个方面的活动进行全方位考察和总结，能够在一定程度上解释这类工程层出不穷地在各个国度和各个时代出现抑或灭亡的内在理路。

斯科特的研究有助于理解强权国家如何作用于弱小的社会，但笔者认为把由大型工程建设而形成的人和制度的结合体称为"工地社会"，是对工程建设过程的细密化研究，可以以此进一步反映社会与国家如何相互进行紧张博弈，从而探讨国家权力与工地社会之间的特殊张力。因此，与斯科特的研究有质的不同，本书侧重点在于分析由修建这些工程而形成的工地社会的存在状态，将研究重点放在对其运作机制的考察上。这种研究路径与乔尔·S. 米格代尔（Joel·S. Migal）所提倡"社会中的国家"研究路径（the State-in-Society Approach）异曲同工，即更注重对动态过程而非静态确凿结果的研究，提出国家与社会的关系是相互改变、相互构成、相互影响的，提醒研究者注意国家与社会之间相互竞争及以彼此行为相互影响的一面。[1] 本书的"工地社会"可以理解为"国家中的社会"，它对国家权力具有极大的依附性，因国家权力而生而灭。

因此，"工地社会"与其他农村基层社会不同，它的诞生需要建立在某一具有民意基础的大型工程上，具有更强烈地对国家权力的依附性，直接导致其有自身特殊的一套运作和反馈机制。"工地社会"的形成既反映了国家权力的扩张，也表明国家旨在寻求政权建设的另一条理想路径。[2] 以往学界讨论国家如何向社会扩张权力，对象通常聚焦于有深厚历史文化传统的农村基层社会，这种渗透往往伴随着地方社会固有文化及地方势力等各种资源的抵触与消解，如杜赞奇（Prasenjit Duara）对华北农村社会的

[1] 即 "The approach here is one the focuses on process rather than on conclusive outcomes……the state-in-society approach points researchers to the process of interaction of groupings with one another and with those whose actual behavior they are vying to control or influence." ——Joel S. Migal, *State in Society: Studying How States and Societies Transform and Constitute One Another*, Cambridge: Cambridge University Press, 2001, p. 23. 参见〔美〕乔尔·S·米格代尔《社会中的国家——国家与社会如何相互改变与相互构成》，李杨、郭一聪译，江苏人民出版社，2013。

[2] 学界对于"国家政权建设"（the state-building）这个舶来概念在何种程度上适应并解释中国社会的讨论非常多，参见郝娜《政治学语境中的"国家政权建设"——一个关于理论限度的检视》，《中共浙江省委党校学报》2010 年第 3 期；王德福、林辉煌：《地方视阈中的国家政权建设：实践与反思》，《中国农业大学学报（社会科学版）》2011 年第 4 期。

个案研究。① 共和国成立以后，细密的党政组织建设和持续不断的群众运动使国家对农村基层社会渗透的成功被认为是前所未有的，但地方文化原有的柔韧性如家族、宗族、宗教、惯习及象征资源、人际网络仍然显现出顽强的生命力。唐军提出"事件性家族"，意在说明"家族"并未被国家权力所消解。② 张静也提出"规则重塑论"，强调现代公共规则的重要性，认为政府与公民之间规范性新型权力关系没有建立，国家政权建设过程就不算完结。③ 这些研究表明国家与社会之间一直存在着持续而复杂的博弈与张力。国家对社会的全面侵占难以达成，反之亦然。就这个意义而言，"工地社会"孕育着一种全新的社会组织形态。

　　"工地社会"是在国家权力的强力推动下，由于某一大型工程的存在，而衍生出来的一批人和制度的组合体。这个社会因毫无原有基础而可被按照理想意志设置完备的组织体系，并有一套宣传鼓动理念来支撑，正是"一张白纸，没有负担，好写最新最美的文字，好画最新最美的画图"。④它与斯大林主义所建设的钢铁城有相同之处。斯蒂芬·科特金（Stephen Kotein）通过对苏联的马格尼托哥尔斯克（Magnetic Mountain）形成过程的考察，分析斯大林主义如何被作为一种"文明"的形式建设一个新兴的钢铁城市，描述了1930年代建造工厂的钢铁工人的日常生活。这项研究揭示在极权体制下，一个具有"克里斯玛"（Charisma）超凡魅力的领袖如何将其对理想社会的构想付诸实践。⑤ 这与"工地社会"有同质性，但又有不同。"工地社会"本质上是推崇国家化与集体主义的社会，是一种新型制度的复合体，与独裁及自上而下的极权国家不同。在这个"万花筒"般的微观社会里，有的是老百姓的积极主动，有的是回忆者时至今日仍心怀对时代精神的肯定，当然也有被动卷入的参与者，并非"极权"所能简单

---

① 〔美〕杜赞奇：《文化、权力与国家——1900～1942年的华北农村》，王福明译，江苏人民出版社，1996。

② 唐军：《仪式性的消减与事件性的加强——当代华北村落家族生长的理性化》，《中国社会科学》2000年第6期。

③ 张静：《现代公共规则与乡村社会》，上海书店出版社，2006；《基层政权：乡村制度诸问题》，上海人民出版社，2007。

④ 毛泽东：《介绍一个合作社》（1958年4月15日），《建国以来重要文献选编》第11册，中央文献出版社，2011，第238页。

⑤ Stephen Kotein, *Magnetic Mountain: Stalinism as a Civilization*, Berkeley: University of California Press, 1995.

涵盖。

美国田纳西河流域管理局（the Tennessee Valley Authority，简称 TVA）在罗斯福新政时期创造了美国流域经济繁荣发展的奇迹，其经验对中国以大型工程为契机而发展起来的"工地社会"研究具有借鉴意义。学界对 TVA 的研究主要集中在罗斯福政府如何干预经济社会以及区域经济发展模式的得失等方面，考察这一创造美国区域经济发展奇迹的机构之实践状况与政策成败。[①] 这些研究提示了笔者注意"工地社会"的组织基础。TVA 尽管有政府背景，但它本质上是一个非政治的"公司实体"，诞生于美国经济大萧条的特殊时期。作为地方政府直接派出机构的引洮工程局，具有基层政权组织的性质，尽管在作用上与 TVA 相似，但性质完全不同，决定二者的实践方式有本质区别。

"工地社会"的形成与运作是国家权力向地方扩张的非常规路径，可视为共和国时期国家政权建设道路的另一种尝试。在依托地方特有自然资源、借助国家权力对某地施行"工地化"的过程中，许多新兴工矿业城市得以成功发展起来。如以石油为资源发展起来的新兴城市，有甘肃玉门市、新疆克拉玛依市以及最为有名的黑龙江大庆市等；以有色金属发展起来的新兴城市，有甘肃白银市、镍都甘肃金昌市、锡都云南个旧市、煤都山西大同市、煤矿城市六盘水、"中国钢铁工业的摇篮"辽宁鞍山市等；以大型水利工程为资源发展而来的城市也不少，有刘家峡市、三门峡市、丹江口市等。这些城市的兴起与发展，体现了"生产建设型城市"的理念。

在这一过程中，各地原有自然资源是其发展的前提条件，但国家权力的高效介入至关重要，体现一种特有的国家治理方式。如 1959 年发现大庆油田后，以铁人王进喜为代表的一批拓荒者，怀着如引洮人一样的梦想以及牺牲与奋斗精神进行石油大会战，逐步把油田所在地大同镇发展成为

---

① Gordon R. Clapp, *The TVA: An Approach to the Development of a Region*, Chicago: University of Chicago Press, 1955; William U. Chandler, *The Myth of TVA: Conservation and Development in the Tennessee Valley*, Mass: Ballinger Publishing Company, 1984; Aelred J. Gray and David A. Johnson, *The TVA Regional Planning and Development Program: the Transformation of an Institution and its Mission*, Famham: Ashgate Publishing Company, 2005; 钱乘旦主编《相信进步——罗斯福与新政》，南京大学出版社，2000。

"崭新的社会组织"，既是"乡村型的城市，也是城市型的乡村"。① 在国家的战略部署下，大庆市的城市规划始终以油田发展战略为中心。② 三门峡市的建立同样如此，与三门峡大坝一起配套而来的工厂、学校、医院、商场、铁路以及蜂拥而至的人群，使一个小小的村庄逐步发展成新型城市。三门峡市超越三门峡大坝本身的成败而发展成为独特的新兴城市，在中国城市发展史上占有一席之地。从这个角度讲，上述这类城市形成与发展的雏形阶段与引洮工程的建设时期性质相同，同样具备如引洮工地社会一样的特点。

在集体化时代，这些工程的建设具有共通性，即利用各种宣传、动员、组织等方式积极发掘"人"的潜能，"世间一切事物中，人是第一个可宝贵的。在共产党领导下，只要有了人，什么人间奇迹也可以造出来"。③ 大庆油田的万人大会战自诞生起便是一面旗帜；引洮工程虽仅短短几年，但对"人海战术"的应用贯穿始终，施工期间最多时有 17 万人。集体化时代的大型工程建设，无一不是打上了"人海战术"的烙印。亨廷顿（Samuel Phillips Huntington）曾开宗明义地指出："各国之间最重要的政治分野，不在于他们政府的形式，而在于他们政府的有效程度。"④ 工地社会上的临时行政机关，在地方政府的积极配合下，具备强有力的动员组织和管理能力，其将各类人群"动"起来的能力远远超过基层社会。

与大批为工程建设胼手胝足的工地人相对应的是工地上一套特殊的制度设计。这一套集宣传动员、组织和后勤保障、参观慰问等为一体的制度模式，正是为了使普通民工、"五类分子"或党员干部、技术人员等工地人无时无刻不为工程建设服务。在这套制度下，他们是否自觉自愿地在工地上劳动并不重要，其需求被压制为最小化的本能生存需要，工地社会的一切都围绕工程建设而来。他们始终处于一种紧张状态，其日常实践是工地社会得以延续的重要理由。但同时他们也出于不同目的在工地上活动，有的人是为集体主义的理想，有的人是为积累政治资本，有的人是为混口

① 《大庆建成工农结合城乡结合的新型矿区》，《人民日报》1966 年 4 月 2 日，第 1 版。

② Hou Li, *Building for Oil: Daqing and the Formation of the Chinese Socialist State*, Cambridge: Harvard University Press, 2018.

③ 毛泽东：《违心历史观的破产》（1949 年 9 月 16 日），《毛泽东选集》第 4 卷，人民出版社，1991，第 1512 页。

④ 〔美〕塞缪尔·P. 亨廷顿：《变化社会中的政治秩序》，王冠华、刘为等译，上海世纪出版集团，1989，第 1 页。

饭吃，有的人是为逃避政治纷争等等。尽管国家权力自上而下地笼罩着工地社会，但工地人各不相同的目的性也自下而上地消解着国家权力，在夹缝中求取生存。尤其在饥饿的 1960 年代，工地社会恰恰由于粮食特供制度能够提供最低的生活保障，工地人与工地社会由此相互依赖。

另外值得注意的是，"工地社会"尽管因大型水利工程而相生相灭，但其与以水利资源为核心所形成的地方性的"水利社会"有质的不同。水利社会史研究方兴未艾，不少人类学学者走进田野，寻找碑刻、拓片，在庙宇神坛里、仪式里以"水"为切入点寻找传统社会的特质，出现不少优秀作品。[①] 更有学者进一步提出"泉域社会""库域社会"等概念模型。[②] 其关注的中心点都是"水"这种资源在村落、家族乃至乡村社会的主导作用，且研究范围集中于传统区域社会。

一些学者从人类社会学角度入手，扩充共和国水利社会史的研究。牛静岩关于河南、河北两个村落之间由于国家建设的渠道所引起的水资源分配与纠纷的研究，[③] 以及柴玲关于山西范壁扬水站的研究，讨论了水资源利用过程中国家权力与地方道德秩序之间的关系，[④] 比较有代表性。吕德文也指出，共和国"水利建设的成就与其说是'国家'建设的结果，还不如说是地方社会动员的结果"，以水利建设为主要表征的国家政权建设形成了"集体化特征的社会"，即一个"国家化"和"集体化"都高度发达的水利社会。[⑤] 这些研究注意到共和国水利建设过程中国家力量发挥作用的一面，也注意到人民公社的集体体制的作用，但这些水电站和水渠已经

---

① 王龙飞：《近十年来中国水利社会史研究述评》，《华中师范大学研究生学报》2010 年第 1 期。比较有代表性的著作有行龙《以水为中心的晋水流域》，山西人民出版社，2007；钱杭：《库域型水利社会研究——萧山湘湖水利集团的兴与衰》，上海人民出版社，2009；石峰：《非宗族乡村——关中"水利社会"的人类学考察》，中国社会科学出版社，2009；鲁西奇、林昌丈：《汉中三堰：明清时期汉中地区的堰渠水利与社会变迁》，中华书局，2011；张亚辉：《水德配天：一个晋中水利社会的历史与道德》，民族出版社，2008；冯贤亮：《近世浙西的环境、水利与社会》，中国社会科学出版社，2010；等等。

② 张俊峰：《水利社会的类型——明清以来洪洞水利与乡村社会变迁》，北京大学出版社，2012；钱杭：《库域型水利社会研究——萧山湘湖水利集团的兴与衰》。

③ 牛静岩：《渠水留伤——河北与河南两村落间水纠纷的人类学研究》，博士学位论文，中国农业大学，2014。

④ 柴玲：《水资源利用的权力、道德与秩序——对晋南农村一个扬水站的研究》，博士学位论文，中央民族大学，2010。

⑤ 吕德文：《水利社会的性质》，《开发研究》2007 年第 6 期。

建成并在地方上发挥积极作用，与传统时代之水利社会史研究趋向一致，是研究时段的延长。就此而言，与本书所研究的临时性、持续性、动态化以及在建设中的工地社会有本质区别。

因此，工地社会是集体化时代建设大型工程特点的集中体现。工地社会的存在、延续与发展是建设大型水利工程的重要经验，也是国家政权建设的非常规路径。特有的国家治理方式是这些工程能够实施的关键，反之亦然。本书即以引洮工程及其形成的工地社会为个案，对这一特殊社会组织形态的诞生、运行及裂解进行全方位的历史考察。

四　资料来源和主要内容

本书的资料来源主要包括档案、报刊资料、宣传出版物和口述资料。档案主要包括藏于甘肃省档案馆总数为 2258 卷的引洮工程局卷宗及甘肃省委、省政府、水利局、民政局等机构的档案。报刊资料主要为涉及引洮工程所在时段、所在区域的报刊，[①] 以引洮工程局党委机关报《引洮报》为主，共 353 期，基本伴随引洮工程始终，最直接、最全面地反映了工地社会的面貌。为宣传引洮工程，当时有一大批出版物问世。[②] 虽然这些出版物带有宣传色彩，但同时也从一个方面展现那个时代人们对引洮工程的看

---

① 引洮工程涉及区域的报纸，如《天水报》《定西报》《定西日报》等；甘肃省在"大跃进"时专门的出版物，如《红星》《甘肃农民报》《甘肃水利》等；其他诸如相关时段的《人民日报》《甘肃日报》《甘肃政报》《文汇报》《光明日报》等也在参考之列。

② 这些出版物大致可分为四类：一是介绍当时的先进人物及先进集体的，如《战斗在引洮工地上的共产党员》（共 3 辑）、《战斗在引洮工地上的人们》（共 3 辑）、《怎样做水利工地党的支部工作——引洮工地党的支部工作经验介绍》、《不朽的引洮战士——袁伟》、《引洮工地文化工作的初步经验》等；二是介绍引洮工程本身的，如《引洮上山画报》《山上运河》《银河落人间》《伟大的引洮上山水利工程》等；三是介绍引洮工程的施工问题及先进工具的，如《引洮上山工程地质问题》（共 2 辑）、《水利工程施工经验介绍》、《先进水利工具介绍》、《甘肃的水利水土保持》、《引洮工程的技术革新》、《甘肃省引洮上山水利工程几点施工经验》、《引洮工地的先进工具及土石方大爆破》、《甘肃省引洮上山水利工程施工中的工具改革工作》等；四是为引洮工程所谱写的诗歌集，如《引洮上山诗歌选》（共 3 集）、《为水而战》、《引洮歌声》、《洮河上高山》、《甘肃新民歌选》等。

法，为后人提供不可多得的珍贵文献资料。口述资料是上述档案文献极有益的补充，包括两类。一类是零散记载在引洮工程涉及区域的县志、文史资料和党史资料中亲历者的回忆；一类是笔者采访工程亲历者的资料，采访对象有勘测设计人员、工务处干部、秘书处文职人员、先进模范人物和普通民工数十人。

本书主要分为四个部分，前三个部分分别讨论工地社会的产生、运行及裂解，结论部分总结工地社会的特点。

第一部分讨论引洮工地社会诞生的缘起及工地社会的基本结构。

第一章指出引洮工程在"大跃进"的时代背景下从幕后走向台前，是自然环境、社会环境与历史因素共同作用的结果。

第二章指出引洮工程上马后，工地社会的雏形渐渐呈现。大批身份各异的民众在短时间内来到工地社会，在工地社会诞生的最高目标——引洮工程建设面前，他们各司其职、各守其分、分工协作、目标归一，因此有了新的身份——工地人。

第二部分讨论引洮工程如何在波折中实施了两年多。整个施工过程就是工地社会的运行过程，而为保证施工所进行的制度安排及工地人的应对，构成工地社会运转的丰富图景。

第三章考察引洮工程的施工过程，是工地社会赖以运转的基本条件。在"边勘测、边设计、边施工"的"三边"政策下，工程线路与施工目标屡次更改，尽管工地人将施工摆在首位，但难以超越客观的现实困顿，施工计划屡遭挑战。

第四章考察维系工地社会正常运转的制度保障，包括宣传动员、组织及善后保障制度。这一套自上而下的完备组织系统和特有的宣传动员理念，为引洮工程的持续推进提供制度支撑。同时，引洮工程涉及区域为工程提供源源不断的劳动力、粮食、工具等各种物资，构成工地社会的后勤保障制度。正是有了各种制度的合力，引洮工程才能够在诸多挑战面前付诸实践。

第五章考察工地社会运行中渐次形成的各种日常实践，包括工地生活、工地文娱与工地政治。随着施工的进行和自上而下的制度安排，工地人的衣食住行、商业交换、交通邮政通信、与外部世界的交往、文化娱乐、政治教育等方面都渐上轨道，在施工生产之外的日常生活中亦可见工地社会的特殊之处。

第六章描述各类工地人在工地社会的经历，在一定程度上解释了工地社会持续运转的内在理路。各类干部、先进模范、普通民工、"五类分子"和"反革命"等不同群体及其各自的管理、生产、生活、改造等，既自成体系，又彼此交织，因同一工程建设目标而共同维系工地社会的正常运转。他们的反应既表现出那个时代民众的共通之处，又因身处工地社会而有其特点。

第三部分指出引洮工程在1960年代经济困难时无以为继，工地社会失去了存在的必要条件，走向裂解。而引洮工程的中止与工地社会的解体，都与自上而下的国家战略调整与纠错机制直接相关。

第七章考察引洮工程面临着内外交困局面，工地人展开生产与生活各方面的自救。种蔬菜、养牲畜、寻找代食品成为他们维持日常生活之必需。

第八章考察引洮工程在下马过程中，相关部门自上而下采取的各种主动自我纠错措施及效果。

结语部分对引洮工地社会的时空特征进行理论概括与分析。

黄仁宇曾经说过："叙事不妨细致，但是结论却要看远不顾近。"① 这深深地影响了本书的写作。在本书主体部分，笔者将用原始档案尽力呈现工地社会复杂的多面性，以尽可能充分的细节和生动的例子带读者回到历史现场，回到那个充满光荣、梦想与心酸、血泪的工地，了解并感受当时民众的喜怒哀乐。工地社会尽管只是昙花一现，但它既是那个时代的缩影，也是广袤中国"地方性知识"的一部分，对它的深描能够帮助我们认识特殊的"时间"和"空间"。

---

① 〔美〕黄仁宇：《万历十五年》，中华书局，2007，第243页。

第一部分

工地社会的诞生

引洮工程不简单，

古今中外真罕见，

人民早有引洮愿，

共产党领导才实现。

——赵连璧：《共产党领导才实现》①

　　这样一首《共产党领导才实现》的民歌在"大跃进"年代传诵一时，既唱出引洮工程为古今中外难得一见的超级水利工程，也肯定其具有的民意基础，而落脚点在于高度肯定只有"共产党领导"才得以实现。这首诗歌以歌颂为主，却也反映了基本事实。引洮工程是自然环境、历史积因与1950年代社会风潮不断发展共同作用的结果。

　　随着工程上马，引洮工地社会的雏形渐渐呈现。在短时间内，大批身份各异的民众，如干部、技术人员、医生、农民甚至"五类"分子等为同一工程建设目标聚拢在一起。工程局和工区的组织架构也逐步确立，既奠定了工地社会的基本结构，也为工地社会各项新制度的运行提供组织基

---

① 赵连璧：《共产党领导才实现》，中共甘肃省引洮上山水利工程局委员会宣传部编《引洮上山诗歌选》第1集，敦煌文艺出版社，1959，第1页。

础。由此，这样一批身怀理想、信念与主义的拓荒者背井离乡，为了修建这一旨在解决地方百姓生存用水问题的水利工程而胼手胝足在崇山峻岭之间。他们因着同样的目标结成了一个共同体或"小社会"，这就是"工地社会"。引洮工地社会是在国家权力的强力推动下，由于引洮工程的存在，而衍生出来的一批人和制度的组合体。这一社会是一种暂时性的存在状态，是一种特殊的社会组织形式，与引洮工程相生相灭。

第一章 引洮工程上马

万兵扎在洮河岸，
一心引水上高山，
荒山变成花果山，
干山变成米粮川。

——《一心引洮上高山》[①]

甘肃省位于中国大陆腹心地带，为东西南北交会的咽喉之地，地形狭长，是黄土高原、内蒙古高原、青藏高原的交会处，境内多高原和山地，海拔 1000 ~ 3000 米。远离海洋且受高原、高山阻挡，暖湿气流不易到达，境内 64% 的区域年均降雨量在 300 毫米以下，干旱多灾。地形地貌复杂多样，水低地高，因此虽长江、黄河及石羊河、黑河、疏勒河、洮河、白龙江等诸多内陆河流经，却因开发难度大而灌溉资源短缺。截至 1949 年，耕地面积 5045 万亩，水地面积仅 470 万亩，真正发挥效益的低至 200 多万亩。农业生产条件差，以中东部黄土高原地区为最，它南接陇南山地，东起甘陕省界，西至乌鞘岭，面积约 11.3 万平方公里，占比 24.9%。因陇山南北走向，阻挡了由东而来的湿润气流，故本地区降水量极少，年均降水量在 200 毫米以下，干旱半干旱的气候特质令此地生产、生活用水都非常短缺。[②] 这种地理环境使民众对水利灌溉工程的需求异常强烈，是引洮工程诞生的客观环境。

丰富的洮河水资源之流逝与甘肃中东部"十年九旱""苦瘠甲于天下"的现状形成强烈反差，地方有识之士在民国时期即三次提出"引洮济渭"的设想，表明引洮工程不仅是客观环境的要求，也有历史依据。全国性大

[①] 《一心引洮上高山》，甘肃省群众艺术馆编印《为水而战》，1960，第13页。

[②] 参见甘肃省地方史志编纂委员会编纂《甘肃省志》第 1 卷《概述》，甘肃人民出版社，1989，第 5 ~ 6 页；水利部农村水利司编著《新中国农田水利史略（1949 ~ 1998）》，中国水利水电出版社，1999，第 529 页。

修农田水利高潮吹响农业"大跃进"的号角，久为干旱所苦的旱塬百姓"穷则思变"的愿望更为迫切。引洮工程在此背景下迅速从幕后走到台前。但其规模不断扩大，从定西地区扩展至甘肃中东部 3 个地区 23 个县市，并由甘肃省委直接领导负责。"荒山变成花果山，干山变成米粮川"的美好愿景使其备受期待，以至于人们忽略了科学技术、经济等条件的局限而"一心引洮上高山"。

一 "久旱"难以遇"甘霖"

> 不平凡的五八年，总路线照耀向前，豪迈口号，征服自然。
> 共产主义的创举，英雄人民的志愿，震惊乾坤，引洮上山。
>
> ——《引洮上山幸福万年》①

造物主并不公平。丰富的洮河水资源白白流逝与"十年九旱"的定西、会宁等地区百姓常年为缺水而挣扎的艰辛，形成鲜明对比。从甘肃上空由西向东鸟瞰，美丽的洮河像一条在崇山峻岭中蜿蜒流淌的绿丝带，碧水流经之处，两岸葱葱绿树行行成群。（图 1-1）洮河林区为甘肃经济建

图 1-1 洮河县红旗乡境内

资料来源：中国·临洮党政网 http://www.lintao.gov.cn/Item/967.aspx。

---

① 《引洮上山幸福万年》，《引洮上山诗歌选》第 1 集，第 8 页。

设提供优质木材，绵延的洮河是最便捷的运输工具。而甘肃中东部的定西、会宁等地区，却是千沟万壑的黄土高原地貌，丘陵起伏，沟壑纵横交错，梁峁绵延不绝，荒山秃岭，一派苍凉。（图 1-2）千百年来形成的自然景观，遇上 1958 年人"改天换地"的豪情。

图 1-2　定西地区

资料来源：笔者摄于 2010 年 11 月 9 日。

丰富的洮河水资源

洮河水系以洮河为干流，包括周科河、科才河、括合曲、博拉河、广通河等十几条支流，共同构成黄河最主要的支流之一。洮河干流发源于碌曲县境西部的西倾山东麓，河源高程 4260 米，由南向北流至 90.4 公里大馋赛尔转为东流，在岷县城东纳迭藏河后又转为北流，直至永靖县刘家峡水库大坝上游汇入黄河干流。[①] 洮河干流及主要支流因落差大，水力资源非常丰富，周科河、科才河、广通河等 12 条洮河支流水系年径流量超过 1亿立方米。

洮河犹如天边的蓝缎，静静流淌，所经之处孕育不少文明。相传，大禹治水时，曾跑遍这条河流所经之处。《水经注》载："禹治洪水，西至洮

---

① 甘肃省地方史志编纂委员会、甘肃省水利志编纂领导小组编纂《甘肃省志》第 23 卷《水利志》，甘肃文化出版社，1998，第 38 页。

水之上，见长人，受黑玉书于斯水上。"① 大禹从这里走至鸟鼠山，导渭河而入黄河。洮河孕育了上古时期代表华夏文明的彩陶文化——马家窑文化，以彩陶器为代表，制陶工艺高超，器皿呈现多种姿态，图案变幻多端、绚丽多彩，被称为彩陶艺术发展的顶峰，极具文化与艺术价值。马家窑遗址得名缘于毗邻洮河的临洮县马家窑村。广泛流传于甘、青、宁山区的民歌"花儿"，被列为世界非物质文化遗产。盛行于甘肃且最具代表性的"洮州花儿"，逐洮河而广泛流传于临潭、卓尼、岷县、临洮等地，形式活泼多样，反映多姿多彩的社会日常生活，是西北民间文化源远流长的重要表现形式之一。更不必说风光旖旎的大草原、层峦叠嶂的森林树木，也不必说巍峨陡峭的怪石山峰、清澈见底的流水卵石，单看那有"中国四大名砚之一"之称的洮砚以及那享誉世界的紫斑牡丹，就足以使人惊叹洮河的富饶。

从自然地理上看，洮河流域包括甘南高原和陇西黄土高原两部分，其自然地理基础和环境特征兼具这两个高原特点。地形条件复杂多样，"山地占有比重大，土地质量较差，承载力低下。全流域土地海拔均在 1500 米以上（最低点 1730 米）"。② 因此，此地宜牧不宜农，农作物大多一年一熟。

从行政地理上看，洮河流经碌曲、卓尼、临潭、康乐、岷县、临洮、和政、广河、东乡等县的大部分以及合作市，夏河、渭源、永靖等县的少部分地区。流经碌曲、夏河、合作、临潭、卓尼等县市的地区称为上游，岷县、康乐称中游，临洮称下游。洮河干流呈反写的"L"形，转折点在岷县。中上游地区降水丰富，植被覆盖率极好，又因地处甘南高原地区，蒸发量少，形成西北地区罕见的丰水流域。而下游山区，则属于黄土高原丘陵沟壑区，水资源贫乏，水土流失问题严重。

洮河流域属于大陆性气候，但由于两边受青藏高原和蒙古高原气候交会的影响，大部分地区湿润多雨，降水量较大，除接近兰州的最北部降水量在 400 毫米以下外，其余地区年降水量均在 600 毫米以上，个别上游地区甚至高达 800 毫米以上。充沛的雨水给了洮河丰富的水资源补给。根据

---

① 郦道元：《水经注全译》（上），陈桥驿、叶光庭、叶扬译注，贵州人民出版社，1996，第46页。

② 师守祥、张智全、李旺泽：《小流域可持续发展论——兼论洮河流域资源开发与持续发展》，科学出版社，2002，第93页。

1950 年代的数据，洮河干流"河道长 580 公里，流域面积 31400 平方公里。据（临洮）李家村水文站实得多年平均的年径流量为 43.1 亿公方，合 136.1 秒公方。最大径流量为 273.3 秒公方（9 月），最小径流量为 50 秒公方（2 月）"。[①] 每年 4 月始，降水量逐月增多，径流量逐渐增大，"其中 4、5、6 三个月径流量为 10.358 亿立方米，占全年径流量的 22.43%"；7 月到 10 月为洪水期，"径流量占全年总流量一半多，达 53.7%"。[②] 1~3 月和 12 月则为枯水期，流量主要依靠地下水补给。

充足的降雨量和地下水补给，使洮河拥有丰富的水力资源。千百年来，自西向东顺流而下的洮河在九甸峡逆转，一路向北。九甸峡以峡中九座巅峰得名，峡谷两旁海拔 3888 米的白玉山和海拔 3578 米的莲花山余脉将洮河夹在其中，使此地"水急浪高如雷吼"。绕过九甸峡，洮河像一匹脱缰的野马，一路激流向北奔驰，流向黄河母亲的怀抱，全然不顾生活于左岸 8 万平方公里土地上的旱塬百姓。

定西"苦瘠，甲于天下"

1876 年，陕甘总督左宗棠西征途经定西，在给光绪皇帝的奏折中写道："辖境苦瘠，甲于天下，地广人稀。"[③] 此地即洮河中下游左岸的陇西黄土高原。它指的是陇山中峰六盘山为界之以西区域，大致东起六盘山、西到乌鞘岭、南到秦岭、北迄沙漠，约 8 万平方公里。这里"三料"（饲料、肥料、燃料）齐缺、"五灾"（旱灾、风灾、沙灾、雹灾、霜灾）俱全。因陇山为南北走向，阻挡了东来的暖湿气流，故降雨较少。此地年降水量在 200 至 500 毫米之间，并由南至北递减，属干旱半干旱型气候。[④] 降水总量少且集中在 4~9 月，尤其是 7~9 月。如定西地区 4~9 月降雨量占全年降雨量的 85%，7~9 月降雨量占全年的 55%。[⑤]

---

① 中国科学院青海甘肃综合考察队编《引洮上山的工程地质问题》第 2 辑，科学出版社，1962，第 1 页。

② 师守祥、张智全、李旺泽：《小流域可持续发展论——兼论洮河流域资源开发与持续发展》，第 89 页。

③ 《左宗棠全集·奏稿六》，岳麓书社，2009，第 356 页。

④ 《甘肃省志》第 23 卷《水利志》，第 281~282 页。

⑤ 甘肃省地方史志编纂委员会、甘肃省志气象志编辑室编纂《甘肃省志》第 13 卷《气象志》，甘肃人民出版社，1992，第 89 页。

　　由于此地蒸发量达到1500～2000毫米，远远大于降水量，更加重缺水情状。这儿流传的一首"花儿"——"山上和尚头，沟里没水流，年年遭旱灾，家家都发愁。高山秃又陡，水声如牛吼，十年有九旱，有水也白流"——便是干旱的真实写照。此地区几个县市的数据说明了其气象特征（见表1-1）。

表1-1　甘肃中部七县（区）气候特征示意

	单位	岷县	临洮	渭源	定西	通渭	华家岭	会宁
年降水量	毫米	584	469	454	369	425	475	362
年蒸发量	毫米	1257	1368	1504	1724	1591	1291	1916
潮湿系数	—	0.49	0.34	0.31	0.21	0.27	0.37	0.19
年最高气温	t ℃	31.8	36.0	29.3	31.2	31.9	28.2	31.6
年最低气温	t ℃	-23.5	-29.6	-20.3	-23.3	-23.7	-24.4	-21.1
年平均气温	t ℃	7.2	8.5	6.1	6.8	6.9	14.2	7.1

资料来源：《引洮上山的工程地质问题》第2辑，第1页。

　　陇西黄土高原海拔1200～2500米，属盆地型高原，地形以黄土沟壑和黄土梁峁丘陵为主，以"千沟万壑"来形容最为恰切，生态环境异常脆弱。由于植被稀疏，降水量少，并集中在以暴雨为主的夏季，水土流失非常严重。地面在长期的流水侵蚀下被分割得支离破碎，形成沟壑交错的塬、梁、峁等地貌，沟密坡陡，丘高谷深。平坦耕地少，绝大部分耕地分布在10°～35°的斜坡上，导致地块小而分散，机耕道建设落后，很难机械化。不仅耕地面积少，耕地质量也较差，"全区土壤有机质贫瘠，且高低悬殊"，大部分地区缺微量元素钼和锌，土壤肥力差。[①]

　　"十年九旱"在这里绝非形容词，而是真实写照。1950年"定西（含白银地区）、临夏、兰州等专区、市春旱偏重，庆阳专区伏秋连旱"；1951年"中部地区春旱偏重"；1952年"中部春夏秋连旱；春夏旱定西专区最重"；1953年是"大旱为主的重灾年"；1954年"以旱为主，兼有雹洪霜灾"；1955年"上半年定西、临夏、庆阳、武都等专区23县受旱"；1956年"受灾79县，占当年全省县数的85%，有68县受旱。春旱临夏州偏

---

① 甘肃省定西地区土壤普查办公室编印《定西地区土壤》，1988，第1～2页。

重，春夏秋连旱以中部的定西、临夏、兰州、白银等地偏重"；1957 年
"重旱灾年，全省半数县受旱。中部地区春旱接夏旱、定西专区伏秋连
旱"。① 生存条件的恶劣并未让这片土地荒芜，勤劳善良的百姓为生存付出
了艰辛努力。为将来之不易的雨水、雪水蓄积起来，家家户户都修水窖，
人畜共用。安土重迁的百姓被迫发挥创造力，"两顿饭，减一半，一顿变
成干炒面。一月洗上三次脸，洗了碗筷喂鸡犬。衣服穿成垢夹板，室内不
洒水一点。女人小便洗手脸，一水多用度荒年"。② 鉴于此，旱塬百姓尤为
期待在新政权的领导下改变现状。

事实上，新中国成立后，定西地区的经济发展水平确有提高。1949 年
粮食作物的亩产量为 44.29 千克，1957 年增加到 56.98 千克；总产量由
27.29 万吨增加到 43.43 万吨，年均增长 6%。油料总产量由 1.07 万吨增
加到 1.47 万吨，年均增长 4%。粮食播种面积由 616 万亩增加到 762 万亩。
同时人口也在膨胀，1957 年达到 150 多万人，比 1949 年增加 26 万人，使
"人均耕地面积由 1949 年的 6.42 亩下降到 1957 年的 6.16 亩"，也由此，
尽管人均纯收入由 1949 年的 41 元增加到 1957 年的 64 元。③ 但是百姓的生
活水平并没有大的提高，仍然在每年的春荒中被逼"外流"，人们呼吁着
新的发展契机。

二 "引洮入渭"之民国断想

　　锅两口，两口锅，民工劳动真快活；要叫洮水山上过，历代从来
未见过。

　　　　　　　　　　　　　　　　　　　　　　——《历代从来未见过》④

---

① 甘肃省地方史志编纂委员会、甘肃省民政志编委会编纂《甘肃省志》第 9 卷《民政志》，
　甘肃人民出版社，1994，第 548~550 页。
② 郑新：《国家任务》，中国青年出版社，2008，第 10 页。
③ 《定西地区志》（中），中华书局，2013，第 702~704 页。
④ 《历代从来未见过》，《引洮上山诗歌选》第 1 集，第 32 页。

甘肃地方有识之士常思忖如何利用丰富的洮河水资源。民国时期，临洮县曾开挖多条渠道引洮河水灌溉农田，尤以洮惠渠效益为最。除此之外，省参议会三次以提案决议的形式，向省政府提出"引洮济渭"和"引洮入渭"工程问题，但由于各种原因始终未能付诸实践，可谓"要叫洮水山上过，历代从来未见过"。

洮惠渠与洮河水资源利用

有史书记载，自东汉时期人们即开始了利用洮水的历史。《水经注》云："昔马援为陇西太守，六年为狄道开渠引水种秔稻，而郡中乐业，即此水也。"① 清乾隆时期，"洮河及其支流谷地有干渠 16 条，支渠 24 条，共灌田 7 万余亩"，为陇中黄土高原灌溉农业最发达的地方。② 民国时期战乱频仍，陇中东部的生存环境异常脆弱，"连年大旱""民饥"的记载不绝于史。尤以 1928～1929 年的干旱为最，③ 单定西县一县，"原有 8 万人，减至 3 万人"。④ 有鉴于此，地方开明人士多次组织兴修小型水利工程，甚至上报省府要求开沟挖河引洮水灌溉农田。1938 年建成的洮惠渠，是较为成功的范例，为甘肃省新型渠道之首创。

民国时期，陇东黄土高原上已兴修了一些小型渠道，如：临洮县 12 条，为德远渠、工赈渠、永宁渠、富民渠、新民渠等，共灌田 5.57 万亩；皋兰县 13 条，灌田 3.63 万亩；红水县 1 条，灌田 2880 亩；洮沙县 2 条，灌田 2400 亩；榆中县 2 条，灌田 1300 亩；临夏县 4 条，灌田 11.2 万亩；

① 郦道元：《水经注全译》（上），第 47 页。马援为东汉开国功臣，临洮古称狄道，秦至西汉时期为陇西郡首府。

② 黄正林：《民国时期甘肃农田水利研究》，《宁夏大学学报》（人文社会科学版）2011 年第 2 期。

③ 1928～1929 年的干旱是人们心中抹不掉的记忆。据记载，1928 年"全省空前大旱，复继以雹、洪和霜、虫、瘟疫等灾。春不能种，夏旱寸草不生，颗粒未收，粮价昂贵，饥民遍野，积尸梗道，人相食，甚至有掘尸、碾骨，易子而食者，灾民多达 244 万余人"。1929 年，"全省又有 58 县大旱。春夏之际，树皮、草根、油渣等，食之殆尽。人相食，甚至有易子而食者。人民妻离子散，倾家荡产，十室九空，哀鸿遍野，积尸盈道比比皆是。有卖子女为奴者，有全家外逃被饿死野外者，有白骨曝日无人掩埋者，饿倒未死而被狗、狼活吃者，更有饥民争食未死之体。年底，全省重灾民达 250 余万人以上，其中：饿死者 140 余万人，死于疫病者 60 余万人"。《甘肃省志》第 9 卷《民政志》，第 544 页。

④ 定西县志编纂委员会编《定西县志》，甘肃人民出版社，1990，第 2 页。

等等。共计"已成各渠所灌溉之田亩，约有 217.8 万余亩"。① 然而，由于黄土高原丘陵沟壑区川道狭小，沟深河浅，修渠困难重重，因此每条渠道尽管费工费时，但所灌田亩数极为有限。

在上述区域中，临洮县由于毗邻洮河，利用率最高。1931 年，临洮地方绅士开始"集议修渠"，随后得到甘肃省政府和全国经济委员会的经费支持，于 1934 年开始施工，1938 年始建成甘肃第一个新型渠道——洮惠渠。其后几经修缮、扩建，于 1944 年初步完成整修任务开始灌溉，1947年底完成全长 28.3 公里的干渠，设计流量 2.5 秒/立方米，共灌地 2.2 万亩，是洮河上最大的水利工程。② 这一时期临洮县还曾引洮河水兴修多个小型渠道工程，如工赈渠、永宁渠、富民渠、新民渠、崔湾渠等，"洮河流域灌溉是 20 世纪 20 至 30 年代甘肃农田水利取得成就最显著的地区"。③

"引洮入渭"

最早提出"引洮入渭"设想的是王应榆。④ 他在 1931 年被南京政府委任为黄河视察专员，于 1932 年 10 月至次年 1 月实地考察黄河。后整理资料写成《治理黄河意见书》呈交南京政府，提出黄河水患的原因和治理办法："黄河之大患，在含沙量过多，以致逐渐淤积河床日高，险象环生，河行地上，一遇泛决，则势如建瓴，是故减少泥沙，实为治河之第一要图，而泥沙之来源，则多由于河套，及邙山，与其他支流，查洮河为黄河清水之一大源，与渭水之源相隔，经鸟鼠山，若能凿通引洮入渭，则可减

---

① 佚名：《甘肃水利过去情形及将来计划》，《新亚细亚》第 7 卷第 5 期，1934 年，第 44 ~ 46 页。
② 《甘肃省志》第 23 卷《水利志》，第 336 ~ 340 页；叶岛：《甘肃水利新建设——记临洮洮惠渠》，《特教通讯》第 3 卷第 7 期，1941 年，第 15 ~ 17 页。
③ 黄正林：《民国时期甘肃农田水利研究》，《宁夏大学学报》（人文社会科学版）2011 年第 2 期。
④ 王应榆，字燧材，号芬庭，生于 1892 年，南栅人，保定军官学校毕业后，历任云南讲武堂教官、新疆省最高军政长官、北伐军第七参谋长、甘肃省民政厅长、广东省民政厅长、治黄（黄河）委员会副委员长、蒙藏委员会委员（国府特派员）等职务，在任期间建树良多。虽出身军界，但贡献主要在水利事业上，著有《黄河视察日记》《治河方略》《陕甘从政日记》等。

黄河入套挟沙之量，而渭水且得航行之利，概算约需一千一百八十八万元。"① 这是笔者所见最早出现"引洮入渭"字眼的材料，其目的在于治理黄河之支流——渭河的水患，并发展渭河航运。

渭水是黄河的第一大支流，发源于甘肃省渭源县的鸟鼠山，由陕西省潼关县汇入黄河。在甘肃省境内主要流经陇东黄土高原，行政区划上属渭源县、陇西县、武山县、甘谷县、天水县等。（见图1-3）

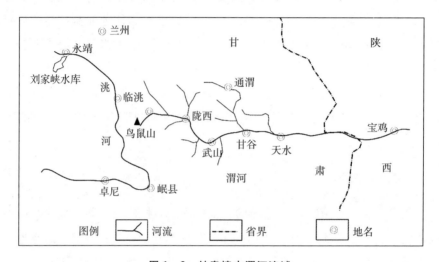

图1-3 甘肃境内渭河流域

资料来源：由王腾飞根据甘肃省地图绘制。

在甘肃境内的渭河水系流经黄土地区，沿河两岸为黄土梁和沟谷地形交错分布，河道纵坡陡，河水含泥沙量大，长期的滥垦乱伐，植被破坏使流域水土流失非常严重。② 鉴于渭水情状，若能够将清清洮水引来以接济渭河之不足，既可使渭河免于断流，缓解陕西宝鸡等地民众的用水困难，也可以水源充足之渭河为中心辐射，惠及定西地区。但跨流域调水并非易事，这个建议没有得到进一步回应。

1935年12月，甘肃省参议会马伟、陈世光、曹奎文等6人提出"引用洮水一部分流量，以济渭水之不足"的议案。理由是："本省森林稀少，雨量失调，兼以水利未兴，地多旱田，每遇亢旱，束手无策。年来政府注

---

① 王应榆：《治理黄河意见书》，《水利月刊》第6卷，1934年，第55页。

② 《甘肃省志》第23卷《水利志》，第40页。

意，际此对于各县水利次第兴办，成效卓著。惟按渭源、陇西、武山、甘谷各地渭河沿岸平地，土壤肥沃，产物丰富。然以渭水流量不足，雨水失时之年，上源无法灌溉，下源即成旱田。若不兴办水利，以裕灌溉，则沿渭河百余万亩良田，每年生产减少，影响人民生活、经济，殊非浅鲜"，且"洮河水位高出渭水千百公尺，选经陇渭各县人民，呼请政府派员勘测，尚未见诸实施"。可知渭河之断流影响深远，民众已多次呼吁政府查勘未果，此次又呼吁"政府派员再行详勘，引用洮水一部分流量，以济渭水之不足，俾令陇（西）、武（山）等县沿川土地，扩大灌溉区域，于增加农产，裨益本省人民经济，良为不可缓之图也"。①"引洮济渭"的设想，此时被甘肃地方人士也提了出来。

这一议案经省议会决议通过后报送省政府，并经转饬黄河水利委员会研究认为："引洮济渭虽可调节渭河水量，增进灌溉效能，但洮渭两河分水岭最相接近之处，尚达 20 余公里。不惟沟通两河势须开挖水道，且须于洮河建筑坚固之提水大坝，用以抬高水位，而极其效果，则不过仅分一部分水流量以作渭水灌溉之补助。权其经济价值，似属工巨利微。且引洮入渭后，足一［以］影响洮河本身之航运及沿河灌溉事业之发展。"因此提出，"查该工程既据报称经济价值甚微，足以影响洮河本身之航运及沿河灌溉事业之发展，似应从缓办理"。②跨流域的"引洮济渭"需大量配套的人力、物力、财力支持，在战乱频仍的年代，要做到这些显然力不从心。尽管行政院水利委员会建议"从缓办理"，但这一计划未被地方当局束之高阁。

1938 年 5 月起，甘肃省陆地测量局派测量人员自临洮至官堡、陕城、柳林、贡马窝、渭源、河沿、温家川等地查勘渭河流域地形、水文条件。测量员工于 5 月 20 日由兰州出发，8 月 6 日返兰州，然后又用月余在陆地测量局检查误差、整理图幅、印绘图幅，最后绘制《引洮济渭水准线路图》，报送省政府。③次年 2 月，省政府以陆地测量局"未完成原来规定之

---

① 《甘肃省参议会决议案：建议省政府勘测引洮济渭水利工程增加农业生产由》（1935 年 12 月），甘肃省档案馆编《甘肃省引洮上山水利工程档案史料选编》，甘肃人民出版社，1997，第 481 页。

② 《行政院水利委员会就引洮济渭水利工程事致甘肃省政府代电》（1936 年 8 月 24 日），《甘肃省引洮上山水利工程档案史料选编》，第 482 页。

③ 《甘肃省陆地测量局为核销测渭经费事给甘肃省政府呈》（1938 年 8 月 31 日），《甘肃省引洮上山水利工程档案史料选编》，第 484~485 页。

范围，难作设计根据"为由，"饬该局继续测定再行核办"，且认为"经详查，亦无陇、渭各县人民吁请文件"，① 将线路图搁置。

省政府所说的"亦无陇、渭各县人民吁请文件"的理由，到 1940 年代也有了改观。1942 年 12 月 29 日，榆中县人窦宗默撰文《开引洮河灌溉皋榆定隆等八县初步之研究》对利用洮河水来解决甘肃中东部地区干旱缺水问题的重要意义从理论上进行阐述。② 陇西镶嵌在西北黄土高原边缘与秦岭支脉丘陵地带之间，穿城而过的渭水并未给陇西带来充足的水力资源，反而由于渭水河道窄短、泥沙淤积、水污染严重，成为境内最难治理的河流。1943 年，甘肃省农会第一次会员代表大会上，陇西代表提出"引洮入渭"方案，认为"渭源、陇西、武山、甘谷等县，虽居渭水上流一带，然缺乏水源，常年干涸，无法灌溉。据地形学家测验，洮水高出渭水达千百公尺，如能引洮水入渭，使农田变为水地，则农产之增加，曷止十倍!?"③ 这个议案在会上通过后，当即报请甘肃省政府筹款办理，省政府饬省建设厅及甘肃水利林牧公司负责。然而，尽管 1938 年陆地测量局曾派员测量，但省建设厅指出，"查此案过时已久，人事变更，编查档案内，并无此项图幅，无从检送"。④ 接到省建设厅如此回复以后，甘肃水利林牧公司提出因"无案可稽"，而"此项工作，因距离太长，地形复杂，需要人员过多，本公司现有工程人员及测量仪器，大部分调往河西工作。以目前情形而言，尚有不敷之感，实无余闲可资抽派，且在时间上亦所不许。所嘱一节，歉难照办"，⑤ 遂不了了之。但陇西民众为解决本地区水资源问题的脚步并未停止。

1944 年 5 月，陇西县临时参议会第一次大会第六次会议上，王利仁、祁德森、王安泰、宋步蟾等代表联名提出《建议引洮入渭，扩充灌溉，增

---

① 《甘肃省政府秘书处就引洮济渭工程办理事的签呈》（1939 年 2 月 25 日），《甘肃省引洮上山水利工程档案史料选编》，第 490 页。

② 窦宗默：《开引洮河灌溉皋榆定隆等八县初步之研究》，《民国甘肃日报》1942 年 12 月 29 日，第 3 版。

③ 《甘肃省建设厅为核议引洮入渭提案事给水利林牧公司公函》（1943 年 5 月 22 日），《甘肃省引洮上山水利工程档案史料选编》，第 491 页。

④ 《甘肃省政府建设厅为饬队试测设计事给水利林牧公司函》（1943 年 7 月 2 日），《甘肃省引洮上山水利工程档案史料选编》，第 493 页。

⑤ 《甘肃水利林牧公司为无力测量设计事致省政府建设厅函》（1943 年 7 月 10 日），《甘肃省引洮上山水利工程档案史料选编》，第 494 页。

加生产案》。理由是："陇邑住居渭水上游，山高地瘠，川泽狭隘，水利为艰。每值亢旱，河水干涸，当与沃壤不同。往往农事歉收，工商均受影响。今年以来，公家有引洮入渭之议，果能实行，即下游之武（山）、甘（谷）、天水等县，利便绵延，增加生产，不仅陇西、渭源两县而已。"① 省政府得此议案再次嘱托甘肃水利林牧公司："研究，具复凭夺。"② 水利林牧公司仍以"限于人力与时间，既难组队施测，又无图表记载堪供研究参考"为由，称"委难如命办理"。③

民国时期战乱频仍，地处西北一隅的甘肃同样不能免于战争的灾祸连天，省政府无力过多考虑民生的问题。纵然民众对"引洮入渭"有着强烈诉求，但由于种种原因其没有被排上议事日程。洮河仍旧在崇山峻岭中蜿蜒流淌，陇中"苦瘠甲于天下"的情状未有改变。然而，新中国的成立给了旱塬百姓以新的希望。

三　"甘肃落后论"大批判

解放后，劳动人民掌握了自己的命运，不但做了社会的主人，而且也要做大自然的主人。几年来，勤劳勇敢的甘肃人民，在党的领导下，在改造自然、征服各种灾害方面，已显示了自己创造新历史的气魄和智慧。

——《伟大的引洮上山水利工程》④

① 《陇西县临时参议会第一次大会第六次会议决议案》（1944 年 5 月），《甘肃省引洮上山水利工程档案史料选编》，第 495 页。
② 《甘肃省政府为办理引洮入渭提案事给水利林牧公司的代电》（1944 年 6 月 23 日），《甘肃省引洮上山水利工程档案史料选编》，第 496 页。
③ 《甘肃水利林牧公司总管理处就拒办引洮入渭事给省建设厅函》（1944 年 6 月 28 日），《甘肃省引洮上山水利工程档案史料选编》，第 497 页。
④ 中共甘肃省引洮上山水利工程委员会宣传部编《伟大的引洮上山水利工程》，甘肃人民出版社，1958，第 11 页。

新中国的成立给甘肃发展带来新的契机，通过土地改革、肃反、镇反、"三反"、"五反"、农工商社会主义改造等运动，甘肃也像全国其他地区一样，阔步走向社会主义。随之而来的农业合作化运动和农村社会主义教育运动等，将旱塬农村从高级社带入人民公社阶段。但人们仍然为干旱所困扰。不同的是，1957年，中央号召大力开展农田水利建设运动，人们雄心勃勃，力争要做"大自然的主人"，久为干旱所困的百姓也将目光投向拥有丰富水力资源的洮河上。引洮工程呼之欲出。

农业合作化运动

甘肃省农业合作化运动的发展轨迹伴随着对"甘肃落后论"的"右倾保守思想"的批判。截至1957年2月底，"全省农业生产合作社已发展到6173个，入社农户达176707户"。但有很多问题，"不少农民在入社后仍存在着种种怀疑与顾虑，社员不关心社，不爱护公物，不重视团结"等。① 因此中央农村工作部提出，"不论何地均应停止发展新社，全力转向春耕生产和巩固已有社的工作"。② 然而，自4月下旬开始，毛泽东南方视察期间所看到的景象令他认为当前农村形势没那么紧张，不应压制农民的积极性，发展合作社的步伐可以快起来。因此在7月31日的省自治区市党委书记会议上，毛泽东做了《关于农业合作化问题》的报告，预言"全国性的社会主义改造高潮"的到来，并提出新的社会主义改造时间表。③

在此背景下，甘肃省农业合作化步伐迅速加快。1955年8月12日，甘肃省委召开一届四次全体会议，传达贯彻上述指示，检查领导农业合作化运动中的右倾保守思想，认为"过多的考虑了甘肃经济文化落后，民族关系复杂，地区辽阔，自然灾害频繁等困难的一方面"，并提出新的发展

---

① 《中共甘肃省委农村工作部关于暂停发展农业生产合作社，巩固现有社的几点具体意见》（1955年3月23日），甘肃省农业合作史编写办公室、甘肃省档案馆《甘肃省农业合作制重要文献汇编》第1辑，甘肃人民出版社，1988，第130页。

② 《中央农村工作部关于巩固现有合作社的通知》（1955年3月22日），《建国以来重要文献选编》第6册，第107页。

③ 中共中央文献研究室编《毛泽东年谱1949~1976》第2卷，中央文献出版社，2013，第409~411页。

计划："确定 1956 年春播前全省新建 11101 个新社，加原有老社共 18252 个社，入社农户占总农户 23% 左右，1957 年冬季前，社数发展到 3.5 万个，入社农户达 45% 以上。"① 地方的反应比省委预计的还要积极。定西地区 "全区现有农业生产合作社 477 个，入社农户占总农户的 7.33%"，地委拟 "在 1956 年新建社 1230 个，入社农户 3.7 万余户，再加扩社 3000 余户，总计 5 万余户（包括原有入社农户）占总农户的 27% 多"。②

各地区的热情回应使省委再次调整发展计划。1955 年 10 月的省委小组座谈会上，省委第一书记张仲良就领导农业合作化问题进行检讨，把 "缩小发展数字" "全力巩固，停止发展" 等本符合甘肃情况的意见当作 "右倾保守思想" 进行自我批评，严肃批判过分 "强调甘肃经济文化落后，民族关系复杂和自然灾害较多" 的错误思想。③ 随后的省委第五次全体（扩大）会议上，近百与会干部对其展开讨论和批判，一致认为解放后甘肃发生巨大变化，"甘肃的落后情况是在迅速改变着"，而 "有些同志看不到变化"，"片面强调落后"，这种 "甘肃落后论" 已对甘肃社会主义建设和改造事业带来不利影响，应该严肃批评。④ 伴随着全省上下对 "甘肃落后论" 的批判，农业合作化运动的速度显然已慢不下来，仿佛控制速度就意味着右倾、保守、落后，有的地方甚至出现了整村报名入社的情况。截止到 12 月 24 日，省委称："已新建成农业社 38874 个，连同原有社，入社农户已达占总农户的 75.1%。"⑤ 年底，全省基本实现初级农业合作化。

到 1956 年春，甘肃的农业合作化运动由初级社进入高级社阶段。截至 1956 年 4 月底，"已有 91.54% 的农户加入了农业社，其中 31.6% 的

① 《甘肃省委关于发展农业合作社的规划意见》（1955 年 8 月 20 日），《甘肃省农业合作制重要文献汇编》第 1 辑，第 167 页。
② 《中共定西地委关于发展农业生产合作社的规划意见（摘要）》（1955 年 8 月 28 日），《甘肃省农业合作制重要文献汇编》第 1 辑，第 174 ~ 175 页。
③ 《张仲良同志在甘肃省小组座谈会上的最后发言》（1955 年 10 月 20 日），《甘肃省农业合作制重要文献汇编》第 1 辑，第 185 ~ 191 页。
④ 《甘肃省委第五次全体会议（扩大）情况简报》（1955 年 11 月），甘档，档案号：91 - 8 - 151。
⑤ 《中共甘肃省委关于抓紧时间作好整社和生产工作的指示》（1955 年 12 月 29 日），《甘肃省农业合作制重要文献汇编》第 1 辑，第 279 页。

农户已加入了高级社"。① 与此同时，批判"甘肃落后论"的风潮也愈演愈烈。1956 年 3 月，甘肃省第一届人民代表大会第三次会议召开，省委宣传部长阮迪民做《批判"甘肃落后论"的错误观点》的讲话，随后在《甘肃日报》上发表并要求广泛讨论，"以求进一步从理论上反掉'甘肃落后论'……为加速社会主义改造和建设打下更坚实的思想基础"。②

一时间，甘肃上下以更迅猛的态势批判"甘肃落后论"，原本存在的地理条件恶劣、民族关系复杂等客观弊端被忽视。农业合作化的步伐更为迅猛，到 1957 年 1 月底，"全省共有 18600 多个高级农业生产合作社，其中包括 850 个由单一民族组成的少数民族高级社和 1536 个由几个民族联合组成的少数民族高级社。加入高级社的农户，占全省农户总数的 97.2%，如果把加入初级社的农户一并计算在内，则达到农户总数的 98.2%"。③ 至此，全省农业社会主义改造基本完成。

农村社会主义教育运动

然而由于生产力发展水平不够、干部生产管理经验不足等原因，短时间内依靠调整生产关系办起的高级社被当作基本核算单位，公有化程度提高，平均主义盛行，带来很多问题。许多社员宰杀牲口、要求退社，甚至发生严重的"闹社"事件。如临夏县"漫路乡 4 个农业社群众，先后拉去牲口 47 头，32 个社员准备殴打社干。麻尼寺沟社拉去牲口 57 头，关定乡前锋社尕三舍、下弯两村 8 户农民拉去牲口 8 头，谢家村及和平社王家大路两村，要求分社，群众'闹事'事先都是几度秘密商议，王家大路村农民集体签名盖章，都表示永不反悔的决心"。④ 面对各地的"退社""闹

---

① 《中共甘肃省委农村工作部关于召开地委书记会议的情况报告（摘要）》（1956 年 6 月 15 日），《甘肃省农业合作制重要文献汇编》第 1 辑，第 359 页。
② 《通知研究讨论"批判'甘肃落后论'的错误观点"一文》（1956 年 3 月 20 日），甘档，档案号：91 - 8 - 151。
③ 《甘肃省人民委员会工作报告——邓宝珊在甘肃省第一届人民代表大会第四次会议上的讲话》（1957 年 2 月 28 日），甘档，档案号：128 - 2 - 162。
④ 《中共临夏县委关于当前几个农业社"闹事"情况及几点处理意见》（1957 年 5 月 29 日），《甘肃省农业合作制重要文献汇编》第 1 辑，第 415 页。

社"风潮，① 毛泽东认为"富裕中农，多数愿意留在合作社，少数闹退社，想走资本主义道路"，因此提出，"我赞成迅即由中央发一个指示，向全体农村人口进行一次大规模的社会主义教育"。② 就此，中共中央指示要求在农村进行"实质上是关于社会主义和资本主义两条道路的辩论"。③

截止到 1957 年 9 月，甘肃省农村"将近 700 万农民投入了大辩论"。④ 内容"以中央提出的合作化优越性问题、粮食和其他农产品统购统销问题、工农关系问题、肃反与法制问题等四个问题为主，结合本地区的突出问题"；"主要是为了向所有农民进行社会主义思想教育，批判有些富裕农民的资本主义倾向，批判有些社干部、乡干部的本位主义思想和右倾思想"。⑤

省委派出工作组指导，对所谓"有资本主义思想"的人进行再教育，大批地方干部和群众被波及。如会宁县"在全县 264 个农业社中开展走社会主义还是走资本主义两条道路的大辩论。大鸣、大放、大辩论进行了 30 余天，至 10 月底，全县批准逮捕不法地富分子、反革命分子和其他犯罪分子共 150 人，还有 10 人在辩论中自杀"⑥；榆中县"批判了所谓资本主义'冒尖人'1342 人"⑦；景泰县在整社中斗争了 352 人，死了 12 人。⑧

这场农村社会主义教育运动实际上"是反右派斗争的扩展"。⑨ 甘肃省的反右派斗争异常激烈，"据 1959 年 7 月统计，全省共定右派分子 11132人，其中共产党员中定了 1405 人，团员中定了 1904 人，党外各界人士中

① 丛进：《曲折发展的岁月》，人民出版社，2009，第 50~52 页。

② 毛泽东：《1957 年夏季的形势》（1957 年 7 月），《建国以来重要文献选编》第 10 册，中央文献出版社，1994，第 486 页。

③ 《中共中央关于向全体农村人口进行一次大规模的社会主义教育的指示》（1957 年 8 月 8 日），《建国以来重要文献选编》第 10 册，第 528 页。

④ 中共甘肃省委党史研究室：《中国共产党甘肃大事记》，中央文献出版社，2001，第 136 页。

⑤ 《中共甘肃省委电话会议关于加强领导，健康地进行农村大辩论的指示》（1957 年 9 月 23 日），《甘肃省农业合作制重要文献汇编》第 1 辑，第 480~484 页。

⑥ 中共会宁县委党史资料征集办公室编印《会宁党史资料》第 5 集，1996，第 370 页。

⑦ 县志编委会编《榆中县志》，甘肃人民出版社，2001，第 28 页。

⑧ 《中共中央转发甘肃省委批转定西地委"关于景泰县在整社中发生错误的检查和今后意见的报告"》（1956 年 2 月 2 日），甘档，档案号：91-18-12。

⑨ 韩钢：《整风运动和反右派斗争》，郭德宏等主编《中华人民共和国专题史稿》第 2 卷，四川人民出版社，2004，第 179 页。

定了 7823 人"①。还打出以孙殿才（省委常委、副省长）、陈成义（副省长）、梁大钧（银川地委第一书记）为首的省一级"右派反党集团"，各地、县也不同程度地打击一批所谓持有右倾思想的领导干部。

1958 年 10 月甘肃二届人民代表大会一次会议报告称："从去年以来，我们根据中共中央和毛主席的指示，在中共甘肃省委的直接领导下，开展了全民整风运动、反右派斗争和农村社会主义教育运动。通过这三个运动，打垮了资产阶级右派的猖狂进攻，粉碎了以孙殿才、陈成义、梁大钧为首的右派集团，批判了右倾保守思想在甘肃的具体表现形态——'甘肃落后论'，发扬了正气，打击了邪气，这样，我们就比较彻底地解决了政治战线和思想战线上的社会主义和资本主义两条道路的问题。"② 这段话集中反映了在"大跃进"前夕，甘肃省委所展开的一系列"左"倾措施。

农田水利化运动与东梁渠

与此同时，甘肃省的农田水利建设运动高潮迭起，并出现了新中国第一个引水上山工程——东梁渠，得到中央高度肯定。

1957 年 9 月，中共中央发出《关于在今冬明春大规模开展兴修农田水利和积肥运动的决定》的号召，掀起以兴修农田水利为中心的农业生产高潮。10 月，甘肃省委农村工作部召开全省第二次农村工作会议，"要求全省明年发展水地和水浇地 350 万亩……在全省掀起一个大规模的兴修水利运动……基本上摆脱旱灾威胁"。③

各地随即制订计划积极响应省委号召。定西县于 1957 年 10 月初，在全县普遍开展"两条道路的大辩论"，一边着手"对右倾保守思想进行无情斗争"，一边掀起兴修农田水利和积肥运动的高潮。当年定西县"总人口 225212 人，35933 户，102542 个劳动力"④，自 1957 年 10 月初开始有 51000 多个劳动力投入农田水利和水土保持运动中，仅仅过了 40 天，"现

---

① 中共甘肃省委统战部：《甘肃统战史略》，甘肃人民出版社，1988，第 168 页。
② 《甘肃省人民委员会工作报告——1958 年 10 月 25 日在甘肃省第二届人民代表大会第一次会议上》（1958 年 10 月 25 日），甘档，档案号：91 - 4 - 236。
③ 《中共甘肃省委农村工作部关于全省第二次农村工作会议的报告》（1957 年 10 月 31 日），《甘肃省农业合作制重要文献汇编》第 1 辑，第 495 页。
④ 中共定西县委党史编纂室编《中国共产党定西县大事记 1921～1991》，甘肃文化出版社，2001，第 88 页。

在已在施工的清水渠道 104 条，水窖 775 眼，窑窖 75 眼，水井 244 眼，安装水车 97 部，安装郭驼机 3 部，截引地下水源 15 处，修蓄水池 51 座，挖泉 876 眼，修山湾塘 52 个，涝池 118 个，这些工程除少数建筑物外，预计可在今冬完成"。① 一半的劳动力投入水利建设，热情可见一斑。

从整个定西地区来看，当时记载"从（1957 年）10 月份开始至 11 月 25 日，参加水利、水土保持的劳力 389146 人。新修清水渠道 895 条又 73.5 华里。新打井 1350 眼，新修涝地 216 个，新挖泉 1882 眼，以上工程共计已扩大水浇地 121261.5 亩"。② 新修方志则显示，定西地区在 1949 ~ 1957 年"国家投资 727 万多元，发展有效灌溉面积 14 万多亩，保灌 9 万多亩。先后兴建了东河渠、西河渠、陇丰渠、陇渭渠、渭北渠、永丰渠、岷丰渠、龙凤渠、太平渠、清丰渠等一批小型引水工程，有效灌溉面积达到 25.44 万亩，保灌面积 17.75 万亩"。③ 虽当时材料存在夸大成分，但也确实说明了起到一些作用。

《人民日报》以肯定的口吻称赞甘肃水利建设的成就：到 1958 年 3 月"灌溉面积占总耕地面积的比例，已由解放时的不足 10% 提高到 30%。……最近，中共甘肃省委根据水利建设突飞猛进的新形势，已将 1958 年度扩大灌溉面积二百九十三万亩的计划增加到一千万亩。从去年 10 月到今年 2 月 20 日，五个月中全省已扩大灌溉面积五百三十多万亩，等于 1956 年度扩大灌溉面积的一倍多，相当于 1957 年度扩大灌溉面积的五倍多"。④ 这无疑是个夸大了的数据。据记载，1956 年"全省耕地面积 5713 万亩，其中有效灌溉面积 620 万亩，保灌面积 357 万亩"，1957 年则分别对应为 5711.5 万亩、644.6 万亩、392.6 万亩。⑤ 上述数字表明有效灌溉面积提高幅度并不大。

在农田水利化运动中，甘肃还有一个成就得到中央高度赞扬，这也是引洮工程诞生的重要背景之一，即武山县出现了引水上山的东梁渠。它于

---

① 《定西县开展农田水利水土保持和积肥运动的初步总结》（1957 年 12 月 5 日），定西市档案馆，档案号：1-1-153。
② 《对农田水利、水土保持运动进展情况的简报》（1957 年 11 月 30 日），定西市档案馆，档案号：1-1-153。
③ 《定西地区志》（中），第 1005 页。
④ 《水利建设的大跃进》，《人民日报》1958 年 3 月 3 日，第 1 版。
⑤ 《甘肃省志》第 23 卷《水利志》，第 219、222 页。

1956 年初开始修建，1957 年 6 月全线修成，把聂河水引向海拔 1900 多米高的柏家山，干渠长 27 公里，当年上报灌地面积 4000 多亩，后来被夸大到 1.8 万亩，甚至 3 万多亩。东梁渠引水口位于聂河上游石家磨河道左岸薰儿崖下，渠道向北蜿蜒而行，通过长虫山、圣母林、阎王匾、鬼门关、黑沟湾、鞍子山、烂泥滩等 20 多处悬崖峭壁和险工地段，于柏家山进入灌区。①

东梁渠修成后轰动一时，被称作"名闻全国的光辉旗帜""引水上山的典范"等。② 全国第三次水土保持会议也因此在武山县召开。《人民日报》评论道："如果作为一种自然现象看，拿这条渠同大江大河比，不过是条小溪，每秒钟流量只有零点七立方公尺，徽〔微〕不足道。然而作为人和自然斗争的现象看，它却是农民追求幸福生活、大胆进行创造、变古老幻想为现实的大涛大浪！同时也是一面旗帜，是号召人们向干旱进军的旗帜。这面旗帜，应该被所有干旱地区的人民高高举起！"③ 这一成功范例，使甘肃省委深受启发和鼓舞，认为遵循此道即可解决山区干旱之困境。

要从根本上解决甘肃中部的干旱问题，单靠几十公里长的渠道无疑是杯水车薪，引洮工程呼之欲出。

四 "要把洮河引到董志塬"

瓜两叶，一叶瓜，引洮工程多大啥？听我给你说的哈。瓜两叶，一叶瓜，"苏伊士运河"不算啥，洮河比它八倍大。木头架，泥塑佛，要拿"巴拿马运河"，比它还长十七倍多。瓜两叶，一叶瓜，在岷县古城拦了坝，洮河要听人的话。钢二两，银四两，支渠下面另外唱，主渠二千六百多里长。楼两条，一条楼，支渠要有十四条，长达五千

---

① 黄河水利科学研究院编《黄河引黄灌溉大事记》，黄河水利出版社，2013，第 167 页。
② 武山县地方志编纂委员会编《武山县志》，陕西人民出版社，2002，第 32 页。
③ 《引水上山丰收万年——记甘肃武山县东梁渠的修建》，《人民日报》1957 年 12 月 17 日，第 2 版。

多里遥。圈子里的白牡丹，主渠支渠合起算，七千六百多里远。狗头峰，麻子窝，水闸二百八十座，淌能建筑一百多。黄答峰、蜜蜂窝，劈开石山二百多，跨过河沟八百条，架设桥梁五百座。四路柱子木料房，挖填土石十亿方，比起长城还要长。玻璃瓶，油灯盏，如筑一尺高一尺宽，可绕地球十八圈。杆两根，一根杆，流经路程实在远，四专二十多个县。

——石生彩：《引洮工程有多大》①

这首以"花儿"曲调起始的民歌，唱出引洮工程的规模，就连苏伊士运河和巴拿马运河也被远远甩在背后。甘肃省第二次代表大会第二次会议召开期间派出引洮工程的查勘队伍尚未归队，就在 1958 年 2 月 11 日会议结束时做出上马决定。根本原因在于为干旱所困扰的定西情状使各方都在思索解决之道，引洮工程呼之欲出，但规模在几个月内由定西地区范围扩展至甘肃省中东部 23 个县市则带有鲜明的时代烙印。

会议上的仓促决定

庄子的"自然无为""天地与我并生，而万物与我为一"与孔子的"天命论"都谈及人与自然的和谐，深深影响着国人。然而随着科学技术的进一步发展，人类影响与改造自然的能力与欲望越来越强，以至于喊出了"人定胜天"的口号。② 中共甘肃省第二次代表大会在这种趋势的影响下，仓促决定引洮工程的上马。

农田水利化运动高潮中出现的小型水利工程东梁渠、永靖英雄渠无法从根本上解决干旱问题，但给了人们信心和启发。甘肃省委书记处书记霍维德即因此于 1957 年 9 月给省农林厅水利局写信，"指示研究自流引黄河水解决海原县（当时属甘肃省管辖）和靖远县兴仁堡川 80 万亩旱川地的灌溉问题"。省水利局杨子英总工程师安排勘测设计处王国栋等人在地形图上寻找研究可行性，首先找出自流引黄灌溉兴仁堡川的控制点为大营

---

① 石生彩：《引洮工程有多大》，《引洮上山诗歌选》第 1 集，第 76、77 页。

② Judith Shapiro, *Mao's War Against Nature：Politics and the Environment in Revolutionary China*，Cambridge：Cambridge University Press，2001.

梁，渠底高程宜选 2100～2200 米，再沿华家岭东行，至党家岘折向北，经西吉县新营到兴仁堡川。这意味着大营梁以上引黄线路要横跨洮河，进水口在黄河积石峡以上河段，问题复杂。而洮河年平均径流量 53 亿立方米，河道纵坡较陡。因此王国栋提出引洮方案，这样"不仅能满足兴仁堡川的灌溉要求还可解决榆中、定西、会宁等县和靖远县黄河以南的川台塬地的灌溉问题"。① 无独有偶，定西专署农业基本建设局局长梁兆鹏也在思考如何把黄河水引到靖远县的旱坪川发展水浇地，并在 1957 年冬组织工程技术人员对这一引黄设想进行查勘。历史进程总在偶然与必然间摇摆，这个地图上的设想注定要走向历史前台。

1957 年 12 月 13 日，甘肃省第二次代表大会第二次会议在兰州举行。省委副书记高健君代表主席团做《粉碎孙、陈、梁反党集团，清除右派分子，进一步巩固党的团结》的报告，以"大鸣、大放、大字报、大辩论"的方式批判右倾保守思想和地方主义。张仲良向各地代表提出"苦战三年，改变甘肃落后面貌"的工农业生产跃进计划，一呼百应。大会开了 57 天，有正式代表 600 人、列席代表 572 人参会，发言不是揭发所谓孙、陈、梁地方主义、右倾思想的种种"罪行"或揭发本地、本机关存在的小集团，就是举出本地区出现的先进事例以积极响应"跃进"号召。②

然而"苦战三年，为改变甘肃面貌而斗争"的口号易喊，实现却非易事。单以粮食为例，甘肃粮食亩产量最高为 1956 年的 157 斤，总产 76 亿斤（即便是当时夸大了的数字单产 175 斤、总产 85 亿斤），要实现三年内"粮食亩产超过 300 斤。总产超过 156 亿斤"的翻倍计划，需"水地由现在的 1200 多万亩达到 4000 万亩，水土保持面积由现在的 3 万平方公里达到 15 万平方公里，覆盖面积由现在的 6000 多万亩达到一亿三千万亩"。③ 这意味着提高粮食产量的关键是解决干旱问题，地方小型水利无法实现根本突破。规模宏大而孕育着从根本上改变陇中地区干旱现状希望的引洮工

---

① 《引洮工程》，甘肃省水利水电勘测设计院网站：http://www.gswdi.com.cn/news.asp? newsid = 576。访问时间：2011 年 2 月 6 日。

② 《中国共产党甘肃大事记》，第 139 页。

③ 张仲良：《鼓足干劲，苦战三年，为改变甘肃面貌而斗争！——1958 年 2 月 9 日在中国共产党甘肃省第二届代表大会第二次会议上的报告》（1958 年 2 月 9 日），甘档，档案号：91 - 4 - 104。

程计划，适时地出现在会议上。

1958 年元月，由梁兆鹏派出负责查勘引黄线路的技术人员来给正在参会的定西领导汇报查勘结果。技术人员指出引黄河水（大通河）到靖远旱坪川的渠线必须经过兰州市区才能实现，但在兰州市区开挖渠道牵扯者众，定西地区无力做到。因此梁兆鹏和定西地委农村工作部部长冯兆芳商议，既然如此，那么过去老人们常说的"引洮济渭"设想该试一试。冯兆芳提出，原来听说铁道部第一设计院①有同志讲设计院想在甘肃做些支农工作，但还没有找到相应项目，可以趁此各方群集的机会做些商议。会议间歇，梁兆鹏主动找到铁道部第一设计院的代表商议，得到愿意支持查勘的答复。得到科学技术力量的支持后，梁兆鹏随即将"引洮济渭"和引大通河到靖远旱坪川的设想报告给定西地委第一书记窦明海。窦明海遂汇报给张仲良，张当即指示"要积极抓紧去办"。梁兆鹏在组织定西专区技术人员的同时，联系上级主管部门，与在地图上画出引洮线路的省水利局想法不谋而合。于是，省农林厅水利局派出陈宝珍工程师同定西地区的工作人员一起进行实地勘查。② 2 月 11 日会议结束时便通过引洮计划。③ 很遗憾，笔者查不到会议记录，无法还原引洮工程上马的表决过程，但可以确定的是此时实地查勘队伍还未归队。

其后，引洮工程的规模经历一个在短时间内急速膨胀的过程，由定西地委提出原本旨在解决辖区干旱问题的计划逐渐变成由省委负责的"超级工程"。

定西地委的计划

1958 年 1 月 15 日起，省水利局、铁道部第一设计院、兰州水电勘测设计院等单位派人协助，会同原已开始勘测的定西专区农业基本建设局的勘查人员，对引洮河及大通河灌溉工程进行查勘。查勘人员分三个分队，

---

① 铁道部第一设计院，是 1953 年在原西北铁路干线工程局设计处的基础上成立的，初命名铁道部设计局西北设计分局，驻地兰州；1956 年西北设计分局扩建，改称铁道部设计总局第一设计院；1958 年 5 月，改称铁道部第一设计院。
② 梁兆鹏：《引洮工程始末》，《甘肃省志》第 23 卷《水利志》，第 832 页。
③ 《十六、引洮上山水利工程》（1960 年 6 月 7 日），甘档，档案号：231 - 1 - 503。

分段勘查，"第一队向上查勘至九甸峡（长约 100 公里），确定引水口和水库坝址后，再经过靖远贾寨柯附近，找出可以浇灌新堡子川大部土地的控制点……第二队由关山控制点向下查勘，至会宁沙家湾第三队起点止，长约 240 公里。第三队由会宁沙家湾采用适宜高程向下查勘，在海原干盐池附近与第一队会合，长约 240 公里。大通河工程，由于武胜驿至黄崖以东地区已有规划资料，只作一般了解，不作具体查勘"。① 经过一个月查勘，总计"选线踏勘长度超过 365 公里，线长度超过 100 公里，流量调查 11 处"。② 此次实地查勘远小于此前计划及此后的规模。

在定西地委那里，引洮工程显然还是一个以解决本地区干旱问题为目的的水利工程，规模止于定西辖区。

在 1958 年 2 月 22 日的定西地委常委会议上，第一书记窦明海指出，"省上意见叫我们先搞洮河，后搞大通河。要抽 30 万青壮年劳动力……"最后大家"一致同意两个工程一同开工"。③ 会议最终决定由地委农村工作部部长冯兆芳修改引洮河和大通河的初步规划，于 2 月 25 日向省委和省人委报告。规划中引洮河和引大通河工程同时进行，由定西地区负责；计划分别成立筹备委员会，辖区各县群众集资、出劳动力，决心"苦战三年，在苦战的三年内，不提高生活"，以此实现工程计划，"幸福万年"；规划中"引洮工程全长 780 公里，计划引水 150 公方，可灌地 1112 万亩"，"大通河工程全长 540 公里，计划引水 100 公方，灌地 600 万亩"。④ 这一规划表明，在 2 月底，定西地委还是认为由于受益地区大部为定西本地区，引洮及引大通河工程计划该由定西地委负责。规划预计引洮工程最远至靖远新堡子川，引大通河工程最远至景泰永泰川和靖远刘家川。（见图 1-4）

比较图 1-4 和图 1-5 这两个示意图可看出，定西地委虽设想引洮及引大工程同时进行，但规模相对局限在辖区内。不过，省委有更宏伟的计划。

---

① 《引洮河、大通河灌溉工程查勘计划》（1958 年 1 月 10 日），甘档，档案号：231-1-587。
② 《引洮河入定西专区灌渠查勘报告书》（1958 年 2 月 14 日）甘档，档案号：231-1-584。
③ 《地委会议记录》（1958 年 2 月 22 日），定西市档案馆，档案号：1-1-154。
④ 《关于引洮河和大通灌溉工程的初步计划（草案）》（1958 年 2 月 25 日），定西市档案馆，档案号：1-1-153。

比例尺1∶1000000

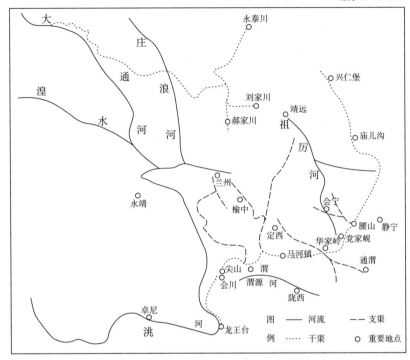

图1-4 引洮河、大通河渠道灌溉平面布置

资料来源：根据《关于引洮河和大通河灌溉工程的初步计划（草案）》（1958年2月25日）附图，由王腾飞绘制，定西市档案馆，档案号：1-1-153。

甘肃省的构想

甘肃省农林厅水利局、兰州水电勘测设计院等单位的勘查人员向省委报告，提出规模远大于定西地委规划的引洮和引大通河计划。具体为："洮河可以引到靖远的新堡子川和庆阳的董志塬。大通河可以引到皋兰的北山和靖远的刘家川、景泰的永太川。根据水量初步估算，两大渠道可以灌溉会川、临洮、渭源……26县市旱荒地约1800余万亩。"并详细指出两项工程的"水量情况及分配意见""组织机构""测量、设计工作的准备""民工调配""施工筹备问题"等方面的准备工作。[①] 这份计划的两项工程

---

① 《引洮河及大通河灌溉工程勘查情况及今后工作意见》（1958年3月6日），甘档，档案号：231-1-584。

规模远不只是定西，已延伸至庆阳地区，同时也指出应由省上负责。据梁兆鹏回忆，他本人也是"后来才知道省水利局在陇东也搞了一次考察，回来后按照省委的意图就将引洮工程向东延伸扩展到了董志塬"。①

仅仅过了几日，引洮工程的规模又被扩大。3 月 12 日，引洮水利工程办公室②提出，"洮河可以引到靖远的新堡子川和庆阳的董志塬，灌溉会川、临洮、渭源、定西、陇西、通渭、会宁、榆中、皋兰、靖远、固原、西吉、海原、平凉、庆阳、镇原、宁县、合水、泾川、环县、甘谷、秦安、兰州市 23 县市旱地 1200～2000 余万亩，长达 1130 余公里，引水 150～250 秒公方。大通河可以引到景泰，浇灌永登、皋兰、靖远、白银市等 4 县市荒旱地 600 余万亩，渠道长达 540 公里，引水 100 秒公方"。③ 后人回忆，灌地的田亩数，不过是向渠道所经地区的行政领导询问其辖境耕地面积的结果，并没有经过查勘确定渠道具体流向以及渠道附近所及的是塬地、川地还是其他。④ 实际上，单定西专区地形就十分复杂，有的是山大沟深之地，有的是河滩地、沟台地，有的是陡坡山地，有的是苦水地区，有的水位低，有的水位高。但当时并未因地制宜地将渠道流经的灌地之地形条件列出来，只是泛泛列出受益亩数。

规模的急剧扩大与灌地田亩范围的模糊使这一计划显得极其随意。省委在权衡之后，定下"集中洮河，先搞定西段"的原则，将引大通河的计划暂且搁置。⑤ 这表明地方政府务实的一面。

"要把洮河引到董志塬"

引洮工程就此走上历史前台，雏形已定：

① 梁兆鹏：《引洮工程始末》，《甘肃省志》第 23 卷《水利志》，第 833 页。
② 引洮水利工程办公室应是在 1958 年 3 月 6 日报告的建议下，由省委同意所设立的机构，但笔者还查不到其正式成立的记录。
③ 《甘肃省引洮工程办公室关于引洮水利工程测量计划》（1958 年 3 月 12 日），甘档，档案号：231-1-588。
④ 2011 年 9 月 6 日，笔者访问曾全程参与引洮工程的甘肃省水利水电勘测设计院工作人员王某某的口述回忆。
⑤ 《甘肃省引洮工程办公室关于引洮水利工程测量计划》（1958 年 3 月 12 日），甘档，档案号：231-1-588。

引洮水利工程由岷县龙王台引水，沿洮河左岸经岷县的梅川、会川的中寨集，卓尼的石门口、仁山沟、包舌口、九甸峡、桥道堡，会川的门罗寺、峡城，临洮的黑甸峡、南屏山，会川的宗丹集、牧儿岭、尖山、上湾、大石头壑岘，临洮康家集、瓦黑沟，渭源的庆平、剪子岔、上秦祁、白土坡、杜家铺、苏家沟，定西的七星岔、寒水岔、大营梁、菜子岔、东镇，通渭的下贾家、连咀庙，会宁的沙家湾、党家岘、刀岔沟，西吉的马家堡、月亮山、仁家沟、刘家套，会宁的黑窑洞、王家山庄、苗儿沟，靖远的上岘子，海原的张寨柯、干盐池，到靖远新堡子川，长达 760 公里，加上从月亮山引到董志塬，长约 350 公里，共长 1100 公里。[①]

这一引洮线路几乎横跨整个甘肃东部，一千多公里的干渠与支渠将把碧蓝的洮河水输送至每一寸需要它的地方。

后续测量紧锣密鼓，在甘肃省委的全面动员和直接组织下，水利局、甘肃水校、铁道部第一设计院、兰州水电勘测设计院、交通厅、城市建设局、西北科学分院、地质局、黄河水利委员会、黄河水利学校等 10 个单位的技术人员和兰州市、定西专署的干部和技术人员共 900 余人组织了 10 个选、定线测量队，3 个沿查勘线路测引高程的水平队，开始分段测量。整个工程本着"集中力量、先搞定西"的精神，根据"全线查勘、统一规划、分段设计、分段施工"的原则，分两期进行。第一期由岷县古城经西吉月亮山到靖远范寨柯，第二期由月亮山到庆阳董志塬。[②] 6 月，测量人员完成第一期工程的测量并开始第二期测量，向省委报告："总干渠最近经过比较决定从海拔 2250 公尺高的岷县古城，经南屏山、牧儿岭、关山、杨寨、华家岭，横穿天兰铁路到月亮山，最后到达董志塬，长约 1400 公里，渠底宽约 16 公尺，水深 6 公尺左右，跨过大小河沟 800 条。仅总干渠的土方就有 4.67 亿公方，石方 5090 万公方。"[③] 由此表明，经过进一步的地质

---

① 《甘肃省引洮水利工程局关于引洮水利工程在施工准备工作中需要解决的几个问题的报告》（1958 年 3 月 28 日），《甘肃省引洮上山水利工程档案史料选编》，第 32 页。
② 《引洮水利工程勘测设计工作报告》（1958 年 6 月 6 日），甘档，档案号：231-1-584。
③ 《张建纲在甘肃省第一届人民代表大会第五次会议上关于"劈开高山大岭，让洮河为人民造福"的发言》（1958 年 6 月），甘档，档案号：231-1-434。

勘探和实地测量，最终"根据第一段350公里的测量成果，经过反复研究，渠首由龙王台改变到古城"。① 尽管渠首做了改变，但大致线路并未更改。这一线路的示意图随着《甘肃日报》的传播，深深地印在人们心中。（见图1－5）

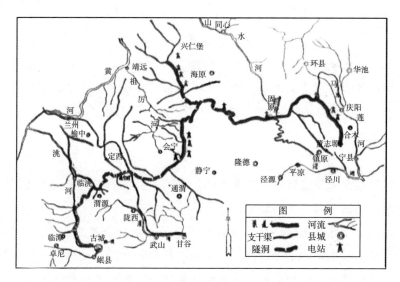

图1－5 引洮工程平面示意

资料来源：《甘肃日报》1958年6月18日，第1版。

在图1－5中，粗体线标出的引洮主干渠以及细体线标记的支渠，从岷县出发，横跨甘肃中东部20多个县市，范围远超定西，横跨天水、平凉，直达庆阳专区的董志塬。这些地区都将成为引洮工程构想中的受益区，自此之后的三年里，此地民众的一切生产与生活都与这一宏伟工程休戚相关。

引洮工程完成后的前景是美好的："灌区粮食亩产量即可比原来增加三倍以上，同时还可能利用渠道落差，建立电站，估计能发电30余万瓩，到那时灌区将是山顶稻花香，绿荫满山岭，电站林立，舟船往来，鱼鸭满池塘，米麦堆满仓，到处一片繁荣的新气象。"② "建成这条渠，不但可以灌溉23个县市的1500万到2000万亩土地，还可以利用水的落差发电和通

---

① 《引洮水利工程勘测设计工作报告》（1958年8月6日），甘档，档案号：231－1－584。

② 《引洮工程将在两年内完成》，《甘肃日报》1958年6月19日，第1版。

过小型的船只。因此，有人称这条渠为'山上运河'。"① 山上运河所带来的美好愿景给了"十年九旱"之地的旱塬百姓以无尽想象，如此美妙的图景，怎能不令人向往！

于是，伴随着"千军万马"涌向引洮工地，一个特殊的社会——工地社会形成了。

① 李培福：《引洮河水上山　幸福万万年》，《人民日报》1958 年 6 月 14 日，第 2 版。

第二章　工地社会雏形初现

> 我们是共产主义的画家，在洮河岸留下一幅最美丽的图画。我们是新型的诗人，正在写着史无前例的诗篇。我们是人间的巧匠，正在塑造着一座共产主义的天堂。我们凭着一双灵巧的手，正在修筑着走向天堂的渠道。

——朱荣：《通往共产主义的天堂》①

引洮工程被认为是"通往共产主义的天堂"，得到全省人民倾尽全力的支援。定西、平凉、天水等受益区百姓喊出"只要能把洮河引上山，要什么我们有什么""水不上山不结婚"等振奋人心的口号，将粮食、蔬菜、棉衣、工具等物资送往工地；十几万民工被迅速调动起来，向洮河中游的施工区域进发。这更像是人类试图驯服洮河的一场鏖战。

1958年6月17日，12000余人齐集岷县古城村，为引洮工程举行开工典礼。（见图2-1）会场面对高山，背靠洮河，一面面鲜红旗帜迎风招展，主席团正中悬挂毛主席的巨幅画像，两侧高挂着两幅巨型标语："鼓足干劲、力争上游、多快好省地建设社会主义！""民办公助、就地取材、势如

图2-1　万余人的开工典礼

资料来源：《引洮上山画报》第1期，敦煌文艺出版社，1959，第20～21页。

---

① 朱荣：《通往共产主义的天堂》，《引洮上山诗歌选》第2集，第131页。

破竹的完成引洮工程!"① 引洮人在大会上喊出了自己的誓言:"我们要在共产党、毛主席的领导下,要在总路线的照耀下,苦战两年,引水上山,改变干旱面貌,造福子孙万代。"②

图 2－2　甘肃省相关领导同志在引洮工程开工典礼上和工人一同宣誓（司马摄）

注: 左起张仲良、焦善民、高健君、马青年。

资料来源:《高举红旗把誓宣,喝令洮河上高山》,《甘肃日报》1958 年 6 月 21
日,第 4 版。

图 2－3　工人在开工典礼上宣誓（司马摄）

资料来源:《高举红旗把誓宣,喝令洮河上高山》,《甘肃日报》1958 年 6 月 21
日,第 4 版。

---

① 《劈开高山大岭　喝令龙王上山　引洮上山工程破土动工》,《甘肃日报》1958 年 6 月 18
日,第 1 版。
② 《誓词》,《引洮报》第 1 期,1958 年 7 月 1 日。

这些照片反映了开工典礼场景中的一个面向。图2-1中，黑压压的人群与背靠着的光秃秃的高山形成鲜明对比，几乎辨不清任何人的模样。图2-2中，甘肃省委的领导干部带头在主席台上举手宣誓，主席台前是依稀可辨的誓言——"苦战两年，引洮上山，造福万代"。图2-3中，统一戴着白色草帽的年轻民工举起右手宣誓，人群中高高擎起的是特殊年代特有的标语——"学先进，比先进，赶先进，赛火箭"；人们的衣着并不统一，也不崭新，甚至还有补丁；照片中第二行左数第1个人，头上显然已经戴了一顶帽子，同时又戴着统一的白色草帽，表明帽子是统一配发的，代表着他们的民工身份；人们脸上的表情较为合适的形容词可能是凝重，契合了照片的配词——"庄严宣誓"。

正是有了这批民工，有了甘肃省委的领导，引洮工地社会的雏形才渐渐呈现。为了工程的实施，人们在工地上建立起相应的制度。这些人和制度的组合体构成了本书叙述的主体，即特殊的、暂时性的社会组织形式——工地社会。

一　四面八方来支援

洮河上了山，收益可不浅，流经二十四县市，直上董志塬。洮河上了山，社会大发展，集体主义加强了，共产主义见。洮河上了山，干旱面貌变，旱地变成米粮川，粮食堆满山。洮河上了山，绿化有条件，荒山变成花果园，赛过那江南。洮河上了山，草原大发展，牛羊遍野满山跑，皮肉多新鲜。洮河上了山，山区大改变，机器轰隆震山岗，机械化实现。洮河上了山，发电有条件，白天黑夜都一般，工作多方便。洮河上了山，两千万亩旱地变水田，粮食增产三倍多，棉花两倍半。洮河上了山，一切都好办，工农业齐发展，生活大改变。洮河上了山，老汉变青年，妇女娃娃穿新衣，天天过新年。洮河上了山，天地大改变，高楼大厦入云霄，上下电梯连。洮河上了山，劳动有锻炼，思想好来觉悟高，红透又深专。洮河上了山，文化面貌变，大中小学齐开办，到处是科学院。洮河上了山，妇女大解放，处处设有幼儿园，老人幸福院。洮河上了山，好处说不完，子孙万代人人赞，幸福万万年。洮河水山岗，感谢共产党，英明领袖毛主席，祝他寿无疆。

——毛玲兴：《洮河上山，幸福无边》①

引洮工程一经决定上马，便成为甘肃省委的中心工作。从决定上马的1958 年 2 月到正式开工的 6 月，甘肃省委对施工进行了两方面的准备：一方面，进行精神宣传造势，唤起人们主动支援并参与工程的热情；另一方面，从物质上进行道路、工具、人力、粮食等方面的准备。一首《洮河上山，幸福无边》的诗歌传颂着时人对引洮工程完成后的期待，这种美好想象鼓励了"四面八方来支援"，也支撑着人们面对抑或忽略各种困难。

宣传造势

为了向百姓宣传引洮工程所带来的美好愿景进而促使他们参与其中，甘肃省委发动宣传机器，大造声势和舆论，表现在三个方面。

首先，利用报纸、广播等一切媒体进行宣传。《甘肃日报》《甘肃农民报》《红星》等甘肃省级党报党刊，都在此时发出有关引洮工程的多篇报道。② 借助于威信度极高的党报媒介，引洮工程的可行性、必要性以及它

---

① 毛玲兴：《洮河上山，幸福无边》，《引洮报》第 34 期，1958 年 12 月 10 日，第 3 版。
② 如在 1958 年《甘肃日报》上的有《让洮河翻过华家岭大通河上皋兰北山》（3 月 4 日）、《洮河和大通河两大工程振奋人心，各厅局院校单位决定大力支援》（3 月 7 日）、《听说洮河工程过会宁，全县人民齐欢腾》（3 月 16 日）、《引洮工程测量人员大誓师，决心提前完成工程测量》（3 月 19 日）、《踊跃参加引洮上山工程，兰大学生昨晚誓师》（3 月 19 日）、《引洮工程坝址和渠首测量工程提前完成》（4 月 2 日）、《洮河水利工程委员会举行第一次会议积极准备争取 6 月开工》（4 月 3 日）、《通渭靖远人民快马加鞭随时准备参加引洮工程》（4 月 22 日）等。在《甘肃农民报》上的有《让洮河爬上华家岭董志塬　叫大通河流入秦王川永泰川　咱省中部干旱地区将一举实现水利化电气化绿化》（3 月 8 日）、《会宁县人民个个欢欣鼓舞　计划抽调劳力参加引洮工程》（3 月 12 日）、《"大通河水淌不到景泰决不回家"》（3 月 29 日）、《一定要把洮河引上高山》（4 月 19 日）等。省级党刊《红星》1958 年的创刊号开篇就是《共产主义的工程，英雄人民的创举》，此后几乎每一期都有文章宣传引洮工程，如《引洮工地的政治思想工作》（1958 年第 4 期），《引洮工程的共产主义风格》（1958 年第 5 期）、《引洮工程上的红专学校》（1958 年第 5 期）等。

所能够带来的美好愿景，在全省范围内得到大力推广，鼓舞着人们效仿并贡献一己之力。后来有民工回忆："当时报纸上大吹大擂，《甘肃日报》、广播电台，天天讲引洮工程的伟大意义，城乡到处张贴着'引洮工程是甘肃人民的一大创举'的复印件。"① 这样一种无所不在的高调宣传，使得引洮工程实施后的美妙愿景，鼓噪着每个人的耳膜，振奋着每个人的心神。

其次，各级干部会议与各机关党委组织机构会议步步传达。在决定引洮工程上马的甘肃省第二次代表大会第二次会议结束以后，作为主要受益区的定西专区，随即召开所辖 9 县市的县委副书记或副县长参加的会议，专门研究和部署施工准备工作。此后，"各县在群众中普遍进行了一次引洮工程伟大意义的宣传教育工作"，各地都出现"父替子、子代父、兄替弟、弟代兄、妻子替丈夫争先恐后报名的生动事例。如靖远县复员的转业军人张成玉，坚决要求参加洮河工程。他说'我要以抗美援朝的精神，苦战两年半，水不上山，我不下山，水不入靖远，我不还家乡。'陇西仙源乡金坪社社员王元德，听到引洮工程的宣传之后，用自己的鲜血写了申请书，表示决心。县委干部陈世海在申请书上写到'头可断，血可流，改变干旱的意志不可屈，请组织批准我参加引洮水利工程'"。② 靖远县甚至组织了有万人参加的游行，要求早日开工。③ 一时间，各地都出现了争先恐后参加引洮工程的景象。

这种自觉自愿参加引洮工程的景象在部分人的回忆中也得到印证。通渭人张大发说："1958 年，父亲、二叔、四叔、六爷都去了洮河。我那时只有 12 岁，当他们背着行李和所有民工排队出发时，我打鼓相送，感到十分自豪。"④ 据一位榆中县的参与者自述，当时他已经是乡邮递员，马上于 1958 年底转正，但他仍旧积极报名参加了引洮工程，是为"响应党的号召，服从党的指挥"。⑤ 当时的社会氛围，造就了这样一种参与的激情。

---

① 天水工区宣传部长田志炯的口述回忆。转引自庞瑞琳《幽灵飘荡的洮河》，作家出版社，2006，第 151 页。
② 《关于施工准备工作的初步总结》（1958 年 5 月 17 日），甘档，档案号：231 - 1 - 432。
③ 《甘肃省洮河水利工程委员会第一次会议纪要》（1958 年 4 月 3 日），甘档，档案号：231 - 1 - 439。
④ 张大发：《金桥路漫——"通渭问题"访谈报告》，定西市作家协会，2005，第 151 页。
⑤ 《周某某的自述》，个人材料，2011。

图 2 - 4　父母送儿子引洮

资料来源：《引洮上山画报》第 1 期，第 18 页。

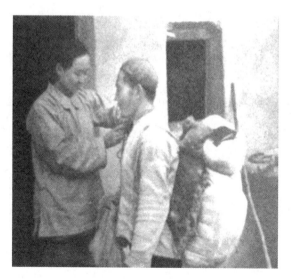

图 2 - 5　妻子送丈夫引洮

资料来源：《引洮上山画报》第 1 期，第 18 页。

　　全省各机构如党委、共青团委、妇女组织、工会组织等也都向地方对应机构进行精神传达。共青团甘肃省委在青年中提出"支援洮河、大通河伟大水利工程，在全省青年职工中开展‘献金一元’活动”的倡议。① 甘肃省委在全省少年儿童中号召广泛地开展“支援引洮上山”的活动，“举行以支援引洮上山为主题的队会、制作图表、模型，开展象征性的活动。教育他们懂得今天的艰苦劳动，正是为了创造共产主义的幸福明天。把儿童们发动起来，组织起来，使每个少年儿童都成为支援引洮上山的积极分子。并组织他们采用宣传队、歌唱队、黑板报、广播等向群众展开广泛的宣传活动。”榆中县来紫堡乡萃英小学的少先队组织开展“我们也来支援引洮工程”的活动，帮助参加引洮工程的民工家属做家务，开展种地、饲养等活动。②

最后，以整风、大辩论的方式对各地百姓发起舆论“轰炸”，消除对引洮工程的质疑之声。以“和风细雨”的思想教育方式向普通民众宣传引洮工程的理念，能够起到一定教化作用，达到潜移默化中影响人们思想意识的目标。但柔性的宣传教育并不是一剂万能药，对于这一规模宏大的水利项目是否能够在两三年内完成，有许多人持怀疑态度。很多老人都说：“两三年能引洮上山，那是哄娃娃的话！”还有一些类似于“引洮河是一个人住一个窑洞，要十七年才回来”“和国民党拉兵一样，和秦始皇募兵一样”“不是修洮河去是当兵去”等的言语在坊间流传。③ 于是，刚性的“整风辩论”紧接着农村社会主义教育运动的余音，渺渺而来。

1958 年 5 月，即正式开工前一个月，整风运动率先针对引洮工程局的机关干部展开。主要内容有：“引洮上山后，到底有那［哪］些好处？”“工程中有那［哪］些困难？准备如何克服？”“辩论为什么要采取‘民办公助’的方针？”“如何做到施工和生产两不误？”“辩论”的方法步骤是：“采取大鸣大放，大争大辩、大字报的形式，边鸣放、边辩论、边整改、边进行思想建设。”④ 定西专区地委编写《引洮工程宣传提纲》，各县团组织采用誓师会、进军会、党团员会、青年会等形式辩论引洮工程的重大意义和它将要带来的好处以及工程的艰巨复杂性，开展诉干旱之苦的活

① 《共青团关于支援洮河、大通河伟大水利工程在全省青年职工中开展献金一元活动》（1958 年 3 月 26 日），甘档，档案号：107 - 1 - 219。

② 《共青团甘肃省委关于在全省少年儿童中开展“支援引洮上山”活动的决定》（1958 年 5 月 28 日），甘档，档案号：107 - 1 - 219。

③ 《定西工作汇报》（1958 年 5 月 14 日），甘档，档案号：231 - 1 - 574。

④ 《关于整风安排情况的报告》（1958 年 5 月 26 日），甘档，档案号：231 - 1 - 4。

动。① 这种"辩论"更是"批判"，将消极的声音——消除，在工地社会的运行过程中，这一形式将持续存在。

各种形式的宣传活动使各地出现参与热潮。旱塬百姓对改变缺水恶劣环境的殷切渴望，在地方政府强有力的宣传动员之下，被发挥到极致。毕竟这一雄心勃勃的超级水利工程，能够强烈激发民众对山青水秀美好生活的无限憧憬和美好想象。而且新中国建设所取得的巨大成功，又强化了民众对共产党的信任感和依赖感。不过，撇开这些宏大原因，也许对某些在生存线上挣扎的普通民众来说，参加引洮工程仅仅由于受到"引洮工地上能吃饱还给钱"等宣传语的吸引。②

物质准备

轰轰烈烈的宣传造势，充分展现了中国共产党在宣传动员方面的超强能力，但这并不意味着只有热情，时人也预计到这是一项艰巨的工程。从施工量看，"这条渠道要通过石山一百三十四公里，打隧道五十孔，全长七十公里，最长的杨寒隧道为五点六公里。整个干渠工程要挖土五点五四亿公方、石方二千四百万公方，加上支渠，工程量会更大"；从技术上看，"例如测量选线、开山劈岭、架设渡槽、打通隧道、机械化施工、修水库、选择水力发电站址、生产建筑材料等，困难很多"；"从人力方面看，整个工程需要二十万劳动力不分寒暑连续工作两年"；"在财力方面，初步估计整个工程需投资八千万元"。③ 根据随后的施工实况来看，这些困难是被大大低估了的，不过至少表明地方行政部门也考虑了部分客观情况。省委就此进行了技术、人力与财力等方面的基本准备。

为弥补水利人才的不足，省委决定把水利学校搬到工地。从1958年3月开始，甘肃省水利学校的教职工及一、二年级学生260余人，组成1个定线队、3个查勘队、14个水平组赴工地，一边劳动，一边学习。④ 兰州铁路工程总局工人技术学校和兰州铁路工程学校的680多个学员积极要求

① 《加强青年思想教育，保证引洮工程顺利开工》（1958年5月22日），甘档，档案号：231-1-885。
② 2010年11月8日笔者于定西市安宁区档案馆门口采访郭某某的记录。
③ 李培福：《引洮河水上山，幸福万万年》，《人民日报》1958年6月14日，第2版。
④ 《引洮灌溉工程情况简报》（1958年3月24日），甘档，档案号：96-1-294。

"参加洮河的测量和施工工程"。① 参加测量的甚至还有河南开封黄河水利学校的教职员工，② 充分体现集体主义的协作精神。同年 5 月 12 日，甘肃省委向中国科学院提出洽请，派中国科学院地质专家支援引洮工程。随后，中国科学院地质研究所水文工程地质学家谷德振带领 7 名技术人员和一批化验土质的仪器来支援。③ 与此同时，各县也竭力培养技术员，定西县"已在三个点上培训技术员 150 人"。④ 医疗支援也是重要方面，甘肃省卫生厅副厅长李义群带来 400 余名医务人员，建成一个安全卫生网。⑤

工程所需要的劳动力，全部由受益区承担。在准备阶段，这些区县首先派出先遣队，为后面的大队人马做修路、找民房、挖窑洞、找水源、盘锅灶等生活准备。4 月 20 日，6000 余民工进入工地，并组织 504 个铁匠、木匠进行工具加工和改革。⑥ 随后，来自受益区的普通民工开始向施工区域进发，人数最多时达到"169500 人"。⑦

然而，甘肃省委预计的施工困难和为此而做的准备都过于乐观。"全线已拥有技术人员九百多人，其中有工程师十余人，基本上可以保证顺利地进行施工。修渠所需要的人力，全部由受益区的农民负担，440 万农民的热情是高涨的，他们决定抽出 11%、约 20 万劳动力常年参加建设工作。定西、天水两个专区和兰州市的群众，已集资 1200 万元。工程需要的十万立方米木材可以经过清理林木解决，需要的水泥完全采用地方生产的低标号水泥。许多县，已开始建立木器、铁活、石灰、水泥、炸药、烧砖等简易工厂，以满足工程的需要"，所有的困难"都在甘肃人民革命的干劲下基本获得解决"。⑧ 其直接表现是引洮工地上汇聚了大批工地人，这些男女老少都在一种昂扬的精神氛围中信心满满地来到工地。

---

① 《洮河和大通河两大工程振奋人心　各厅局院校单位决定大力支援》，《甘肃日报》1958年 3 月 7 日，第 2 版。
② 《引洮渠道定线测量已经完成四十公里》，《甘肃农民报》1958 年 3 月 29 日，第 1 版。
③ 《复关于派地质专家支援引洮上山水利工程事》（1958 年 5 月 23 日），甘档，档案号：91 - 8 - 193。
④ 《定西工作汇报》（1958 年 5 月 14 日），甘档，档案号：231 - 1 - 574。
⑤ 《全国人民大力支援引洮工程》，《甘肃日报》1958 年 6 月 18 日，第 2 版。
⑥ 《关于施工准备工作的初步总结》（1959 年 5 月 17 日），甘档，档案号：231 - 1 - 432。
⑦ 《关于引洮上山水利工程几个问题的报告》（1959 年 4 月 26 日），甘档，档案号：91 - 4 - 348。
⑧ 李培福：《引洮河水上山，幸福万万年》，《人民日报》1958 年 6 月 14 日，第 2 版。

二 "男女老少齐出征"

> 东山上来启明星，炕头上不见睡觉人，男女老少齐出征，要把云山尖削平。东山升起一朵云，社员扛铣去上工，男女互相比干劲，双双对对笑盈盈。东山冒出红太阳，社员二次上山梁，干粮烟袋齐带上，当上模范再回乡。
>
> ——《男女老少齐出征》①

在甘肃省委超强规模的宣传造势下，全省上下特别是受益区很快形成一股主动参与引洮工程的热潮，"男女老少齐出征""要叫高山低下头，水不上山不下坡""表决心、定计划，水不上山不回家"的口号传颂一时。整体来看，参与引洮的人员构成有两种，一种是包括水利技术人员、医生等在内的干部；一种是普通民工。各种干部主要来自甘肃省级各相应机关，如甘肃省卫生厅提供医疗卫生方面的干部支持，甘肃省邮政局提供邮路和电话网络方面的干部支持等，在下文工地上组织机构与干部来源的部分会详加讨论，本部分主要讨论普通民工的人数与来源结构。

民工的人数

按计划，引洮工程所需劳动力全部由受益区（即定西、平凉、天水地区）承担，抽调原则为："农忙期间抽调男全劳的40%左右，农闲期间抽调70%～80%的比例参加施工。"② 人数方面，"要求经常保持有16万人参加施工。农闲突击增加人数不计在内，具体的是，定西专区抽10万人，天水专区抽4万人，平凉专区抽2万人"。③ 人数分配上也可看出引洮工程预

---

① 《男女老少齐出征》，《引洮上山诗歌选》第1集，第54页。
② 《甘肃省洮河水利工程委员会第一次会议纪要》（1958年4月3日），甘档，档案号：231－1－439。
③ 《引洮上山水利工程委员会第四次会议纪要》（1958年9月3日），甘档，档案号：231－1－439。

计的效益比重。专区总人数确定之后，各县分配人数根据劳动力总数按照一定比例摊派，再由县到公社、大队、小队逐级完成。在采访中，笔者屡次听到"一家出一个人"的说法。通常，一家有两个或两个以上的青壮年，则需出一个劳力，若一家只有一个独子，则一般不出，但也有一家兄弟好几人，两三个一起上工地。

由于规定"民工必须是精工，有病患者一律不得参加。妇女劳动（力）一般的不要抽调……但有些年青力壮、家庭没有拖累、确实力能胜任，而且本人真正愿意者也可参加"，① 各县都挑选最好的青壮年男劳动力参加。但有关各县如何抽调民工的直接材料笔者尚未找到，只能按照应出工人数计算，"按临洮全县27万多人口，应出民工1.5万名"，"榆中全县23万多人，应出民工1.3万名"，② 相当于每100人要抽调劳动力6人，抽调比例是6%。

根据新编县志等材料统计，在1958年工程施工初级阶段，出工人数较多的有陇西、通渭、渭源、天水等11个县，以定西地区各县为最。陇西工区抽调的民工有2万人；③ 通渭县"抽调农村劳动力2.3万人（占总劳力17.8%）"；④ 榆中工区最初7755人，后来增加到10008人；⑤ 岷县工区动用了劳动力6000人，临洮工区最初动用6000人；⑥ 定西县1958年7月以前抽调5300人，7月中旬陆续又调来民工10155人，共计15455人；⑦ 会宁工区刚开始抽调14000余人，后增加到近2万民工；⑧ 靖远县调民工

---

① 《甘肃省引洮水利工程局关于引洮水利工程在施工准备工作中需要解决的几个问题的报告》（1958年3月28日），《甘肃省引洮上山水利工程档案史料选编》，第33页。

② 《关于各工区所缺民工问题的报告》（题目由作者根据内容自拟，1958年9月24日），甘档，档案号：231-1-4。

③ 中共陇西县委党史研究室编印《中共陇西党史资料》第1辑，1998，第62页。

④ 通渭县志编纂委员会编《通渭县志》，兰州大学出版社，1990，第24页。

⑤ 榆中县水电局编印《榆中县水利志》，1991，第305页。

⑥ 于家彦：《"西兰会议"前后临洮有关资料摘编》，中国人民政治协商会议甘肃省临洮县委员会文史资料委员会编印《临洮文史资料选》第3集，2002，第68页。

⑦ 《甘肃省引洮上山水利工程局定西县工区保卫科关于开工以来保卫工作情况及保卫科长会议传达贯彻情况的报告》（1958年8月20日），甘档，档案号：231-1-712。按，《定西县志》第38页上记载为1.4万人。

⑧ 刘玉珩：《引洮漫记》，中共会宁县委党史资料征集办公室编印《会宁党史资料》第5集，1996，第139页。

11626 人；[1]"秦安、天水、武山三个工区参加民工 53468 人（男 49803 人，女 3665 人）"，另一种说法为三县共参加人口为 6.2 万；[2] 算下来，共有 17.4089 万人之多。还有的县不是工程预计的直接"受益区"，但为体现集体主义协作精神，也派出少数劳力支援。如临夏派出 400 名青壮年，平凉地区的宁县在 1958 年派出了 1830 人、1959 年又派出了 1790 人，[3]静宁县也在 1958 年秋抽调 3500 人等等。[4]各地抽调参加引洮工程的人数及当年人口比例如表 2-1 所示。

定西专区 1958 年共有人口 151.4 万，农村人口 143.3 万，总劳动力 64.73 万，[5] 若按照预计应"抽 10 万人"，抽调比例应为 6.5% 左右。实际上各县的情况如表 2-1 所示，与原定计划所差不远。如果以劳动力为计的话，比例应为 15.1%。如通渭县，抽调民工数比例达到 17.8%；定西县当年劳动力 102542，抽调民工 1.5 万人，抽调比例约为 15%。[6] 所抽调民工比例也基本与总劳动力比例相契合。

表 2-1　各县实际出工人数、总人数及比例

人数单位：万

县别	出工人数	1958 年总人数	占比
陇西	2	21.71	9.2%
通渭	2.3	27.97	8.2%
榆中	1	22.7	4.4%
临洮	0.6	26.61	2.3%
岷县	0.6	23.51	2.6%
定西	1.5	23.09	6.5%

[1] 《靖远县志》，甘肃文化出版社，1995，第 50 页。

[2] 《天水地委关于引洮工程施工情况报告》（1959 年 1 月 17 日），甘档，档案号：91-8-289；《武山县志》（第 33 页）记载武山县参加引洮的民工有 3 万多人；《秦安县志》（第 35 页）记载秦安县参加引洮的民工有 1.2 万；《北道区志》（第 20 页，即过去的天水县）记载天水县参加引洮的劳力为近 2 万。一共 6.2 万。

[3] 《正宁县国土资源志》，甘肃人民出版社，2009，第 40 页。按，正宁县 1958 年正好并入宁县，1962 年又恢复正宁县建制，所以在派遣引洮民工期间，叫宁县。

[4] 《静宁县志》，甘肃人民出版社，1993，第 34 页。

[5] 《定西地区志》（上），第 254、273 页。

[6] 中共定西县委党史编纂室编《中国共产党定西县大事记 1921-1991》，甘肃文化出版社，2001，第 88 页。

续表

县别	出工人数	1958 年总人数	占比
会宁	2	24.09	8.3%
靖远	1.1	18.69	5.9%
秦安	1.2	33	3.6%
武山	3	47.4	6.3%
天水	2	26.65	7.5%
总计	17.3	295.42	5.9%

注：静宁县所派 3500 人属于支援，不计在内。

资料来源：陇西、通渭、临洮、岷县、定西 1958 年人口总数参见《定西地区志》（上），第 255 页；会宁县 1958 年总人数参见《会宁县志》，第 1003 页；榆中县 1958 年总人数出自《榆中县志》，第 685 页；秦安县 1958 年总人数出自《秦安县志》，第 158 页；甘谷、武山在 1958 年合并为武山县，故出工人数应为《武山县志》第 33 页记载的两县一共 3 万多人；《甘谷县志》第 103 页记载 1958 年总人口为 28.5 万，《武山县志》1958 年人口无记载，根据第 111 页记载 1953 年和 1964 年两次人口普查的人数 18.8207 万和 18.9380 万推断，1958 年人口可能也在 18.9 万左右，则一共为 47.4 万；靖远县 1958 年总人口出自《靖远县志》，第 127 页；秦安县 1958 年总人口出自《秦安县志》，第 158 页；天水县 1958 年总人口出自《北道区志》，第 115 页。出工人数也来源于上述材料。

据称，"截止（1959 年）4 月 20 日统计：目前参加引洮的民工已达 169500 人"。[①] 能够征调如此多的劳动力参加引洮工程，反映了行政部门强大的组织动员能力。与之相比，南京国民政府在 1934 年实施导淮入海工程时，面临的首要问题是"采取的工夫征用措施没有征募到足够的工夫"，以至于无法完成预定目标。[②]

总的来看，工地上的民工人数统计如表 2 - 2 所示。

表 2 - 2　引洮工程历年分月实有民工统计

单位：个人

月 ＼ 年份	1958 年	1959 年	1960 年	1961 年
1 月		159322	142622	6606
2 月		159322	139252	

[①] 《关于引洮上山水利工程几个问题的报告》（1959 年 4 月 26 日），甘档，档案号：91 - 4 - 348。

[②] 〔美〕戴维·艾伦·佩兹：《工程国家：民国时期（1927～1937）的淮河治理及国家建设》，第 54 页。

续表

月＼年份	1958 年	1959 年	1960 年	1961 年
3 月			132597	
4 月			109747	
5 月			104598	
6 月	44347	146206	99629	
7 月	96635	96784	69377	
8 月	102456	96876	49484	
9 月	94538	87206	32679	
10 月	112713	87613	29336	
11 月	121957	106456	26062	
12 月	152765	129549	21469	

资料来源：《引洮工程历年分月实有民工统计表》，甘档，档案号：91－4－879。按，1959 年3、4、5 月三个月的民工数目原表无。

根据表 2－2 可以绘制为图 2－6。

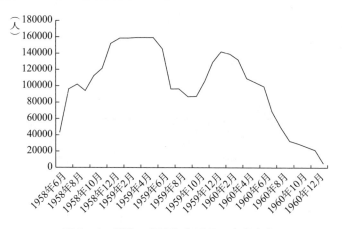

图 2－6　引洮工程历年分月民工人数变化

注：数据来源于表 2－2，并将 1959 年 3～5 月统一补齐为 160000 人。

图 2－6 的曲线图更清晰地呈现了每年民工人数的增减变化脉络。民工数目变化的脉络，从侧面反映了引洮工程的方针政策。人数逐步增多的1958 年 6 月到 1959 年 6 月，是引洮工程建设的第一个高峰期。之后省委要求"加强农业生产战线"，精减民工人数。1959 年 9 月"反右倾"运动后再次"跃进"，民工人数从 11 月又开始增多，直到 1960 年六七月份，

工地粮食紧张、工程建设目标无望实现，人数开始减少。

民工的来源结构

引洮工程"共产主义工程"的定位使其更倾向于抽调根正苗红的贫下中农，但由于所需劳力过多，加之"大跃进"形势下各地大炼钢铁、修路开渠等都需劳力，富农、地主等"五类"分子也被抽调。在采访中笔者了解到，引洮工程虽民心所向，但让许多没有出过远门的农民远赴离家几百公里的地方劳动，却也并非都心甘情愿，导致引洮任务被派给村庄里"成分大"（即富农、地主、反革命等出身）的家庭。因为这些阶级"异己分子"要被"改造""劳动教育"和"再锻炼"，他们干的活都是又苦又累的。定西县城关公社某大队六小队一共有 20 多户，按规定需抽调 7 个人，最终有 4 个贫农、1 个富农和 2 个地主参加。而且这个小队"成分大"的只有这三家，全部都被要求出劳力。[1] 可见，虽然不乏积极"水不上山、誓不还家"之人，背井离乡的客观困难却阻挡了很多人。这种情况也出现在新中国成立初期的治淮工地上。据悉，1953 年南湾水库建设中"有些中队伪人员、地主占 46%"；河南鄂城县七区李楼乡 32 个民工中，"有地主27 人"。[2]

从年龄段来看，最初抽调的多为青壮年劳力。以榆中工区第五大队为例，民工的年龄情况见表 2-3。

表 2-3　榆中工区第五大队民工年龄统计

队名	现有民工总数	年龄与所占总人数的比例					
		14~25 岁	比例	25~40 岁	比例	40 岁以上	比例
第一中队	248	104	41.9%	98	39.5%	46	18.5%
第二中队	349	237	67.9%	87	24.9%	25	7.2%
第三中队	187	58	31%	71	38%	58	31%
第四中队	220	89	40.5%	73	33.2%	58	26.4%
合计	1004	488	48.6%	329	32.8%	187	18.6%

资料来源：《榆中工区第五大队民工年龄统计表》（1958 年），甘档，档案号：231-1-241。

---

[1] 2011 年 9 月 8 日笔者在定西市采访张某某的记录。张为地主出身。

[2] 《治淮民工的动员组织工作中存在着严重问题》（1953 年 3 月 23 日），《内部参考》，香港中文大学中国研究服务中心藏。

从表 2-3 可见，14~40 岁的青壮年民工，占比 80% 以上。

从性别上看，以男性为主。在本部分开头的一张民工宣誓的照片中，可以明显看出民工都为男性。工地上大多是体力活，需要花大力气肩扛背背、开挖土方，女性在体力上不占优势。即使是烧饭的伙夫，也以男性为主，因要做多人的饭，做饭也成了体力活。随后由于"大跃进"形势下各地劳动力吃紧，才有女性被抽调。1959 年春节过后，通渭工区新调来 1400 名民工，其中女性 1296 人，占比近 93%。[①]

从民族来看，以汉族为主，但也有少许少数民族参与。据统计，"从施工至 1960 年元月底统计，参加引洮工程的干部计有 3012 人，其中少数民族干部 36 人，占干部总数的 1.19%；参加整个工程的民工计 142622 人，其中少数民族民工 1760 人（回族 1700 人，藏族 28 人，东乡族 28 人，保安族 4 人），占民工总数的 1.23%"。[②]

这些活跃在工地上的各类人群，是工地社会赖以形成和正常运转的基本元素。自此，这些人的生产、生活、娱乐、人际交往等各方面，都将局限于工地这个特殊的空间场域中，与引洮工程建设息息相关。作为人和制度结合体的工地社会，其另一个基本元素是组织，它是各种制度产生的基础，为工程建设保驾护航。

三 工程局的成立

工程局的各部门和各工区都应本着全工程"一盘棋"的精神，上下左右拧成一股绳，发扬共产主义大协作，一切工作都要从保证和促进"七一"通水的全局观点出发，分别主次、先后、轻重、缓急、妥

---

① 《思想反映第三期：当前职工对"七一"通水大营梁的反映》（1959 年 3 月 6 日），甘档，档案号：231-1-180。
② 《关于全省少数民族参加引洮工程情况向中央统战部的报告》（1960 年 3 月 15 日），甘档，档案号：95-1-594。

善安排，密切为工程建设服务。

——《中共甘肃省引洮上山水利工程委员会关于
第四次扩大会议情况向省委的报告》①

相较于国民党松散的组织，中国共产党组织之严密与有效历来为人所称道，这是其取得革命胜利的关键因子，在建设阶段也不例外。甘肃省委在短时间内抽调大批干部建立起组织机构——引洮工程局，是工地社会的灵魂机构，也是组织基础。

干部的抽调

1958 年 3 月 19 日甘肃省人民委员会第 21 次（扩大）会议上，洮河水利工程委员会和引洮水利工程局同时成立。甘肃省洮河水利工程委员会主任由李景林（时任省委书记处书记，1958 年 3 月调宁夏回族自治区工作）担任，副主任为李培福（省委农村工作部部长、副省长）、葛士英（副省长）、贺建山（省委农村工作部副部长）、窦明海（定西地委第一书记）。引洮水利工程局的局长为张建纲（省委农村工作部第一副部长），副局长则由尚友仁（定西专员公署专员）、王子厚二人担任。② 1958 年 8 月，工程局的名称由"甘肃省洮河水利工程委员会"改为"甘肃省引洮上山水利工程委员会"，"甘肃省引洮水利工程局"改为"甘肃省引洮上山水利工程局"，③ 但基本职能未变。

这一最高党政机关成立后，最初由定西专区抽调 20 多名干部办公。但因工程浩大，准备工作千头万绪，人手明显不足。1958 年 4 月初洮河水利工程委员会第一次会议"决定从省级各机关、兰州市、天水专区抽调 200个干部充实工程局"，要求"1. 有革命干劲，并适宜于洮河工程工作的在职干部；2. 所调干部顶第一批下放锻炼的名额，工资、公杂费等开支均由

---

① 《中共甘肃省引洮上山水利工程委员会关于第四次扩大会议情况向省委的报告》（1959 年3 月 5 日），《甘肃省引洮上山水利工程档案史料选编》，第 245 页。

② 《洮河水利工程委员会成立》，《甘肃日报》1958 年 3 月 20 日，第 2 版。

③ 《甘肃省人民委员会关于改变甘肃省洮河水利工程委员会和甘肃省引洮水利工程局的名称的通知》（1958 年 8 月 11 日），《甘肃政报》第 25 期，1958 年。

原单位供给；3. 最迟二年半时间，中途不能轻易调回"；具体要求粮食厅抽一个科长带人专管粮食工作，财政厅、卫生厅、计委物资供应局等机构相应抽调一个科长和普通干部负责相应工作。① 4 月 10 日，省委发出《关于抽调干部加强引洮工程的通知》，布置上述要求。②

但让干部离开熟悉的工作岗位和环境，离开家人和城市到生存条件恶劣的引洮工地来拓荒并非易事。到 5 月 24 日，"各系统共抽调干部 48 人，连同以前抽调的 83 人，共计数 131 人，占应抽调名额 200 人的 65.5%，尚有 69 名干部没有调来"，且"领导骨干缺乏"，"一般干部政治质量低，业务能力差，主办人员少"，"原分配的工程技术人员尚无 1 人"。③ 这种局面的出现，既是由于工地环境恶劣、百废待兴，干部们多趋利避害，一时无法主动自愿，也是由于工程局机构刚刚成立，名额编制尚未得到劳动人事部门的批核，干部们的工资及人事关系还在原单位，使得"不仅办公费要不来，干部工资也不能按时发给，影响生活"。④ 5 月 31 日，在洮河水利工程委员会第二次会议上，商议要求"省编制委员会应即速研究确定编制解决干部问题"。⑤ 随着引洮工程的正式开工，工程局机关逐渐完善起来，所需干部也逐渐充实。

组织的完善

1958 年 6 月 17 日下午，引洮工程开工的同一天，省委常委在岷县举行会议，将有关引洮工程的组织领导问题落实下来。决定：

（一）确定成立甘肃省引洮灌溉工程局党委，直属省委领导，负责领导整个引洮灌溉工程……

---

① 《甘肃省洮河水利工程委员会第一次会议纪要》（1958 年 4 月 3 日），甘档，档案号：231 - 1 - 439。
② 《中国共产党甘肃大事记》，第 141 页。
③ 《甘肃省引洮水利工程局关于抽调干部情况的报告》（1958 年 5 月 25 日），《甘肃省引洮上山水利工程档案史料选编》，第 61~62 页。
④ 《甘肃省引洮水利工程局关于抽调干部情况的报告》（1958 年 5 月 25 日），《甘肃省引洮上山水利工程档案史料选编》，第 62 页。
⑤ 《甘肃省洮河水利工程委员会第二次会议纪要》（1958 年 6 月 13 日），《甘肃省引洮上山水利工程档案史料选编》，第 66 页。

党委下设组织、宣传两部和秘书、资料两室。组织、宣传两部干部，由省委组织部、宣传部负责配备；秘书、资料两室干部，由工程局党委自行筹调，省委办公厅给予支援。

党委出刊机关报，干部由省委宣传部督促甘肃日报社负责配备。

……

（二）工程局下设办公室，设工务、材料供应、生活供给、勘测设计、财务计划、卫生、交通运输、公安、人事九处；并成立工程法院和检察院。各处、室干部配备由各系统负责调配。工务处由水利厅负责配备，材料供应处由省计委负责配备，生活供给处由省委财贸部负责调配，财务计划处由财政厅负责配备，卫生处由卫生厅负责配备，公安处由公安厅负责配备，法院、检察院由省委政法部负责调配，交通运输处由交通厅负责配备，勘测设计处、办公室由工程局党委自行筹调，人事处由省委组织部督促省人事局、劳动局负责配备。①

同时还规定"工程局为专区级机关，直属省人民委员会领导"。② 至此，引洮工程局的组织机构落实下来。（见图 2 - 7）

1958 年 6 月 21 日，工程局党委向省编制委员会请求拨付相应编制。27 日，省编制委员会发函同意"拨给工程局党委会及工程局行政编制 290 名"。③ 随后又将编制调整至"304 人"。④ 由于工程已经开工且省委明确规定要将"三分之一的力量投到洮河工程上面；各厅局必须把支援引洮工程提到自己议事日程的第一位"⑤，因此省委组织部大力协助抽调干部充实引洮工程局，编制内干部很快调齐。

---

① 《中共甘肃省委关于引洮灌溉工程组织领导问题的决议》（1958 年 6 月 17 日），《甘肃省引洮上山水利工程档案史料选编》，第 67 ~ 68 页。

② 《甘肃省人民委员会关于支援引洮工程的决议》（1958 年 6 月 17 日），《甘肃政报》第 19 期，1958 年。

③ 《甘肃省编制委员会关于拨给编制名额的函》（1958 年 6 月 27 日），甘档，档案号：92 - 3 - 84。

④ 《关于从省级各单位抽调干部的情况报告》（1958 年 7 月 18 日），甘档，档案号：92 - 3 - 84。

⑤ 《甘肃省人民委员会关于支援引洮工程的决议》（1958 年 6 月 17 日），《甘肃政报》第 19 期，1958 年。

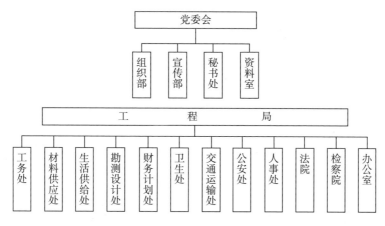

图 2 - 7　引洮工程局组织机构

资料来源：《中共甘肃省委关于引洮灌溉工程组织领导问题的决议》，《甘肃省引洮上山水利工程档案史料选编》，第 67～68 页。

这一阶段抽调的干部中多数被认为"工作积极负责，能吃苦，能克服困难"，其中少数"年龄大、体弱多病的退回原单位"。① 引洮工程尽管红极一时，但仍有个别单位不愿将得力干部调配至工程局，而只调配一些"年龄大、体弱多病的"，甚至还"送来一些在正［整］风运动中受到批判和犯有各种错误的干部，还有 13 名右派分子"。这些干部的到来虽然被认为是"一些单位企图通过这一工程锻炼提高干部"，但也反映引洮工程的吸引力不够，致使右派干部被送来，因为他们恰如上文所述，乡村中被抽调而来的"五类"分子一样无甚选择权。

工地上的挑战与应对

这些干部来到引洮工地后遇到了不少实际困难。客观上是由于"这里工作比较艰苦，生活条件较差"，甚至需要"住在帐篷、草房或新挖的小土窑里"，导致"不少人情绪波动，不安心工作"；还有极少数人"不愿下工地，不愿下放劳动锻炼"，"原来是领导骨干的，不满意当科员、干事，埋怨组织不重用、不提拔，发牢骚、讲怪话，工作消极疲踏［沓］"，甚至"经批评教育，仍无显著改进"。对此上级有两种应对方式，一方面，"加

---

① 《关于从省级各单位抽调干部的情况报告》（1958 年 7 月 18 日），甘档，档案号：92 - 3 - 84。

强干部的政治思想教育"并"不断开展两条路线的斗争";另一方面，要求所有干部填写"干部简历表"，"拟将干部档案全部调来"，以干部档案制度从组织上给予约束。①

除了上述客观困难，干部们不愿意来引洮工程的另一个原因是家属不能被带来。引洮工程在当时被认为"苦战三年"即可完成，因此工程局组织部面对"不断有人请求照顾夫妇关系，调爱人来工程局工作"的情况时，强调指出，"由于引洮工程是一个战斗任务，工作异常紧张，工程结束后，现有干部原则上仍回原机关，因此，一般的不能调爱人来工程局及所属单位工作，也不允许把家属带来"。②与家属问题相对应的是，这些干部的人事档案、户口和组织关系等还在原单位，并未调到引洮工程局，其初衷都是考虑到工程能够在三年时间内迅速完成。

但这一考虑随着工程进展的不畅有了改变。1959年10月，工程局党委指出，"现在引洮工程工作的干部，除省委分配给我们的一少部分外，余均系省级和定西、天水、平凉专区机关和有关县（市）临时抽调支援的。为了使他们安心的从事工程建设，我们意见：这些干部，一律留在工地，长期从事工程建设，个别不适宜在工地工作的，退回另换。干部的户口、粮食关系和档案材料，请省委通知各有关单位转来。爱人在其他党委工作的，不论对方是女的或男的，应以引洮工程为主，逐步调来。干部家属问题，因为工地房屋较少，暂不搬来，由原机关负责照管"。③随着工程开展，三年内完成工程的目标难以实现，因此干部的家属和相关档案、户口关系等，都被要求调至引洮工地，使他们安心为引洮工程扎下根来。

四　社会网络的铺展

　　喜讯传到第七团，甘谷武山合一县。县大人多力量强，物资丰富没困难，技术交流更方便，百方千方有何难？鼓足干劲协力干，洮水

---

① 《最近20天来工作情况简报》（1958年7月18日），甘档，档案号：231-1-119。
② 《不准调爱人和把家属带来工程局》（1958年7月15日），甘档，档案号：92-3-84。
③ 《对引洮工程编制方案的意见》（1959年10月12日），甘档，档案号：145-9-56。

上山凯歌还。

——开头武山工区第七团：《欢庆甘武两县合并》①

与引洮工程局同时建立起来的是各个工区的组织机构。工区干部来自后方各县，与县级行政区划息息相关。1958 年 12 月，甘谷、武山合并后称为武山县，相应的工区也合并成为武山工区。除了建立党委行政上的宣传、组织、后勤保障、施工等配套的工区制外，工地上还建立起提供民工们生活所需的各项服务设施，由此社会网络慢慢铺展开来。

工区制

引洮工程的施工组织形式采用以各参加分段施工的县为单位的工区制，工区主任、党委书记一肩挑，由县委副书记或副县长担任。工区制"以县为单位，成立民工总队，下设若干大队，每大队 3000 人；每一大队分 10 个中队，每队 300 人；每中队分 10 个小队，每队 30 人"。② 大队、中队、小队分别与公社、大队、生产队相对应，民工来源也大抵如是。工区制有两个特点，一是各工区组织建构与工程局组织单位一一对应，科层体系，垂直领导，便于上情下达；二是各工区的单位元，即工区、大队、中队与后方的各县、公社、大队一一对应，成对应负责关系。这种环环相扣的组织秩序织成了一张强大的"网络"，能够保证单个民工听从组织的调配。

各工区与工程局是上下级的隶属关系，对上负责，垂直领导。从行政体系上看，各工区设立了与工程局的组织单位基本相对应的"办公室、工程技术科、物资供应科、财粮科、保卫科"，"工区各科、室编制由工区确定，干部自行抽调"；"工区办公室包括人事、政务、事务工作，与工程局办公室、人事处对口；工程技术科包括勘测设计、施工、劳动技术安全工

<hr />

① 开头武山工区第七团：《欢庆甘武两县合并》，《引洮报》第 39 期，1958 年 12 月 27 日，第 3 版。
② 《甘肃省引洮水利工程局关于引洮水利工程在施工准备工作中需要解决的几个问题的报告》（1958 年 3 月 28 日），《甘肃省引洮上山水利工程档案史料选编》，第 33 页。

作，与工程局勘测设计处、工务处对口；物资供应科包括器材供应、生活用品供应、交通运输工作，与工程局器材供应处、供给处、交通运输处对口；财粮科包括财务计划处、粮食储运供应工作，与工程局财务计划处、粮食处对口；保卫科与工程局公安处对口。施工中的劳动安全工作，由工程局、工区有关部门（人事、技术、工务、公安等）成立安全委员会负责，抽专人处理日常工作。各大、中队成立安全小组，主要负责施工中的安全教育与安全措施，作到杜绝伤亡事故发生"。① 形成一套与工程局各单位对应、完整严密的工区级行政组织机构，从工程局到工区、大队、中队、小队建立起垂直管理系统。其下发的每一个通知、命令，都能够找到对应责任者，督促完成相应的任务，工作效率可以达到最高。

各工区都由各县县委副书记或副县长带队，自任工区党委书记，党委书记兼工区主任，"这样一元化，便于指挥"。但是，工区党委书记的主要精力"应放在抓纲、抓中心环节上——抓方针、抓政治、抓劳动竞赛、抓技术改革"。要求配备两到三个工区副主任，主要管理"施工的组织领导、民工生活、文化娱乐、卫生安全以及其他的日常事务"。② 虽然工区主任与党委书记一肩挑，但并不意味着党委与行政机构重叠，工区党委下设秘书室、组织部、宣传部、监委、共青团委、干部短期训练班等。

干部的个人工资、福利、医疗的各项待遇还在原单位，由原单位继续为其发工资等。组织关系也未正式转入工地，但要参加工地上党团组织的活动。转到工地上来的，可能只有粮食关系，干部待遇是每月 28 斤粮食。中队和小队的基层干部一般为半脱产干部，同时要参加体力劳动，大多来源为各队民工中的积极分子、稍能识文断字之人，粮食定额要多一些。干部额外补贴非常少。这些来引洮工程的各级干部怀有不同的目的。有的是出于自身对引洮工程的热爱，自觉自愿，愿意为引洮工程尽一分力；有的是为积累政治资本，来引洮工程这个大熔炉锻炼；有的是上级领导的安排。有一则史料称，通渭工区个别干部说："公社干部，穿的新，吃的好，还不劳动，嘴一动就行了，在工地当干部土里土气，不是服从组织，早就

---

① 《关于调整工区组织机构的通知》（1958 年 7 月 15 日），甘档，档案号：231 - 1 - 437。
② 《政治挂帅敢想敢作把技术革命运动向纵深发展——卫屏藩、马彬同志向党委的报告（摘要）》，《引洮报》第 6 期，1958 年 8 月 5 日，第 1 版。

回家了。"① 表明某些干部的无奈。

各工区组织机构的单位元与各县单位元分别一一对应，大队、中队、小队分别与公社、大队、生产队相对应，民工来源也大概如是。由于民工的口粮、副食品、衣物、工具等原则上来自各对应县，因此受制于各县并对各县负责。这意味着各县对各工区也负有监管之责。

施工任务的分配

最先投入施工的是陇西、通渭、渭源、临洮、会宁、定西、榆中、靖远等8个工区，1958年6月前后开工；甘谷、秦安两工区1958年8月左右开工；平凉工区于1958年10月中旬开工；天水、武山工区1958年11月陆续开工。总计13个工区。1958年12月，渭源县被撤并到陇西县和临洮县，渭源工区随之划归两县，以关山为界，北面为临洮关山工区，南面为陇西朱家山工区。② 1958年12月5日，武山和甘谷两县合并为武山县，对应的，武山工区和甘谷工区也在12月13日合并为武山工区。③ 工区与县的一一对应也体现在此，工区的存续与否与县级行政单位的调整息息相关。工区最多时达到15个，时间是在1959年2月春节过后，即"陇西县工区、陇西县朱家山工区，临洮县工区、临洮县关山工区，定西县工区、榆中县工区、靖远县工区、通渭县工区、会宁县工区、武山县工区、平凉市工区、秦安县工区、天水市工区、静宁工区、岷县工区"。④

工区所在驻地依照所设计的干渠走向，依次为陇西、定西、榆中、靖远、临洮、通渭、会宁、渭源、甘谷、秦安工区（如图2-8）。各工区所承担的任务也基本上在工区驻地附近。如陇西工区驻地古城，所承担的主要任务为古城水库的修建等。

在不同施工阶段，每个工区承担任务不同。初始阶段，陇西工区负责的"渠线从岷县的古城至中寨沟止，全长10公厘［里］，全段土方工程8542478方，石方工程3004993方，共计11547471方，土方工程占土石方

---

① 《思想反映第四期：对"七一"通水大营梁的思想反映》（1959年3月25日），甘档，档案号：231-1-180。

② 朱邦武、王枝正：《引洮工程在渭源》，中国人民政治协商会议甘肃省渭源县委员会编印《渭源文史资料选辑》第2辑，1999，第59页。

③ 《甘谷武山合并为武山工区》，《引洮报》第41期，1959年1月3日，第2版。

④ 《关于调整工区的通知》（1959年2月22日），甘档，档案号：231-1-16。

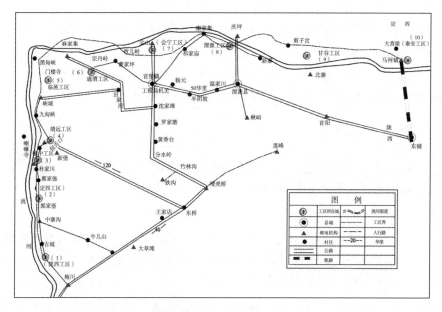

图 2-8　各主要工区驻地

资料来源：根据《引洮工地上的邮电工作调查报告》（1958 年 10 月 25 日）所附
地图，由王腾飞绘制，甘档，档案号 161-1-545。

总工程的 74%，石方工程占土石方总工程的 26%，其中土方挖方 7071907
方，占土方总数的 82.8%，土方填方 1420405 方，占土方总数的 17.2%，
石方填方 159508 方，占总石方的总数的 6.1%。全段渠道建筑物工程共有
12 座，其中大型有三座（窜道沟水寒洞，中寨沟水寒洞，泄水闸）"。① 会
宁工区承担着从会川木耳山到石板沟 40 多公里长的渠道开挖、桥涵兴修等
施工任务，重点是开挖大尖山，深劈西沟岘，兴建漫坝河大渡槽。② 临洮
工区负责柳林至浪家山段，民工住在沿洮河东岸从棕石、北达子、门楼
寺、峡门至满家山一线。③ 岷县工区的"全部民工原驻中寨公社八爷寨青
嘴崖，与陇西、平凉工区相邻，放炮开工凿石。以后由于工程艰巨，移至

---

① 《陇西工区党委关于第一段工程任务的规划》（1958 年 7 月 9 日），甘档，档案号：231-
1-2。

② 刘玉珩：《引洮漫记》，中共会宁县委党史资料征集办公室编印《会宁党史资料》第 5 集，
1996，第 138~141 页。

③ 孙叔涛：《"引洮工程"临洮段施工回忆》、于家彦：《"西兰会议"前后临洮有关资料摘
编》，《临洮文史资料选》第 3 集，第 65、68 页。

西江公社的婆婆庄，主要任务是打围堰截流"。① 榆中工区"担负着从卓尼县杜家川到下大窝一段全长 24 公里的工程任务，工程量 6980 万立（方）米，其中 70% 以上系悬崖绝壁岩石砂层。工区施工范围内有过沟涵洞 4 座、沟水入渠 15 处、木便桥 2 座"。② 通渭工区"施工段在渭源县麻集乡附近的宗丹岭"，"主要任务是深劈方"，劈山"麻黄岭和宗丹岭"。③

天水地区有秦安、天水、武山三个县承担施工任务，分别成立对应的三个工区。它们"负责渠线从大营梁至芦家山全长 204 公里，挖方任务 246746982 方，填方任务 30851138 方，石方任务 2388276 方，共有 100 公尺以上深劈方 4 处 ［何家梁、郝家沟（深劈 124 公尺）、黄家岭深劈 177 公尺］，50 公尺以上深劈方 7 处，大小建筑物 184 座，包括大型涵洞 20 个，中、小型涵洞 10 个，桥梁 36 座，沟水入渠 55 座，斗门 25 个，涵管 12 个，虹吸管 9 个，卧管 7 个，泄水闸 5 座，分水闸、电站、船闸、码头、鱼池各一座"。④

随着施工目标的发展变化，各工区的施工任务也在变化，但都在工程局党委的统筹安排之下。如在古城水库施工的，最先只有陇西工区。鉴于古城水库的重要性和进度缓慢，1959 年 3 月开始将武山、通渭工区的部分民工也调至古城水库。

配套设施

工地社会上还有两类配套设施：一类是卫生室、邮电所、商店等，服务于民工各项生活需求；另一类是炸药厂、石灰厂、木制工具加工厂等，服务于工程建设的需要，也有少数灶具加工厂，是为民工生活所需而建。

民工远离家乡，施工地点离家乡少则几十里多则几百公里，由于施工任务紧迫，少有假期。因此，省邮电管理局在引洮工地上专门开辟相应的邮电线路，且在工地上设置流动服务站，以满足民工与家人的通信、邮寄、汇款等需求。但更重要的是服务于工程局、工区与大队之间的业务来

---

① 岳智、景生魁：《引洮工程岷县工区纪实》，中国人民政治协商会议岷县委员会文史资料委员会编印《岷县文史资料选辑》第 4 辑，1997，第 100 页。
② 《榆中县水利志》，第 304 页。
③ 通渭工区党委秘书周建国的口述回忆。转引自庞瑞琳《幽灵飘荡的洮河》，第 230 页。
④ 《天水地委关于引洮工程施工情况报告》（1959 年 1 月 17 日），甘档，档案号：91 - 8 - 289。

往。邮电线路还有一个职能就是将驻地官堡镇的引洮报社所发行的机关报《引洮报》送至大队一级，以方便民工们阅读。1958 年 8 月，开辟官堡—渭源段 35 公里、官堡—门楼寺 60 公里、殪虎桥—包舌口线 59 公里的汽车邮路，逐日班次，车辆免收养路费，包裹被喷上"引洮"字样，送到工程局机关驻地官堡镇之后，统一由邮电系统渭源局负责抽派各地。除这三条线路之外，倘若不顺路的，如驻地古城的陇西工区距离岷县较近，则由岷县局负责周转。① 邮电线路也随着引洮工程整体部署的不同而调整，比如从 1959 年 3 月开始，调往古城水库的民工增多，邮递负担增加，因此，代管邮政业务的工程局交通运输处便决定将此处邮政汽车的邮路及班期调整为一辆车由会川到宗丹门楼寺及渭源，隔日班；一辆车由甘川公路的梅川镇经古城洪门前青石咀柳林、卓儿坪至石门洪，逐日班，必要时加开包舌口班；"包舌口和其他各地邮件，经会川支局封转后由我处货运汽车捎运"。②

一般而言，工区一级有电话，设在大队部，是施工业务上的工作电话，因此工区驻地都在交通便利之处。按照规定，工区的邮电所，一般都应该配备相应的邮电营业员、话务员、机线员各一名，但往往因各种原因不能实现，相应的工作由办公室秘书或值班人员代理。当时条件非常简陋，工程局驻地在渭源县官堡镇，但连官堡支局都没有长途电话线路，须经过官堡—渭源的县话线路经转。③ 因此更多时候，信息沟通以人力传递为主。

工地上还办有各种工厂，按性质可分为两种类型。一类是属于工程技术方面的，有木工厂、铁工厂、木料厂、石灰厂、石料厂、编织及竹器厂、轻便木轨厂、水泥厂、翻砂厂等。在工具改革中，出现了许多以木头材料为主的木火车、翻车、手推车等。因取材方便，洮河沿岸的优质百年林木唾手可得，依照"就地取材"的原则，这类工厂最多。另一类是属于生活方面的，如灶具厂，食品加工厂，布鞋厂，缝纫厂，木炭厂，猪、

---

① 《甘肃省邮电管理局关于引洮工程工地自办汽车邮路开班事项的通知》（1958 年 8 月 20日）、《甘肃省邮电管理局关于引洮工程工地流动服务的通知》（1958 年 8 月 22 日），甘档，档案号：161－1－545。

② 《关于重新安排汽车邮路及班期的函》（1959 年 5 月 26 日），甘档，档案号：161－1－545。

③ 《引洮邮政通信工作检查情况及今后改造意见》（1958 年 10 月 10 日），甘档，档案号：161－1－545。

羊、鸡、鸭等畜产品的放牧厂等。这些工厂一般规模都极小，有时候三五个木工就成了一个木工厂。截止到 1958 年 7 月下旬，各工区已"办起各种工厂 280 多个"。①

此外，工地上还设有简易银行。鉴于"民办公助"的方针，民工们的劳动最开始是无偿的。直到 1959 年 3 月，才规定"自 3 月 1 日起按民工实有人数每人每月发给 13 元工资。民工吃饭交款，其余全部由民工自己支配"。② 工资后来增加到平均每月 22 元。除却每月 7～8 元的伙食费，还能够剩余一点点。出于顾虑民工们用钱不当，便再三宣传可将所余不多的钱存入工地简易银行。如会宁工区窦宝晨带头一次存款 70 元，并在干部会议上反复宣传储蓄的好处，"在二十天的时间内，全工区存款已达五万三千五百零一元，比储蓄最多的 5 月份全月还超过七千多元"。③ 民工只有在"合理合法"离开时，才领回这些钱。

---

① 《各工区办工厂二百八十多个》，《引洮报》第 6 期，1958 年 8 月 5 日，第 2 版。
② 《中共甘肃省委常委会 4 月 26 日会议要点》（1959 年 4 月 30 日），甘档，档案号：231 - 1 - 15。
③ 《会宁工区职工节约成风银行储蓄额月月上升》，《引洮报》第 104 期，1959 年 6 月 27 日，第 1 版。

第二部分

工地社会的运行

山风吹散了薄雾，朝阳放射出万缕金光；沸腾的引洮工地啊，人们用奔忙的脚步唤醒了山岗。

铲土的姑娘扬起笑声，推车的小伙子来往如风；夯手把石夯举得高打得猛，震落了满天的星星。

石工们在河床下把涵洞砌得又牢又稳，勘探队员在悬崖上攀登，一群老汉眉开眼笑，用铁锹为洮河劈岭开道。

红旗迎风向人们致敬问好，洮河哗哗哗地向人们喜笑，伟大的祖国在向前飞跃，"社会主义好"的歌声响彻云霄。

——绛夫：《洮河工地的早晨》①

这首《洮河工地的早晨》将工地上欣欣向荣的施工场景表现得淋漓尽致，一幅诗意的、积极向上的景象跃然眼前，各个人群——铲土的姑娘、推车的小伙子、夯手、石工、勘探队员、老汉，都各尽所能地为工程建设服务，悠扬的歌声仿佛就在耳边回荡。这幅图景用相机表现出来则如图Ⅱ-1所示：一个个工地人活跃在山岭之间，有的在挖土，有的在抬土，

---

① 绛夫：《洮河工地的早晨》，中共甘肃省引洮上山水利工程局委员会宣传部编《引洮上山诗歌选》第 3 集，敦煌文艺出版社，1960，第 14、15 页。

有的悬挂在半空中搞炸药爆破。他们辨不清模样，看不出男女，但一眼望去却一派生机。这就是工地社会的施工场景，也是人们最主要的工作，是这个"小社会"赖以存在与运行的基础。

图Ⅱ-1　人海战术：劈开高山峻岭，喝令龙王上山

资料来源：《引洮上山画报》第1期，第28~29页。

工地上的日常生活，在艰难的施工背后，却也充满集体生活特有的乐趣与生机。尽管如图Ⅱ-2一样围在一起看节目的场景并不是工地生活的常态，却是许多人心中抹不掉的记忆。

图Ⅱ-2　慰问演出

资料来源：《引洮上山画报》第1期，第40页。

正如宣传材料所言，"在漫长的六百多公里的工地上，十数万民工们已组成了一个规模宏大的、引洮上山的人民公社，有工业，有农业，有军事，有学校，有星罗棋布的商业网。每个民工，是工人，是农民，是战士，又是学生。引洮工程不但是一个伟大的共产主义工程，而且，使人们看到了未来共产主义社会的曙光"。① 在工地上，时人畅想与进行的，是寄托着美好想象的引洮梦。

本部分是本书的重点，将讨论引洮工程如何在波折中实施了三年。整个施工过程就是工地社会的运行过程，而为保证施工所进行的制度安排及工地人在其中的遭遇与应对，构成工地社会运转的丰富图景。本部分对人们在工地社会上展开的活动，包括生产施工——重点工程的推进、工具革新与创造、如何发挥人的潜力等，制度安排——党组织、群众组织、思想教育、大辩论等，生存与生活——粮食供给与副食安排、文化娱乐、卫生医疗保健、安全保卫等，群体群相——新干部、英雄模范、普通民工、"五类"分子、"反革命"等，进行白描式的全景展现，以解释何以这样巨大的水利工程能够展开实施。根本原因在于这样一个生机勃勃（尽管也危机重重）的工地社会的运转，其推动力是强而有力的政治力量。

---

① 张建纲、卫屏藩、马彬：《大跃进中的引洮上山工程》，《伟大的共产主义风格》第 2 集，人民出版社，1959，第 43～44 页。

第三章　施工

千军万马上战场，举起铁锹战龙王；龙王认输把头低，被牵着鼻子上山岗。

炮声一响震四方，岩石搬家把路让；千里洮河飞银浪，翻山越岭过村庄。

劈开悬崖鏖开山，土山石山齐打穿；洮河哗哗空中流，流入肥沃的董志塬。

——文伯禄：《洮河哗哗空中流》①

施工是工地社会运行的基本条件，也即中心工作。但是，"边勘测、边设计、边施工"的"三边"政策违背了水利工程建设的基本规律，早已为工程失败埋下伏笔。尽管如此，施工任务还是以一个个激动人心的口号出现，如"苦战一冬，大干一春，为确保 1959 年夏季通水到大营梁而奋斗"、"七一"水通大营梁、"五一"通水漫坝河，"八一"水过关山等，为实现目标，上级采用各种提高工效的办法，如技术革新、工具改革、劳动组合等。然而，响亮的口号终究经不起实践考验，一个个走向幻灭。诗歌中所言的"龙王认输把头低"、"岩石搬家把路让"只停留在想象里，洮河仍旧在流淌，却难流到董志塬。

一　"边勘测、边设计、边施工"

从"引洮上山"工程中的边勘测、边设计、边施工的工作方针可有三大好处：（1）为提前施工创造了有利条件，大大的缩短了工程建

① 文伯禄：《洮河哗哗空中流》，《引洮上山诗歌选》第 1 集，第 31 页。

筑的建设时间。（2）地质、设计、施工等方面的工作人员，可在现场共同研究，共同解决工程上的问题，可保证工程的质量。（3）容易发现工程中所存在的急需研究解决的问题，同时也为科学研究提出了研究方向。因此"边勘测、边设计、边施工"的工作方针，在引洮工程中必须认真地贯彻。

——孙玉科、叶珍久、徐义芳：《引洮上山
工程地质工作的体会》[1]

在引洮工程的开工典礼上，工程局局长张建纲指出："这个工程如果在通常情况下，从勘测设计到施工，需要五年左右时间，但在党的鼓足干劲、力争上游、多快好省地建设社会主义的总路线精神的鼓舞下，解放了思想，打破了常规，采取了全面查勘，统一规划，分段测量，分段设计，分段施工，边测量、边设计、边施工的方法，仅仅五个多月的时间，即完成了全线查勘、测量和第一期第一段的工程设计，提高了工作效率十倍以上，保证了工程的提前施工。"[2] 这一"边勘测、边设计、边施工"的工作方针，违背工程建设的基本程序，但在那个特殊的时代，却被认为是难以避免且引以为豪的。作为整个引洮工程施工基础的"三边"方针，违背科学发展基本规律，一早就埋下工程失败的伏笔。

前期测量与定线

大型水利工程的上马需经充分论证，包括对地势、水文、水势、地质状况、地震烈度及其所带来的效益进行全面讨论，选择最优方案。同在甘肃的刘家峡水电站，从1952年开始勘测设计，直到1958年9月才由于"大跃进"的特殊背景正式动工修建。而横贯甘肃中东部地区的引洮工程于1957年提出，1958年2月决定上马，6月便已正式开工。在形势逼迫下，施工方针定为"边勘测、边设计、边施工"的"三边"政策。

选线测量一般有三个阶段：（1）利用搜集的地形图及有关档案资料

---

① 孙玉科、叶珍久、徐义芳：《引洮上山工程地质工作的体会》，中国科学院青海甘肃综合考察队编《引洮上山的工程地质问题》第1辑，科学出版社，1959，第86页。
② 《引洮水利工程局张建纲局长宣布施工计划》，《引洮报》第1期，1958年7月1日，第2版。

（例如军用地图等）做室内研究，并根据研究的结果到现场勘查或草测，使研究资料符合现场实际情况，并补充遗漏；（2）根据室内研究与草测认为较好的线路，在现场进行初测，配合水文、地质资料，拟订出一条经济合理的线路；（3）根据初步确定的线路方向，进行渠道现场钉桩。[①] 但在"大跃进"形势下，测量工作"打破以往在工作程序上机械的按部就班和清规戒律"，采用新的"全线查勘，统一规划，由上到下，分段测量，分段设计、分段施工"的工作程序，以此"完成一段测量，开始一段设计；完成一段设计，开始一段施工；完成一段施工，开始一段放水；开始了放水，也就开始了增产"，[②] 即采取"边勘测、边设计、边施工"的方针。水利工程建设涉及土壤、地质、水文、环境、岩石等多个方面，对前期准备工作要求很高。"三边"政策违背工程建设基本程序，危害性很大。

不过，科学工作者仍尽可能地完善方案。在随后的测量过程中，设计方案不断被修订，比如渠首的位置应该是在岷县龙王台村还是龙王台以北40公里处的古城村，就经历一番波折。最初勘探设计的方案称"引洮水利工程由岷县龙王台引水"，[③] 但在测量和施工准备中，设计人员反复考量，认为"本着进水口上面以修'葡萄式'的小水库为主，渠道沿线以'长藤结瓜，以塘保亩'的原则修筑蓄水工程"，因此"水库应以在岷县上面和多修小水库的原则进行"，首先选在龙王台，随后逐步增加小水库，好处是"工程小，占地少，工地全，收效快，地址好选择"。选择古城比之龙王台，优点是"移民较少，渠线短，可省30公里石方"，"但缺点是在地质上不太理想，并且高程低于龙王台40公尺"，因此对断面设计和渠线测量的要求较高。[④] 经过进一步的地质勘探和实地测量，最终"根据第一段350公里的测量成果，经过反复研究，渠首由龙王台改变到古城"。[⑤] 尽管渠首做了改变，但大致引洮线路并未更改。

---

① 转引自余礼荣《参加引洮上山渠道选线的一些经验》，《兰州大学学报》1961年第1期。

② 《甘肃省引洮水利工程局关于引洮水利工程在施工准备工作中需要解决的几个问题的报告》（1958年3月28日），《甘肃省引洮上山水利工程档案史料选编》，第33页。

③ 《甘肃省引洮水利工程局关于引洮水利工程在施工准备工作中需要解决的几个问题的报告》（1958年3月28日），《甘肃省引洮上山水利工程档案史料选编》，第32页。

④ 《关于引洮水利工程的测量设计和施工准备工作的报告》（1958年4月19日），甘档，档案号：231-1-426。

⑤ 《引洮水利工程勘测设计工作报告》（1958年8月6日），甘档，档案号：231-1-584。

根据工程局 1958 年 7 月的规划，渠道系统拟分六级，即总干渠、干渠、支干渠、支渠、斗渠及农渠。总干渠全长 1100 公里，渠线如下：

总干渠自古城起沿洮河右岸而行（经渭源县的中寨集、郭家堡、卓尼的小湾、石门口、拉马崖、包舌口、九甸峡，渭源的峡城）至临洮的黑甸峡和浪家山之后，逐渐离开洮河东北行，至渭源的庆坪穿过洮河与渭河的分水岭关山，沿渭河北岸分水岭的南坡直至寒水岔在宝（包）兰铁路大营梁隧道之上越的［过］铁路。自古城至大营梁长 350 公里，渠底设计高程在关山附近为 2180 公尺，在大营梁为□公尺。

过大营梁后总干渠经通渭的宋家梁，过华家岭至王家店，渠线行在祖厉河与渭河的分水岭上，方向东北经会宁的沙家湾，党家岘，平头山，西吉的马家堡，关儿岔，至月亮山，这段总干渠长约 300 公里。

经过月亮山之后，总干渠折向东行，经海原的龙池岘，东海坝，西吉的石山里，泉沟、偏城镇，固原的大葫芦沟及硝口，从固原城南向东过东岳山，小岔，镇原的李家塬，环县的石板河，广阳的曹余家塬，党腰岘至驿马关，这段长约 450 公里。①

上述渠线用地图表示则如图 3 – 1 所示。

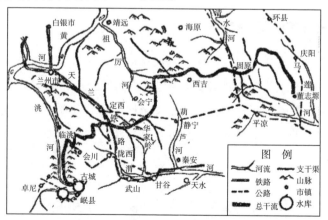

图 3 – 1　引洮灌渠地势及渠系分布

资料来源：《引洮上山的工程地质问题》第 2 辑，第 2 页。

---

① 《引洮水利工程规划设计提要（初稿）》（1958 年 7 月），甘档，档案号：231 – 1 – 584。

从行政区划上看，总干渠在岷县古城村修建古城水库开始，流向渭源、临洮、定西、会宁、西吉、固原、庆阳等县市，支渠经过武山、甘谷、天水、秦安、静宁、陇西、平凉等县市，可灌溉这些县市的土地"1500 万～2000 万亩"。

这个"1500 万～2000 万亩"的数据非常模糊。修水库、挖渠引水首要考虑经济效益，灌溉田地数量决定水库容量和渠道走向，要求必须充分了解所需浇灌田地的确切地理位置、面积、地形地貌，是川地、平地、山地还是塬地，如何分布，海拔多少，面积几何等等。但引洮工程虽设计了几百公里的干渠和支渠，然而设计人员对于田地分布位置都不清楚。工程师王某说："我们都没有走过这些地方，说的是灌地 1500 万亩，其实都是把各个县的县长叫过来，问一问，拿着行政地图，行政区划上有田地多少亩，就算多少亩，这样一来就算出了 1500 万亩。谁也不敢有疑问，因为谁也没走过，你咋能说不能灌地这么多呢？我以前是在河西走廊那边干的，那边哪个地方有多少亩旱地、水地、川地我都知道，就敢说，可是这陇东地区，光知道缺水，也不知道究竟有多少地，到底是咋分布的？况且那时候大环境都是这样子，说要苦干三年改变甘肃干旱面貌，人们干劲儿也大，都是叫干啥就干啥，哪有疑问哩！"[1] 可见，连引洮工程最终所要产生的效益都如此模糊，也昭示了这个工程不免失败的厄运。

施工地质环境及挑战

引洮工程正式开工时，勘查人员仅完成古城至大营梁 350 公里的渠线勘测任务，相应成为第一期任务。按照"分期建成，边修边用"的原则，为首先满足灌溉的迫切要求，工程进度采用"先修渠道通水，电站、船闸分期修建成"的方针。因此首要任务是修渠道，而渠道水流畅通则要考虑其稳定性。

一般情况下，控制渠道稳定性的因素有修筑渠道地段的岩石及岩层的工程地质特性、修筑渠道地段的水文地质条件、物理地质作用及工程地质作用因素强度及动向。根据研究，"引洮总干渠设计渠线蜿蜒曲折行于秦

---

[1] 2011 年 9 月 6 日笔者访问曾全程参与引洮工程的甘肃省水利水电勘测设计院工作人员王某某的口述回忆。

岭构造山地山前丘陵区、陇西黄土高原区、六盘山构造山地区及陇东黄土高原区等四大地貌单元中的黄、渭水系的分水岭之上"。[①] 各段地层的分布如图 3 - 2 所示。

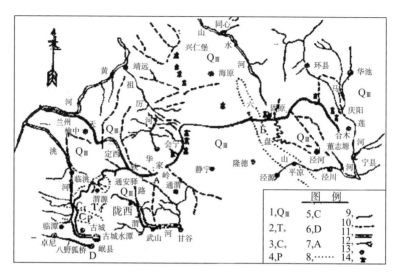

图 3 - 2　引洮上山工程平面布置及地质结构

图例：1. 上更新统黄土 2. 第三纪红色岩系 3. 白垩纪岩系 4. 二叠纪沉积岩系 5. 石炭纪浅变质岩系 6. 泥盆纪变质岩系 7. 前震旦系 8. 地质界限 9. 总干渠 10. 干渠 11. 铁路 12. 河流 13. 城镇 14. 设计电站所在地

资料来源：《引洮上山的工程地质问题》第 1 辑，第 1 页。

图 3 - 2 显示，渠道大部分走在山坡上，沿线经过一系列高山、深沟和河谷，山坡坡度一般为 1：2.5 ~ 1：3。根据规划，"遇山就劈，深劈方，有的深达 170 米以上，逢沟则绕或修建跨沟引水建筑物，跨沟建筑物高达 20 ~ 30 米者甚多"，"绝大部分深劈方及部分渠道位于白垩纪及第三纪红色岩系中，红色岩系属半岩质岩石，极易风化。70 ~ 80% 渠道线路经于上更新统黄土中，此类黄土有的极松。遇水作用后，易发生湿陷"。[②] 那么，"如何处理黄土渠道，不因土壤沉陷而造成渠堤溃决和破坏渠道"是重要问题，也是技术难题。时人对此也有疑虑：

① 孙广忠：《引洮总干渠沿线工程地质条件及其区划》，《引洮上山的工程地质问题》第 2 辑，第 2 页。

② 孙广忠：《引洮上山水利工程中的几个工程地质问题》，《引洮上山的工程地质问题》第 1 辑，第 1 页。

　　引洮河灌溉工程还有几个问题急待解决。其中一个关键性的问题是土质问题。这条渠道经过的地区全部是黄土高原山区，由于黄土的颗粒很稀，含有盐碱，空隙很大，水泡之后渗漏很大，容易引起渠道底层的塌方和下沉。这个问题的解决是关系渠道命运的一个重大问题，需要地质、土壤、水文等有关部门共同研究解决。但是这个问题在世界上还没有很好的解决办法。据苏联专家谈，苏联吉尔吉斯共和国现在也正在兴修一条跨黄土地带的渠道，但如何解决渗漏和下沉问题，尚未有成功经验。甘肃省水利局杨总工程师认为如果这个问题解决了，那就是一个世界性的创举。目前当地提出的初步办法是：（1）渠道经过地区，黄土层一般有三、四十公尺厚，黄土层以下是红胶土，如果黄土层不太厚，可设法将渠底放到红胶土层上。（2）将黄土深挖五公寸到一公尺，将土挖松，然后加水夯实。这样做了虽能减少渗漏，但日久渠底仍会沉陷。（3）当地如找到小石子，可修渠道的"反滤层"和"防水层"。①

开工之初工程师设想的对于渠道防渗防漏这个难题，随着工程的进展，有了解决方案。1959 年初，"根据岷县工区麻地山试验站和永登东干渠的研究结果，找出了渗淤法和夯实法两种方法"。② 这两种方法操作起来非常困难。无论是将三四十米厚的黄土层挖起放置于红胶土层上还是将黄土挖松加水重新夯实，所需开挖的土方量都十分浩大，相当于两倍甚至更多的工作量。在施工时间本来就非常紧迫的情况下，这两种办法实难奏效，渠道质量大打折扣。不过，最终渠道根本都没有通水，渗漏等问题也无从谈起。

　　另一大难题是如何在大型机械和炸药等物资缺乏的情况下开挖隧洞。渠线大部分在山坡上，要缩短渠道距离就需走直线，隧洞不可避免，但这也是一项难题。

　　一个重要问题是水洞问题。渠道有很多高大的分水岭，要穿越很多

---

① 《甘肃引洮灌溉工程面临重大困难》（1958 年 4 月 14 日），香港中文大学大学服务中心所藏《内部参考》。

② 《对防渗防漏问题科学研究所提出解决方案》，《引洮报》第 78 期，1959 年 4 月 23 日，第 1 版。

水洞。据初步勘察，整个渠道工程要修总长四十多公里的几个水洞，其中一个长5.6公里（渭源县马河镇杨寨水洞）。水洞是工程量最大、最复杂的一项工程，水洞工程进行的迟缓，影响整个渠道完工的时间（目前提出两年完工），因此需要设法采取进度很快的施工方法。①

原计划古城至大营梁长350公里，"计有燧〔隧〕洞23座；长29.3公里。修建这样多的燧〔隧〕洞，需要物资器材、机械设备很多，仅水泥即需40万吨，钢筋67100吨，木材69700立方公尺，汽车1300辆，各种机器1170余台。不但目前在全民大跃进的形势下，要求国家一下调拨这样多的器材有困难，而且由于燧〔隧〕洞限制，渠道断面小、流量急，损失水头很多，影响全线通航和发电量，同时由于工程技术比较复杂，势将延长工期"。② 在这种状况下，工程局"对总干渠第一段23座隧洞逐一复勘，反复讨论研究，最后可用绕线、深劈、绕劈相结合的方法，把22座改为明渠。下剩关山隧洞1座"，这样"隧洞取消后，虽然增长了渠线，增加了土石方工作量，但好处很多：一、可以加速工程的进展；二、节省大量建筑器材和机器设备以及相应运输力量；三、充分发挥灌溉、航运、发电等综合利用的功能；四、有利于工程质量"。③ 这个提议，在1958年9月3日的工程局第四次会议上得到肯定。④

于是，古城到大营梁的一期工程由原来的350公里增至598公里，隧洞也改为明渠，规划渠道绕山而行，希望建设名副其实的"山上运河"。施工任务相应增加许多，"土石方6.4亿公方（其中深挖方1.03亿公方），比原设计增加2.94亿公方；折需劳动日8860万工日，比原设计增加1590万工日"，相应节约了大量物资器材、机械设备，"水泥26460吨，比原设计减少82040吨；钢筋800吨，比原设计减少15780吨，木料9630公方，

---

① 《甘肃引洮灌溉工程面临重大困难》（1958年4月14日），香港中文大学大学服务中心所藏《内部参考》。

② 《中共甘肃省委关于引洮工程情况给中共中央的报告》（1958年8月11日），《甘肃省引洮上山水利工程档案史料选编》，第107页。

③ 《关于力争减少隧洞作为全线通航问题的请示》（1958年8月5日），甘档，档案号：231-1-589。

④ 《甘肃省引洮上山水利工程委员会第四次会议纪要》（1958年9月6日），甘档，档案号：231-1-439。

比原设计减少 27680 公方；机器 50 台，比原设计减少 400 台"。① 勘测设计处于 1958 年 10 月 10 日起抽调 27 个人，组织成 4 个流动组，分片包干，对线路更改、边坡坍塌、土石方计算、水工建筑物的修建等各种施工问题，进行现场查对和解决。② 不过这种折中办法最终并未奏效。

"边勘测、边设计、边施工"的"三边"政策当时并不是没有人质疑，如工程局党委委员、工务处处长李某曾经说："引洮工程任务大，问题多，不能用这个方针，应该是按基建程序办事，先勘测设计，后再按图纸施工。"但此番良言在后来的"反右倾"运动中被当作"企图使引洮工程下马"的"右倾言论"而成为他的罪状之一。③

其他困难

除技术难题外，炸药、钢筋、水泥等物资和发电机、空压机等机械设备都为水利施工所必需，但得不到有效供应。虽然引洮工程是省"红旗样板"，得到大力支持，但很多机械设备在工业基础十分薄弱的甘肃省难以制造。而炸药、钢筋等物资系国家计划调拨物资，不能在市场上自由流通。全面"大跃进"的形势使各地都亟须这类工业建设物资。引洮工程即使被甘肃省摆在第一位，也难以顾全。工程第一期第一段施工所需的主要物资初步预计为："黄炸药 4350 吨，黑炸药 7500 吨，钢钎 3400 吨，水泥 20000 吨，钢筋 770 吨，轻轨 3700 吨，发电机 1940 瓩，空压机 20 台，以及钻花、空心钻杆等"，"均系国家调拨物资，市场不易购到"，但国家分配占实际需要量的比重最高达 17.5%，最低仅占 1.5%。④ 面对这些困难，省委要求省级各单位及后方各县"就地取材，民办公助"，号召发挥群众的创造能力，制造替代品，其中人造炸药最为典型。

在"山上运河"的施工计划中，劈山开路、平整土地、工程爆破、疏通河道甚至开挖住宿的窑洞都要用到炸药。1958 年 7 月，工程局指出根据

---

① 杨子英：《引洮上山水利工程的工作情况报告》，甘肃省科学技术工作者代表大会秘书处编印《甘肃省科学技术工作者代表大会汇刊》第 1 集，1958，第 118 页。

② 《勘测设计处关于组织力量深入现场协助各工区解决沿线具体问题的报告》（1958 年 11 月 17 日），甘档，档案号：231 - 1 - 589。

③ 《关于第七次全体会议反右倾的情况报告》（1959 年 9 月 19 日），甘档，档案号：231 - 1 - 26。

④ 《关于所需几项主要物资情况的报告》（1958 年 9 月 9 日），甘档，档案号：231 - 1 - 436。

施工计划工程需要黑色炸药 5950 吨，因火硝缺乏，难以制造，虽已向省计委申请调拨原料硝酸钾 2500 吨、硫黄 650 吨，但工程需要刻不容缓，因此提出："发动群众，就地取材，发起一个群众性的生产火硝运动，以解决当前火药生产上的困难。"①

民工们只得发挥创造力和想象力来自制炸药。靖远工区"原子能爆破"中队创造了葫芦炮爆破方法，"在炸药缺少的情况下，千方百计的克服困难找代用品代替炸药"，代用品为木炭、青盐、锯末、石子等。② 截止到 1958 年 12 月，会宁工区在"群众性的制造炸药运动"，仅用半个月时间就"办起炸药厂 9 个，投入炸药生产的职工 1497 人……共制出炸药1771 市斤"。然而在工地上制作炸药的条件非常艰苦，八大队在扫硝土（制造炸药的主要原料之一）中提出了 11 抓，即"抓羊圈、抓牛圈、抓猪圈、抓厕所、抓土窑、抓古墙、抓灶灰、抓炕灰、抓崖炕、抓古洞、抓粪尿"。③ 除了自制炸药，各工区还被要求自办石灰厂、水泥厂、木制工具加工厂等。这类生产不仅费工费力，由于生产条件简陋，不仅难以满足工程建设的需要，还可能带来物资的浪费，甚至带来人员伤亡。

虽然技术牵绊、物资供应困难，十几万民工还是被安排在古城至漫坝河一线，"全面开花"，进行渠道开挖工作。为了实现两年通水的宏伟目标，势必要在一年后即 1959 年夏天完成第一期工程，但这很快被证明只能流于口号。

二　从"五一"通水到"七一"通水

> 党啊，敬爱的母亲，你发出了响亮的号召："七一"通水大营梁，要我们做工程的尖兵。

---

① 《甘肃省引洮上山水利工程局关于生产火药火硝的意见》（1958 年 7 月 9 日），甘档，档案号：231 - 1 - 436。

② 《关于靖远工区"原子能爆破"中队创造葫芦炮爆破经验的通报》（1958 年 10 月 5 日），甘档，档案号：231 - 1 - 2。

③ 《关于开展群众性制造炸药运动的情况报告》（1958 年 12 月 18 日），甘档，档案号：231 - 1 - 304。

党啊，敬爱的母亲，你的号召象阳光一样，我们看到那光辉灿烂的前景，浑身就充满了移山倒海的力量。

党啊，敬爱的母亲，你的巨手指向那里，那里就有光明和幸福，我们就向那里跃进。

党啊，敬爱的母亲，你给我们一颗火热的心，那怕困难高过昆仑山的最高峰，也要叫"七一"水通大营梁。

党啊，敬爱的母亲，你给了我们坚强的信心，有你，高山河水把家搬，宇宙一切归我们。

党啊，敬爱的母亲，你给了我们智慧和力量，大干巧干一百天，洮河乖乖上山巅。

党啊，敬爱的母亲，请你放心吧！你教养下的优秀儿女，一定按照你的指示行动。

——柴世昆：《党啊，敬爱的母亲》[1]

依照最初计划，引洮工程最先施工的是第一期第一大段岷县古城至陇西县的大营梁段。这一段渠线原测 350 公里，"复测 422 公里，隧洞 23 座"，后又减少隧洞 22 座，渠线延伸至 598 公里，计划 1959 年"五一"通水。这个过于宏大的目标与施工中遇到的物资供应不足和科学技术的难题，都令施工步履维艰。虽然需要大型机械设备的隧洞工程被改成以深劈、绕线的方式来解决，但在悬崖峭壁上开挖渠道，依旧险象环生、困难重重。1959 年 2 月，省委和工程局党委调整计划，改为"七一"通水大营梁，预备作为党的生日献礼，亦未能如愿。这也意味着引洮工程在原计划的三年内实现成为一纸空文。

"五一"通水大营梁

第一次提出"五一"通水大营梁的口号是在 1958 年 9 月 20 日至 24 日召开的引洮工程局党委第二次扩大会议上。这次会议总结前一阶段的施工完成情况，讨论通过"苦战一冬，大干一春，确保每月完成一亿土石方，1959 年

---

[1] 柴世昆：《党啊，敬爱的母亲》，《引洮报》第 55 期，1959 年 3 月 5 日，第 3 版。

5月把水引到大营梁"的口号。实际上，在这次会议上汇总各工区施工进度时，就已看到原计划9月份应该完成的6800万立方米的土石方工程量，在时间已过去2/3时，仅完成3200万立方米，尚不足原计划的一半。从开工到9月三个月的时间里"总共才完成7000多万立方米土石方"。但人们仍然十分乐观，认为开工之初施工经验不足，平均劳动日工效只有几方，现在已上升到30多立方米，甚至还有"百方"队。如果以目前的10万民工计算，则完成一亿立方米的土石方任务，平均工效需33.3立方米，这是可以完成的。[①]于是，"五一"通水大营梁的口号在这次会议中正式提出。

为提高工效，各个工区都开展社会主义劳动竞赛、技术革新和技术革命运动等各种群众运动；各级干部也被要求参加体力劳动，对工程修建情况进行时时监督和管理；有的工区实行"三班倒"、搞"夜战"，大多民工的工作时间都在12个小时以上。但"五一"通水大营梁仍然困难重重。且不说枢纽工程古城水库进展缓慢，单以土石方工程量来看，从开工到1958年底，"共完成土方1.93581258亿公方，占总土方量的32%；完成石方50.837011万公方，占石方总量的21.1%；共挖出平台70.193公里，渠道断面3.26公里"。[②]也就是说，到12月底的6个月以来，完成第一期工程任务的30%，尚有70%的任务。

照此进展，要在四个月内完成"五一"水通大营梁施工任务的6.4亿立方米土石方工程量，显然面临较大困难。因此，虽然工程局屡屡召开会议，号召"一定要按期通水大营梁"，再三强调加快施工进度、大抓工效和工具改革云云，甚至指派工务处组成工作组进行全面大检查，但宏伟的目标还是让施工进程显得极其渺小。

"七一"通水大营梁

按照截止到1958年12月底的施工任务统计，要在接下来的五个月内实现通水计划有较大困难，因此1959年1月省委及工程局党委就已在酝酿"夏季通水大营梁"的计划了。1959年1月13日，工程局党委就要求"各部、处、室可利用春节民工放假期间，召开业务会议，认真检查规划执行

① 《局党委第二次扩大会议闭幕》，《引洮报》第15期，1958年9月28日，第1版。
② 《甘肃省引洮上山水利工程局工务处关于1958年施工工作初步总结》，《甘肃省引洮上山水利工程档案史料选编》，第190页。

情况，总结工作经验，制定七月通水大营梁的具体工作计划"。① 正式提出"七一"通水大营梁的口号是在短暂春节假期间的 1959 年 2 月。

1959 年 2 月，工程局在会川召开有各工区党委书记和工程局各部门党员负责人参加的第四次扩大会议，省委第一书记张仲良到会讲话，直接促成"七一"通水大营梁口号的问世。张仲良说："引洮工程是个革命，必须用革命的精神去进行。……引洮工程要确保今年'七一'通水大营梁，向党的生日献礼！战斗口号应该是'修成千里河，水通大营梁，灌地百万亩，打好第一炮'，这个口号全体与会代表要讨论，民工都要展开广泛深入的讨论，并将这个口号，传达给定西、平凉、天水地委，组织人民公社社员也开展讨论，这样一讨论，就能产生很大的力量。"② 在此讲话基础上，2 月 28 日，会议闭幕，工程局党委通过《修成千里河，水通大营梁，灌地百万亩，打好第一炮，确保"七一"通水，向党的生日献礼》的决议，正式提出"七一"通水大营梁的目标。然而仍有人在此次会议上提出，"要按期完成任务就得增加人力和机械"。③ 不过显然，这种声音在这样"一边倒"的会议上极其微弱。

会后，工程局各机关及各工区迅速启动宣传机器。局党委宣传部向全工区发出确保"七一"通水大营梁的宣传提纲，分为"'七一'通水的重大意义""'七一'通水的有利条件""冲天干劲是决定性的因素""必须要有先进的措施"等四个部分，要求各个工区都将这一宣传提纲放在第一位宣传。④ 局党委组织部发出题为《发挥无产阶级先锋战士作用，为确保"七一"通水大营梁努力奋斗》的致全体党员的一封信，呼吁"每一个党员都要发扬高度的共产主义劳动态度，勇敢地、忘我地劳动，要处处起模范带头作用，冲锋在前，吃苦在先"。⑤ 工程局民兵训练办公室也发出以

---

① 《通知》（1959 年 1 月 13 日），甘档，档案号：231 - 1 - 18。

② 《确保"七一"通水大营梁就是实现更大更好更全面的跃进——省委第一书记张仲良同志在局党委第四次扩大会议上作了重要指示》，《引洮报》第 54 期，1959 年 3 月 3 日，第 1 版。

③ 《一定按期通水大营梁》，《引洮报》第 52 期，1959 年 2 月 26 日，第 1 版。

④ 中共甘肃省引洮上山水利工程委员会宣传部：《修成千里河 水通大营梁 灌地百万亩 打好第一炮——确保"七一"通水大营梁的宣传提纲》，《引洮报》第 55 期，1959 年 3 月 5 日，第 3 版。

⑤ 《发挥无产阶级先锋战士作用，为确保"七一"通水大营梁努力奋斗——工程局党委组织部致全体共产党员的一封信》，《引洮报》第 57 期，1959 年 3 月 10 日，第 3 版。

"充分发挥革命军人光荣传统，以按期通水回答党的号召"为题的给全体复员退伍军人和民兵的一封信，要求退伍军人和民兵"以黄继光英勇杀敌的精神投入战斗，向悬崖峭壁开战"。① 与此同时，定西、天水、平凉地委也在省委要求下将口号传达给普通群众，试图以此唤起后方支援的热情。

3月11日，局党委决定成立局党委和工程局联合办公室，直接掌握施工情况，由工务处处长李鸿章出任办公室主任，并抽调9个专职干部分别负责联系各工区每天施工进展。一方面，每天统计"工种进度及施工情况"，三天统计一次粮食库存情况，五天统计一次主要工程材料使用情况等；另一方面，在施工上着重统计"职工思想情况""领导经验""典型经验介绍""劳动组合上的新的措施和改进情况""工具改革情况以及施工中的问题"等。② 在组成专门领导小组的同时，仍旧以群众运动的方式来配合，号召"大张旗鼓地开展高工效运动"，以此推动施工。③

各工区的动员方式主要包括举行誓师大会、游行、写决心书等。定西工区在1959年3月3日召开工区党委扩大会议，"11000多民工举行了誓师大会，并写大字报表决心，4290名职工进行了签名，5570多人申请报名参加突击队"，号召掀起施工高潮。④ 靖远工区在三天时间内就"写了大字报、决心书、保证书7748张"。⑤ 并提出诸如继续加强党的领导、开展工具改革、进行劳动组合等方面的"先进经验和施工计划"。⑥

在官方报道中，施工进展迅速。会宁工区第五大队"到3月10日止，已打好了三十多公尺深的大炮眼六十多个"⑦；"秦安工区在决议传达后的几天内，就发明创造了四种先进工具，容量都在零点八方以上。榆中工区的水泥厂，把牲口拉磨改为单轮碾子推磨，工效由原来的17秒1转，提高到17秒11转"，"武山工区八大队的巧姑娘连和穆桂英连的16个妇女突

---

① 《充分发挥革命军人光荣传统，以按期通水回答党的号召——工程局民兵训练办公室给全体复员退伍军人和民兵一封信》，《引洮报》第58期，1959年3月12日，第3版。
② 《施工简报第一期》（1959年3月15日），甘档，档案号：231-1-465。
③ 《大张旗鼓地开展高工效运动》，《引洮报》第58期，1959年3月12日，第1版。
④ 《定西工区开展百方运动的几点意见》（1959年3月21日），甘档，档案号：231-1-27。
⑤ 《靖远工区开展百方运动的经验》（1959年3月18日），甘档，档案号：231-1-27。
⑥ 《保证按期通水大营梁》《一定要按期通水大营梁》《会宁工区第五团订出具体措施》，《引洮报》第52期，1959年2月26日，第1、2版。
⑦ 《会宁工区五大队掀起施工高潮》，《引洮报》第58期，1959年3月12日，第2版。

击组，在 3 月 6 日苦战的结果，工效分别提到 73 方、83 方、153 方；秦安工区九营的花木兰排也平均达到 43 方"。[①] 各工区出现的施工热潮呼应着局党委的号召，践行着各自的"施工计划"。

然而，与热情洋溢的报道不相符的是工区党委对当下民工思想状况所做的调查。据平凉工区统计，30% 的民工对完成工程任务有信心；10% 的民工思想落后，甚至是为了"挣钱、避闲、好吃而来"；60% 的民工对"通水大营梁不够关心，布置什么干什么"。[②] 临洮工区的民工则有各种思想顾虑，如：

> 有的认为工程才剥了一层皮，就是旧历年底也成问题，因而准备了充足的烟叶，打算过年；有的认为山坡越挖越陡，就是明年也在这里蹲着，任务难完成；有的认为要通水就得增加人和洋机器才行；有的怕耽误了青春，苦战一辈子成了光棍；有的对爱人不放心，怕再作一年工老婆变为别人的；有的对公社合理安排劳动力认识不明确，认为把劳动力多者没有派来，将劳动力少者派来，社干家中不来兴修引洮工程，而派来的是一般社员，有私情，对公社不满；有的认为社员评的工资高，民工评的工资低，认为不公平合理；有的认为鞋袜不及时解决，工资不及时发来，公社对自己不体贴照顾；有的认为厂矿有工资可挣，引洮工地啥也没有，因而不安心劳动；甚至有个别民工还错误地认为引洮工程什么时候都通不了水，从根本上否定兴修引洮工程的现实性等等。[③]

与这部分民工思想状况对应的是"大队长以上干部，对七月通水大营梁，普遍感到压力很大"，如有人说："挖了半年了，才挖这点，七月份咋能通水大营梁"；陇西工区二大队中队长说："工程这样大，做下多少算多少，完不成通水大营梁的任务，洮河就是我的出路（意思是跳洮河自杀）"；陇

---

① 《我们要和时间赛跑——卫屏藩同志在 3 月 25 日向全体民工的广播讲话》，《引洮报》第 65 期，1959 年 3 月 28 日，第 2 版。

② 《工程局党委第二指挥部关于平凉工区施工准备工作情况的报告》（1959 年 4 月 2 日），甘档，档案号：231-1-25。

③ 《中共甘肃省引洮上山水利工程局委员会第二指挥部关于临洮工区党委传达、贯彻局党委全体（扩大）会议精神情况的报告》（1959 年 3 月 10 日），甘档，档案号：231-1-25。

西工区一大队长说："要把洮河修成，我的胡子也白了"；渭源工区干部说："说是七月通水大营梁，反正做着瞧吧！"而"一般中队长以下干部对如何保证今年七月通水大营梁问题考虑很少，措施也不具体"。[①] 这些思想被认为"有问题"，要通过教育"扫除思想顾虑"。这些在工地实践的民工和干部最有发言权，反映了施工遇到的真实困境。

结果是，截止到 3 月 29 日统计，"完成第一期工程任务的 45.4%，完成 3 月份任务的 56.6%"，[②] 仍然步履维艰。1959 年 4 月，工程局党委承认，鉴于目前存在的各种困难，"我们考虑'七一'通水还有困难，具体通水时间……再作报告"。困难如下：

> 首先，工程任务还相当艰巨，现有土、石方还有 3.6 亿公方，占任务总数的 52%，其中深挖、深劈、填方约占 60% 以上，而且有些地区如平凉、定西等工区原估计为红胶土，但却挖出了石方，有的如武山工区，原估计为黄土，但却挖出了红胶土，而且数量很大，工程任务更加艰巨。
>
> 其次，工程进展还不平衡，其中通渭、榆中、定西、靖远等工区，工程进展比较快，预计在 5 月中旬可以竣工或基本竣工，而关山、朱家山、平凉、武山等工区，开工迟而任务大，加之劳动力少，工程进展迟缓完成任务多不到 20%，平凉工区截止目前为止，只完成任务不足 3%。……原渭源工区绕线后，还有 78 公里，6200 万公方的渠道任务没人承担。
>
> ……
>
> 第三，器材供应上还存在着一些问题，主要是水泥，为了保证通水大营梁，所必须作的建筑物共需水泥 18900 吨，除已调拨了 5100 吨，不足 13800 吨，水电部计划在第二季度拨给 3000 吨，尚缺 10800 吨，过去我们计划自己生产 3500 吨，因条件尚不具备，还很难完成。其次是炸药，由于石方、红胶土增多，需药量也增加很多，现在炸药也很难保证供应，其他一些工具改新所需物资，供应也有些问题。

---

① 《思想反映第一期》（1959 年 2 月 20 日），甘档，档案号：231 - 1 - 175。
② 《附：张建纲在各工区党委书记电话会议上的讲话》（1959 年 3 月 30 日），《甘肃省引洮上山水利工程档案史料选编》，第 262 页。

第四，运输力量也深感不足，许多器材供应不上，不少工区要动员民工背粮、背炭、背料，有的还要磨面，这也影响了工程的顺利进行。①

1959 年 4 月，甘肃省水利厅物资供应科长与引洮工程局器材供应处负责人前往北京，其中一个目的是"要求水电部给引洮工程给一些物资"。几经周折水电部经办人同意二季度给"水泥 3000 吨，木材 1000 立方，钢材 800 吨"。然而这个数据特别是水泥，离实际需求相差甚远。这几位为引洮奔波的负责人，想尽办法找到当时的水电部部长。她表示材料紧张，无法供应，当谈及"七一"通水问题时说，"通水当然很好，我很赞成，就是材料供应不上没法解决"，最后同意"二季度有增产时分配中可以照顾"；国务院副总理李富春得知这一情况后说："你们自己给自己不要戴紧箍咒了，七一通不了，十一通……"② 紧缺物资无法跟上供应，且无法依靠土办法完成，工程修建步履维艰。引洮工程虽然得到甘肃省倾尽全力的支持，然于全中国而言，依然只是省级项目，不同于同一时期在建的国家项目，如三门峡大坝。

枢纽工程古城水库于 1959 年 4 月第一次决口，使"七一"通水大营梁的计划更遥不可及。1959 年 4 月 26 日，甘肃省委常委召开会议，专门研究引洮工程问题。会上提出四种应对方案："加大围堰导流槽工程，汛期继续施工，'十一'通水的方案；先进行联合建筑物及大坝清基，汛期后截流筑坝明年 4 月底通水的方案；修便渠引水的方案，及局部导流分段筑坝，11 月通水的方案"；会议仍然强调引洮工程的重大政治意义，一致同意做出力争"十一"通水、最迟 11 月通水的决定。③ 但 8 月 12 日古城水库的第二次决口，再次打破了 11 月份通水的设想。若要通水，则首要的是渠首古城水库的建设。那么古城水库到底进展如何呢？

① 《关于通水大营梁工作中的几个问题的报告》（1959 年 4 月 10 日），甘档，档案号：231 - 1 - 23。

② 《关于胡寿长同志在北京订购物资工作情况的汇报》（1959 年 3 月 31 日），甘档，档案号：231 - 1 - 18。

③ 《中共甘肃省委常委会 4 月 26 日会议要点》（1959 年 4 月 30 日），甘档，档案号：231 - 1 - 15。

三　渠首水库的三次截流

　　古城水库摆擂台，八路英雄聚拢来，擒龙大战风云吼，扭转洮河向东流。

　　人似浪涛滚滚进，车如飞箭腾雾云，喊声起处山头动，修起土坝挡山洪。

　　一片灯海一片心，万人跃进一股劲；劈山填沟开条路，运河流进云里头。

——康仲安：《古城水库摆擂台》①

　　古城位于甘肃省岷县北 25 公里处洮河畔，自然地理属陇南山地西秦岭之北坡，河床标高为 2240 米。区域气候属山区半干旱型，降雨量较丰富，降水量 80% 集中在 5 月至 9 月。年最高气温为 30.8℃，最低为 -23.5℃，一年中 12 月、1 月、2 月三个月平均气温 0℃ 以下。② 从地质上看，古城位于第三纪红色盆地中，四周为高达 3000 余米的中石炭系岩层所形成的山脊围绕，"属西秦岭地槽的北缘，地壳轮回上升，河流不断下切；左岸红色岩系形成孤立小山；右岸黄土形成三级明显的台地；两岸的峡谷众多（约每 300 公尺一条），形成长仅 2000 公尺，深达 40~50 公尺的冲沟。同时在冲沟口形成宽达 200~400 公尺的洪积扇。在两岸山坡上具有坡积的亚粘土、亚砂土、碎消［屑］等构成山麓堆积，厚达 10~40 公尺"。③ 引洮工程的枢纽工程——古城水库，就位于这样的地理环境中。

　　修建古城水库的主要目的是"在选定的渠首地点（岷县古城村），抬高洮河水位，引水入渠，在野狐桥水库尚未修建前初步调节洮河天然径

①　康仲安：《古城水库摆擂台》，《引洮上山诗歌选》第 3 集，1960，第 19 页。

②　孙广忠、解魁芳：《甘肃省岷县古城黄土工程性质的一些资料》，《引洮上山的工程地质问题》第 1 辑，第 4 页。

③　《洮河古城水库规划设计要点（草案）》（1958 年 8 月），甘档，档案号：231-1-589。

流，首先满足灌溉需要，同时结合水力发电，降低洪峰以及发展航运（航运船闸工程列入第二期修建）等利益"。① 因此，"扭转洮河向东流"的渠首——古城水库至关重要，截流成功与否是工程能否实现通水的关键。

规划与设计

古城水库的设计经历了一个短暂而曲折的过程。为把年平均水量 53 亿立方米的洮河水量全部利用起来，需要在上游修筑水库。勘查人员最初计划"引洮工程选定自岷县城北 5 公里龙王台附近引水"，着手勘测的第一分段"自龙王台引水口起，经古城至会川中寨集止，长约 40 公里"。② 1958 年 4 月 7~13 日，工程局负责人对这一段着重进行检查，并召开测量设计人员座谈会，讨论在上游修筑水库"究竟是修大的还是修小的？在什么地方修"等问题。③

与会人员大多认为水库应修在洮河转折点岷县，并勘查鲁巴寺、拉力沟、三涧坝、野狐桥、古城、青咀等六个坝址，但对于到底修在哪里，怎么修则存在两种意见。一种认为"水库应［以］在岷县上面和多修小水库的原则进行，甚至修十来个都可。这样的好处：工程小，占地少，工期短，收效快，地址好选择，逐年修，逐年加，直到拦蓄必要的水量为止"。另一种是在古城修一个大水库，"修 50 公尺高坝回水到龙王台，移民较少，渠线短，可省 30 公里石方。但缺点是在地质上不太理想，并且高程低于龙王台 40 公尺，这就在石方的纵坡上需要放缓，随之断面就要增大，因而，关系着断面设计和渠线测量的部分返工，影响了工程进展时间"。④ 最后决定"在古城修建较小的水库，在野狐桥修建高坝，形成大型水库，承担蓄水的主要任务"，"野狐桥水库与古城水库共同达到渠首流量调节的目的。而以古城水库为第一期工程"。⑤ 设计水库"坝高限度要求不淹没梅川

---

① 《引洮上山水利工程古城水库设计》（1958 年 11 月），甘档，档案号：231 - 1 - 589。

② 《甘肃省引洮工程办公室关于引洮水利工程测量计划》（1958 年 3 月 12 日），甘档，档案号：231 - 1 - 587。

③ 《关于引洮水利工程的测量设计和施工准备的报告》（1958 年 4 月 19 日），甘档，档案号：231 - 1 - 426。

④ 《关于引洮水利工程的测量设计和施工准备的报告》（1958 年 4 月 19 日），甘档，档案号：231 - 1 - 426。

⑤ 解魁芳：《古城坝址工程地质条件》，《引洮上山的工程地质问题》第 2 辑，第 25 页。

街的前提下，尽量提高坝高，增加有效库容，实现测梅川街标高为 2281.5 公尺，计划坝高 42 公尺"。[①]

中国科学院青海甘肃综合考察队引洮工程地质分队、中国科学院兰州地质室、甘肃省水利厅及兰州大学等单位派出的考察队员在勘测古城坝址后发现地质条件非常复杂。它"位于西秦岭海西褶皱带岷县复背斜之东北翼，为浅海相浅变质岩系所构成。整个区域属一剧烈褶皱区。构造线方向为北 310°西。地质构造极为复杂，除剧烈的褶曲及陡倾角层面逆掩断层外，岩层中节理裂隙极为发育。坝址地段出露的地层为中石炭统中部（C_2^2）及中石炭统上部（C_2^3）"。其中对坝址影响最大的是各级黄土层，"砾石层及老黄土分布于坝址右岸四级台地上"，"风积—坡积新黄土、冲积砾石层与黄土，分布于坝址右岸台地及山坡上"，主要成分为灰岩及石英岩的砾石层及黄土，"分布于坝址两岸一级台地，河漫滩及河床中"。科研人员分析，"在此黄土上筑坝如不加处理，将发生以下几个问题，而影响大坝的稳定性。（1）本区黄土湿陷性特别大（在 4 公斤/平方厘米压力作用下，单位沉降量可达 80～160 毫米/米），在水库蓄水过程中，由于大坝上下游黄土浸湿程度不同，坝基有可能发生剧烈的不均匀沉陷，而导致大坝破坏。（2）水库蓄水后，黄土抗剪强度大大降低（凝聚力降低两倍以上，内摩擦角降低 2°～11°），大坝稳定性将受到严重威胁。（3）由于渗漏作用，黄土可能发生潜蚀，易导致管涌，而影响坝基渗漏及坝身稳定性"。[②] 问题虽被发现，但如何处理，需要复杂的科学研究。从紧急施工的角度入手，科研人员指出："从夯实土的试验成果知透水系数小，可用作防渗土料。"[③] 如若渠道都以夯实土填充，需要增加几倍的人力。随后的实践表明，由于工程目标过高、工期较赶，对渠道外表的追求远超过内涵，夯实土很难实现。

古城水库的设计得到苏联专家的帮助。1958 年 4 月，苏联水利专家西北工作组在组长季达的带领下到龙王台进水口、古城水库、宗丹岭、九甸峡等地查勘，并提出相应意见。有关古城水库的坝高问题，季达提出增高

---

① 《洮河古城水库规划设计要点（草案）》（1958 年 8 月），甘档，档案号：231－1－589。
② 解魁芳：《古城坝址工程地质条件》，《引洮上山的工程地质问题》第 2 辑，第 26～30 页。
③ 《向专家汇报材料》（1958 年 9 月 15 日），甘档，档案号：231－1－589。夯实土是指按规范要求经过分层碾压、夯实的土。

20 米就不必另建野狐桥水库；地质专家辽别切夫认为，现计划 42 米的古城水库"是允许修建 62 公尺高土坝的"，坝高 42 米有效库容为 1.99 亿立方米，坝体土石方总量为 274 万立方米，坝高 62 米有效库容为 5.26 亿立方米，坝体土石方总量为 652 万立方米。中方认为，虽然库容量增高许多，但坝体加高将引起淹没范围扩大至"岷县渡口梅川茶堡一带村庄公路全部淹没，以及这一代煤、铁矿区的淹没等"，且工程量"需要激增 1.5 倍以及水电总容量由 7.5 万瓩缩减为 2.5 万瓩的损失等等"，因此决定"古城水库的坝高仍照原定的 42 公尺进行设计"。① 可见，与三门峡水库一样，苏联方面倾向于高坝建设，只是引洮工程主要由甘肃省负责，苏联方面的建议未被完全采纳。

在讨论古城水库的规划草案时，诸如泄洪建筑物应放在洮河左岸还是右岸，三条坝轴线到底应该用哪一条，利用二级台地导流槽做成泄洪洞带来的问题，三个建筑物是否应该联合为一个整体等问题，除苏联专家外，国务院水利电力部副部长李锐、水利电力部勘测设计总局刘学荣副局长、总工程师须恺等人也提出若干意见。最终古城水库的设计草案于 1958 年 10 月确定。② 全部工程包括拦河大坝、输水建筑物、泄洪建筑物及船闸四部分。船闸是用以保证船舶顺利通过航道上集中水位落差的厢形水工建筑物，列入第二期工程，其余均为第一期工程。拦河大坝"采取壤土、砂砾与坡积洪积碎碴三种土料所组成的多种土质坝型。……坝顶总长 664 公尺，其中河槽段占 255 公尺，台地及岸坡段占 409 公尺，坝顶宽 8 公尺……上游坝坡面 2262.0（公尺）以上用块石防浪护砌，下游坡面种植草皮防止雨水冲刷"。附属建筑物的"布置形式是上层输水、下层泄洪、边侧建电站的联合建筑"，"位于四级台地 23 号钻孔附近坝轴的延长线上。进口引水渠底宽 19 公尺，全长 400 公尺，其中石渠长 83 公尺。枢纽建筑上层输水闸 3 孔，每孔 5×3 公尺，采用弧形钢闸门及 15 吨卷扬式人力电动两用启闭机。……泄洪洞全长 87.6 公尺，出口接陡坡泄洪道，宽 30 公尺，长 280 公尺，纵坡 1/23，全部用钢筋混凝土衬砌护面，陡坡末端用悬臂式跌水，扬水凿板使水舌分散降落于冲刷坑，自泄洪洞出口至跌水边缘的陡坡

---

① 《引洮上山水利工程古城水库设计》（1958 年 11 月），甘档，档案号：231 - 1 - 589。
② 《引洮上山水利工程古城水库设计》（1958 年 11 月），甘档，档案号：231 - 1 - 589。

落差为 12.18 公尺，自跌水边缘至冲刷坑水面落差为 4.65 公尺，冲刷坑在水面下，深度为 5 公尺。泄洪道尾水土渠底宽 50 公尺，长 470 公尺，直接泄入洮河"。①

按规划，古城水库一期工程"施工进度分为四个阶段：第一阶段自九月初至十一月中，以完成导流任务为主。需劳动力 10 万工日。第二阶段自十一月初至明年二月底，以完成大坝清基，坝基处理以及完成联合建筑物清基为主。需劳动力 60 万工日。第三阶段自三月初至四月底大坝填筑高程至 2268.0 公尺，联合建筑物基本造成，导流槽堵口，泄洪洞导流转水闸与总干渠进行试水。需劳动力 70 万工日。第四阶段自五月初至六月中，大坝与联合建筑物全部完工，需劳动力 20 万工日"。② 实际上到引洮工程下马，古城水库也只完成第一、第二阶段，且经过三次施工截流，进度大大晚于计划。

三次截流

古城水库于 1958 年 9 月 1 日正式开始施工，承担任务的是陇西、岷县、武山工区的两万多名民工，由专门成立的古城水库工程指挥部负责。施工的首要任务是附属性工程导流槽和挡水围堰。条件非常简陋，"大型工具很少，大部分是小推车，而且多系两人推一车，夯实工具也多是 8 人打一夯，在草土围堰工程上，又恢复了肩挑背背；导流槽工地上完全是抬筐"。③ 虽然"日夜分班施工，人停歇工具不停歇"，但简陋的施工条件仍使导流槽工程进展迟缓。

因洮河在 11 月下旬即进入枯水期，原计划 1958 年 11 月中旬完成截流，这样可不受春汛威胁。但是"截止到 1959 年 3 月底，草土围堰工程完成了 95%"，④ 大大晚于计划。施工导流槽是水库工程的第一关，直接关系整体工程的布置，人们不得不采取非常规措施来强制导流。

1959 年 4 月，洮河汛期将至，由于冰雪融化，水量增加会导致洮河水位升高，洪水也随时有可能暴发。因此虽然导流槽工程还没有开挖到原设

① 《引洮上山水利工程古城水库设计》（1958 年 11 月），甘档，档案号：231-1-589。
② 《关于古城水库设计的审查报告》（1958 年 10 月 28 日），甘档，档案号：231-1-589。
③ 《关于陇西工区水库工程的检查报告》（1959 年 4 月 4 日），甘档，档案号：231-1-28。
④ 《关于陇西工区水库工程的检查报告》（1959 年 4 月 4 日），甘档，档案号：231-1-28。

计标准，但 8 日上级指挥部决定强制截流。民工们"以顽强的毅力，硬是用背斗背土，大筐抬石的手工操作，在围堰龙口落差 6、7 米的急流中把汹涌的洮河水基本斩断了"，但"主河床基本断流后，导流槽过流能力不足，围堰前水位上涨，再加上合龙出的抛石质量不高，在紧张进行断流的过程中，围堰渗漏越来越大，形成很多管涌，随着堰前水压力的不断增大，这些管涌很快发展到决口，结果全部围堰被冲，造成了第一次截流的失败"。① 虽然并未造成人员伤亡，但"损失了筑围堰时已用去的麦草 80 万斤，铅丝 7.5 吨，麻绳 3.5 吨，木材 12 立方"。②

鉴于第一次围堰决口失败的教训，工程局对第二次截流非常重视。专门成立由局党委书记张建纲任总指挥的古城水库截流指挥部，下设"进占、工务、宣传鼓动、后勤、卫生、秘书、安全保卫等七个组"，对各个组进行详细职责分工。③ 武山、岷县工区的民工也被调到古城水库围堰施工，靖远工区也抽出优秀石工 200 名来到古城支援导流槽建设。④ 在古城水库施工的民工人数增加到了 26000 多名，截止到 1959 年 6 月 22 日，民工达 26413 人。⑤ 同时，甘肃省委还专门组织辖区内其他单位的专业技术力量和设备前来支援。

第一次截流时民工们"用背斗背土，大筐抬石的手工操作"，在这一次被刘家峡水电工程局盐锅峡工程处、省交通厅、白银有色金属公司、兰州市交管局等单位派来支援的"30 辆翻斗车、吊车和推土机为主力军的机械化截流"方式所取代；"盐锅峡工程处总工程师李鄂鼎同志，和曾经参加三门峡、盐锅峡截流工程的丁子等三位工程师"也前来提供技术支持。甘肃省副省长黄罗斌，省委常委副省长李培福以及引洮工程局党委书记张建纲，副书记卫屏藩，副局长高步仁、折永庆等领导都来到现场指挥。⑥ 省级领导的到来足见引洮工程在全省的地位，也足见对此次截流的重视。从 6 月 28 日下午开始

---

① 梁兆鹏：《引洮工程始末》，《甘肃省志》第 23 卷《水利志》，第 834 页。
② 《关于古城水库草土围堰决口情况的报告》（1959 年 4 月 23 日），甘档，档案号：231 - 1 - 31。
③ 《关于成立古城水库截流指挥部的通知》、《截流现场指挥系统及职责分工》（1959 年 6 月 22 日），甘档，档案号：231 - 1 - 28。
④ 《发扬共产主义大协作》，《引洮报》第 84 期，1959 年 5 月 12 日，第 1 版。
⑤ 《劳动力使用情况月报》（1959 年 6 月 22 日），甘档，档案号：231 - 1 - 28。
⑥ 《古城水库截流工程"七一"完成》，《引洮报》第 107 期，1959 年 7 月 4 日，第 1 版。

到 7 月 1 日凌晨，经过将近 60 个小时，汹涌的洮河水被改道进入导流槽，断流成功。人们都松了一口气，各主要领导相继离开工地。

虽然截流成功，但还存在许多隐患。截流时正值洮河汛期，流量达到 132～144 立方米/秒，且"根据二十年来洮水的实测资料证明，七月份最大流量达到一千秒公方"。[①] 本是最该避免的截流时间，因计划作为"七一"献礼遂强制截流。为抢时间，"围堰工程并未按设计断面一次作够，而是先使迎水坡的一面达到截流高程，实际上是半个断面挡水"，[②] 意味着洮河水量一旦猛增，则难以抵挡。截流之前已经制定截流后紧急施工计划，要求"龙口段在很短时间内按围堰断面修筑到要求高程"，[③] 但未及实施，暴雨骤降，打乱了这一计划。

7 月份的几场暴雨使洮河水量猛增，局党委指示要求："对于暴雨和洪水危害严重的地区，特别是古城水库，不论雨天、晴天，日夜要有专人负责管理、巡视、养护。"[④] 民工们从 7 月 16 日开始展开"防洪突击周运动"，抢时间进行围堰填方工程。7 月底检查时已经将上游围堰加高到 2255.5 米的高程，距离设计高程只差 1.5 米，且应对了 7 月 22 日洮河 300 立方米/秒以上的流量。[⑤] 但人力毕竟有限，这些准备不足以应对大自然的瞬息万变。

8 月 11 日晚，库区突降大雨，"洮河出现了洪峰流量达 769 秒立方米的洪水"，将上游梅川储木场上的大批木料和库区内的麦草捆等杂物冲流下来，导流槽口越堵越密实，使导流槽的过流能力大大降低。上级组织 200 人的抢险队多次打捞漂浮的堵塞物，动员民工 5000 人加宽围堰，甚至采用水中爆破的方法企图疏导畅流，但没什么效果。围堰前水位越涨越高，围堰合龙口处到 12 日出现管涌渗漏现象，水位距离堰顶不到 50 厘米。工程局副局长折永庆在场指挥组织民工排险抢救，但依旧水位升高，情况紧急。现场有些工程技术人员从保住围堰体与裹头的愿望出发，建议在截流龙口处挖一个缺口，让洪水流出。"两害相权取其轻"，折永庆同意这一建议。[⑥]

---

① 《必须保证填方质量》，《引洮报》第 113 期，1959 年 7 月 18 日，第 2 版。
② 梁兆鹏：《引洮工程始末》，《甘肃省志》第 23 卷《水利志》，第 835～836 页。
③ 《截流以后的紧急施工计划（草案）》（1959 年 6 月），甘档，档案号：231－1－28。
④ 《局党委、工程局发出关于加强防汛防洪工作的紧急指示》，《引洮报》第 114 期，1959 年 7 月 21 日，第 1 版。
⑤ 《陇西工区荣获防洪优胜流动红旗》，《引洮报》第 120 期，1959 年 8 月 4 日，第 1 版。
⑥ 梁兆鹏：《引洮工程始末》，《甘肃省志》第 23 卷《水利志》，第 835～836 页。

迅猛的洪水一涌而来，虽然保住大部分堰体，但损失惨重。据不完全统计，"淹死抢救物资的民工 3 人"，"冲走工程的主要物资：木材 1500 公方、炸药 70 吨、水泵 6 个、油桶 24 个、□绳 1000 公斤、铅丝 1000 公斤、雷管 22600 个、电线 5600 公尺、帐篷 36 个、房子 90 间、粮食 1.5 万多斤及工具……共计 38.7 万元"，"当地群众损失：梅川、中寨两公社受灾4180 户，约 2 万人，冲走粮食 1800 斤，房子 1200 间，田禾 3800 亩，共计8.2 万元，另外，4000 余户受灾居民的衣物、用具等有的也冲走很多，一时尚难统计"。[①] 如果说第一次古城水库决口还无法让激情澎湃的人们感受到大自然的威力的话，那么第二次决口则让无数民工跌进失望的深渊。

上万民工痛哭流涕，多日艰辛的劳动在转瞬间随滚滚洮河水逝去，悲观失望的情绪蔓延着。有的民工说："一年的血汗算是枉费了！"还有的人说："这次灾难是小的，将来修成了比这还厉害。提个意见：不修了吧！"天水工区四大队一夜之间就逃跑了 39 人。工程局副局长折永庆和一些工区党委书记也"痛哭流涕"，为围堰决口感到痛心疾首。[②]

随着"反右倾"运动的到来，古城水库投入更多的人力、物力准备第三次截流。截止到 10 月 10 日，"围堰加固工程已超额完成，正在进行裂缝处理、整修里头、填回车厂。通往水库的公路已正修畅通。在截流备料方面：块石、砂卵石、黄土按计划 3 万余方及葡萄串、铁丝笼均以超额完成。作成四面体 49 个，搭料台 13 个"等。[③] 工程局 10 月 20 日进行截流演习，全面检查截流准备工作。10 月 21 日按计划进行第三次截流，"采用堆石法和土洋结合的方法进行的，共投块石 5930.8 方、砂 164.8 方，葡萄串 289个，铅丝龙［笼］9 个，戗堤高程最低段达到 2245.9 公尺，10 月 24 日 20时戗堤达到计划高程 2249 公尺，相对高程 9 公尺"。[④] 经过 65 个小时的日夜奋战，洮河终于被拦截，截流成功。

古城水库最后只完成了全部工程的 74%，之后工程叫停。为不对下游造

① 《李培福关于古城水库决口的损失情况向省委的报告》（标题笔者自拟，1959 年 8 月 17日），甘档，档案号：231-1-31。
② 《李培福关于目前干部、民工思想情况向省委的报告》（1958 年 8 月 16 日），甘档，档案号：231-1-28。
③ 《关于古城水库第三次截流准备工作情况简报》（1959 年 10 月 15 日），甘档，档案号：231-1-28。
④ 《关于古城水库第三次截流总结报告》（1959 年 11 月 3 日），甘档，档案号：231-1-28。

成水灾，且能便利洮河流放木材，导流槽被迫炸毁。但已完成的古城水库质量非常好，用了很多炸药才炸毁，皆因对工程质量的重视。据悉，"在古城上游围堰的填方上，有着严格的质量检查制度，无论昼夜，都有技术人员值班，填一层，检查一层，不合标准的立刻返工"。[1] 笔者在采访中也曾问过古城水库的相关参与者，不止一位技术人员回忆说，古城水库质量还是非常好的，后来用炸药炸，一次都不行，还炸了两次。[2]（见图3-3、图3-4）

图3-3 古城水库的拦河大坝遗址

资料来源：笔者摄于 2012 年 4 月 26 日。

图3-4 古城水库导流槽遗址

资料来源：笔者摄于 2012 年 4 月 26 日。

---

[1] 《毛病在夯上》，《引洮报》第 126 期，1959 年 8 月 18 日，第 2 版。
[2] 2011 年 9 月笔者采访王某某、李某某的记录。

四 "自动装来自动倒"：向工具要效率

若要工效日日高，工具改革要抓牢。工具不但要求多，而且还要比灵巧。若要工效再提高，自动装来自动倒。发动群众迅速搞，这是当前头一条。

——尚友仁等：《工具改革》①

由于缺乏大型机械设备，为从简单手工工具上要效率，无论是技术人员还是普通民工，都被要求极尽其聪明才智来创新。于是，以技术革新和技术革命运动为载体的工具改革，在工地上如火如荼地开展起来。人们将快速完成引洮工程的希望寄托在新式工具上。然而很快人们就发现，同农村的技术革命运动一样，② 工地社会的技术革新运动也收效甚微。

工具改革

早在工程未正式开工之前，定西地委便做出将在引洮工程上实行机械化半机械化施工的决定。③ 但这种决定只能停留在口号宣传上，机械化与半机械化对于工业基础薄弱的甘肃来说遥不可及。引洮工程虽然得到无数关注和援助，但机器仍少得可怜，主要靠老祖宗传下来的铁锨、铁镐、架子车等手工工具。就算这样，都不能保证人手一个，岷县工区开工时有民工 4442 人，带工具的 2188 人，其他人没带工具。④ 朱家山工区，"有一个大队平均八个人才有一辆车子"。⑤ 工程任务的艰巨，逼得人们不得不利用

---

① 尚友仁等：《工具改革》，《引洮上山诗歌选》第 2 集，第 59 页。

② 朱云河：《"大跃进"时期中国农村的技术革命运动》，《中共党史研究》2010 年第 11 期。

③ 《中共定西地委决定引洮工程采用机械化、半机械化施工》，《甘肃日报》1958 年 6 月 4 日，第 1 版。

④ 《岷县工区目前存在几个问题的请示报告》（1959 年 3 月 5 日），甘档，档案号：231－1－405。

⑤ 《各工区民工上工地情况》（1959 年 2 月 25 日）甘档，档案号：231－1－21。

有限材料进行工具改革。于是，"势如破竹地干，海阔天空地想，不等洋机器，实现土法机械化"，"人人当木匠，队队建工厂，天天制造，日日革新"等口号被喊得震天响。刚开工不久，在局党委要求下，团委决定"在全体青年中开展一个以改良工具为中心的技术革命运动，以充分调动青年的社会主义积极性和创造性，作技术革命的急先锋"，号召青年"人人献策献计，个个创造发明"。① 以运动的方式展开工具改革。

工程局下设负责各方面技术的工务处，以此为基础成立科学技术研究委员会，下设工具改革、工程地质、施工技术和勘测设计等四个小组，其中工具改革小组"负责新式工具的研究、试验、试制和推广"，由工程局副局长卫屏藩任组长。② 要求"大力开展以工具改革、施工技术、机械使用为内容的技术革命运动"。

然而，即使是在"跃进"形势下，要让一贯保守的农民迈开创新工具的步伐，也有难度。民工中存在诸多"自己不能搞技术革命"的思想，如"一部分人认为自己是庄稼汉，不懂科学技术，不能创造发明；一部分人有坐等国家大机器支援的思想，看不起自己的'土机器'；还有一些人存在着怕用脑子，不刻苦钻研的懒汉思想"。③ 为激发民工热情，仍旧寄望于"群众路线"，"发动群众采取了大鸣、大放、大辩论、大字报的方法"，题目有"工具改革对促进引洮任务的提前完成有什么好处？青年光有干劲，没有钻劲行不行？坐等国家大机器对不对？你为技术革命怎样出力"等。④

此番"辩论"后成效卓著，"两天内就提出了合理化建议406条，七天内创造发明各种先进工具1080件，高潮形成风起云涌，有的大队五天内就实现了半机械化"，⑤ "半年来创造发明各类工具250种，推广使用各类

---

① 《共青团甘肃省引洮上山水利工程局委员会关于在全体青年中开展以改良工具为中心的技术革命运动的决定》（1958年7月24日），甘档，档案号：231-1-885。

② 《关于甘肃省引洮上山水利工程局科学技术研究委员会正式成立的报告》（1958年7月30日），甘档，档案号：231-1-171。

③ 《共青团甘肃省引洮上山水利工程局委员会关于在全体青年中开展以改良工具为中心的技术革命运动的决定》（1958年7月24日），甘档，档案号：231-1-885。

④ 《通报：定西工区团组织率领青年大搞技术革命已获显著成绩》（1958年8月1日），甘档，档案号：231-1-885。

⑤ 《甘肃省引洮上山水利工程施工中的工具改革工作》（1958年10月），甘肃省图书馆藏，索书号：443.340.178。

先进工具 177409 件"。① 定西工区"建立了有 369 名青年参加的诸葛亮创造组 52 个，技术改革突击队 14 个，有 443 人参加；五四发明创造厂 3 个，有 232 人参加；模型研究院 5 所，有 345 人参加"。② 会宁工区"仅 3 月 18 日即绘各种先进工具图样 95 种 799 件，其中制造先进工具 10 种 40 件，改造推广 11 种 101 件，制成溜土槽 334 个，窑洞 164 个"。③ 但报告中的"光鲜亮丽"，并不意味着实践操作有效。

当时创造的运土工具有运土旱船、木火车、母子运土车、溜土槽、高线运土器等。据说运土旱船"制作非常简单，用两根截圆木作滑板，两头翘起，上面架设几根横木，类[全]一付排架可大可小，上面全上土筐，在地面挖两行滑道成瓦楞形，用泥浆做调剂，运土时，在滑道内加水，利用坡度（自 5% ~ 20%），滑板即可自行滑行，坡度陡时，亦可循环自动重下轻上，或用绳索牵引，以重带轻，也不费力，排架上所放土筐一般为二十多只，使用四根滑板时，最多可加至八十多筐，运土三方以上。不过较大的容积适宜于远运，或用木箱架于滑板上，前端高，后边低，更较灵活，利用这种运土旱船，每人每日可运土自 40 ~ 100 方不等"。④（图 3 - 5、图 3 - 6）当时还有一首顺口溜这样称赞："运土旱船如蛟龙，加点水来路上游。数百公尺不发愁，运土快得像电流。"⑤

还有一种木火车，铺上圆木作轨道，人力推拉。（如图 3 - 7）发明者是榆中工区。它分为车身和木轨两大部分，车身包括车厢、后车架、活底、高架轮，木轨"是平行的，宽八公分，高一公寸，轨宽依木火车轮与轮之间的宽窄而定，枕木上面钉三公分宽，七、八公厘厚的铁皮"，用法有两种，"一种是用人力推，这是地方狭小的情况下使用，工效较低。另一种是双轨双车，绳索牵引，以重带轻，可以提高工效 50%"。⑥ 木火车所

① 《甘肃省引洮上山水利工程局工务处关于 1958 年施工工作初步总结》（1958 年 12 月 30 日），甘档，档案号：231 - 1 - 579。
② 《通报：定西工区团组织率领青年大搞技术革命已获显著成绩》（1958 年 8 月 1 日），甘档，档案号：231 - 1 - 885。
③ 《情况反映第六期》（1959 年 3 月 19 日），甘档，档案号：231 - 1 - 25。
④ 《甘肃省引洮上山水利工程施工中的工具改革工作》（1958 年 10 月），甘肃省图书馆藏，索书号：443. 340. 178。
⑤ 《大跃进中的引洮上山工程》（1958 年 9 月 30 日），甘档，档案号：231 - 1 - 434。
⑥ 何全福：《木火车介绍》，《引洮报》第 64 期，1959 年 3 月 26 日。

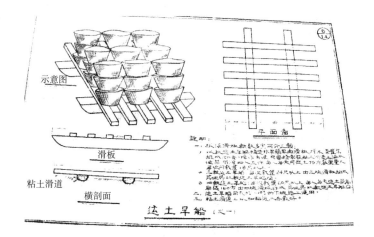

图 3 - 5 运土旱船图纸

资料来源：《目前引洮工地使用的主要几种先进工具图纸目录》，第9页，甘肃省图书馆藏，索书号：443.340.475。

图 3 - 6 运土旱船实物

资料来源：《引洮上山画报》第1期，第37页。

需木料很多，致命缺陷是无法解决自身动力问题。若指望用绳索牵引以重带轻，则对轨道和滑轮的要求非常高，实际上钢制的滑轮在工地上属于稀罕物，因此在实践操作中木火车收效极微。

除了这地上跑的，还有在天上飞的，名叫高线运土器。民工"自拧铁丝代替钢丝绳，自编竹筐、柳筐代替木箱，用木棍代替弹簧，做成高线运土器"。这种"高线运土，开始使用单筐于铁丝绳上滑运，现已改为两筐或

图 3 - 7 木火车实物

资料来源：《人民画报》1959 年第 3 期。

四筐装土，实行木棒和扣绳自动倒土，2 人操作在运距 100 公尺，每天每架可运土 90 公方"，① 每一架"造价约 150 元"。② （参见图 3 - 8、图 3 - 9）

有民工回忆："所谓'高线运输'是两个大木箱子，顺斜坡，一个上一个下。车往下运土时人还要跟着。常常有摔下崖的车子。"③ 不光事后回忆如此，当时也有反对声音。如说工具改革是"形式主义"，"华而不实"，"浪费了人力和物力"，"有三个作用，一是照象，二是拍电影，三是进博物馆"。④

由于缺乏必要的钢材制造滚珠轴承、车轮、滑轮等，大多工具改革局限在木制工具上，洮河两岸上百年的优质林木成为最方便的取材来源。临洮关山工区统计仅在上级号召工具改革一日后，民工们就"捐赠了木板、木方 1674 页，大树 520 棵"。⑤ 这种过度的使用使林木损失在短时间内难以挽回，破坏了生态环境。

---

① 《甘肃省引洮上山水利工程施工中的工具改革工作》（1958 年 10 月），甘肃省图书馆藏，索书号：443. 340. 178。

② 甘肃省水利厅编《先进水利工具介绍》第 2 集，甘肃人民出版社，1959，第 1 页。

③ 天水工区二团二营"保尔突击连"指导员王顺喜的口述回忆。转引自庞瑞琳《幽灵飘荡的洮河》，第 212 页。

④ 《右倾机会主义言论汇集》（1960 年 2 月 21 日），甘档，档案号：231 - 1 - 174。

⑤ 《中共甘肃省引洮上山水利工程局委员会第二指挥部关于临洮关山工区迅猛掀起工具改革高潮的通报》（1959 年 3 月 19 日），甘档，档案号：231 - 1 - 25。

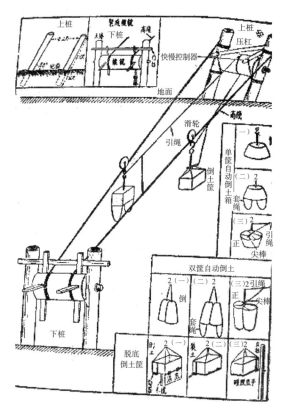

图 3 - 8　高线运土器图样

资料来源：《先进水利工具介绍》第 2 集，第 2 页。

图 3 - 9　甘肃省委领导在使用高线运输工具（司马摄）

资料来源：《高举红旗把誓宣，喝令洮河上高山》，《甘肃日报》1958 年 6 月 21 日，第 4 版。

推广先进工具

推广先进工具的方式有报刊、会议逐级传达、先进工具推广表彰大会等。《引洮报》上几乎每期都登载类似内容，如第 62 期登载"定西工区大力推广履带运土机""履带运土机介绍""张老汉仿制金盆车""捐献木材大搞工具""七天造出大型工具 1236 件"等。《人民日报》也介绍："溜土河最适于土砂高劈斜运的挖运工程。安置在七至八度的斜坡上，利用土重压力，或用一、两人摇动，使河槽在驼轮上滑动，把土砂从开挖的地方运出外面，快似河水流速，在三十米的运距上，每人每天的工效最少在四十八公方以上。溜土河的全部结构分河槽、驼轮、浮轮、浮轮轨、支架、棱齿轮、甩轮等部分，都用木料做成。……溜土槽要安装成一比零点五的斜度。使用溜土河最好在土方大不易移动的地方，线路要直，要栽稳。"① 这类官方的报道具有极强的导向性。

召开各种评选先进工具的会议，也是常见的推广方法。1959 年 11 月，通渭、榆中、靖远等 9 个工区参加先进工具操作技术现场表演竞赛会，经现场表演，共同决定"深渠取土的先进工具 9 种，平台以上取土先进工具14 种，夯填工具 3 种"等，"必须大力推广"。如有关"坡面取土部分"的推广工具如表 3 - 1 所示。

表 3 - 1　操作技术现场表演竞赛会评选出的先进工具（坡面取土部分）

单位	工具名称	劳动组合	查定时间	运距（米）	完成数量（米³）	车容（米³）	平均工效（方）
定西	快速运土机	6 人	32 分	38	41.95		131
榆中	木轨火车	2 人 3 车	30 分	32	15.88	0.69	105.87
定西	五轮卡车、木汽车	3 人 2 车	30 分	38	10.56	0.377	70.4
榆中	流土河	10 人	33 分	32	27.27		49.8
榆中	架子车	3 人 2 车	30 分	43	7.14	0.21	47.6
临洮	三、四轮车	3 人 2 车	30 分	30	6.382	0.488	45.55
榆中	陆地火车	3 人 2 车	30 分	33	6.672	0.47	44.48
榆中	三轮滑箱车	3 人 2 车	30 分	40	6.48	0.27	43.2

① 《引洮工程治水先进工具介绍》，《人民日报》1960 年 1 月 5 日，第 3 版。

续表

单位	工具名称	劳动组合	查定时间	运距（米）	完成数量（米³）	车容（米³）	平均工效（方）
靖远	五轮脱底车	3人2车	30分	49	4.146	0.2767	41.46
平凉	架子车	3人2车	30分	44	6.00	0.25	40
榆中	三轮轻便车	3人2车	30分	34	5.98	0.23	39.87
榆中	三、四轮脱底车	3人2车	30分	46	5.832	0.324	38.88
秦安	木火车	3人2车	60分	13	7.54	0.29	37.7
临洮	飞车	2人2车	30分	120	3.45	0.23	34.5

资料来源：《工务处关于召开先进工具操作技术现场表演竞赛会的情况报告》（1959年12月27日），甘档，档案号：231-1-46。

如表3-1所示，定西工区的快速运土机以平均工效131方的成绩摘得桂冠，获准推广。实际上，这一工具与榆中工区的"流土河"（在有的文献中也称为"溜土河"——笔者注）、武山工区的"旱龙"大同小异。"流土河"最初由榆中工区一大队发明，平均工效是15方以上。[①] 经此次会议比较后，榆中工区负责人发现"流土河"的弱点，"当夜即打电话布置，要求狠狠的改流土河，力争工效超过快速运土机一倍以上"。[②]

对先进工具的推广也意味着对其制造者先进模范典型的塑造和宣传。1960年1月，甘肃省举行技术革新和技术革命竞赛评比大会，引洮工程局选出30多位优秀分子参加，其中19名的先进事迹如表3-2所示。

表3-2　引洮工程局第一次技术革新和技术革命
竞赛评比大会候选人简况

姓名	单位名称	年龄	成分	主要先进事迹
范××	陇西工区四大队木工厂	36	中农	发明创造各种工具模型26件，经鉴定推广使用的有三轮车等5种先进工具
南××	陇西工区七大队木工厂	28	中农	鉴定推广使用的先进工具达7种70件。其中自动倒土车厢等10种工具，工效较高

① 《中共榆中工区委员会关于半月来工作总结及今后工作意见的报告》（1959年9月20日），甘档，档案号：231-1-249。

② 《工务处关于召开先进工具操作技术现场表演竞赛会的情况报告》（1959年12月27日），甘档，档案号：231-1-46。

续表

姓名	单位名称	年龄	成分	主要先进事迹
康×	陇西工区一大队加工厂	22	中农	创造手摇切洋芋机。制造木火车15辆。善于精制图纸，制作成模型26件，推广7件
金××	陇西工区五大队木工厂	22	中农	经常苦熬不休，忘我劳动。一个月内做出大型工具300件，春节不回家，继续制作车子
黄××	武山工区加工厂	28	贫农	领导木工苦战一夜赶制拉犁130个；制双轮锯木工效提高4倍；空中火车、扬杆等工具工效提高3至8倍
徐××	武山工区综合加工厂	26	贫农	用土法安装电锯，工效提高18.7倍。创造安装三种机床工效各提高33倍
阎××	定西工区一大队卫生所	24	贫农	试制成功陈皮酊、桔梗酊、甘草流浸膏、远支酊等6种药品；采药材麻黄、益母草、柴胡等600多斤；学会了针灸
李×	定西工区	15	中农	掌握收方、挂线、放边桩、测断面、取土样等17项水利技术
水××	定西工区	27	中农	发明创造先进工具29种，推广247件；"反右倾"运动中表现坚定，继续发明创造先进工具9种
吴××	天水工区医疗站	40	中农	关心病人；亲自挖中药配制肚痛散、止咳散、治泄剂等
岳××	天水工区四大队木工厂	48	中农	制造生产工具的斧头17把、钉锤11把等；发明木火车、木汽车、旱龙等工具27种201件
杨××	榆中工区铁木翻砂厂	21	贫农	制成滑轮，成品率达98%；制造干泥破碎机、洒粉器、打箱自来水笔、砂箱等14种加工工具
关××	靖远工区共青团段	28	中农	爆破百发百中，掌握各种爆破技术
王××	靖远工区木工厂	22	贫农	创制改制木火车、陆地坦克、空心钻、下串机等八种先进工具
王××	秦安工区	24	中农	在磨沟峡艰险工段，第一个登上120米高的山腰，进行裂缝爆破
乔××	临洮工区一大队	18	中农	妇女突击队长，被局检查队命名为飞车队，参加全省群英会
汪××	临洮工区联合厂	20	贫农	制造步步打夯机，操作轻便，比手提夯节省劳力5人
王××	通渭工区二大队东风队	19	中农	参加引洮580天从未缺勤；制造拉轮自动脱箱器，卸土时间由五分钟减至不停产
蔡××	工程局面粉厂	28	贫农	设计制造面粉升运机全套设备

资料来源：根据《甘肃省引洮上山水利工程局第一次技术革新和技术革命竞赛评比大会选举出席省技术革新和技术革命竞赛评比大会代表候选人名单和主要先进事迹（草案）》（1960年1月）整理，甘档，档案号：231-1-480。

表 3-2 中都是平民英雄，无一例外都是贫农或中农出身。从这些先进分子的事迹上看，既有发明创造或改制节省劳力、提高工效的新工具，也有关心他人、不缺勤这样只要坚持就能够做到的。这种策略树立一种积极向上的精神状态，旨在告诉普通民工，先进分子就在身边，通过自身努力完全可以成为榜样，能在某种程度上激发民工的积极性。

工具改革尽管在官方报道中进行得热火朝天，却更多的是宣传鼓动的一种方式。许多民工经过实践后认为通水目标需要"依靠国家、洋机器和炸药"，而非"工具改革"。工程局对春节留在工地的部分民工 271 人进行摸底排队，称："二大队民工蒋××说：有开山机保证'七一'通水，如果靠咱们创造问题就大。李××说：咱们自己创造的不顶用，国家支援一批先进工具才能行。赵××说：要七一通水渠里的土制汽车往外拉才能引，靠自己创造不顶用"，有类似"各种思想的人 48 人，占总人数的 17.71%"，而这 271 人中"有党员 31 人，团员 46 人"。① 可见工具改革效果有限，因此要在大型机械缺乏的状况下提高工效，最终还是得从"人"落实，即大搞"人海战术"。

五 "人是决定的因素"：积极发挥人的潜能

甘肃引洮工程全部工序土机械化，工地上开展高工效运动，大搞工具改革，自办工地工厂，培养技术力量，改善劳动组织，六万人完成了过去需要近四十万人完成的任务。就凭着这种"气吞山河"的意志和"巧夺天工"的智慧，我们祖国的万水千山怎能不听从人民的使唤呢？

——柳笛：《气吞山河》②

---

① 《关于"七一"通水大营梁的思想动态（手稿）》（1959 年 2 月 24 日），甘档，档案号：231-1-176。

② 柳笛：《气吞山河》，《人民日报》1959 年 12 月 2 日，第 8 版。

在大型机械设备缺乏的情况下，为提高工效，只能从"人力"上寻找突破口。主要有三种措施，都是为了积极发挥人的潜能。第一，实行劳动组合，最大限度地安排劳动力出工，人尽其用；第二，实行工资制，发放"跃进"奖金，刺激经济；第三，用"大包干"的方式将任务分配，引进私有制形式分片包干、分工协作。

劳动组合

劳动组合是指人们为了共同劳动而自愿结成组织。首先要求保证参与劳动的人数。据调查，出勤率多在50%，原因是"间接工如备料、加工厂、烧开水、做豆腐、拾野菜、打柴以及安全岗哨、巡逻检查和病号等人，占到近50%"，九甸峡"共青团段"出勤率更低至38%。[1] 为改变这种状况，各工区普遍实行"'五清查、十上山'。'五清查'即一清查大师傅，实行定员、定量，原来一个炊事员做20个人的饭，经过定员定量，每人做40个人的饭，100个灶就可节省出约300个劳动力；二清查管理员，裁减冗员，每个管理员要顶半个大师傅；三清查杂工，对背面、拾柴、挖菜工实行定时定量；四清查病号，由医生诊断，对轻的分配适当工作；五清查闲人。'十上山'即领导上山、技术上山、医务上山、供应上山、文化上山、银行上山、电讯上山、工厂上山、书店上山、办公上山，通过这些办法，就能节省不少（每大队约为310人）劳动力"。[2] 出勤率大大增加，如靖远工区"总出勤由（1959年）2月28日的95.7%上升到97.6%，直接工由79%上升到88.7%"。[3]

其次要求出工人员分工协作，提高单位劳力的产出。平凉工区要求"在操作上，必须做好四固定、三化、五快、二排队，及一利用，即工地固定、工具固定、人员固定、线路固定，自动化和机械化、绳索牵引轴承化，挖快、装快、运快、卸快、填快，劳力排队、工具按地形排队，因地制宜利用自然坡度，改善自然坡度"。[4] 会宁工区第五大队第六中队发明了

① 《关于一月来施工情况报告》（1958年8月6日），甘档，档案号：231-1-426。
② 《甘肃省引洮上山水利工程局工务处关于1958年施工工作初步总结》（1958年12月30日），甘档，档案号：231-1-579。
③ 《转发靖远工区开展百方运动的经验》（1959年3月23日），甘档，档案号：231-1-27。
④ 《转发平凉工区"关于劳动组合工作意见"》（1959年4月29日），甘档，档案号：231-1-29。

"三人两车循环推土法",具体执行时是用"三人两辆车子",循环往返于铲土和拉土之间。[1] 定西工区三大队将此进一步发展,采用一人二车、二人三车、三人四车的形式,来使土方的挖、装、运三个环节相互配合,提高劳动效率。[2] 这些方法实际上都是向人力上要工效,最大限度地避免窝工和偷懒。同时加大劳动强度,充分利用每个时间间隔,人和车子都不停歇。

经济措施

对民工实行低工资制、发放"跃进"奖金等物质奖励,是提高工效行之有效的经济措施。开工前半年,民工无偿劳动,只补偿伙食费3元。经过半年实践,工地上活儿重、生活条件差,民工逃跑现象非常严重。1958年春节放假后许多民工迟迟不愿回工地,且工程所需的机械设备、资金等都是各县和公社所无力承担的,因此省委决定将兴办方针改为"公办民助",列为国家工程,对民工实行低工资制。

1959年3月1日起,所有民工平均每人每月发给13元的工资,除支付民工个人伙食外剩余部分全部自己支配。[3] 伙食费占去一大半,民工所剩无几。1959年5月,陇西工区二大队的民工拿到工资"最高的1.51元,最低的0.79元",另有一些大队"工资最多发到五元,少的也有二元"。[4] 有些大队截止到1959年6月仍旧没发一点儿工资。[5]

到1959年7月,工地上又开始实行四级工资制,"每人每月工资13元提高到22元"。[6] 额度提高后,"50%的民工表示满意,很多想逃跑的人也安下心来,但还有30%的人基本满意,仍顾虑收入少,维持不住家庭生

① 《"三人两车循环推土法"的介绍》(1958年7月11日),甘档,档案号:231-1-2。
② 《定西工区三大队平台工地的劳动组合好》,《引洮报》第139期,1959年9月17日,第2版。
③ 《关于引洮上山水利工程几个问题的报告》(1959年4月26日),甘档,档案号:91-4-348。
④ 《当前古城水库职工思想情况的调查报告》(1959年5月29日),甘档,档案号:231-1-176。
⑤ 《当前民工的思想状况》(1959年6月7日),甘档,档案号:231-1-76。
⑥ 《关于精减民工和劳动力安排的情况报告》(1959年7月24日),甘档,档案号:231-1-33。

活。20%的人嫌22元工资太少，表示不积极，不满意"。① 还有材料称，"约有10%的人存在着'干不干三顿饭，做不做20元'的思想"。②

1959年12月，上级决定将四级工资制"加大到六级，平均工资仍然不超过22元，每级差额为1元，评定时掌握两头小中间大的原则，具体意见是：一级19元，二级20元，三级21元，四级22元，五级23元，六级24元"。③ 与此同时，后方各县面临派不出民工的状况，也开始提供物质奖励。临洮县委规定，"引洮民工的报酬，除工资归个人所有外，并按其家庭经济情况和本人劳动表现，由生产队每月分别补助4～6个劳动日，以激励引洮民工的积极性"，得到定西地委支持，要求全区执行。④

逐渐升高的工资制，从侧面说明工程越来越失去吸引力，精神力量并非万能，需物质刺激。当时月工资22元，除掉伙食费七八元，还可余10元左右。但还存在诸多问题，"有的随便克扣，强迫储蓄……甚至几月不发工资"，以至于1960年4月工程局党委常委会议上要专门做出规定："今后对民工的工资必须每月发，最迟不得超过下个月的五号。储蓄也要取得民工本人的自愿。工区党委、大队党委要定期的进行检查。"⑤ 在采访中笔者也曾听过"从未发过工资"的说法，也许对于生活在最底层的民工而言，能混口饭吃，活下来已属幸事，便顾不得是不是无偿劳动了。

从材料中看，尽管工资额度有提高，还是有民工不满：有人认为"不如公社记工分好"；有人说"劳动再好，也不过23元，何必出大力气呢？"还有人觉得工资制没有差别，大家都一样。因此有的单位开始想办法完善工资制，秦安工区实行"工分工资制"，"①细致的合理的安排劳力，及时

---

① 《关于召开引洮工程全民算账活动分子大会的情况报告》（1959年7月15日），甘档，档案号：231-1-33。

② 《关于转发劳动工资处"关于调整民工工资级别意见的请示报告"》（1959年12月29日），甘档，档案号：231-1-39。

③ 《关于转发劳动工资处"关于调整民工工资级别意见的请示报告"》（1959年12月29日），甘档，档案号：231-1-39。

④ 《定西地区批转临洮县委关于继续大力支援引洮工程的几项决定》（1959年12月15日），甘档，档案号：231-1-39。

⑤ 《第九次常委会议纪要》（1960年4月22日），甘档，档案号：231-1-50。

的调整劳动组织。②根据不同工种、地形、劳力强弱和任务，划出工段，规定定额。③当众包工、工前量方、工后收方、统一检查验收。④实行死分活评，日日记工分，旬旬公布，月终结算付酬。"① 这类似公社记工分，但也有缺点：计算方法非常繁琐，每人每日都要计算，且由于规定工资总额不变，劳动力强的人并不能增加多少工资，吸引力有限。

给广大普通民工发放"跃进"奖金是在 1960 年初，是为肯定并鼓励民工在 1959 年的辛勤劳动。1959 年底，局党委发出"关于发给职工 1959 年跃进奖金"的通知，指出"为了奖励广大职工的这种劳动热情，鼓舞群众为'七一'通水漫坝河而加倍努力，决定给民工（不包括新民工）、技术工人、享受民工待遇的非直接生产人员、各工区的医院、电影队、营业所、邮电所、新华书店、粮站、民工服务部、铁木工厂和工程局及各部、处所属的企业、事业等单位的职工评发跃进奖金"，"奖金共分为三等。除了少数表现不好的以外，绝大多数职工都可得到奖金"。② 时光倒回一年前，1959 年 1 月 2 日，国务院要求各单位在总结 1958 年"大跃进"成就时，对表现突出的工人发"跃进"奖金。工程局将发奖金的范围定为："只发给本局工务处的机械施工队、先进工具厂、交通运输处的汽车队、保养场、电话架线队。……从各工区抽调的民工不发。"③ 而到 1959 年，普通民工也有这种奖金，在鼓励和安抚之外，也是对普通民工职工身份的认可。

其他措施

为提高工效，人们在工地社会上还实行"试验田"、定额管理制度、"三包一奖"等各种方法。"试验田"是常见的"树典型"的工作方法，主要是从"公"字入手，以精神鼓励为主。然而"人海战术"的集体劳动之下，民工偷懒、懈怠的情况比比皆是。因此上级从"私"字入手，推出定额制、包工制等新办法，类似"包产到户"，施工任务按标准包给个人或小组。

---

① 《秦安工区关于"工分工资制"的重点试办简结》（1959 年 11 月 6 日），甘档，档案号：231 - 1 - 555。
② 《局决定给职工发放 1959 年跃进奖金》，《引洮报》第 187 期，1960 年 1 月 12 日，第 2 版。
③ 《关于颁发 1958 年跃进奖金的通知》（1959 年 1 月 26 日），甘档，档案号：231 - 1 - 18。

　　所谓"试验田"，有时也叫"书记队""卫星田"，是各基层单位党委书记直接负责的重点施工点。在这块"试验田"里，干部要直接参加体力劳动，使用先进的工具和劳动组合方式，尽可能提高工效，然后将总结出来的先进经验在全队乃至全工区推广。这既是对干部的一种鞭策，也是对其他单位的鼓励。如会宁工区三大队四中队就是"试验田"，平均工效"由10月24日9.3方到11月3日提高到36.6方"，先进经验是"改进领导作风，改进干群关系，改进工具，改进劳动组合，改进操作方法，改善民工生活的六改工作"。① 不过几日工效便翻番，自是浮夸的结果。

　　定额管理制度是根据民工完成的平均工效，分工种、分任务制定定额，并规定超额完成后的报酬，激励民工积极性。武山工区七大队上下级集体讨论，制定了详细的定额制度，将洒水的、装车运土的、在陡坡处负责推车的、负责抬水的、负责背柴的、炊事员、通讯员等，都一一定额。② 秦安工区实行"包定额、工牌制、评工酬相结合"的办法，即根据不同土质、运距和工具由群众共议定额，并用木板做成工分牌，到结束时一并核算，然后根据完成定额评工资报酬。③ 不过这种制度也有弊端，在集体"跃进"的情况下，定额的额度往往被抬得很高，带来全面浮夸。据悉，"1958年6月17日开工后工程局定额：黄土3.85方，红胶土3.1方，石方1方，水库0.8方"；"58年8月27日工程局第一次先进生产者代表会倡议书提高定额，石方平均达到10方至20方，土方达到30至50方"；"58年9月24日局党委第二次全体（扩大）会议提出……土方最近完成50方，争取达到60、70、80方；石方20方，争取达到30方、40方"；到"1959年5月8日局党委第五次扩大会议决定：深挖500公尺运距15方，1000公尺运距10方。平台以上，黄土40方，石方30方，红胶土20方。平台以下，黄土20方，硬石10方，软石、红胶土15方。填方、倒土入水就地取材20方，夯实运取10方"。④ 可见定额呈直线上升状态，是上级和

---

① 《会宁工区党委召开第一次书记队（试验田）交流座谈会情况报告》（1958年11月6日），甘档，档案号：231-1-2。

② 《武山工区七大队制订各种劳动定额（草案）》，《引洮报》第123期，1959年8月11日，第2版。

③ 《秦安工区创造出包工制的新办法》，《引洮报》第102期，1959年6月23日，第4版。

④ 《局党委二届第三次全体（扩大）会议简报》（第2期，1960年4月14日），甘档，档案号：231-1-68。

下级"滚雪球"互动的结果。有人回忆："收方，营里有统计员。每天下午5点钟收方，把昨天与今天的加在一起往上报。报到团里，团里又成倍地往上加，团里报到工区，工区的统计数字就更多了。这简直是偷上馍藏到门背后吃，自己哄自己嘛！干了几天，工程量还在原地方。"[①] 不止时隔多年的回忆如此，在1961年初工程局贯彻西兰会议精神的小组会议上，就有人揭发定额问题："59年天水工区党委要求达到150方，完不成时执行下面三条纪律：一不收工；二不能上报方数；三干部背上铺盖来工区检讨。"[②] 高压纪律导致荒诞的定额管理制度。

有的工区试行"三包一奖"制。如陇西工区的三个大队自1960年5月初开挖引水段以来，便在施工管理中试行"三包一奖制"（包任务、包质量、包工具，基本工资加超产综合奖励）。具体地说，"三包"即直接工包到中队，任务包到小队，工具、车辆包到个人；"一奖"即提前或超额完成任务者，给予插红旗、上光荣榜等奖励。陇西工区在施工中，第一，要定额包工，定额是重点试验过后由工区党委提出，然后根据定额将规定任务下放到大队和中队；第二，中队在向小队、个人包方时，要根据土质软硬、工具好坏、运距远近、坡度大小、劳力强弱等情况综合考虑，在规定定额上下浮动施工任务；第三，包方时，要采取领导、技术员、民工三结合的办法，具体测量施工段，钉好木桩，任务完成后发相应的票据；第四，小队不仅要对施工定额任务负责，还要对所用工具、车辆负责，损坏工具要及时修理和赔偿；第五，对施工提前或超额完成后的集体或个人要及时进行奖励。[③] 通过试行"三包一奖"制，"进一步发挥了广大群众的劳动积极性，工作更加主动，工效显著提高。两个多月来全工区平均工效已由0.78方，增加到1.5方"。[④] 因此1960年8月工程局党委第六次扩大会

---

① 天水工区二团二营"保尔突击连"指导员王顺喜的口述回忆。转引自庞瑞琳《幽灵飘荡的洮河》，第211页。

② 《工程局党委讨论贯彻西北局、省委会议精神情况简报》（第3期，1961年1月10日），甘档，档案号：231-1-100。

③ 《三包一奖制是个好办法——陇西工区贯彻三包一奖制的体会》，《引洮报》第278期，1960年8月16日，第2版。

④ 《贯彻交底，心中有数，施工跃进》，《引洮报》第278期，1960年8月16日，第2版。

议决定在全工程中试行"三包一奖"制。① 1960 年 9 月古城水库施工的 7 个工区，"共试行了 16 个中队，参加的民工有 2127 人"。② 10 月，"共试行 58 个中队，约占 143 个中队的 40%。其中试行面占 58% 的有陇西、临洮。二分之一左右的有武山、靖远；三分之一左右的有平凉；四分之一以上的有定西、秦安"。③

"三包一奖"制部分克服因施工任务过大、施工人数过多而带来的平均主义和推诿卸责的官僚主义弊端，将责任更多地诉诸小队，提高个人责任感，从而提高工效。但由于施工总任务过重，分配任务过多，奖励更侧重精神层面，"超产奖励必须坚持以政治荣誉奖励为主，物质奖励为辅的原则，不论在进行任何形式的奖励时，都要把政治荣誉放在前边，把金钱放在后边"。④ 时间一长，起不到鼓舞民工干劲的作用，不少人说："三包一奖，一顿六两"（指伙食标准下降）；"三包一奖，工资不涨"；"拿多少钱，干多少活"。⑤

实际上，在缺乏大型机械设备、工具改良又收效甚微的状况下，最有效的方法还是"人海战术"，从时间及人力上要工效。有一首诗说得最形象："抓晴天，赶阴天，小雨小雪当好天，灯笼火把当白天，起早歇晚当半天，干活一天抵二天。"据了解，"少数工区的大中小队有连续工作 12、14、16 小时，甚至 21 小时以上"；⑥ 岷县工区施工时，采取"五班倒"，民工轮流上工、昼夜不停。第二大队负责人漆树桐，三次晕倒在工地，仍"不下火线"；⑦ 榆中工区五大队"曾进行苦战 45 个昼夜的大突击"；⑧ 通渭工区某民工说："引洮工程吃的饱，就是苦的很，半夜里听

---

① 《引洮工程局关于召开第六次全体委员（扩大）会议的情况报告》（1960 年 9 月 3 日），甘档，档案号：91 - 9 - 21。
② 《关于试行三包一奖的综合情况汇报》（1960 年 9 月 27 日），甘档，档案号：231 - 1 - 48。
③ 《关于十月份三包一奖制试行工作的情况》（1960 年 10 月 10 日），甘档，档案号：231 - 1 - 48。
④ 《"三包一奖"九月怎么奖？十月怎么包？——七次扩大会议文件》（1960 年 10 月 5 日），甘档，档案号：231 - 1 - 50。
⑤ 《关于整党、整团工作的指示》（1960 年 12 月 30 日），甘档，档案号：231 - 1 - 86。
⑥ 《转发尚友仁同志在 9 月 5 号各工区书记电话会议上关于立即加强当前劳动安全工作的报告》（1958 年 9 月 6 日），甘档，档案号：231 - 1 - 2。
⑦ 岳智、景生魁：《引洮工程岷县工区纪实》，《岷县文史资料选辑》第 4 辑，第 100 页。
⑧ 金培华：《忆"引洮"》，政协榆中县学习宣传文史委员会编印《榆中文史》总第 45 期，1991。

见起床号头痛。"① 临洮工区"民工们每天晚饭后还要劳动两个小时，叫'夜战'";② 还有人回忆，出工干活是"两头不见太阳"。③ 这样艰苦的劳动，光靠民工的自觉性与奉献精神是不够的，更重要的是工地社会上的一套制度保障。

---

① 《思想反映第四期：对"七一"通水大营梁的思想反映》（1959 年 3 月 25 日），甘档，档案号：231 - 1 - 180。
② 孙叔涛：《"引洮工程"临洮段施工回忆》，《临洮文史资料选》第 3 集，第 65 页。
③ 2011 年 9 月 8 日笔者于定西采访民工张某某的记录。

第四章 制度

这一段施工过程中我们体会到：1. 坚持政治挂帅、以虚带实，加强党的领导是取得胜利的根本保证。2. 引洮工程的每一胜利的过程首先是人的思想解放的过程，因此要革自然的命，必先革思想的命。3. 共产主义的工程要求人们必须具有共产主义思想和共产主义的协作精神，反转过来它又培养了人们的这种共产主义的协作思想。

——《中共甘肃省委关于引洮工程情况给中共中央的报告》①

为了使工地社会运行良好，有三方面的制度设计：首先，组织制度是以党组织为核心，辅之以团组织、妇女组织、民兵组织等配套进行组织建设。完善的组织机构是引洮工程赖以展开的有力保障，只有在组织的规范下制度才能发挥作用。其次，刚柔并济的思想教育机制，既有丰富多彩、形式多样的宣传和教育，又有严厉残酷的辩论、批判，一刚一柔，用以进行各方面的精神规训。最后，温暖贴心的参观和慰问保障制度，既体现了特殊年代里的集体主义大协作，也是这一仰赖于外力的工地社会维系的基础。这三方面正是《中共甘肃省委关于引洮工程的情况给中共中央的报告》中所总结的主要经验，它们为工程建设保驾护航。

一 党组织

引洮上山水利工程，开工十六个多月来，在工程建设上取得了巨大的成就。在施工过程中，党的支部充分发挥了战斗堡垒作用，向广大职工进行深入的政治思想教育；教育党员充分发挥模范先锋作用；

---

① 《中共甘肃省委关于引洮工程情况给中共中央的报告》（1958 年 8 月 11 日），《甘肃省引洮上山水利工程档案史料选编》，第 106 页。

不断壮大巩固党的组织；放手培养水利技术人员；认真培养先进模范
人物；指导共青团组织积极开展突击活动，因而保证了工程建设的迅
速进展。

——《怎样做水利工地党的支部工作——引洮
工地党的支部工作经验介绍》①

组织是人们在一定社会环境中通过相互交往形成的具有共同心理意识
并为实现某一特定的目标、互相协作结合而成的集体或团体。中国共产党
是一个组织严密的政党，"党的领导"是革命取得胜利的三大法宝之一，
建设时期"发挥总揽全局、协调各方的领导核心作用"。党员要"特别能
吃苦""特别能战斗"，民众亦非常信任党的领导。新中国成立后，这也使
一些普通人自愿向党组织靠拢。工地社会设置了完备的党组织系统——工
程局党委到各工区、大队、中队党委甚至小队的基层党委，各自担负相应
的领导职能，是这一庞大工程能够有条不紊地展开的组织保障。

党组织设置

在工程局党委的统辖下，各工区、大队、中队都设立党委，其具体组
织形式如下：

工区：撤销工区党委的组教科，设立组织科、宣教科、秘书室。
编制人数由各工区自定。组织科兼管党的监察工作。秘书室兼管工程
资料的收集和综合工作。

大队：设总支委员会。委员 7 ~ 9 人。设书记 1 人，副书记 1 至 2
人。下设组织、宣教、监察、安全保卫、工程技术、生活等委员。另
设秘书 1 人。秘书脱产，余均不脱产。

中队：设支部委员会。委员 5 ~ 7 人。设书记 1 人，副书记 1 至 2
人，下设组织、宣教、监察、安全保卫、工程技术、生活等委员。书

---

① 中共甘肃省引洮上山水利工程局委员会组织部编《怎样做水利工地党的支部工作——引
洮工地党的支部工作经验介绍》，甘肃人民出版社，1960，前言。

记、委员均不脱产。

　　工区党委书记、委员、组织科长、宣教科长、秘书，由各工区党委报所属县委批准，报工程局党委备案，总支书记、委员由工区党委审批。支部书记、委员由党员大会选举产生，报总支委员会备查。①

可见，从工程局党委到各工区、大队、中队、小队的党组织一应俱全，党员人数则有很大不同。1958 年 8 月统计，工地上有党员 4210 名，占民工总数的 4.18%。有的工区党员比例较小，如定西工区有民工 14000 人，党员仅 414 人，占民工总数的 2.96%，"共有 51 个中队，其中 12 个中队直到 11 月初，每队平均只有党员 3～6 人。四大队 57 个小队，其中 30 个小队没有一名党员；五大队五中队十个小队，其中 8 个小队没有一名党员"。② 党员人数随工地人数的起伏而变化。如 1958 年 10 月计有党员 5711 名。③ 大部分党员都担任相应干部职务。党组织与其他地方基层党组织类似，如定期学习党课并过组织生活、交纳党费、召开党代会等。

　　一般而言，由于中共本身组织的严密性，对党员平时要求比民众高。比如，1958 年底工程局对党员发出《为确保 1960 年夏季把水引到董志塬，对共产党员的八项要求》。④ 具体到无处不在的基层组织，则要求"必须把下面八项当成自己经常地基本任务，不断地抓，狠狠地抓，保证做好。这八项就是：①抓施工；②抓职工的思想教育；③抓工具改革；④抓劳动组合；⑤抓壮大和巩固党的组织；⑥抓政治、文化、技术学习；⑦抓民工生活；⑧抓安全施工"。⑤ 支部党员大会一般半个月至一个月就要公开对党员进行一次排队评比。评比条件为"①比干劲、钻劲；②比创造发明；③比

①　《关于调整工区、大队、中队党的组织形式的通知》（1958 年 7 月 12 日），甘档，档案号：231－1－6。

②　《引洮工程接收新党员经验初步总结》（1958 年 12 月 20 日），甘档，档案号：231－1－6。

③　《党费收支情况报告》（1958 年 10 月 8 日），甘档，档案号：231－1－6。

④　《为确保 1960 年夏季把水引到董志塬，对共产党员的八项要求》（1958 年 12 月 25 日），甘档，档案号：231－1－263。

⑤　《工地基层组织工作方法二十四条（草稿）》（1959 年 11 月 5 日），甘档，档案号：231－1－130。

模范行动；④比联系群众；⑤比学习"，① 都是要教育党员起模范带头作用。

党课主要是学习党的章程、党纲及各个时期党的中心工作的决议等，着重教育党员"服从党的组织，执行党的决议"。② 对工区的支书、支委委员还要求"定期训练"，"是提高支部的领导水平，发挥支部战斗堡垒作用的主要措施"。③ 但这些规定在施工紧迫的状况下很难完全实行，如陇西工区四大队"四个支部，从今年开工以来，没有上过一次党课"。④

工地上对党费有详细规定："凡有工资收入的党员，必须按月向党的组织交纳党费，并且应在发工资后的三天内交纳。各支部必须于每月15日前向总支交纳党费。各总支、直属支部，必须于每月20日前向机关党委交纳党费"，"凡党员交纳的党费，一律上交到机关党委，一切党的基层组织，未经上级党委批准，均不得擅自留用或作其他开支，如发现有擅自留用或作其他开支者，以贪污党费论处"。⑤ 对于民工党员，则要求"每三个月交纳党费一次，每次五分；确实无力交纳党费时经支部委员会批准，可以免交"。⑥ 1958年共有党员5711名，"从六月份开始截止九月，交来党费1063.68元"，"除工程局党委留用40%的党费作为购买教育党员的教材以外，其余638.21元全部上交"给省委组织部。⑦

工地上要求定期召开党代会，多成为宣传鼓动以及清除"不良"思想的大会。1958年10月2日，工程局党委通知要求"各工区召开党代表大会和各总支、支部召开党员大会"，"开会的方法，应采用大鸣、大放、大字报、大辩论的方法"，"发扬民主，开展批评与自我批评"。⑧ 各工区随后

---

① 《批转工程局党委组织部对加强工地支部工作的意见》（1958年11月14日），甘档，档案号：231 - 1 - 2。
② 《中共临洮工区监委会对1959年第一季度开展监察工作计划》（1959年1月31日），甘档，档案号：231 - 1 - 280。
③ 《转发"秦安工区书、支委轮训工作计划"》（1959年3月27日），甘档，档案号：231 - 1 - 128。
④ 《陇西工区四大队支部工作调查报告（手稿）》（1959年7月7日），甘档，档案号：231 - 1 - 128。
⑤ 《关于交纳党费问题的通知》（1960年3月12日），甘档，档案号：231 - 1 - 200。
⑥ 《关于征收、上交党费的通知》（1959年5月13日），甘档，档案号：231 - 1 - 128。
⑦ 《党费收支情况报告》（1958年10月8日），甘档，档案号：231 - 1 - 6。
⑧ 《对召开工区代表大会和党员大会的意见》（1958年10月2日），甘档，档案号：231 - 1 - 6。

于 10 月 9 日至 15 日召开党代会。尽管报告以肯定为主，但对当前工作所存在的缺点和错误也有些许描述，如"在一少部分党员和干部中，个人主义思想比较严重，怕吃苦，缺乏干劲；不参加劳动，不愿下工地，不愿和民工同吃、同住、同劳动；思想保守，对群众的发明创造不大力支持；个别人对一年通水大营梁两年通水董志塬表示怀疑；政治思想工作做的不深入不细致，民工思想情况不掌握，对民工的生活关心不够，因而造成一些民工逃跑"等。① 这些"缺点"暴露出党员干部经常出现的问题是工地社会面临的常规困境，也是无法解决的难题。正因为此，针对党员干部的整党、整风等形式不一内容却高度同质的政治运动经常出现。

整顿党组织

为时刻让党组织和党员发挥先锋模范作用，中国共产党非常重视自我整顿。工地社会上的整党，有时以整党、整风运动的名义展开，有时伴随着诸如大算账运动、"反右倾"运动、"三反"运动等其他名义而来。这些名目繁多的政治运动虽不尽然针对党员，但常被波及。正是这些运动的存在，工地社会时常处于一种紧张状态，党员干部更是如此，是工地社会不同于农村基层社会的特点之一。农村的整党往往是自上而下展开的，带有时效性，而工地社会的整党却处于一种持续不断的状态。

1958 年 8 月，结合着正在进行的整风、"大辩论"运动，整党也如火如荼地展开了。原因是开工初期，由于工地饮食、居住、卫生条件很差，民工思想混乱，发生大量外逃现象，其中有不少是党员，"从开工至最近，民工党员先后逃跑的共 136 人"。② 这种"逃兵"现象为党组织所最不能容忍。整党以支部为单位进行，大致分三个阶段，"即先学习整党文件，提高认识；然后发动群众揭发问题，进行分析批判；最后进行组织处理"。同样采用"大鸣、大放、大字报、大辩论"的方式，"仅陇西、榆中工区即贴出大字报 129700 余张"。③

---

① 《关于各工区召开党代大会的情况报告（手稿）》（1958 年 11 月 10 日），甘档，档案号：231 - 1 - 6。

② 《工程局党委监委关于民工党员逃跑的简报》（1958 年 12 月 2 日），甘档，档案号：231 - 1 - 11。

③ 《工程局党委组织部"关于工地整党的情况和意见的报告"》（1958 年 11 月 18 日），甘档，档案号：231 - 1 - 3。

某些党员被揭发的问题，部分原因是时代使然。如"政治上麻痹，丧失立场"，所举例为榆中工区"支部书记兼中队长李××，叫右派分子代理中队长职务，并给民工上政治课"；"不执行党委决议，甘居下游"，所举例为"榆中工区总支委员岳××，不积极领导民工完成任务，反而认为'民工的干劲都鼓足了，再鼓也达不到百方'"。① 前一例被认为"丧失立场"；后一例则被认为"不积极"。

但是，一些涉及道德的行为无论在哪个时代都是真正的违法乱纪，也是整党所着力整肃的。比如"工程局交通运输处处长李××，一贯乱搞男女关系，来工程局不到四个月，调戏妇女达八人之多，会宁工区党员陆××，靖远工区党员刘××等，也乱搞男女关系。通渭工区党员刘××捆打民工九人。更严重的是靖远工区书记刘××，竟使用……酷刑残害民工身体"。② 正是通过对这些违法乱纪行为的整肃，党组织才能够保持威信，是党组织自我更新的一种方式。

整党效果非常显著。以通渭工区为例，对党员重新进行排队，"整党前：一类 469 人，占 49.26%；二类 320 人，占 33.6%；三类 139 人，占 14.6%；四类 24 人，占 2.52%。现在（整党正在进行）：一类 616 人，占 64.7%；二类 288 人，占 30.25%；三类 44 人，占 4.62%；四类 4 人（一人已开除党籍，余的在批判，待处理），占 0.42%"。也有一些党员受到处罚，如"据陇西、定西、榆中工区统计：开除党籍的 10 人，撤销党内职务的 8 人，取消预备党员资格的 8 人"。③ 思想上排队可能影响并不明显，但组织上的整顿对党员来说具有巨大的震慑作用。

整党之后，工程局党委还要求各工区组织科召开检查评比会议，内容是"建党、工地整党、工地党的支部工作、整顿干部思想作风"，并逐项列出提纲，如"党的支部工作"主要有："（1）以社会主义建设总路线和共产主义教育为纲，如何结合引洮工程的方针，对民工进行了那些政治思想教育工作？民工在各个时期都有那些思想问题？进行了那些教育？效果

---

① 《工程局党委组织部"关于工地整党的情况和意见的报告"》（1958 年 11 月 18 日），甘档，档案号：231-1-3。

② 《工程局党委组织部"关于工地整党的情况和意见的报告"》（1958 年 11 月 18 日），甘档，档案号：231-1-3。

③ 《工程局党委组织部"关于工地整党的情况和意见的报告"》（1958 年 11 月 18 日），甘档，档案号：231-1-3。

怎样？在这些教育中，党的支部是怎样开展两条道路和两条路线的斗争的？（2）通过严格党的组织生活，开展批评与自我批评，纠正了党内那些不良偏向？解决了党员中的那些问题？不断发展壮大党的队伍和工地整党，对发挥工地党的支部的战斗堡垒作用和党员的骨干带头作用的效果如何"等。关于"工地整党"部分，主要有6项，如"（1）整党工作进行的概况。包括起止时间，深透情况（以支部计算），方法步骤，整党内容等。（2）整党中暴露出那些问题？比重大小？性质如何？采用那些方法解决的？对推动工程进展起了那些作用？整党前和整党后党员排队情况怎样？（3）组织处理的情况。包括开除党籍、取消预备党员资格和受各种处分的人数，占党员总数的比例？你们认为组织处理中有何问题"等。① 规定十分详细。

除了政治运动中的整党会将部分违纪的党员绳之以法之外，工地社会还设置党纪监察机构即党委监察委员会对党组织进行常规监督。按规定，"各工区一律成立党的监察委员会，成立后，报工程局党委批准，并在党委组织科指定一名干事作具体业务工作。所有总支、支部亦应指定付［副］书记或委员一人监管党的监察工作"。② 可见，监委会是党委的析出组织，专门负责对党员干部思想行为及作风的考察、监督和处理。各工区的监委会大抵如是，监察工作重心随党委各时期中心工作的不同而有所区别。如临洮工区监委会在安排1959年第一季度监察工作时指出："紧紧围绕当前中心工作，开展监察工作，必须根据党在各个时期的中心工作，对每个党员要提出新的行动口号，从纪律方面保证党委指示的贯彻，要紧紧跟上中心工作，检查违反党委指示决议和违背多快好省的案件，以保证完成党在各个时期的中心工作"。③

工地社会中同吃同住同劳动的集体生活和军事化管理方式，使各种违法乱纪的行为更易为周遭人察觉和检举。据统计，截止到1959年2月，"先后揭发暴露出党员各种违纪案件254件，现已处理结案的199件，受到

① 《印发工地党的支部工作、工地整党工作总结提纲》（1958年11月9日），甘档，档案号：231-1-3。
② 《为通知建立党的监察工作组织机构》（1958年8月27日），甘档，档案号：231-1-7。
③ 《中共临洮工区监委会对1959年第一季度开展监察工作计划》（1959年1月31日），甘档，档案号：231-1-280。

各种党纪处分的党员 199 人，计开除党籍的 89 人，留党察看的 33 人，撤销党内职务的 37 人，严重警告的 20 人，警告的 20 人。其中逃跑的 76 人，思想严重右倾 31 人，严重违法乱纪 19 人，贪污盗窃 13 人，共计 139 人，占受处分党员 199 人的 69.8%"。① 党员的违法乱纪，除了奸淫妇女这种道德罪行以外，多为强迫命令的工作作风和多吃多占的行为。

按规定对违反党纪的党员组织的处理原则是，"思想批判从严，组织处理从宽"，具体是："对犯有一般性错误的党员，只要检讨深刻，一般可免予处分。对逃跑的民工党员，要具体分析他们逃跑的原因，如果他的家里确实发生了意外的事故，领导上因不了解情况未予准假逃回后又能迅速归队，回来后即承认错误，作了深刻检讨的，一般可免予处分；对不能吃苦，因贪图个人利益偷跑回家，既不及时归队，又对错误缺乏认识的，必须给予一定的党纪处分；情节严重、又拒绝作深刻检讨的，必须开除党籍。对思想严重右倾，屡教不改，且完不成任务，必须给予党纪处分，甚至开除党籍。颓废堕落、蜕化变质分子，必须开除出党。反革命分子，阶级异己分子和各种坏分子，必须坚决清洗出党，以纯洁党的组织，提高党的战斗力。"② 具体操作则随具体情况而定。临洮工区有职工党员 573 名，1958 年下半年共 "处理的违纪党员 14 名，其中开除严重丧失立场不搞工作的 1 人，无组织无纪律并经屡教不改的 3 人，计开除出党的 4 人，占处分党员数的 28.5%，对犯有严重违法乱纪，消极工作的分别给予其他处分的 10 人，占处分总数的 71.4%，计留党察看处分的 6 人，严重警告处分的 2 人，警告处分的 2 人。总之处分数占党员数的 2.44%"。比如王某 "留党察看"的原因是 "严重个人主义，擅自率领民工回家数次，工作不负责任，经教不改"；对梁某 "给予严重警告处分"的原因是 "1958 年元、二月在三十墩河北社领导生产时，私自套购社员口粮小麦 40 斤，玉米 40 斤，洋芋 800 多斤（家庭是缺乏口粮）并因此问题在农村大辩论中群众提出，自己不但不作深刻检讨，而以报复打击，压制民主"。③ 可见党员仅

---

① 《批转局党委监委"七个多月来党的监察工作总结报告与 59 年上半年的任务"》（1959 年 2 月 23 日），甘档，档案号：231 - 1 - 22。
② 《工程局党委组织部"关于工地整党的情况和意见的报告"》（1958 年 11 月 18 日），甘档，档案号：231 - 1 - 3。
③ 《临洮工区半年多来结合党的政治任务和中心工作开展党的监察工作情况的总结报告》（1959 年 1 月 31 日），甘档，档案号：231 - 1 - 280。

在工地社会上表现良好是不够的，一旦像梁某一样被举报，则之前行为也会被翻出来，甚至成为定罪依据。

持续不断的整党、整风等形式、名称不一，内容却是十分相似的政治运动，客观上对党员起到一种威慑作用，使他们在一定程度上规行矩止，也有助于党组织补充新鲜血液，实现自我更新。

注入新鲜血液

由于党员所带来的政治荣誉感和能有更多机会向干部阶层流动，群众愿意向党组织靠拢。为加强对工程的领导、扩大群众基础，工地党组织也非常乐意接收积极分子入党，并规定比例，"在第一期工程完工时，党员占民工的比例达到10%左右，在整个工程完工时，党员占民工的比例达到15%"。[①] 入党的首要条件是"出身好"，贫下中农的出身是最堪信赖的。这种对阶级成分的强调，到了1959年"反右倾"运动之后愈演愈烈，"今后接收新党员，必须坚持更高更严的标准，加强对新党员阶级成分、政治历史和思想品质的审查，严格履行入党手续、严防降低党员质量的现象发生。新老上中农成分的人，目前一律不得接收入党"。[②] 其次是"政治正确"，意味着紧跟上级步伐。最后是劳动表现积极。

上级规定的比例促成"火线入党"。1958年8月到12月10日，"共接收新党员2116人，已经培养成熟最近即可接收的还有数百名"；他们"都是红专积极分子中最优秀的"，成分上，"工人、贫农和新老下中农1866人，占新党员总数的88.1%"。[③] 到1959年11月工地接收新党员5919人，使党员占民工的比例由开工时的4.18%上升到9.43%。[④] 平凉工区从开工到1960年初共接收新党员408名，而原由人民公社转来的党员仅有122名。[⑤] 秦安工区接收新党员636名，原公社转来的仅32名。[⑥]

虽然新党员人数呈直线上升状态，但接收新党员仍是一项严谨而细致的工作，需经四个步骤。

---

① 《引洮工地接收新党员经验初步总结》（1958年12月20日），甘档，档案号：231-1-6。
② 《当前组织工作要点》（1959年11月11日），甘档，档案号：231-1-39。
③ 《引洮工地接收新党员经验初步总结》（1958年12月20日），甘档，档案号：231-1-6。
④ 《引洮工地党的组织工作基本总结》（1959年11月10日），甘档，档案号：231-1-130。
⑤ 《关于做好预备党员工作的几点体会》（1960年2月11日），甘档，档案号：231-1-148。
⑥ 《整党工作总结报告》（1960年4月4日），甘档，档案号：231-1-842。

（一）着令本人忠诚地详细地向党交待自己的全部历史、社会关系和思想作风。方法是除本人写详细的自传（不会写的请人代写。一般都写了）外，总支或支部还指定总支、支部委员或正式党员，和他进行深入地详细地谈话。在谈话中启发他老实地进行交待，发现疑点，就从侧面进行调查了解。榆中工区第四总支书记许××，在和两名党员对象谈话中，发现一名参加过伪军，一名乱搞过男女关系，思想品质不够好，根据他的建议，总支委员会没有批准接收入党。

（二）从同乡、同社来的干部和民工中进行调查了解，看本人交待的是否属实。陇西工区党员对象常××，在工地一贯工作积极，社里表现也好，经在群众中了解，发现他岳父是名反革命集团的成员（本人一贯未交待）。三大队党员对象管××，是先进生产者，经在群众中了解，发现本人参加过一贯道。甘谷工区党员对象陈××和巩××，本人交待历史和社会关系都没问题，经在群众中了解，发现陈××的岳父是特务，巩××是红帮老六，父亲是坛主。这几个人都没有接收。

（三）通过工地整风和大辩论，了解群众对党员对象的意见，特别是在评选先进生产者当中，注意收集群众的意见，因为凡是被提为先进生产者的，优点、缺点群众都会提出来。

（四）个别搞不清的问题，向原乡社索要证明材料或派人回去调查。陇西工区党员对象谢××，来工地后一贯劳动积极，经与人民公社支部联系，发现他曾经偷分过粮食。甘谷工区党员对象陈××和王××，来工地后一贯表现好，经派人回去调查，发现在社里偷分过粮食。这三个人都没有接收。[1]

表明即使在"大跃进"时期，党员遴选仍然非常严格，材料中所举例子便能说明。不过仍有材料称，"只要能拍马屁就可入党"。[2] 对具体落实政策

---

[1]　《引洮工地接收新党员经验初步总结》（1958年12月20日），甘档，档案号：231-1-6。
[2]　《右倾机会主义言论汇集》（1960年2月21日），甘档，档案号：231-1-200。

的支部书记来说，发展党、团员是能让民工在艰难施工中得到精神鼓励的最好办法。天水工区四大队的党委书记张振国说："为了调动民工的积极性，我们还常常开展火线入党、入团活动。一次有一百多人被批准入党或入团。有次一下批了三、四百人。大家的干劲就更大了。"① 新党员往往表现更积极。陇西工区五大队一中队的新党员组织群众成立了 30 多个突击队，连续工作十昼夜完成 200 多米的渠道横面。② 但也有材料称，新党员"入党后不久，便产生了一些个人主义思想和松懈消极情绪，工作表现不够积极主动，干劲不大，怕吃苦，不安心引洮工地劳动，个别的骄傲自满，脱离群众"等。③

这些党员被接收后如表现不好，也有可能不能如期转正。具体规定是："在讨论预备党员转正时，应以他们到工地后的表现为主，同时考察过去在农业社的表现。凡确实不够党员条件的不得转正。经过延长预备期，至今仍不具备正式党员条件的，应当取消其预备党员资格。"④ 如秦安工区 1960 年到期的预备党员中，"按期转正的 90 名，延长预备期的 13 名，取消预备资格的 13 名，还有本人不在以及其他原因尚未处理的 7 名"。⑤ 对组织纪律性的强调可见一斑。

遴选党员时虽有重视阶级成分的局限，但时人都把入党当作一件十分神圣和光荣的事情。有人回忆："我是 1959 年写的入党申请，自己感觉条件差不多了，才敢写申请。觉得入党是最光荣的事，于是自己处处严格要求自己，再苦再累也要干。这样考验了一年，到工程结束临回来时，才转为正式党员。"⑥ 可见，以扩大党员队伍推进工程建设，在这些质朴、勤劳的基层党员中收到一定效果。

---

① 天水工区四大队党委书记张振国的口述回忆。转引自庞瑞琳《幽灵飘荡的洮河》，第 217 页。
② 《七百多名优秀分子被接收入党》，《引洮报》第 28 期，1958 年 11 月 19 日，第 1 版。
③ 《定西工区一大队四中队支部对新党员考察教育的经验》（1959 年 5 月 13 日），甘档，档案号：231 - 1 - 128。
④ 《工程局党委组织部"关于工地整党的情况和意见的报告"》（1958 年 11 月 18 日），甘档，档案号：231 - 1 - 3。
⑤ 《整党工作总结报告》（1960 年 4 月 4 日），甘档，档案号：231 - 1 - 842。
⑥ 天水工区一团三营"青年突击队"队长李文耀的口述回忆。转引自庞瑞琳《幽灵飘荡的洮河》，第 171 页。

二　群众组织

自从组织军事化，民工行动改变啦！一声哨子就起床，正队点名把工上，雄赳赳，气昂昂，上工如象上战场。铁锨如枪车如炮，枪炮齐指向山岗，争千方，赶万方，一个更比一个强，高山峻岭无阻挡，完成任务喜洋洋。

——王广谦：《组织军事化》[1]

在工地社会上，群众组织主要包括：共青团、民兵组织、妇女联合会以及工会组织。共青团是党领导的先进青年的群众组织，是党的后备军，也是党组织的有力助手。民兵组织、妇女组织、工会组织等将相应的群众纳入组织系统里并发挥作用。这些形式各样的组织将民工置身于组织之内，既享受组织带来的温暖，也受组织制度的约束和监督。正如在诗歌中所传唱的，"上工如象上战场"，就是建立民兵组织所要达到的目标之一。

共青团

作为党的后备力量——共青团，其章程开头就开宗明义地指出："中国共产主义青年团是中国共产党领导的先进青年的群团组织，是广大青年在实践中学习中国特色社会主义和共产主义的学校，是中国共产党的助手和后备军。"在政治荣誉高于一切的五六十年代，能够入党是一件无上光荣的事情。对广大要求进步的青年来说，向党组织靠拢，首先就是要加入共青团。

工地上50%以上的民工都是青年，如通渭工区有16000名民工，其中就有10138名青年，占总人数的63%。[2] 相应的，团员和团支部也不在少

---

[1] 王广谦：《组织军事化》，《引洮报》第29期，1958年11月22日，第3版。
[2] 《中国共产主义青年团通渭工区委员会向第一次代表大会的工作报告》（1958年11月2日），甘档，档案号：231-1-932。

数。截止到 1958 年 11 月，"全局十三个工区共有民工 118000 人，其中有青年 68846 人，占民工总数的 57%，共有团员 13865 人，占青年总数的 20.3%。十三个工区的 91 个大队成立团总支 92 个，561 个中队成立了 543 个支部"。① 如何发挥团组织的作用，进而发挥青年的突击作用，成为共青团委的题中之义。

共青团的组织架构以党组织为参照系，从上到下分设局团委、团总支至团支部，以团员、青年为工作对象。其工作首先是展开形形色色的宣传教育，如社会主义思想教育活动、开展"学习毛主席著作的活动"、"千面红旗、万名突击手"运动、"红旗奖章学习运动"等。特别是以"高工效"为中心的"千面红旗、万名突击手"活动在各级共青团委组织的强力推行之下，一批批先进青年携带着技术发明、工具改革、文艺创造等累累硕果，涌现在历史前台。据统计，截止到 1959 年 5 月，"据十个工区的不完全统计，各级团组织已分层树立起青年标兵（红旗手）730 名，红旗队和青年先进集体 110 个"。② 定西工区 94.48% 的 5100 余名青年民工报名参加高工效运动，共青团组织"在各队共组织了青年突击队 110 个，参加 3488 人，其中青年党员、共青团员和青年共占 82%"。③

青年人初生牛犊不怕虎，可更易积极配合上级的宣传和安排，事事争先。但同时，青年人也因为年纪轻而社会经验不足，更易出现各种思想问题，如不堪忍受工地环境的恶劣和繁重的体力劳动，产生逃跑、怠工等问题，即使是团员也一样。据统计，截止到 1958 年 6 月 22 日，定西工区"已逃跑 140 人（占已到工地民工总数的 3.3%），团员 10 人（占全队 272 名团员的 3.6%）。通渭、临洮、会宁、榆中等工区也有类似现象发生"。④ 因此需要团组织对青年思想进行及时掌握和整顿。

1958 年 8 月下旬开始，配合正在进行的整风、整党运动，工程局团委对整团工作进行安排，要求"对团的组织和干部队伍的整顿，大体可分两个方面：一是思想上的整顿，根据存在问题，弄清是非，做到对事不对

---

① 《甘肃省引洮上山水利工程局委员会关于加强团的组织工作的意见》（1958 年 11 月 2 日），甘档，档案号：231 - 1 - 885。

② 《局团委评出青年红旗手和青年红旗队》，《引洮报》第 81 期，1959 年 5 月 4 日，第 3 版。

③ 《局团委关于定西专区团组织发动青年大搞高工效活动情况和经验的报告》（1959 年 4 月 11 日），甘档，档案号：231 - 1 - 125。

④ 《加强思想教育，安定青年情绪》（1958 年 6 月 30 日），甘档，档案号：231 - 1 - 885。

人，彻底清除团干部所存在的三风五气；一是组织上的整顿，从开工到现在对那些破坏工程、勾引民工逃跑等混入团内的坏分子，团组织应及时严肃处理。经过整顿，健全各级团的组织，纯洁团的队伍，以求提高团的战斗力"。① 经过两个月的整顿，团委对青年团员的思想情况进行排队："据陇西、会宁两工区 2310 名团员的统计，整团前积极响应党的各项号召，情绪安定能苦干、苦钻的一类团员 1057 人，占团员总数的 45.3%。一般的能听党的话，交给了就做，但干劲不足的二类团员有 869 人，占 37%。对引洮工程抱怀疑态度，对完成任务信心不大，艰苦情绪不安的三（类）团员 340 人，占 14.7%。一贯表现落后，或品质恶劣、散布不满言论，或串连活动民工逃跑（其中有些人是混进团内的坏分子）的四类团员有 44 人，占 2%。而经过整团以后，一类团员增加到 1538 人，占 66.6%；二类团员减少到 632，占 27%；三类团员减少到 140 人，占 6.5%，消灭了四类团员。"② 官方报告中整顿起了积极作用。

组织上的整顿主要针对的是青年团员民工逃跑、消极怠工、贪污、偷盗、劳动不积极等现象。有这些行为的团员被认为是"不纯"分子或"蜕化变质"分子，要进行组织处理。"据陇西、会宁、通渭三工区和第五勘测队团支部参加整团的 4577 名团员的统计，共有 167 人（占总数的 3.6%）受到了团纪处分，其中警告 50 人，严重警告 14 人，撤销职务 21 人，留团察看 14 人，开除 68 人。此外对表现落后长期教育仍不够团员条件的 14 人，也做了劝说退团的组织处理。在开除的 68 个团员中通渭工区占 26 人。这些人的具体情节是：丧失立场串连民工逃跑的 9 人，偷盗行为 4 人，长期隐瞒历史的 1 人，蜕化变质、品质恶劣的 5 人。"③

发展新团员是共青团组织整顿的另一项重要工作。部分工区发展团员的情况如表 4-1 所示。

---

① 《局党委卫屏藩副书记在陇西、定西、榆中、靖远工区团委协作会上的讲话》（1958 年 10 月 30 日），甘档，档案号：231-1-885。
② 《甘肃省引洮上山水利工程局委员会关于加强团的组织工作的意见》（1958 年 11 月 2 日），甘档，档案号：231-1-885。
③ 《甘肃省引洮上山水利工程局委员会关于加强团的组织工作的意见》（1958 年 11 月 2 日），甘档，档案号：231-1-885。

表 4 - 1　部分工区发展团员人数统计

项目 工区	青年数	现有团员	占比（%）	第一期工程中 发展数	施工以来 已发展团员数
陇西工区	6726	1179	17.5	320	95
定西工区	7256	1806	24.9	210	29
通渭工区	10187	2236	21.9	430	80
会宁工区	7179	1256	17.5	350	171
渭源工区	5657	1341	23.7	220	87
合计	37005	7818	21.1	1530	462

资料来源：根据《甘肃省引洮上山水利工程局委员会关于加强团的组织工作的意见》（1958年11月2日）内容绘制，甘档，档案号：231-1-885。

　　如表 4-1 所示，截止到 1958 年 11 月，共吸收 462 名新团员，主要集中在陇西、定西、通渭、会宁、渭源等工区（榆中、靖远、临洮、秦安、甘谷等工区数据未报），并计划在第一期工程中再发展团员 3000 名，使团员占青年总数的比例由 20.3% 上升到 25%。[1] 不过这个比例是随着工地上民工总人数的变化而起伏的，并没有太大的意义。快速发展团员与"火线入党"，都是一种数字指标的管理方式，是革命与建设经验的表现形式之一，有利于在短期内集中力量完成既定目标。与此同时，这种量化、跳跃式的发展模式也弱化了制度的规范性和选择的严谨性，其内在缺陷不言而喻。同时，材料显示从共青团员晋升为党员的比例较大，如临洮、通渭、会宁三个工区统计，1958 年共接收新党员 1673 名，原为共青团员的有1172 名，占比 70%。[2] 这也是青年人积极向团组织靠拢的重要原因。

民兵组织

　　在"全民皆兵"的时代号召下，工地社会的民兵组织规模很大，使引洮工程改造自然的建设更具"战斗"色彩。从革命战争年代走过来的领导集体，保持着革命激情和战斗豪情，用革命逻辑管理工地社会驾轻就熟。

---

[1] 《甘肃省引洮上山水利工程局委员会关于加强团的组织工作的意见》（1958 年 11 月 2日），甘档，档案号：231-1-885。

[2] 《关于接收新党员问题的通报（手稿）》（1959 年 6 月 20 日），甘档，档案号：231-1-128。

成立民兵组织，一方面是契合时代氛围，"实现全民皆兵，个个会放枪，人人能打仗，是和平的有力保障"；另一方面是为了加强散漫成习的民工的组织纪律性，组织军事化和行动战斗化可以推动工程的进展。曾一度，工地上工区制的编排都变成了师、营、连、排、班的组织形式。在工地上实行的民兵方阵为"劳武结合"，实际上还是为促进引洮工程的建设。

1958 年 11 月，因工地上民工"年龄在 16 岁至 50 岁的约占 90% 以上"，工程局党委上报甘肃省委，请求成立民兵组织。[①] 省委表示同意，指出"以工区为单位组织民兵师，工程局机关干部、工人组编一个独立团"，由工程局担任民兵指挥部的领导之责。[②] 工程局党委接到通知后，便决定："工程局机关干部、工人组编一个独立团。师的组编应该为：陇西为第一师；定西为第二师；榆中为第三师；靖远为第四师……各民兵师的武器由各该工区的县酌情调拨。工程局设民兵指挥部，指挥部下设办公室。"[③]

工地上的民兵分为两类，一类是基干民兵，即以此为基础和骨干力量；一类是普通民兵。"五类"分子和年老体弱的人是无法成为民兵的，除此之外，青壮年都被吸纳进来。一般来说，基干民兵年龄在 16 岁至 30 岁之间；复员军人因其本身经验丰富，不受年龄限制，都是基干民兵；年龄在 31 岁至 50 岁之间的为普通民兵。榆中工区民兵和复员军人的人数如表 4 - 2 所示。

表 4 - 2　榆中工区民兵、复员军人统计

单位：人

项目 队别	参加工程 总人数	民兵数			复员 军人数
		总数	基干	普通	
一队	815	426	184	242	40
二队	971	636	397	239	35
三队	1216	925	455	470	11
四队	1027	553	417	136	14

---

① 《关于请求在引洮工程职工中成立民兵组织的报告》（1958 年 11 月 10 日），甘档，档案号：91 - 8 - 205。

② 《关于同意在引洮上山水利工程中成立民兵组织的函》（1958 年 11 月 22 日）甘档，档案号：91 - 8 - 205。

③ 《关于在引洮职工中成立民兵组织的通知》（1958 年 12 月 2 日），甘档，档案号：231 - 1 - 7。

续表

项目\队别	参加工程总人数	民兵数			复员军人数
		总数	基干	普通	
五队	999	764	426	338	35
六队	630	285	165	122	30
七队	954	784	374	410	29
八队	1142	938	444	494	62
九队	1124	392	138	254	23
小计	8878	5703	3000	2705	279

资料来源：《榆中工区民兵、复员军人统计表》（1958 年 9 月 25 日），甘档，档案号：231 - 1 - 241。

由表 4 - 2 可见，民兵占工地总人数的 64%（5703/8878），大多适龄青年都成了民兵。各队复员军人数量不一，总的来看，占民兵总人数的 4.9%（279/5703），有的大队如第六大队多一点，占 10%（30/285）。

工程局专门成立民兵训练工作办公室，"由高步仁同志兼任办公室主任，谢华同志任办公室付主任，并由兰州军区，定西、天水、平凉军区调配干部参加办公室的工作"。[①] 教员多由各单位的复员军人担任。训练是一种形式，仅限于队列走步，擦枪搏杀等技能训练少之又少。按照规定，"原则上每天训练时间不能超过一个小时，在不影响民工休息和正常施工的原则下，按照具体情况由各工区来确定"，[②] 在施工任务特别急迫、"夜战"成为家常便饭的情况下，日常训练很难实现。

有的工区如武山工区提出了对民兵进行射击培训，优秀率在 60% 以上。[③]《引洮报》上也登载诸如"射击要领第一点：卧倒姿势要自然，角度大小要合适，两肘位置不要宽。射击要领第二点：枪面放正不要偏，偏左就会打左下，偏右打在右下面"等诗歌，教导民工射击。[④] 但实际上，工地上武器有限，仅工区保卫处有少量枪支，要进行普遍的射击、打靶训练显然不太可能。

① 《关于成立民兵训练组织机构的通知》（1958 年 10 月 15 日），甘档，档案号：231 - 1 - 7。
② 《中共甘肃省引洮上山水利工程局委员会关于引洮工地基干民兵训练工作情况向省委的报告》（1958 年 12 月 29 日），甘档，档案号：231 - 1 - 4。
③ 《引洮武山工区民兵训练工作通报》（1959 年 1 月 13 日），甘档，档案号：231 - 1 - 846。
④ 《射击要领》，《引洮报》第 29 期，1958 年 11 月 22 日，第 3 版。

因此，训练民兵主要不在于武器方面，更在于宣教，"对民兵要广泛深入系统的宣传人民解放军和民兵的光荣传统和英雄事迹，加强爱国主义与国际主义的教育，以提高民兵的组织性、纪律性和共产主义觉悟"。① 报告称，"通过民兵训练，提高了民工的组织性、纪律性，大大的激发了民兵的共产主义的劳动积极性，减少逃跑和旷工现象，出勤率提高，工效上升，以训练促进了工程的跃进"，"组织军事化，行动战斗化，生产集体化，管理民主化的口号是教育民兵鼓舞群众的战斗武器，它能激发民兵学习和劳动热情"。② 由于来自普通农民的民工散漫成性，过大兵营式的生活，对其进行解放军式的组织性和纪律性的教育，适时而必要。最终的落脚点还在于使民兵（民工）"在引洮工程中起尖兵作用"，"并结合实现全民皆兵，开展全民武装运动打好基础"。③

其他组织

除上述三大组织之外，有的工区还设置了妇女组织、工会组织、儿童少先队组织等。如 1959 年 5 月 29 日，秦安工区一大队成立了妇联分会。④但由于妇女人数少，妇联会并不普遍，作用也不是那么明显，只在特定的"三八"妇女节等节日里有媒体铺天盖地地对先进妇女进行报道。

工会组织也曾出现在工地社会上。1958 年 8 月 24 日，工程局党委同意工程局工会《关于在民工中发展会员建立工会组织的意见》，认为"通过工会组织进一步加强对民工的政治思想教育，发挥民工的积极性和创造性，开展社会主义劳动竞赛，对提前完成引洮工程任务具有重要的意义"。⑤ 经过几个月的发展，定西、通渭、渭源、天水、秦安等工区已全部建立起工会组织。但是很快上级认为"人民公社的建立，特别是目前有的

---

① 《中共甘肃省引洮上山水利工程局委员会关于引洮工地基干民兵训练工作情况向省委的报告》（1958 年 12 月 29 日），甘档，档案号：231 - 1 - 4。
② 《中共甘肃省引洮上山水利工程局委员会关于引洮工地基干民兵训练工作情况向省委的报告》（1958 年 12 月 29 日），甘档，档案号：231 - 1 - 4。
③ 《关于开启基干民兵训练和组织发动复员退伍军人及民兵在引洮工程中起尖兵作用的指示》（1958 年 9 月 28 日），甘档，档案号：231 - 1 - 9。
④ 《秦安工区一大队成立妇联》，《引洮报》第 97 期，1959 年 6 月 11 日，第 3 版。
⑤ 《批转工程局工会对在民工中发展会员建立工会组织的请示》（1958 年 8 月 24 日），甘档，档案号：231 - 1 - 2。

县工会已撤销，以及各工区有较健全的党、团组织、民兵组织，为了避免组织重叠"，建议"尚未在民工中发展会员，建立工会组织的工区，可停止发展会员建立工会组织；已经发展了会员建立工会组织的工区，由工区党委研究，在一定的干部中说明原因停止活动，不向民工进行解释"，停止发展会员建立工会组织。① 可见，能够切实发挥作用是组织成立的前提条件。

总的来看，各级党组织在维系工地社会的正常运转中发挥了排头兵的作用，肩负领导职能。因工地上青年人数众多，共青团组织发挥了重要辅助作用。在"全民皆兵"的形势下，工地社会更像一个大兵营，民兵组织不仅仅是解放军的后备力量，更承担了使一盘散沙的民工"行动军事化、作风战斗化"的职能。而妇女组织和工会组织因作用不甚明显，在工地上并未系统地建立起来。这些组织团体各自担负相应职能，身处组织团体之内的人既要受组织的各种约束，承担身为组织成员的义务，同时也享受组织给予的荣誉和温暖。

三　思想教育

要革自然的命，必先革思想的命，这是一条颠扑不灭的真理。我们深刻地体会到：思想政治工作永远是一切工作的统帅和灵魂。思想政治工作加强了，一切工作就会一跃再跃；思想政治工作稍一放松，右倾思想就抬头，工作就要遭受损失。因此，引洮上山和其他革命事业一样，永远不能停顿，要永远前进。

——《政治挂帅，思想先行，为胜利完成引洮工程阔步前进（初稿）
——一年来政治思想工作总结》②

① 《关于在民工中停止发展会员建立工会组织的请示》（1959 年 1 月 21 日），甘档，档案号：231 - 1 - 19。

② 《政治挂帅，思想先行，为胜利完成引洮工程阔步前进（初稿）——一年来政治思想工作总结》（1959 年 10 月 25 日），甘档：档案号，231 - 1 - 175。

甘肃省委第一书记张仲良认为："人，始终是一个决定性的因素，要改造社会，必先改造人们的思想；要革大自然的命，必先革人们思想的命。没有人的思想解放，没有人的积极性的发挥，要建设社会主义，要正确认识自然和大规模的改造自然，是不可想像的。"[1] 因此，引洮工程中"思想革命"始终占据工作重心。针对不同阶段干部民工的思想问题，采用社会主义宣传教育的方式进行思想上的循循善诱。这种柔性管理方式，以正面鼓励为主，给予人们一种热情积极、力争上游的精神动力，在形式上也更易于接受，更像一种道德教化，往往是展开其他群众运动的开路先锋。

思想教育的基本方式

对于这样一个规模宏大的工程，质疑之声不断。据悉，"有的干部不愿下工地，怕吃苦、怕困难，认为装车、卸车是工人干的，干部作这样的工作是大材小用；有的干部说'干不干，两年半，到时还回原机关'；有的强调不熟悉业务而消极怠工，如说'这个工作没干过，出了错误不负责'等；有的乡干部不愿当中队长，愿当大队长；有的骄傲自大；有的对民工只宣传了引洮工程的光荣、伟大，而不敢提工程的艰巨、复杂，致使许多民工对这一工程缺乏全面的思想认识和足够的准备，使部分民工刚刚到工地几天，就要求换班回家。个别的还开了小差；有的民工认为'到工地后还可以挣钱'等"。[2] 开工不到一个月，"约3%左右的民工逃跑"。[3] 因此，工程局提出应"加强对民工的政治思想教育工作……必须前后方紧密地结合一致，民工出发前各乡社就要进行思想教育，做到思想不通不走。到工地后，要组织工地上的干部和民工欢迎他们。给他们介绍工地情况，作思想动员报告，安定他们的情绪。另外，后方还应组织民工的家属、亲友、各机关、学校给民工写信，报告后方生产、工作大跃进的情

① 张仲良：《要革自然的命，必先革思想的命》，《人民日报》1958 年 5 月 17 日，第 2 版。
② 《甘肃省引洮水利工程局关于整风安排情况的报告》（1958 年 5 月 23 日），甘档，档案号：231 - 1 - 3。
③ 《批转工程局团委"关于加强思想教育安定青年情绪的报告"》（1958 年 6 月 29 日），甘档，档案号：231 - 1 - 2。

况，鼓励他们的劳动热情。必要时还可派人到工地上慰问"。① 可见，针对民工的政治思想教育工作被分为三个阶段，即赴工地之前、在工地上以及后方，做到宣传教育上的"无微不至"。

1958 年 9 月下旬，引洮工程局党委先是召开第一次宣传科长会议，布置和讨论开展社会主义思想教育运动的指示。而后，各单位都成立相应的办公室，由党委书记直接负责。② 针对干部进行"以学习'两本书'（斯大林著《苏联社会主义经济问题》，马恩列斯《论共产主义社会》）为中心内容的社会主义和共产主义教育运动"；针对民工，"着重进行了以'人民公社'为中心内容的宣传教育"。③

除了专门的宣传部门和宣传教育办公室之外，各个工区还组织专门的"以干部和识字的积极分子为主"的宣传队伍。这一工作被要求"见缝插针"，利用一切机会，如吃饭时、睡觉前甚至施工短暂的休息中。形式各异，有政治课、报告会、工地现场会、文艺演出、黑板报、广播、宣传画册等。局党委要求："一切宣传鼓动工具（如图书、黑板报、大字报等）都要深入到工地上去。"④

1958 年下半年的社会主义宣传教育运动中，榆中工区党委"共组织了宣传员 723 个，报告员 72 个，设置黑板报 109 个，订阅各种报刊 724 份，杂志 610 份，读报组 295 个，广播站 1 处，新华书店销售站供给各种书籍15000 册，结合生产展开了大张旗鼓地宣传运动，工区党委通过广播讲共产主义，各营总支除组织学习外，一般都开了 7 次左右的报告会，使共产主义宣传基本上达到人人皆知的地步"。⑤ 定西工区战斗团第五营在讲到"人民公社好"的主题时，主要进行以下工作：由宣传科的五个干部组成一个工作组，分头讲课；"以工地为课堂，施工、宣传两不误"；"理论结

① 《中共甘肃省引洮水利工程局委员会批转工程局团委关于"加强思想教育，安定青年情绪"的报告》（1958 年 6 月 30 日），甘档，档案号：231－1－885。
② 《引洮工地社会主义和共产主义思想教育运动的情况和问题》（1959 年 2 月 3 日），甘档，档案号：231－1－176。
③ 《关于今冬明春在全体职工中深入开展社会主义和共产主义教育运动的指示》（1958 年 11 月 16 日），甘档，档案号：231－1－9。
④ 《关于组织、宣传会议的情况报告（手稿）》（1958 年 9 月 30 日），甘档，档案号：231－1－4。
⑤ 《榆中工区大张旗鼓地宣传共产主义》，《引洮报》第 35 期，1958 年 12 月 13 日，第 1 版。

合实际，用真人真事教育群众"；"边讲课边讨论，不断改进教育方法，不断充实教材内容"，最终使"原来的错误思想认识基本得到解决，民工干劲更加高了"。①

工地上还出现许多结合民俗以娱乐的形式表现出来的宣传教育方式。如以旱塬百姓耳熟能详的"花儿"曲调为载体，填之以教育内容，如"总路线好比一只船，毛主席拿着船杆，敢说敢想大胆干，一天等于二十年"，"我们要有破天胆，我们要出几身大汗，我们是开山的英雄，水不上山人不还"，"万丈高山险又陡，千年岩石挡路口，今日英雄从此过，岩石低头水长流"，等等。② 以"花儿"曲调为载体，辅之以宣教内容，在施工中唱出来，甚至相互竞赛，既丰富娱乐生活，也达到教育目的。

摸底排队与思想教育

对思想教育的重视，还体现在上级经常对民工和干部的思想状况进行排队，并提出相应措施。这类排队几乎随时随地展开，一般有四类：第一类占大多数，干劲十足；第二类是少部分，热情一般，不积极主动但也听话干活；第三类更少，劳动消极，总想偷懒、逃跑；第四类则是"五类"分子，多被认为是工地不良思想的源头。思想教育活动是为了将民工都变成第一类。

1959 年 4 月，古城水库决口给民工带来思想冲击。据对在此施工的陇西工区四大队的 1619 名民工摸底排队情况看，"第一类情绪饱满，思想端正，能扎扎实实干活的有 696 人，占全队人数的 43%；一般肯干，热情有余，缺少办法的有 700 人，约占 43.4%；劳动消极，对工程漠不关心，而对伙食、工资及公社、家庭关心的约 200 人，占 12.3%；第四类，主要是五类份子消极怠工，谣言惑众，并想逃跑者 23 人，占 2.3%"。③ 对此，宣传部门提出应对措施：首先要坚持干部政治理论学习；其次应进一步加强思想教育工作，"党的基层组织，要善于发挥战斗堡垒作用，及时收集、

---

① 《定西工区战斗团第五营是怎样进行共产主义教育的》，《引洮报》第 41 期，1959 年 1 月 3 日，第 3 版。

② 《掌握思想斗争规律，掀起更大的施工高潮（初稿）》（1959 年 2 月 4 日），甘档，档案号：231 - 1 - 176。

③ 《当前古城水库职工思想情况的调查报告》（1959 年 5 月 29 日），甘档，档案号：231 - 1 - 176。

掌握和研究职工在各个施工地段的思想动态，因人因时因地制宜地发动群众，进行有效的自我教育，及时批判各种右倾思想和骄傲自满、松劲情绪，激励群众不断革命，继续跃进"。① 仍然将思想宣传教育放在第一位。

由于工程建设目标屡屡落空，在"反右倾"运动背景下，工程局党委提出"五一"通水漫坝河的口号，要求民工 1960 年春节不回家过年，将精力用在工程建设上。这个号召引起人们思想波动，在对天水、榆中、陇西等工区进行调查之后发现："热爱工程、安心引洮，对'五一'通水认识明确、思想坚定，决心春节不回家的约占 60% 左右。目前还有 30% 左右的职工，对留工地过春节还没有完全想通，一只脚踩两只船，左右摇摆，犹豫不定"，另外，"有 10% 左右的民工，对五一通水怀疑动摇，再加常年在家过春节的习惯势力，所以坚决要求春节回家"。②

在这种背景下，"宣传运动月"应时而生。1960 年 1 月，工程局党委发出《关于深入开展五一通水漫坝河宣传运动月的指示》，要求从 1 月 6 日开始至 2 月 5 日作为其"宣传运动月"。形式上有"报纸、广播、大会讲解、小会座谈、开辩论会、个别谈心等"；主要集中在"社会主义建设的伟大成就；人民公社的无比优越性；提前通水的重大政治经济意义；引洮上山美好远景等内容"。天水工区"抽调了 82% 的干部，深入到中队、小队、工地、宿舍、饭堂、工厂，利用图表、宣传画、巡回展览等多种形式宣传、讲解。电影队、业余剧团，也紧密配合宣传运动，深入施工现场，就地取材，就地编写，开展宣传"；榆中工区"开展了一树（树立标兵）、二算（算是指引洮上山的政治、经济意义）、三学（学方针、学政策、学先进、赶先进）、四交（交政策、交任务、交措施、向党交心）、五讲（大讲引洮工程的政治、经济意义，大讲引洮工程的美好远景，大讲建国十年来的伟大成就，大讲引洮工程的优良传统，大讲目前利益与长远利益、个人利益与集体利益的关系）、六比（比学习、比思想、比行动、比出勤、比巧干、比工效）和六个'一万'活动（即写决心书、保证书一万张，提合理化建议一万条，发明创造一万件，放卫星一万个，总结先进经验一万条，创作诗歌、快板一万首）"。③

---

① 《古城水库政治思想工作要点》（1959 年 6 月 8 日），甘档，档案号：231 - 1 - 176。

② 《关于当前民工思想情况的报告》（1960 年 1 月 5 日），甘档，档案号：231 - 1 - 54。

③ 《关于宣传运动月进行情况的报告》（1960 年 1 月 25 日），甘档，档案号：231 - 1 - 54。

这个活动进行之后，官方报告称："对'五一'通水认识明确，思想坚定，决心春节不回家过年的人数，占70%以上"，但仍然"还有15~20%的职工，对留在工地过春节完全没有想通，口是心软，犹豫不定"；另外"有5~10%的民工对'五一'通水怀疑动摇或有严重的资本主义思想，想到外地找工作，挣大钱，在施工中，不遵守劳动纪律，不听从指挥，甚至于消极怠工"，以及"个别地、富、反、坏分子，仇视引洮工程，搬弄是非，拉拢串联，煽动民工逃跑"。① 这一排队结果，与"宣传运动月"之前没什么实质区别，只是比例稍有变化。

思想教育的效果及悖论

宣传教育进行得热火朝天，究竟效果如何呢？1959年2月，工程局党委做了"七一"通水大营梁的决议。4月，报告称："据有的队摸底，怀疑'七一'通水大营梁的人已由30%下降到10%以下，现在，约有90%的职工认识到'七一'通水大营梁是立足于现实基础的，能够实现的目标。"② 但与此同时，同期工程局的报告称，"工程任务还相当艰巨，现有土、石方还有3.6亿公方，占任务总数的52%"，③ 且枢纽工程古城水库日前刚刚截流失败，"七一"水通大营梁的目标显然无法达到。

反过来看，一旦工地出现负面情况，如出工率下降、施工进展不明显、民工逃跑等，在找原因时会首先认为是宣传教育不到位，这成为当时的惯性思维。会宁工区一大队称："民工2252人中，因缺乏精神食粮情绪低落，意志动摇，逃跑者即达345人，病号曾达370人，占民工总数的16.6%，充分说明了当时部分民工思想负担是沉重的。"而解决这个问题的首要办法就是："加强了政治思想工作，坚决批判了右倾保守思想，确定了七一能够通水的坚强信念，并采取民主的方法选举支书和中小队干部，从而激发了全体职工的劳动热情和冲天干劲。"④ 再如，1960年"元至五月，古城水库民工逃跑非常严重，陇西工区共逃跑1125人，岷县工区

---

① 《关于宣传运动月进行情况的报告》（1960年1月25日），甘档，档案号：231-1-54。
② 《对当前职工思想情况的报告》（1959年4月18日），甘档，档案号：231-1-176。
③ 《关于通水大营梁工作中的几个问题的报告》（1959年4月10日），甘档，档案号：231-1-23。
④ 《批转第二指挥部关于"会宁工区一大队是怎样改变落后面貌的"经验报告》（1959年4月6日），甘档，档案号：231-1-29。

1974 人，武山工区逃跑 2069 人，平凉工区逃跑 1216 人"，分析的第一个原因也是认为"放松了政治思想教育，特别是引洮上山的经济和政治意义宣传的很不够……不能以集体主义思想战胜个人主义思想"。①

各种各样的思想教育，大造舆论声势，是从现实政治的实际需要和可能性出发的，旨在使民工道德境界不断升华，进而为工程建设服务。但十几万民工并不是铁板一块，差异性很大。客观环境带来的种种困难，使他们无法持续那种"水不上山，决不还家"的气魄，只能结合其他强硬措施，而流行于引洮工地上的强硬措施，就是"大辩论"。

四 "大辩论"

整风好比大海塘，洗好百病治好疮，万事抓住整风纲，红旗插在心头上，只要政治挂了帅，"三风"、"五气"一扫光。敢叫高山把头低，能使河水把路让。

——整风大字报②

在严苛的施工环境中，柔性的宣传教育难以应对种种困境，刚性的"大辩论"是强有力的补充形式。"大辩论"在集体化时代是个极其特殊的名词，与"大鸣、大放、大字报"一起被称为"四大"。肇始于 1957 年的整风"反右"运动，在"文革"时期盛极一时，甚至一度写进 1975 年的宪法。在基层，"大辩论"是"批斗"的代名词，笔者在采访中曾听到对整风辩论心有余悸的老人提到："你不去（引洮），人家辩论你哩！"③ 因为在这个高度紧张的工地社会上，"大辩论"往往被滥用。

在引洮工地上，工程局组织部部长说："辩论是我国人民民主的新发展，是一种最好的民主形式，过去我们运用这个形式，对人民进行了广泛

---

① 《古城水库民工逃跑情况的报告》（1960 年 6 月 4 日），甘档，档案号：231 - 1 - 185。
② 庞瑞琳：《幽灵飘荡的洮河》，第 65 页。
③ 2011 年 9 月 8 日笔者于定西采访张某某的记录。

深刻的教育，同时驳倒了敌人的各种谬论，使他们在人民的监督之下，规规矩矩的进行改造，今后还要继续广泛的运用这个形式，不能因为辩论中发生了某些偏差就不敢再用，这是不对的。当然对辩论中忽视讲理，单纯斗争的偏向，必须切实加以纠正。"① 这番话基本概括了"大辩论"在工地上的使用情况，虽然上级要求防止"辩论中忽视讲理、单纯斗争的偏向"，但实际上防不胜防。

"大辩论"的基本内容、形式和目的

"大辩论"是整风运动的主要组成部分。工地上第一场"大辩论"是1958 年四五月份。辩题内容及目的如下：

（1）"引洮上山后，到底有那些好处"？通过对这个题目的辩论，使干部和群众进一步明确的认识这一工程对提高人民物质文化生活水平和提前实现电气化的深远意义和美好远景，树立坚定信心，鼓足干劲，多快好省的进行这一工程的建设。

（2）工程中有那些困难？准备如何克服？使干部和群众对这一工程的艰巨性、复杂性，有充分的认识，做好思想准备，鼓足勇气战斗到底，克服在工作中所遇到的一切困难。

（3）辩论为什么要采取"民办公助"的方针？使干部和群众认识到引洮工程是群众为了加速社会主义的建设，进一步改善和提高自己的生活所采取的爱国、爱社、爱家的伟大行动，并克服单纯依靠国家的思想。

（4）通过对"如何做到施工和生产两不误"的辩论，使各地农业社作到既要按任务抽调年轻力壮的劳动力参加这一工程，又要保证完成或超额完成农业社原订增产计划，并强调全面安排劳动力和人人献策献计，大胆发明创造，改进工具和操作技术，以解决劳动力的不足问题。

（5）必须对资产阶级个人主义及反社会主义言论，在原机关掌握

① 《局党委第三次扩大会议文件之二：燕斌同志关于工地整风问题的意见》（1958 年 12 月 15 日），甘档，档案号：231 - 1 - 119。

材料的基础上开展批判辩论，以达明辨是非，提高觉悟，解放思想，充分发挥敢想、敢干和首创精神，大胆的提出对工作、规章制度、工程技术等方面的建设性意见，以提高工作效率。①

各个辩题都非常关键，极具针对性，目的也非常明确。由于工程进展过程中随时会出现"异见"，"大辩论"随时随地进行。题目随问题而变化，形式多样，本质目的趋同。秦安工区一团一营引以为豪的"大辩论"形式，详情如下：

1. 从党、团内到党、团外，从干部、积极分子到群众，辩论每个问题时，事先都召开了党、团员会，干部、积极分子会进行辩论……

2. 辩论中，进行了回忆、对比，算细帐是贯彻以理服人的最好办法。在辩论"民办公助"的好处时，除过深入宣传引洮工程的伟大意义外，着重算了以下几笔帐：

（1）"民办公助"的政治影响帐……

（2）节约国家开支帐……

（3）引洮上山后农、林、牧业增产帐，可浇地 1500～2000 万亩旱地……

（4）国家、全省人民和公社的支援帐……

3. 辩论要大小会相结合，以小会为主，并要善于启发诱导，步步深入，大型辩论会易于轰开局面，造成声势，小会易于辩深辩透，因此要大小会相结合，以小会为主。②

这种辩论的形式和内容是一种理想状态，为工区和工程局所肯定认可。在实践操作中，不完全亦步亦趋，却也十分细致，针对干部和民工的不同思想问题，往往采用不同的辩论方式。

---

① 《甘肃省引洮水利工程局关于整风安排情况的报告》（1958 年 5 月 23 日），甘档，档案号：231－1－3。

② 《秦安工区一团一营向全体职工进行"民办公助"和为谁劳动教育的几点体会》（1959 年 2 月），甘档，档案号：231－1－13。

针对干部的"大辩论"

针对干部的"大辩论",往往会得到群众的积极配合,有时被他们当作抒发平日淤积怨气的途径,但同样也有威慑作用。"大辩论"首先要弄清干部的思想问题,以便对症下药。

1958 年 8 月,工程局对各级干部进行摸底排队,发现普遍存在几种思想问题。第一,有的干部对引洮工程的意义和"民办公助"的方针认识不足,怀疑是否能成功,如说:"洮河的水引不上山,引上去流到靖远就没有了,根本到不了董志塬""引洮工程两年完成不过是党的号召,实际上三年、五年也不一定能完成""工程任务太大了,要中央支援才行""民办公助根本就不行"。第二,有的干部被认为"右倾保守思想严重""不能接受新鲜事物",如基地医院院长不支持别人制造药品,还认为"会川制造不出什么东西来",还有人认为技术革命创造发明是科学家的事。第三,有的干部不安心工作,怕艰苦,认为组织上调他来引洮工地是进行劳动改造而思想不满。第四,有的干部认为自己是"非受益区"的,不应该来参加引洮。第五,有的干部生活特殊,不愿下工地与民工同吃、同住、同劳动。第六,还有的干部有抵触情绪,认为就是再鼓足干劲、力争上游,也不能把洮河水引上山,因此煽动民工逃跑。① 对水利技术人员和医生摸底发现,"相当一部分人对伟大的引洮工程认识不足,存在着严重的资产阶级个人主义思想",有各种"严重问题":一是"单纯的技术观点,只专不红,轻视政治的倾向";二是"严重的右倾保守思想,工作墨守成规,因循守旧";三是"资产阶级个人主义思想严重,不安心工作,怕吃苦";四是"骄傲自满,不服从领导";五是"轻视劳动,不愿进行思想改造,不愿接近工农群众"。②

如果对上述思想详加分析,会发现这些思想不过是人们面对这么一个规模宏大的水利工程的正常反应,或者说常识,是人们依照各自经验和识见的判断,从不同角度反映其顾虑和担忧。但这些"常识"不被允许存在,甚至被打压。此次"大辩论"的中心内容是:"(1)对马鞍形经验教

---

① 《关于目前干部思想情况的报告》(1958 年 9 月 1 日),甘档,档案号:231 - 1 - 1。
② 《关于技术人员思想情况的报告》(1958 年 9 月 16 日),甘档,档案号:231 - 1 - 1。

训的认识（主要检查自己的右倾保守思想）；（2）如何认识红专问题，怎样才能红透专深；（3）检查和批判资产阶级个人主义思想；（4）对伟大的共产主义工程采取什么态度？怎样贡献自己的力量。"主要方法是："组织领导全体干部开展交心运动，掀起一个写大字报的高潮，通过大字报彻底暴露自己的思想、观点……干部的思想、观点及机关工作上的各方面问题暴露后，即归纳整理，拟出辩论的专门题目，进行大辩论"，"整风结束时，要求每个人都写出个人思想检查总结和红专计划"。时间上，"机关干部每天进行两小时（上午7时半至9时半）"。① 工程局处长级的干部被要求写两份个人思想总结报告，一份交工程局，一份交省级原机关单位；各个工区的党委书记、主任、科长、大队长的思想总结也被要求"应给局党委和县委各报送一份"，以便日后存档。②

对于干部来说，此前可能有对民工粗暴、贪污、多吃多占等不良行为，此时极有可能被群众揭发，而遭遇各种处分。相应的，也有新的积极分子涌现，客观上成为一种干部选拔流动机制。如"据定西、榆中、靖远、会宁、甘谷、工程局等单位的不完全统计，在整风中共拔掉白旗165人，通过批判教育进行了处理……涌现了大批意志坚强，立场坚定，干劲十足且经工程实际考验的优秀人物选拔到领导岗位上，仅榆中、会宁就选拔了大、中、小队长158人，充实了核心领导力量"。③ 这种非常规的干部晋升体制是整风辩论运动得到群众支持的一个原因。

针对普通民工的"大辩论"

在大型机械缺乏的施工条件下，普通民工的体力劳动是引洮工程实施的关键，因此各种激励民工的办法被拿来使用，以"大辩论"为开路先锋的群众运动自不例外。例如，1959年下半年的"反右倾"运动将引洮工程再次推向高潮，但工程建设目标屡屡落空。对于如何利用有限的人力和技术条件来推动工程，解决的办法就是搞"大辩论"。

---

① 《关于在引洮工程上展开全面整风运动的通知》（1958年8月2日），甘档，档案号：231 - 1 - 3。
② 《中共甘肃省引洮上山水利工程局委员会关于立即开展干部第四阶段整风和民工大辩论的指示》（1958年9月8日），甘档，档案号：231 - 1 - 3。
③ 《关于第四阶段整风补充通知》（1958年11月26日），甘档，档案号：231 - 1 - 3。

1959 年 12 月，工程局党委要求在全体民工中开展一次"早把洮河引上山"的辩论，"题目是：①能不能提早把洮河引上山？②用什么办法早把洮河引上山？③你为把洮河早日引上山贡献什么？④'五一'通水漫坝河的有利条件和我们的具体措施是什么？"① 这些题目可以说是老生常谈，反复在每个阶段被提出来，本身就反映工程一直面临困境。

"为了使辩论会开的生动活泼，有教育力"，需要"在民工中选取两种不同的典型人物，即一是挑选对引洮工程有认识，思想积极进步，坚决要在工地'誓引洮河上高山'、'带水还家'的民工，用现身说法进行宣传教育；一是选在旧社会受剥削、受压迫深重解放后翻了身，也有些资本，对引洮上山积极性不高，坚决在春节要回家的民工，用回忆、对比、算账的方法开展辩论，教育群众、教育本人，提高思想觉悟。思想转变以后，再组织他们以自己生动的思想转变过程，用现身说法教育大家"。②

由于白天繁重的施工任务压身，这类辩论活动往往安排在晚上，"民工白天劳动，晚上辩论，晴天劳动，雨天辩论"。③ 有人回忆："工地上，天不亮上工，晚上黑透了才回来。很苦，但不敢有怨言，动不动就拔白旗。"④ 可见，对普通民工来说，"大辩论"是身心的双重折磨。

"大辩论"的利弊

"大辩论"实际上是一种变相的斗争，民工们可以用它来找出干部的缺点、错误和违法乱纪行为等，干部们同样也可以用它来管理不听从指挥的民工。它之所以所向披靡，在于有一个合法、有效的"外衣"，即在特殊年代扮演着"群众路线"的重要角色。⑤

在官方报告中，大辩论的效果令人振奋。如"各工区的民工通过群众大辩论后，热情空前高涨，纷纷要求延长工时。据了解，少数工区的大中

---

① 《关于在全体职工中开展"早把洮河引上山"辩论的紧急通知》（1959 年 12 月 14 日），甘档，档案号：231 - 1 - 179。
② 《关于当前民工思想情况的报告》（1960 年 1 月 5 日），甘档，档案号：231 - 1 - 54。
③ 《关于整风和大辩论情况综合报告》（1958 年 10 月 16 日），甘档，档案号：231 - 1 - 3。
④ 天水工区七中队队长郭胜德的口述回忆。转引自庞瑞琳《幽灵飘荡的洮河》，第 215 页。
⑤ Yu Liu, "From the Mass Line to the Mao Cult: The Production of Legitimate Dictatorship in Revolutionary China," PHD. Dissertation, Columbia University, 2006.

小队有连续工作 12、14、16 小时，甚至 21 小时以上"。① 还有"不少工区在发动群众，依靠群众，组织群众大辩论的基础上，制订了必要的和切实可行的操作规程和有关的一些制度，如会宁工区通过群众讨论总结出施工前要作的四查（查工具是否牢靠，查地形是否有裂缝，查现场有无隐患，查道路是否宽畅）"等。② 经此之后，"提高了广大职工的共产主义思想觉悟，破除了迷信，解放了思想，鼓足了干劲，树立了敢想、敢说、敢做的共产主义风格，为在引洮工程中贯彻执行总路线扫除了思想障碍"；"一个'学先进、赶先进、超先进'的竞赛热潮迅速地形成起来"；"干部和民工的关系更加密切了"；"有力地推动了技术革命和文化革命运动的进行"；等等。③

"大辩论"虽被广泛运用，但也时常遭遇挑战。比如在吸收新党员时，会宁工区的杨某和定西工区的景某、单某提出申请，所在支部把他们列入发展对象，后"经群众鸣放辩论"，发现杨某参加过一贯道，景某家庭是地主成分，单某在人民公社搞过两性关系，最终他们都没有被接收。上级认为这种辩论形式"能使我们对新党员对象有更多更全面的了解，衡量他们是否确已具备党员标准"，"还可以提高群众的共产主义觉悟和党的认识，大大激发群众的劳动热情"。④ 然而将党员发展对象公之于众并号召群众提意见的方式，从正面来看是走"群众路线"，但同时个人经历的完全暴露，不仅增加了个人思想负担，也可能导致别人恶意污蔑挟私报复，以至于中共中央组织部公开提出"有些地方在接收党员时采取把申请入党的人的名单，用大字报在群众中公布，并号召群众出大字报提意见的办法。这种做法，虽然对党组织审查一个人是否已具备了党员条件有一定的作用，但是，却给申请入党的人，特别是那些没有被批准入党的人，增加了思想负担。因此，我们认为这种做法，不宜采用"。⑤

有的干部强迫命令、违法乱纪，一个重要原因是"辩论"的滥用。如

① 《转发尚友仁同志在 9 月 5 号各工区书记电话会议上关于立即加强当前劳动安全工作的讲话》（1958 年 9 月 20 日），甘档，档案号：231 - 1 - 2。
② 《关于引洮工程劳动安全的报告》（1958 年 12 月 3 日），甘档，档案号：231 - 1 - 4。
③ 《关于整风和大辩论情况综合报告》（1958 年 10 月 16 日），甘档，档案号：231 - 1 - 3。
④ 《引洮工地接收新党员经验初步总结》（1958 年 12 月 10 日），甘档，档案号：231 - 1 - 6。
⑤ 《中央组织部关于 1958 年接收党员工作的情况和 1959 年接收党员工作的意见》（1959 年 4 月 18 日），甘档，档案号：231 - 1 - 128。

"有的借辩论之名，行强迫命令之实，逢事就辩，逢辩就轰、斗、骂、打，致使不少民工认为：辩论会就是斗争会。辩论会上，不分敌我问题和人民内部问题，乱斗一气"，或者"民工有了缺点错误，不是耐心的说服教育，而是用所谓'大辩论'、'辩你一下'即整你一下的方法来压服。辩论会上不注意讲道理，轰斗甚至打骂"。①

这种将"辩论会"开成"斗争会"的情况不独出现在引洮工地上。永昌县哲峡水利工地上甚至出现斗争对象致残斗死的现象。② 另有材料指出，不同身份的人对整风辩论都有顾虑：原来有缺点的干部，怕在辩论会上被斗争，或被斗以后失去威信而无法继续开展工作；普通民工怕提了意见以后遭报复，或是说错了意见反倒自己被斗争；"五类"分子怕被牵连而送去劳改；还有的干部怕"辩论开会"耽误施工时间。

由于施工中所遇到的形形色色的问题，大辩论在引洮工地上是一项长期进行的活动，内容也随着遇到的问题而变化。需要指出的是，大辩论并非全然自上而下，具有一定群众基础是其屡被采用甚至滥用的重要原因。

五　大协作

开工两月中秋前，全国各地齐支援，酱菜糖蒜吃不完，

衣服鞋袜任你穿，共产主义大协作，民工干劲冲破天。

——《共产主义大协作》③

引洮工程开工时被定位为"共产主义的工程，英雄人民的创举"，因

---

① 《关于坚决制止干部强迫命令、违法乱纪的指示》（1958 年 12 月 24 日），甘档，档案号：231 - 1 - 9。

② 《（通渭工区）第十大队关于以工具改革为中心的冬季施工开展整风大辩论报告》（1959 年 1 月 14 日），甘档，档案号：231 - 1 - 292。

③ 《共产主义大协作》，《引洮上山诗歌选》第 2 集，第 86 页。

为它"在经济上的巨大意义是非常明显的。但是，它的意义不仅在于经济上，重要的在于政治上；它不仅标志着甘肃水利建设事业的新发展，更重要的标志着甘肃人民在总路线的光辉照耀下，共产主义思想的新高涨"。①这一水利工程的政治含义从一开始就已远远超过它本身所应带来的经济价值。因此，引洮工程是甘肃省的"一面红旗"，得到来自受益区、全省甚至全国的大力支援。

在省上的大力推介下，省内外各种支援和慰问、参观络绎不绝地涌向工地，使得工地社会始终处于一种温暖贴心的保障制度的保护之下。受益区不仅提供劳动力、技术等有形的物质支援，还以慰问和参观的形式提供精神慰藉。可以说，工地社会的运转，不只是在工程建设的特定区域，还包括后方区域百姓的真诚付出，体现了特殊年代的"大协作"。这是社会主义集中力量办大事制度优越性的体现方式之一，而以国家或集体的名义调配各地资源，有时候支援成为变相的"摊派"。

开工前后的第一个支援高潮

引洮工程于1958年2月决定上马，随后就被省委大力宣传，号召各方以大协作精神支援。在人民公社体制形式下，这种集中力量办大事的社会主义制度优越性确实体现出来了。人们为引洮工程提供了力所能及的一切。

首先，引洮工程所需物资，除了"就地加工、就地采购和国家调拨的部分由计委负责统一调拨外"，省委"要求各个单位，清理仓库，支援物资。其要求：第一，募捐；第二，借用；第三，集资；第四，价让"，②并列出详细的《引洮工程所需物资表》，上书几百种诸如"办公桌、行军床、风钻、油印机、扩音器、水桶、架子车、开关灯头、60W灯泡"等物资。③各机关纷纷表态，甘肃省民族事务委员会支援的物资甚至包括"五灯直流收音机一部，搪瓷茶缸子14个，搪瓷小碗21个，红铜小勺17个，蚊子油

---

① 《共产主义的工程，英雄人民的创举——张仲良同志在引洮工程开工典礼上的讲话》，《甘肃日报》1958年6月18日，第1版。
② 《甘肃省洮河水利工程委员会第一次会议纪要》（1958年4月3日），甘档，档案号：231-1-439。
③ 《引洮工程所需物资表》（1958年4月6日），甘档，档案号：231-1-428。

17 瓶……"① 省交通局支援"60 辆汽车",并很快开始了运输;"在 4、5两个月内,约有三十万件生产工具、生活用品和医疗物资运到工地,沿施工渠道的群众,还让出了一万五千多间房子让十五万民工住宿"。②

各个机关单位的物资支援,名义上是发挥大协作精神的主动支援,实际上是有一定强制性的。1958 年 8 月 1 日的引洮工程委员会会议上,副省长要求"8 月份省级各单位特别是与洮河工程有直接联系关系的单位,都要进行一次检查评比,检查对引洮工程的支援情况"。③ 这种"检查评比"的威慑力自不待言。

与省上支援相呼应,工区来源之各县亦掀起支援热潮。如定西县,"指定专人拟定了用粮计划","向岷县沟煤场订购煤炭 1 千吨","派 40 个民工搞炉灶","20 个民工去土地种菜","10 个木工搞工具、锅盖、案板","去了 6 个胶轮车搞运输","县级各单位支援物资,现有 80 余种,2300 多件,计大锅 10 个,风匣 8 个,案板 10 个,煤油灯 300 个,锅炉 4个,大笼 4 付,电话单机 1 个,总机 1 个,油印机 5 个。并准备在工地烧石灰(工地有白石头),定西砖瓦厂现在研究搞简易洋灰"。④

其次,采取各种方式制造工程建设所需要的工具。类似于办公桌、行军床这样的物资,各单位可以捐赠出来;类似于锅炉、案板、煤油灯这样的物资,普通农民可以制造出来。但像工程必需的大型机械设备、炸药、钢材等,则难办了。

甘肃省委也承认,引洮工程面临的重大问题之一是:"材料供应。据初步估计,最少需要钢铁一千二百吨,洋灰十八万吨……还需很多发电机、鼓风机、开山机。这些都需外地支援才能得到解决。"⑤ 对此,《人民日报》的报道极为有效,"引洮河和大通河灌溉工程完工后,甘肃中部干

---

① 《甘肃省民族事务委员会关于支援引洮工程的物资表》(1958 年 8 月 14 日),甘档,档案号:113 - 1 - 276。

② 《以共产主义行动支援共产主义工程:三十万件物品运到引洮工地》,《甘肃日报》1958年 6 月 13 日,第 1 版。

③ 《甘肃省引洮上山水利工程委员会第三次会议纪要》(1958 年 8 月 1 日),甘档,档案号:231 - 1 - 439。

④ 《定西工作汇报》(1958 年 5 月 14 日),甘档,档案号:231 - 1 - 574。

⑤ 《甘肃引洮灌溉工程面临重大困难》(1958 年 4 月 14 日),《内部参考》,香港中文大学大学服务中心藏。

旱地区的干旱面貌将根本改变，灌区内的粮食产量将增加一倍到二、三倍"，① 全国人民也给予热情支援。中央某些部门及许多省市纷纷调集各种器材工具，有来自鞍山、沈阳、济南、武汉、太原、西安、宝鸡等地的各种工具，如钢钎、撬杠、铁推车、滑轮等，仅从鞍山、沈阳运来的撬杠及钢钎，就有5000多根，甚至西藏工委也调来3台空气压轴机。② 而引洮工程所需炸药甚多，在物资匮乏的状况下，工程局要求陇西、渭源、临洮等县自行生产。当这几个县无力生产时，工程局一边向省计委申请制造炸药的原料，一边要求这几个县组织足够力量出外采购土硝，以准备生产炸药的原材料。③

物资之外的最大需求还是资金。"民办公助"的兴办方针使其不可能依靠中央投资，解决之道是号召人们发扬大协作精神，勒紧裤腰带来集资。除了号召全省青年"献金一元"的活动之外，也号召各个机关单位捐献，受益区县市首作表率。在洮河水利工程委员会第一次开会时就提出，"暂由定西抽调900万元、兰州市200万元、天水100万元，国家投资200万元"。④

各界民众能够响应甘肃省委的号召，积极以各种方式支援，可见引洮工程民意之所在。但这并不意味着它对所有人来说都是好的。对于工程所及的某些地区来说，修建这么大的水利工程，带来沧海桑田的巨变，水道的改变、水位的抬高势必会淹没良田、房舍、坟地等，改变部分地区的生态环境。对此，工程局以"奉献、协作"为出发点，要求所涉区域百姓牺牲现实利益，做出相关规定。

关于渠道经过的地方和水库坝址要占用和淹没的民房、田地、坟墓等，分别作如下决定：

1. 田地：在目前已实现合作化的情况下，占用耕地，一般不付价

---

① 《彻底改变高原干旱面貌，甘肃、青海将兴建八条大水渠》，《人民日报》1958年3月17日，第3版。

② 《全国人民大力支援引洮工程》，《甘肃日报》1958年6月18日，第2版。

③ 《关于黑色炸药应尽力组织货源进行生产由》（1958年6月25日），甘档，档案号：231-1-439。

④ 《甘肃省洮河水利工程委员会第一次会议纪要》（1958年4月3日），甘档，档案号：231-1-439。

款；占用太多，影响社员生活时，可由邻近社帮助调剂些土地。

2. 民房：占用少量民房，可由农业社结合改善居住条件另建新房解决；占用半个村或整个村，其移民问题，由民政部门解决。

3. 坟地：谁家的坟由谁家去迁，不愿迁愿埋深亦可，国家不给迁移费。执行中，应当在群众中进行充分的思想政治工作，也可以进行大辩论。

4. 渠道经过九甸峡（藏民地区），有五、六户藏民要移民及牵涉到藏民风俗习惯问题等，决定由卓尼县人民委员会在做好思想政治工作的基础上去解决。①

可见并没有给相关人员辅之以相应补偿措施。

正是在"为了保证引洮工程的胜利进行，必须有共产主义的协作，从各方面大力支援。省人民委员会要把三分之一的力量投到洮河工程上面；各厅局必须把支援引洮工程提到自己议事日程的第一位"② 精神的指引下，受益区的人们喊出"工地需要什么，我们就支援什么"的口号，足见旱塬百姓对引洮工程所寄予的厚望。

不过，支援也视具体情况而定。河南信阳曾表示愿意为引洮工程支援石工，工程局回复曰："引洮上山水利工程纯系民办公助性质，所需工人均由各受益县农业社抽派，目下暂不需要外省支援石工。"③ 当遇到技术难题时，专家、人才的支援显得尤为必要。在古城水库第二次截流时，刘家峡、盐锅峡、西北冶金建筑总公司、省交通厅、宁夏回族自治州人民委员会等单位派出有经验的技术工人来支援，帮助截流顺利完成。④

除了这些政府官方行为的支援外，还有的支援是个人行为，被赋予丰富的政治内涵。个人捐款金额都不大，但附带慰问信，更显协作精神。如甘肃省人民广播电台说唱队李英杰寄了人民币5元钱，表示："我为了长

---

① 《甘肃省人民委员会关于支援引洮工程的决议》（1958 年 6 月 17 日），《甘肃政报》第 19 期，1958 年。

② 《甘肃省人民委员会关于支援引洮工程的决议》（1958 年 6 月 17 日），《甘肃政报》第 19 期，1958 年。

③ 《甘肃省引洮水利工程局函复引洮工程系民办公助性质暂不需要外省支援石工》（1958 年 7 月 18 日），甘档，档案号：231 - 1 - 439。

④ 《古城水库截流工程"七一"完成》，《引洮报》第 107 期，1959 年 7 月 4 日，第 1 版。

期怀念同志们和战斗在引洮工程上的广大民工，从八月份起，每两月给你们寄五元，直到引洮工程完工为止。"① 甘肃安西县民工何战雄为引洮工程局捐款一百元。② 这些民众捐款及来信被转载至《甘肃日报》或《引洮报》，其宣传意义不言而喻。

"反右倾"运动后的支援高峰

1959 年冬天，定西、平凉、天水地区出现程度不同的人口外流、浮肿病蔓延及饿死人现象，但鉴于引洮工程所蕴含的政治意义以及省委"只准办好，不准办坏；只准加快，不准拖延"的指示，这三个地区仍被要求提供劳动力、粮食等物资。一些在 8 月份被精减的民工，也被要求调换成青壮年劳力，加强冬季施工，继续搞人海战术。即便是面对重要的年度征兵工作，省委也规定："为了保证引洮工程按期完成，天水、定西两专区参加引洮上山水利工程的各县民工中的适龄青年，应予缓征。"③

《甘肃日报》在 1959 年 12 月 12 日发表题为《誓把洮河早日引上山》的社论，号召"立即广泛开展一次大辩论，以便统一认识，鼓足更大干劲，加快工程速度。……全省各地委、各县委、各人民公社党委，也应该辩论：能不能提早把洮河引上山？用什么办法早把洮河引上山？你为把洮河早日引上山贡献什么？"并号召"具有共产主义高尚风格的甘肃人民"，"人人为引洮贡献一臂之力，早日把洮河引上高山峻岭，完成'山上运河'的伟大创举"。④ 平凉专区随即在专区"广大干部和农村中，结合整社运动，开展学习讨论"，并"决定支援火硝六千斤、猪肉二千斤、粉条一千斤、毛巾、鞋 22000 双（件）"。⑤

11 月，定西专区决定增派劳动力，"计陇西增加一万人，岷县增加一

---

① 《给引洮工程贡献一份力量》，《引洮报》第 5 期，1958 年 7 月 29 日，第 2 版。
② 《安西县民工何战雄为引洮工程捐献一百元》，《引洮报》第 156 期，1959 年 10 月 29 日，第 1 版。
③ 《甘肃省委关于 1959 年度征兵工作的指示》（1959 年 11 月 18 日），甘档，档案号：91 - 4 - 539。
④ 《誓把洮河早日引上山》，《甘肃日报》1959 年 12 月 12 日，第 1 版。
⑤ 《平凉地区关于学习讨论甘肃日报"誓把洮河早日引上山"的社论情况和支援引洮工程的报告》（1960 年 1 月 14 日），甘档，档案号：96 - 1 - 397。

万人，临洮增加一万人，靖远增加一万人，其他各县不另增加"。① 12 月，
定西地委下发通知，要求继续进行宣传教育，补齐工程所需民工，特别是抽
调党团员，动员家属积极支持等。② 各机关、各县纷纷表示响应，农建局
"调去了两台六十匹马力的大型抽水机和一部分测量仪器"，商业局提供"各
种竹木工具六十多万件，加工皮大衣、皮帽、皮手套等三千多件（双），并
供应大肥猪八百头、菜牛五十多头、羊一千五百只、蔬菜六百六十万斤"。
陇西县"支援了一辆大卡车和一批自产的生铁、火药及大量木料"。③

　　即使是非直接受益区，也在省委高调号召下积极支援。河西地区开展
"学习引洮工程英雄们的共产主义风格，并以实际行动支援引洮工程"的
运动。张掖地区短短四天就"集中蔬菜四万多斤，肉类一万多斤，食盐一
万多斤，硫磺、炸药和各种机用油一百多吨，并有大批柳筐、枣树种子
等"，一起送往引洮工地。④ 玉门市也表示将"一百吨汽油、煤油、柴油和
机油，作为支援引洮工程的第一批礼物"。⑤ 敦煌县"从八十多岁的老人到
戴着红领巾的少先队员，个个热情洋溢，争先恐后地捐出了食盐一万斤、
各种肉两千一百斤、毛巾一千一百条、手套一百二十六双、围巾、口罩等
各种小小的礼品三百二十五件"。⑥ 民勤县"赠给沙枣树种两万斤"，表示
对引洮工程的支援。⑦ 支援的队伍中还有普通民众，甘肃省农业展览会经
济馆的符义杰等六位同志，将 192 元"跃进"奖金捐献给引洮工地。⑧

支援中所遇到的难题

　　群众的热情支援被当作鼓励民工干劲的精神动力之一。1960 年初，工

① 《定西地委关于增加引洮民工事宜》（1959 年 11 月 13 日），定西市档案馆，档案号：1 -
　 1 - 209。
② 《关于继续做好支援引洮工程工作的几项通知》（1959 年 12 月 28 日），定西市档案馆，
　 档案号：1 - 1 - 209。
③ 《为引洮河早上山全省人民齐支援》，《引洮报》第 186 期，1960 年 1 月 9 日，第 2 版。
④ 《为引洮河早上山全省人民齐支援》，《引洮报》第 186 期，1960 年 1 月 9 日，第 2 版。
⑤ 《省委批转玉门市委关于支援引洮工程问题向省委的报告》（1960 年 1 月 7 日），甘档，
　 档案号：91 - 9 - 73。
⑥ 《敦煌人民来信来电慰问引洮职工希望早日把洮河引上高山》，《引洮报》第 189 期，1960
　 年 1 月 16 日，第 1 版。
⑦ 《民勤县赠给引洮工程树种两万斤》，《引洮报》第 181 期，1959 年 12 月 26 日，第 2 版。
⑧ 《全省人民继续热烈支援引洮》，《引洮报》第 192 期，1960 年 1 月 23 日，第 4 版。

程局党委发出"关于向广大职工进行全国全省人民热情支援引洮工程的宣传教育"的通知，要求各级党委在宣传中把"丰富、生动、具体的共产主义大协作事例列为宣传教育的重要内容之一。说明引洮工程是全国关心、全省关心的伟大的共产主义工程，我们能参与引洮工程的修建，是非常光荣、非常伟大的，应该更加安下心、扎下根、坚守岗位，热爱工作"等。① 然而，由于工地所最需要的粮食、劳动力都来自受益区，对工程的支援同时意味着对其所在家庭生存物质利益的剥夺。人们在面临生死考量时，集体主义协作精神也随即让位。

1959 年底，甘肃省委决定给引洮工程抽调民工 47000 人，"其中定西 35000 人，天水 10000 人，平凉 2000 人"。② 但截止到"12 月 25 日统计，已到达工地的民工为 27287 人"。按照省编委的要求，"每百个民工配备 1.5 名干部"，但多数县难以达到要求，事实上"只调去 163 人，占应调的 15%"，致使调配过程中出现很多秩序问题。省委再三强调，"各地委责成有关部门负责，督促有关各县迅速抽调民工和干部，力争于 2 月上旬如数到达工地"。③ 靖远工区第五大队的民工来自靖远北湾公社和白银市金山公社，1958 年"春节后，实到工地的民工 894 人共缺 77 人，但缺的最多的是白银市金山公社，应到 418 人，实到 341 人，占应到的 81.5%，缺 77 人，占应到人数 18.5%，特别是平堡公社原 52 人春节后 16 人就未来，精减后留工地 22 人，现已逃跑 8 人，请假 1 人，实有 13 人"。④

在总结上述现象时，基层党委认为首先是"在工地对民工的政治教育差"，但更重要的是"公社支持少，家庭写信往回叫的多。如白银市金山公社平堡大队原来洮河工地 255 人，春节后就有 56 人没来，公社不但催促不够，还适当的安排了工作。……王学文请假回家后当了小队会计，吴建善偷跑回家还当了积极分子，突击队长，特别对五类分子吴和□偷跑回家后，公社不但没有追问，并安置了生产……另外公社开介绍信叫探家的特

---

① 《以更大成绩感谢亲人的支援》，《引洮报》第 191 期，1960 年 1 月 21 日，第 1 版。
② 《省委关于给引洮工程局调齐所缺民工的通知》（1960 年 1 月 12 日），甘档，档案号：91 - 9 - 73。
③ 《省委批转引洮工程局党委关于新上民工配备干部的情况报告》（1960 年 1 月 26 日），甘档，档案号：91 - 9 - 73。
④ 《引洮工程局靖远工区关于逃跑及请假过期民工未来工地的报告》（1959 年 10 月 5 日），甘档，档案号：231 - 1 - 39。

多……如精简后准假 27 名，16 人都有公社证明，但只有北湾公社蒋滩大队有 5 人虽则超过假期几天，都返回工地，其他 20 人都已超过假期，时间很长，还未到达工地，特别是白银市金山公社 14 人没来一个，我队虽然连去公文要多次，未见音信"。① 可见，很多人不愿再去工地劳动，后方公社纵容甚至包庇这种倾向。

"受益区"的称呼像一个紧箍咒，使得人们不得不为这个想象中的"山上运河"竭力奉献。然而一旦打破受益区的光环，生存的本能与人性的自私便替代了大协作。临洮县中孚公社 1958 年 4 月参加引洮工程的民工为 498 人，1959 年 7 月精减以后，实留此公社的民工 170 人。正巧同年 7 月因新的行政区划的划分，此公社划归兰州市管辖。留在工地的民工顿觉不满，认为"中孚人民公社现在是兰州市管辖，没有担负引洮任务"，因此"不愿继续参加工程建设"。不只工地民工有此想法，生产队也不断来信叫民工回去。在这种状况下，170 人的民工队伍到 10 月 15 日只剩下 7 人，甚至作为脱产干部中队支书也逃跑回家。②

对"支援"与"协作"的消极抵制也体现在某些技术干部身上。1960年 2 月，省委要求从省上各有关单位抽调和借调各种技术工人 191 名支援引洮。但此时，引洮工程已不像开工之初那样拥有灿烂的光环，经多方催促，有的技术工人还是不愿报到，原单位也不愿放人，直到 7 月份，真正报到的只有 126 名。个别单位如盐锅峡分局劳动工资科给该局支援引洮工程的王维新等五个工人直接写信，并以不寄粮票来促使他们返回；西北冶金公司、兰州建筑公司等单位也相继来信要人。③ 支援态度发生逆转。

由于自然条件的恶劣和其他种种原因，甘肃在"大跃进"时期的粮食产量并没有质的飞跃，反而因浮夸高产被高额征购。而由于特供制度，这一代表着未来社会美好愿景的样板工程也扮演了夺走一部分人口粮的角色，受益区的百姓被迫咬紧牙关支援。然而引洮工程也同时因为特供制度而保全了工地民工的性命。这种悖论现象的出现，是历史的戏剧还是政治

① 《引洮工程局靖远工区关于逃跑及请假过期民工未来工地的报告》（1959 年 10 月 5 日），甘档，档案号：231－1－39。

② 《关于原临洮县中孚人民公社引洮民工逃跑的请示报告》（1959 年 10 月 19 日），甘档，档案号：91－8－289。

③ 《关于有关借调技术工人的请示报告》（1960 年 7 月 7 日），甘档，档案号：231－1－82。

的悲剧，颇值得深思。

六　参观

　　我们全国第三次水土保持会议四百余位同志来到引洮工程参观，我们每个人的心情都非常兴奋，因为你们正在进行着中国和世界上从所未有的引洮上山工程，你们正在克服重重困难，劈山填沟，以气吞山河的气概向大自然进行战斗，你们正以一天等于二十年的速度昼夜苦干，使洮河水早日为甘肃人民造福，我们这次参观，学习了你们的冲天干劲，学习了你们引水上山工程的具体经验，并将把你们的经验带到全国各地开花结果，我们谨向你们致以亲切的慰问，你们热烈招待欢迎，我们谨向你们致以十二万分的感谢。

　　　　　　　　——《全国第三次水土保持会议代表写信慰问引洮战士》[1]

　　作为一个全国性的样板水利工程，引洮工程受到很大关注，吸引全国各地的单位、团体、个人来参观访问。[2] 这些群体到来时，带来自身或后方群众的慰问信、锦旗、卡片、题词等，表达精神鼓励；有时会随身携带少许礼品，如蔬菜、肉食、衣物等，给予物质帮助。但更多的是表达精神鼓励，代表着对引洮工程的肯定。络绎不绝的来访行为被有意识地引导，构成一个完整的宣传链条，整个过程都被打上政治烙印。"参观"行为本身极具象征意义，是工地社会特殊的制度。

参观者与参观内容

　　参观者主要有两大群体，一是全国人大代表、政协代表等党政领导干

---

① 《全国第三次水土保持会议代表写信慰问引洮战士》，《引洮报》第 13 期，1958 年 9 月 17 日，第 1 版。
② 中央、省级领导的到来被称为"视察"，后方受益区各县市的领导、文艺团队、亲属团队的到来被称呼为"慰问"，因身份不同而称呼上略有差异，实际上是同样的政治行为，泛指外来者到工地参观。本部分着重描述"参观"。

部，某种程度上是职责所在，因中央要求"代表们定期下去视察工作，应该成为党和国家机关联系群众、调查研究的一种工作制度"。① 二是业务部门的水利技术人员，为交流和学习施工经验。这些人的参观被当作一种"文化资本"在《甘肃日报》《引洮报》《红星》等地方报纸杂志上广为传播。② 频繁出现的参观者还有顾雷、田间、戈壁舟等艺术工作者，为省委所提倡，"各部门、各地今后必须经常向群众宣传引洮工程的进展情况，宣传部门要组织作家、记者深入工地写作报导"。③ 成果有《山上运河》《战斗在引洮工地上的人们》等新闻报道和宣传册。

参观多由甘肃省委办公厅及引洮工程局党委负责接洽。工程局设置专门接待小组，"由宣传部、工程局办公室、公安处三个单位负责同志组成"，宣传部长总负责。④ 就此可见，参观首先与宣传直接勾连。由于参观者络绎不绝，为便于接待，专门在离主要参观点古城水库最近的岷县县城和工程局驻地渭源县官堡镇各修建一所招待所。⑤

接待方为来访者精心安排相对固定的、程式化的参观路线和内容，是参观活动仪式性的首要表现方式。主要有：第一，参观引洮展览馆、陇西工区的工具改革和水库工程、靖远工区的石方爆破、会宁工区的红胶土爆破、定西和通渭工区的施工管理，都是各工区的样板；第二，陪同人员"抓紧一切时间主动地向参观团介绍情况"，"根据对方的不同要求，进行深刻的重点介绍"；第三，参观结束后"再组织一次座谈会，请参观团提要求，再一次地向他们介绍他们所需要了解的问题。同时诚恳地请他们对

① 《中共中央关于全国人大代表到各地视察工作的通知》（1955 年 5 月 16 日），中央档案馆、中共中央文献研究室编《中共中央文件选集 1949 年 10 月~1966 年 5 月》第 19 册，人民出版社，2013，第 225 页。

② 《全国第三次水土保持会议全体代表参观引洮上山水利工程》，《引洮报》第 13 期，1958年 9 月 17 日，第 1 版；刘汝芬：《十一个省的参观团到引洮工地》，《引洮报》第 23 期，1958 年 11 月 1 日，第 1 版；《二十个省和自治区派代表参观引洮工程》，《引洮报》第 43期，1959 年 1 月 8 日，第 3 版；《诗人田间、戈壁舟、剧作家岳野、音乐家瞿希贤来引洮工地参观访问》，《引洮报》第 160 期，1959 年 11 月 7 日，第 1 版；等等。

③ 《省委常委临夏会议讨论引洮工程纪要》（1958 年 7 月 19 日），甘档，档案号：91 - 4 -271。

④ 《关于成立接待小组的通知》（1958 年 12 月 22 日），甘档，档案号：231 - 1 - 7。

⑤ 《关于在岷县和渭源修建招待所的请示报告》（1958 年 10 月 9 日），甘档，档案号：231 -1 - 432。

我们的工作提出意见"。①

引洮展览馆隶属工程局宣传部，设在局机关驻地渭源县官堡镇。共分
五个馆，有毛泽东的题词"水利是农业的命脉"；朱德的题词"引洮上山
是甘肃人民改造自然的伟大创举"；代表民工英雄形象的巨型塑像；引洮
工程全景图；为干旱所苦的民国18年定西地区饿死人的大幅油画；"引洮
上山十大好处的说明图"；"引洮工程和资本主义国家运河相比"图解；
"民工们创造的各种先进工具的模型"；以各种图表和器物展示的工地文
教、卫生和后方支援情况等。② 这些展品并非只出现在展览馆中，在当地
报刊及宣传册中均有类似内容，如图4-1所示的"引洮工程和资本主义
国家运河相比"的图解。

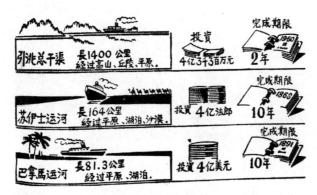

图 4-1 "引洮工程和资本主义国家运河相比"图解

资料来源：《引洮上山画报》第1期，第15页。

座谈会先由接待方介绍引洮工程的基本情况，再提请参观者提意见与
建议。考虑到参观者即使身临其境也无法事必躬亲面面俱到，座谈会上则
可通过提问、交谈与释疑等互动方式为其了解工程情况提供便利。在1958
年9月全国第三次水土保持会议参观团来临前夕，工程局要求各工区的材
料汇报"生动、具体、扼要，避免空洞和戒讲大道理"，包括工程概况及
施工简要，工程如何贯彻"民办公助"方针及白手起家的模范事迹，工具
改革情况，民工的文化娱乐生活、主要困难及提请代表团指示的问题等；

---

① 《关于半年来接待外宾、来宾工作的总结报告》（1958年12月6日），甘档，档案号：
231-1-432。

② 《你看过引洮展览吗？》，《引洮报》1958年11月26日，第3版。

对于各类问题由谁作答也做了精心安排，如"两年内完成全部工程"的"决心最好由民工讲"等；最后还要对准备工作进行检查，确保万无一失。① 比如，几位全国人大代表也在座谈中提出在悬崖上打炮应都要打桩，以免发生人身事故；文娱生活不够丰富，建议搞文工团慰问鼓励民工。② 省委办公厅收到来自上级的意见后转发各地要求尽速回报。③ 随后这些人大代表对上述意见进行询问，1959 年 7 月省人委办公厅催问办理结果。④ 不日工程局汇报称两个问题都已解决。⑤ 不过是否回应也需视参观者的身份及意见难易程度而定，如四川省参观团和哈尔滨设计院的工程师在座谈会上就渠首导流槽、填土含水量等专业问题提了建议，⑥ 但没有材料证明引洮工程局做了进一步讨论、落实。

工程局和各工区都有专职接待人员，需根据参观者的职位和身份来确定陪同者，再次显示出参观的"仪式性"。一般规定，"专家和地、专级以上人员由局党委书记或局长进行介绍和陪同。工程技术人员由工程师进行介绍和陪同。少量的一般干部由办公室主任或科长进行介绍和陪同"。⑦ 通渭工区负责接待的人回忆："成天有接待不完的任务。全国各地参观的，慰问的，演出的；电台、报社记者采访的；拍电影的（上海科学教育电影制片厂、甘肃电影制片厂）；摄影的，画家、作家、音乐家采风的。差不多天天都有，都要陪着介绍情况，陪着吃饭。"⑧ 来访众多固然带来宣传效益，但也给当地政府带来额外负担，除人力外还有吃饭、住宿等现实问题。

---

① 《关于准备迎接全国第三次水土保持会议参观团的通知》（1958 年 8 月），甘档，档案号：231－1－7。

② 《全国人大代表朱蕴山、政协委员罗任一、刘仲荣向邓省长、黄正清付省长汇报视察情况（纪要）》（1959 年 4 月 8 日），甘档，档案号：231－1－468。

③ 《甘肃省人民委员会转发"全国人大代表、政协委员视察情况汇报纪要"》（1959 年 4 月 15 日），甘档，档案号：231－1－468。

④ 《甘肃省人民委员会办公厅关于催要全国人大代表、政协委员视察中所提问题处理情况的函》（1959 年 7 月 15 日），甘档，档案号：231－1－468。

⑤ 《关于全国人大代表、政协委员视察工作中所提问题改进情况的报告》（1959 年 7 月 18 日），甘档，档案号：231－1－468。

⑥ 《关于转发四川省参观团所提意见由》（1959 年 1 月 23 日），甘档，档案号：231－1－468。

⑦ 《关于半年来接待外宾、来宾工作的总结报告》（1958 年 12 月 6 日），甘档，档案号：231－1－432。

⑧ 转引自庞瑞琳《幽灵飘荡的洮河》，第 235 页。

　　参观者的食宿、交通都是一笔较大开支。1959 年 2 月工程局研究决定本省参观团要搭配杂粮、收取粮票；外省参观团供应细粮、收取粮票，未带粮票者打条据，工区以此向工程局报领。① 省委还规定，凡是参观的"生活招待，以简单朴素、热情周到为原则，不能有所浪费"；② 中央也规定，"对于视察和参观人员的生活招待应当一切从俭，禁止举办宴会和其他特殊招待。他们吃饭应当按照标准收费，并且按照个人粮食定量收取粮票"。③ 但在实际操作中，接待方几乎竭尽所能地予以最好安排，如在岷县政府烧饭的厨师张某被专门调来为部分参观者炊事多日。④ 参观团由兰州市转道引洮工地的交通问题也很棘手。第一站工程局机关所在地距离兰州一百多公里，路途遥远，道路崎岖，而更远的主要施工点也即参观点古城水库在二百公里开外的岷县附近。1958 年 11 月 30 日，辽宁、福建等 6 省参观团 102 人准备去古城，司机"说路不能走"，致使参观落空。尽管兰州汽车公司"怕损坏车辆，嘱咐司机不担负去该地参观任务"的说法，⑤被指是"借口"，但承担运输任务的兰州汽车公司之所以会如是反应，也与接待过多使运输负担额外加重不无关系。

　　有学者称，"理解象征是把握政治仪式中的权力关系的重要突破口"，⑥参观者职位身份较高及参观行为本身的政治象征给接待方带来不小的压力。全国第三次水土保持会议参观团在参观中出现"房子准备的分散，伙食工作安排的不够细致，接待员训练的不好"等问题，引起检查接待的省人委办公厅副主任的不满。⑦ 工程局接待人员就此进行检讨。⑧ 局党委要求

① 《关于对参观团的粮食供应和收取粮票问题的规定》（1959 年 2 月 25 日），甘档，档案号：231 - 1 - 468。
② 《甘肃省人民委员会关于到农村人民公社参观访问中应注意的几个问题的通知》，《甘肃政报》第 3 期，1959 年。
③ 《中央关于不准请客送礼和停止新建招待所的通知》（1960 年 11 月 3 日），《中共中央文件选集 1949 年 10 月～1966 年 5 月》第 35 册，第 364 页。
④ 《宕昌县志》，甘肃文化出版社，1995，第 594 页。
⑤ 《关于半年来接待外宾、来宾工作的总结报告》（1958 年 12 月 6 日），甘档，档案号：231 - 1 - 432。
⑥ 王海洲：《后现代视阈中的政治仪式——一项基于戏剧隐喻的考察》，《南京大学学报》（哲学·人文科学·社会科学）2010 年第 2 期。
⑦ 《中共甘肃省引洮上山水利工程局委员会关于三个月来接待工作的检查报告》（1958 年 10 月 9 日），甘档，档案号：231 - 1 - 4。
⑧ 《关于和×××同志发生争吵的自我检讨》（1958 年 10 月 9 日），甘档，档案号：231 - 1 - 4。

全局深刻检查，"通过检查对全体职工进行一次全面的系统的思想教育……（使）招待工作跃进一步"，并要求"把招待工作当作一项重大的政治任务去进行"。① 可见在接待方眼里，"参观无小事"，整个过程被要求尽善尽美。但参观者在工地上所看到的景象因观察角度和认知的差异，往往呈现复杂面相。

工地"剧场"的"演出剧目"

随着参观者纷至沓来，引洮工地呈现"剧场"的场域特征，即一个表演节目供人观看的场所。由于参观内容相对固定，"演出剧目"也相对固定。邵勤将博物馆、学校运动会、名人演讲等"展示"形式当作形成现代化"南通模式"的重要因素来讨论。② 叶文心则称上海"奇观"依赖于超越自身之外的因素，如广告、展览会、印刷品等走出国门、走向世界而形成。③ 引洮工程同样超越工程建设本身而被当局视为可供"展示"的"奇观"，"参观"是其中的重要手段。

引洮工程被参观的施工场景主要有两种。一是干劲十足的民工，脸上洋溢着笑容，在劳动时唱民歌、喊口号，热火朝天、生机盎然，甚至穿着整齐划一的服装；二是先进的自制施工工具——"高线运输工具""木火车""旱龙"等，因地制宜、就地取材，不花费国家物资，解放双手、节省劳力，使劳动轻松而有效率。这两者被认为是工程顺利完成的根本保障。全国第三次水土保持会议参观团看到陇西工区一大队的施工场面就是如此："引洮战士们唱着花儿，手执钢钎和大锤，向高山猛烈地进攻；多筐高线运输、木火车、'无轨电车'、'运土旱船'、三轮自动倒土车、单轮铁车等各种先进工具，发出轰轰烈烈的声响，穿梭般来往飞驰，大显神通；被征服的石头和土块扬起烟尘，纷纷往山下滚去。整个林堡山告饶似

---

① 《中共甘肃省引洮上山水利工程局委员会关于三个月来接待工作的检查报告》（1958 年 10 月 9 日），甘档，档案号：231 - 1 - 4。

② Qin Shao, *Culturing Modernity：The Nantong Model, 1890 - 1930*, Stanford：Stanford University Press, 2004, pp. 140 - 197.

③ Wen-HsinYeh, *Shanghai Splendor：Economic Sentiments and the Making of Modern China, 1843 - 1949*, Berkeley：University of California Press, pp. 62 - 63.

的发抖着。"① 这个场景与民工的回忆形成鲜明对比。有人回忆与参观类似的"检查评比"时的民工："待检查团一到，民工们马上齐声使劲喝、吼、唱，大造声势，挖土装车的镢头铁锹不停地上下挥舞，推车的来回奔跑。累得一个个大汗淋漓。等检查团一过去，干活的速度马上就放慢了。"② 显然"干劲十足"是为来访者进行的一场预设好的生动"演出"，加之参观团自身的局限，只能走马观花，浅看辄止，"演出"背后的真实情况很可能被有意或无意忽视。

上述施工场景是接待方精心安排的，但也有例外。新华社记者田林回忆她"最感兴趣、印象最深刻、至今仍历历在目的是在引洮工地上的见闻"：住在工地，第二天天未亮就被惊醒，看到"工地上的小伙子和姑娘们已经开始战斗了"，恰如工地的歌谣"岷山万仞路连天，姑娘开河在天边，白云朵朵当花戴，摘颗星星当耳环"；在关山施工现场，看到"大兵团作战的战场，四五千人集中在一个山头上作业"并"歌唱"，"只有洋镐、铁锹、锄头、木头拖车、推车之类手工工具"。③ 这些第二天天未亮的场面很可能并非有意安排，四五千民工天刚亮就开始用"手工工具"劳动也符合基本事实。正因为此，那样一种和着歌声与劳动齐鸣的场面使她被民工的干劲所折服，以至于参观后"完全相信整个引洮工程一定能在1962年如期完成，因为他们的干劲实在太大了"。④

精心安排的实地参观内容，使参观者目之所及多为工程好的一面，但并不意味着来访者毫无疑虑。1958年11月，水利电力部副部长李锐在参观中看到"热火朝天的施工局面"，"看了一段在黄土山坡开挖的渠道，对这种高边坡的稳定与黄土防渗等等问题，心中很是疑虑"，但鉴于当时的氛围，"不便于表态"，未提意见。⑤

对于有些被参观对象来讲，作为施工者及"表演者"，参观会带来实际利益。如天水工区被服厂的负责人张裁缝回忆："我们吃得很好，差不

---

① 《全国第三次水土保持会议全体代表参观引洮上山水利工程》，《引洮报》第13期，1958年9月17日，第1版。
② 转引自庞瑞琳《幽灵飘荡的洮河》，第173页。
③ 田林：《青春的足迹》，《传媒中的世纪女性》，中共中央党校出版社，1995，第85、86页。
④ 田林：《青春的足迹》，《传媒中的世纪女性》，第86页。
⑤ 李锐：《"大跃进"亲历记》（下），南方出版社，1999，第252页。

多天天坐席，有酒宴。因为各地慰问团接连不断来慰问，人多，只得跟上混席吃，真是太好了。"[1] 同在被服厂的工人也说："因为三天两头有慰问团，我们陪着吃饭招待，顿顿有粉条、肉。"[2] 相对于当时全国各地物资供给特别是粮食的紧张和短缺，他们无疑是幸运的。

特纳（Victor Turner）认为，不管是观众还是表演者，都在相互观察，并加入了表演角色之中。[3] 在引洮工地"剧场"中，参观者与被参观者经常展开互动，常见的表现有互相喊口号、一起劳动、交流座谈等。如全国第三次水土保持会议参观团在参观中不仅高呼"引洮民工万岁""向引洮英雄致敬"，还与民工一起"参加了四十分钟的义务劳动"。[4] 共同参与使参观者与被参观者在特定的空间和时间场域内被纳入同一轨道，不分身份、地位、年龄、职业、性别，共同为工程添砖加瓦。可以说，仪式化的"参观""提供了一种方式，让人们参与到戏剧之中，并看到自己扮演的角色。仪式的戏剧性质并不只是界定角色，它还唤起情感反应"。[5] 裴宜理（Elizabeth J. Perry）以"情感动员"（emotion work）为视角切入讨论中国共产党在革命和后革命时期群众运动中持续不断的动员能力。[6] 引洮工地上的此番情感互动就是如此，交互式的"情感动员"可能比会议、文件、口号的传达更有效。

格尔茨（Clifford Geertz）提出的"剧场社会"是指一个革命表象掩盖（甚至替代）了真实生活的社会，一个仪式化的表演胜过实际言行的社会，即"权力服务于夸示，夸示更服务于权力"。[7] 作为"剧场"的引洮工地，固然有依附于权力之上的"表演"，但"表演"并非单面。工地剧场被凸

[1]　转引自庞瑞琳《幽灵飘荡的洮河》，第 226 页。

[2]　转引自庞瑞琳《幽灵飘荡的洮河》，第 227 页。

[3]　Victor Turner，"Liminality and the Performative Genres"，John J. MacAloon ed.，*Rite*，*Drama*，*Festival*，*Spectacle*：*Rehearsals Toward a Theory of Cultural Performance*，Philadelphia：Institute for the Study of Human Issues，1984，转引自王笛《中国城市史研究的理论、方法与实践》，《都市文化研究》2012 年第 1 期。

[4]　《全国第三次水土保持会议全体代表参观引洮上山水利工程》，《引洮报》第 13 期，1958 年 9 月 17 日，第 1 版。

[5]　〔美〕大卫·科泽：《仪式、政治与权力》，王海洲译，江苏人民出版社，2015，第 14 页。

[6]　Elizabeth J. Perry，"Moving The Masses：Emotion Work in The Chinese Revolution"，*Mobiliza-tion*，Vol. 7，No. 2，2002，pp. 111 – 128.

[7]　Clifford Geertz，*Negara*：*the Theatre State in Nineteenth-Century Bali*，Princeton：Princeton U-niversity Press，1980.

显的另一面，即"观看"，"演出剧目"服务于来自外部世界的参观者，尤其着重于"观看"之后的效果，将"观后感"辐射得更远更广。

在现场："观后感"的双重表达

参观后，不同身份的参观者表达出形式不同的"观后感"：题词、指示、讲话、意见和建议、大字报、诗歌、锦旗等。参观现场直接表达的观后感某种程度上是参观者个人的政治表态，多以肯定和鼓励为主，是参观"仪式""规范化"的表现；私下对参观情景的叙述与直接表态有时并不一致，甚至存在极大反差。

直接表达的"观后感"通常肯定民工的奉献精神，并歌颂工程领导者的伟大。如有人大常委题词："引洮上山是古今中外未曾有的创举，只有在党的伟大领导下，才能鼓足劳动人民的冲天干劲，取得空前的胜利，并且一定胜利。"① 安徽省参观团的大字报称："全党全民齐动员，智引洮水上山腰，山势巍峨用炸药，哪怕宗丹百丈高，大干特干加巧干，英雄改造大自然，陆上行船堪称妙，从此鲁班甘折腰。"② 热情洋溢的观后感发表在各种报刊上，既作为工程局及甘肃省委对外宣传的重要材料，也对内用来鼓舞民工。

记者、作家等艺术工作者也有同样经历。新华社甘肃分社社长顾雷在对引洮工程月余的参观期间表示了怀疑，在两个接待者的回忆中得到印证。天水工区的团委书记回忆："我引他（顾雷）到各团转了转，目睹了各团民工大干的情况，最后在四团宁宁岔深劈方工地，他问我：'一个人每天能挖运多少方土？'我毫不含糊地说：'至少一百方。'他摇了摇头，啥话也没说，表示不相信。"③ 通渭工区副主任回忆顾雷被领进工地指挥部的帐篷时，对着里面写有"插红旗寸土不让，大跃进分秒必争"的一面红旗，"看了很久很久，不知在想什么"。④ 但顾雷以参观经历写成的《银河落人间——"山上运河"纪行》一书"后记"中指出："（我）看到了工程

---

① 《人大常委南汉宸、高崇民、胡愈之视察引洮工程》，《引洮报》第112期，1959年7月16日，第1版。
② 安徽省参观团：《鲁班服输》，《引洮报》第43期，1959年1月8日，第3版。
③ 王海潮：《引洮工程的生死经历》，《麦积文史资料》第12辑，第89页。
④ 转引自庞瑞琳《幽灵飘荡的洮河》，第235页。

的宏伟气魄、英雄的甘肃人民的冲天干劲、人们智慧的创造、征服大自然的坚强意志……工地上，每一座工程，每一块土地，每一个人群，都是英雄的诗篇。"① 可见，参观时的真实想法与观后感的再呈现都表现出一定距离。

也有材料显示参观者即使是私人叙述，也会"只缘身在此山中"，对引洮工程极尽赞美，表现出时代的烙印。黄河水利委员会主任王化云为工程赋诗："人人献计智无穷，悬崖激湍走黄龙；旱船陆行几万里，高线飞天降九重。重楼接云小天下，歌声凌霄志气豪；天工自愧无此巧，甘肃人民尽舜尧。"并逐句解释，如"黄龙"的来历为"陇西工区把河水引上悬崖，利用水力冲掠黄土河道，宛如黄龙"等。② 赞扬溢于言表。有关王化云的自传、文集及当地报刊报道的缺失表明他可能并未实地去过引洮。这则手稿无具体时间，很可能并未正式发表，但收集在个人档案材料中恰恰表明这是他真实思想情感的表达。王化云在 1959 年有关"南水北调"设想的论证中指出"盘山开河又有引洮工程经验可以借鉴"，③ 可见他当时持肯定态度。

来自上级的"视察、参观"一般会带来政治宣传效益，个别情况下可能带来经济利益。有关引洮工程参观的档案和媒体报道中尚看不到这种直接证据，但其他地方的工程提示了存在这种可能。1958~1959 年，陈伯达两次视察家乡的惠女水库后，不仅积极题词，还"协调省、地、县增拨工程经费，并争取惠女水库列入国家水利电力部的水利重点建设项目，获得国家下拨不少的专项经费，用于水库建设"；协调省水电厅下派 2 名工程师与原 1 名工程师合作负责工程技术；"协调驻惠高炮 83 师 6711 部队给予有力的支援"，有 2 个团和 1 个汽车连进驻工地帮助劳动等。④ 可见，参观能否带来实际经济利益带有不确定性，与参观者的身份职责及与参观对象的关系都有关联。

参观者公开表达感受时多以肯定赞扬为主，但由于能深入工地现场，接待者不可能将举目所见全部安排妥当，参观者有可能从多个角度近距离

① 顾雷：《银河落人间——"山上运河"纪行》，敦煌文艺出版社，1959，第 169 页。

② 王化云：《参观引洮工程》，黄河水利委员会黄河档案馆，档案号：1-1-1958-56y。根据档案号及前后相关内容推断，此则史料的时间应为 1958 年。

③ 王化云：《南水北调的宏伟理想》，《红旗》第 17 期，1959 年。

④ 廖秀华、林凌鹤：《对陈伯达两次亲临惠女水库视察之所见所闻》，福建省惠安县政协文史委编印《崇武古城灯塔志》，出版时间不详，第 50~55 页。

观察，从而产生不同观感。参观者的私人叙述与公开表达之间呈现出的反差，这种看似对立的表达统一于同一参观行为之后，显示出特殊年代的内在矛盾和张力。然而参观之所以被各界重视，不仅是对工地现场民工的意义，而且由于参观者的个人身份和影响力，其观后感通过其他文本媒体进一步被"再生产"，使"参观"所带来的影响已不局限于现场。

超越工地之外：观后感的"再生产"

有学者称，仪式首先和最重要的是一种活动，同时也是一种思维和认知的方式，人们关于仪式的思想和感觉通常不仅仅是由仪式自身塑造的，同时也要通过文本和其他媒介来完成。[1] 参观之所以是一种"仪式"表达，不仅表现为现场接待方的精心安排、参观对象程式化的"表演"与参观者观后感在现场的双重表达，同时还体现在观后感通过"文本和其他媒介"被"再生产"，其影响超越工地。如有的参观者将看到的先进施工经验和工具改革方法等带回本地，加以传播和利用；记者、作家、画家等文艺工作者参观后将看到的景象通过丰富的想象和艺术创作，以诗歌、散文、图画、照片等形式发表在全国媒体上。

当时关于引洮工程的报道出现在全国各地的报刊媒体上，有的参观团正是看到了他人的观后感才有目的地加入参观行列。如新疆生产建设兵团参观前明确向甘肃省委提出要求"介绍有关大搞群众运动的政治工作经验和技术资料"。[2] 这可能带来两种后果，一是参观者通过实地参观认可并将"先进经验"用之于当地建设，如新疆生产建设兵团开都河改道工程指挥部第二次来参观是由于首次参观后掀起高工效运动并"受益颇多"，再次来学习引洮"施工以及工区组织、工具改革、宣传教育"等先进经验。[3] 宁夏隆德县木工张天泰参观引洮工程后"制成木轮滚珠运土车和高线运土车等半机械化运输工具，提高了生产效率"。[4] 湖南省花垣县的龙鼻咀工程

---

① Barry Stephenson, *Ritual: A Very Short Introduction*, Oxford: Oxford University Press, 2015, p. 3.
② 《新疆生产建设兵团告组织参观团赴引洮工地参观》（1960 年 1 月 17 日），甘档，档案号：91 - 9 - 90。
③ 《给引洮职工的一封信》，《引洮报》第 299 期，1960 年 10 月 6 日，第 2 版。
④ 《隆德县志》，宁夏人民出版社，1998，第 725 页。

的兴建，也自认受参观引洮工程的启示。①

二是实地参观使参观者看到引洮工程的弊端，从而打破对报刊宣传的迷信。密云水库的修建者回忆："报上宣传甘肃引洮工程一个木工一天能干1000立方米，上级领导叫密云水库赶快派人去学习。到了引洮工地一看就明白了。……他们的方量和工效都是假的"，但回忆者同时承认"这种话当时不能摆到桌面上说"，于是给北京市汇报学习经验时"详细说明修渠和筑坝不同，如工作面、运距、土料选择、坝上碾压、测量收方等，要求都不一样，他们的经验不能照搬"，也因此"躲过了这场浮夸风"。② 实地参观为了解报道中的"高工效"提供直观感受，从而避免偏听偏信。不过，他们"汇报"时的行为选择表明将真实的"观后感"进行公开表达是个艰难过程，可能只有面对攸关自身实际利益时，虚假的"观后感"才不会被继续追捧。

另一些来自水利部门的参观者对引洮工程直接表示肯定。全国第三次水土保持会议参观团参观后，有人说："引洮工程树立了敢想、敢说、敢做、敢为的共产主义风格的榜样。这个工程如果在美国、日本，需要几十年才能完成。光吵就得几年。"③ 有人说："我们要特别提出的是引洮工程。这个工程虽然是刚刚开始，但是它是共产主义富有创造性的工程，在我们水利工程上说是最伟大的工程，参观后可以大大提高我们的智慧，启发我们的思想，鼓舞我们的干劲。"④ 还有些代表写出了《扭转洮河上高山》《高山低头河搬家》《十万英雄齐奋战》等诗歌，单从题目即可想见颂扬之意。⑤ 除了上文所述的朱德的题词被广为传播外，还有一些全国政协代表也在《人民日报》《甘肃日报》等报刊上发表观后感。有人说："我看到在高山上开凿运河的引洮工程。高山在低头，河水在让路，平地满布着河网，荒山变成了果园，自然是在迅速改变着面貌。"⑥ 还有人称："伟大的

---

① 宋有周主编《花垣回忆录》，天津社会科学院出版社，1996，第305～305页。

② 纪云生：《密云水库工程施工》，中国水利学会、北京水利学会编印《密云水库论文集1960～1990》，1990，第98页。

③ 《全国第三次水土保持会议全体代表参观引洮上山水利工程》，《引洮报》第13期，1958年9月17日，第1版。

④ 陈正人：《全国第三次水土保持会议总结》（1958年9月），《当代中国的水利事业》编辑部编印《1958～1978年历次全国水利会议报告文件》，1987，第7页。

⑤ 《引洮工程竣工日，红旗插上世界巅》，《引洮报》第14期，1958年9月22日，第3版。

⑥ 胡愈之：《"真的人"的出现》，《人民日报》1959年10月5日，第8版。

引洮上山的工程也快要完成，这条'山上运河'全长一千四百多公里，真是世界水利史上绝无仅有的。由于自然面貌基本上有了改变，甘肃的粮食产量……今年将要争取达到三百六十亿斤。"① 这种观后感在参观者个人身份及官方媒体双重传播下，别具效力。

来工地参观的一大群体是记者、作家、画家等文艺工作者，他们以生花妙笔创作出来的"观后感"，传播渠道更广、范围更大，其"再生产"过程在官方媒体的认可和保护下更是畅通无阻。然而，这些艺术作品不可避免地将文艺界丰富、瑰丽、奇特的想象诉诸宣传品中，在"大跃进"气氛下，更显夸张和宏阔。如《山上运河》《银河落人间》等诗意的名称被用来比喻引洮工程；《引洮上山画报》《在引洮战线上》《引洮工程的技术革新》《新洮河》等画册，以图文并茂的方式勾勒了一幅幅"全家老少齐引洮"、"共产主义大乐园"等美好画面；《引洮歌声》《为水而战》《引洮上山诗歌选》等用西北人最为熟悉的民歌形式"花儿"，结合新的内容来诠释时代精神；《战斗在引洮工地上的人们》《战斗在引洮工地上的共产党员》《不朽的引洮战士——袁伟》等将一个个英雄人物刻画得惟妙惟肖；《天上长江》《引洮上山》《山上运河》等纪录片，给那些未去过引洮工地的人们以直观的视觉冲击。各地报纸杂志也全力配合，如来自上海的《新民晚报》就刊文指出："改造大自然、征服大自然，要高山让路，要河水上山的英雄气概，请看'山上运河'，伟大的引洮工程，就是在高山上挖出一条四十米宽、六米深的一千多里长的运河来。"② 这一由上海科学教育电影制片厂拍摄的《山上运河》，还于1960年获得在捷克斯洛伐克举办的第三届国际科学普及电影节荣誉奖。③

这些文艺作品充满对引洮工程的赞美，报道本身的纪实性、诗歌本身的艺术性及照片、纪录片本身的真实性等价值追求降为其次。摄影家茹遂初所拍摄的照片《引洮河水上山》，曾两度在国际摄影展上获得金奖，后又在《中国摄影》杂志举办的年度最佳照片评选活动中获得一等奖。④ 作者回忆：

---

① 朱蕴山：《在中国人民政治协商会议第三届全国委员会第一次会议上的发言——决不容许侵犯我国主权，朱蕴山委员怒斥印度扩张主义分子》，《人民日报》1959年4月27日，第13版。
② 代言：《我亲眼见到发生在祖国的许多奇迹——"科影"摄影机旅行记》，《新民晚报》1959年10月12日，第2版。
③ 陈振兴编《国际电影节概况》，中国电影出版社，1984，第295～296页。
④ 图片见《中国摄影》1960年第1期。

"为了表现农民兄弟不怕困难，忘我劳动的动人场景，我选择了工程最艰巨的九甸峡工段……虽然画面上出现的人并不多（拍摄前对个别人物的位置作了适当的调整），但施工扬起的尘雾，增加了现场的气氛，给人以千军万马的感觉。"[①] 这幅照片是作者出于艺术追求进行的创作。照片几度获奖，是发行万余册的《战斗在引洮工地上的人们》（共三册）等宣传品的封皮，时至今日仍被当作反映特殊时代引洮工程的重要图像证据，表明其传播效果。

参观行为随着参观者离开工地而结束，但观后感却超越时间和空间被以各种形式进行"再生产"，对观后感的塑造和传播也远远超过参观本身。恰如罗兰·巴特（Roland Barthes）的著名理论"作者已死"，[②] 即参观行为尽管终止，观后感的解读及其影响却生生不息。由于对观后感意义的加工与阐释掌握在各种报纸杂志上，高度一致的宣传导向将引洮工程最美好的一面提供给观众，使得这一"再生产"过程较少受到质疑，并起到促进团结、统一思想的作用。

"仪式化"参观

大卫·科泽把仪式看作"体现社会规范的、重复性的象征行为"，"普遍存在于政治制度中"。[③] "历史学视角认为，对仪式的理解不能仅就其内在结构进行分析，而是要将其重置于历史脉络中以挖掘更深层次的意义。"[④] 因此，本节将引洮工地上的参观活动置于"大跃进"的背景下，全方位呈现参观者、接待者、被参观者与观后感的广大受众在"参观"中的行为表现。可以发现，参观是一种"仪式化"的政治表达，不仅用来宣传，也用于教化；不仅用来促进团结，规训各个社会群体，也用来警惕与过滤不和谐的声音。

"参观"是一种自上而下的宣传，同时被用来教育各个群体。对接待

---

① 茹遂初：《引洮上山——大跃进的一曲悲歌》，http://www.fotocn.org/rusuichu/article－82，访问时间，2015年9月16日。
② 罗兰·巴特在1967年提出"作者已死"，意在说明作者写完文章，他和作品的关系就结束了，怎么样来解读文章是读者的事情。参见〔法〕罗兰·巴特《作者的死亡》，《罗兰·巴特随笔选》，怀宇译，百花文艺出版社，2005，第294～301页。
③ 〔美〕大卫·科泽：《仪式、政治与权力》，第11、3页。
④ 王海洲：《后现代视阈中的政治仪式——一项基于戏剧隐喻的考察》，《南京大学学报》（哲学·人文科学·社会科学）2010年第2期。

者引洮工程局党委来说，通过周到的安排和接待，能够使参观者看到引洮工程最好的一面，从而扩大影响。诸多名人的造访是一笔巨大的政治资源，其观后感的"再生产"将宣传效果辐射得更广。对参观者来说，实地参观并"介绍引洮工程的政治和经济意义，特别是通过引洮工程说明党的总路线和破除迷信，敢想、敢说、敢干的重要性，这实际上对参观人员起了鼓舞作用"。① 意味着参观者本身，也是受教育对象。对于工地民工而言，蜂拥而至的参观让他们备受鼓舞，以至于普遍存在着优越感，认为："引洮是社会主义的伟大工程，工程本身是光荣的……（因为）全国各地到处派人参观、发贺电，送锦旗。"② 对于那些观后感的受众而言，只能通过照片、画册、宣传出版物所刻画的引洮工程面貌来了解这一"超级"工程，因不曾了解这些文艺作品背后的故事，更易被内容与思想高度一致的宣传品所左右。因此，"参观"之所以能够作为重要的宣传手段，是参观者、接待者、被参观者及观后感的受众共同参与其间的结果。在"百闻不如一见"的惯性思维里，实地参观之后的"观后感"更具感染力。

参观是一种社会纪律的演练，不仅制造出一种团结向上、欣欣向荣的氛围，也自动过滤删减不和谐的声音。在参观的舞台上，每个参与者都扮演着属于自己的独特角色，并为维护集体利益、保证参观工作的顺利进行而遵守相应的规则。接待者将最完美的引洮工程展现出来，精心安排"演出剧目"；参观者为所看到的完美景象啧啧称奇，在公开表达的观后感中，他们为工程摇旗呐喊；被参观的民工竭力演出，所挣得的有时仅仅是一顿饱饭；在观后感进行"再生产"的末梢，是更广大范围的普通民众，他们热情支援的背后正体现这种"文化资本"被"再生产"的威力。可见，对于附着在"参观"链条上的所有参与者而言，正是通过统一的参观"仪式"，他们得以互相承认、展示及欣赏，以"参观"的形式见证并参与引洮工程，有一种共同的认同在生根、发芽、成长。

有学者认为，仪式和象征"看上去就像是自然而然的行为和不证自明地表现世界的方式，它们的象征本质被深深地隐藏了起来。这实际上就是

---

① 《关于半年来接待外宾、来宾工作的总结报告》（1958 年 12 月 6 日），甘档，档案号：231 - 1 - 432。

② 《关于引洮工程局党委传达贯彻中央召开十个省的省委书记会议精神和省委在天水召开的地市州委第一书记会议精神的情况报告》（1960 年 4 月 23 日），甘档，档案号：91 - 9 - 21。

仪式和象征的权力的源泉"。① 在特定条件的政治文化体制下，"参观"正是如此，以其独特而不需言明的章法裹挟所有附着在参观链条上的参与者。接待方想尽办法精心安排参观内容，尽管可能会由于投入过多而影响本职工作，也可能带来额外经济负担，但呈现给参观者的引洮工程，是特定意涵的体现。在这种极易被安排的参观面前，参观者不仅看不到引洮工程的全貌，即使对所看到的景象有所怀疑也多三缄其口，甚至做出大相径庭的表态，造成"观后感"的公开表达与私人叙述看似矛盾却又奇异地统一为一体。这种对立统一是特殊时代的产物。而通过各种文艺形式表达出来的"观后感"，成为一种"文化资本"，具有高度的内容统一性和可复制性，在各种官方媒体的报道下，它的"再生产"过程所向披靡。

① 〔美〕大卫·科泽：《仪式、政治与权力》，第214页。

第五章 日常

东方升起红太阳，我的名字写在红榜上。社里批准我去引洮，怎不叫人喜洋洋！

急忙安排了家务事，告别了社员和亲娘。翻山越岭来到洮河旁，队伍扎在大营梁。

当地群众真热情，使我们心情很舒畅。婆婆妯娌合床睡，给我们腾出了好新房。

每月四十五斤粮，还吃肉和大米饭。顿顿还有炒下的菜，吃的喝的真不坏。

社里对我们大支援，省上支援的酱菜吃不完，每个中队还种了十亩菜，改善生活没困难。

工地上的供销社，给我们带来了大方便。日常零用样样有，需要什么就在手边。

讲卫生，学文化，文盲帽子要摘掉它。戏剧、电影经常看，鼓舞大家努力的干。

生活方面没困难，不愁吃来不愁穿，大家团结得象兄弟，真是社会主义大乐园。

千万面红旗迎风卷，个个干劲冲破天，劳动竞赛大开展，创造发明都争先。

英雄人民不畏难，移山填海显手段，决心苦战一两年，光荣带水回秦安。

——兰兆荣：《工地生活真正好》①

在这首《工地生活真正好》的诗歌里，一幅祥和、蒸蒸日上的生活图景跃然眼前：住宿的"好新房"，食用的"四十五斤粮""肉和大米饭"

---

① 兰兆荣：《工地生活真正好》，《引洮报》第5期，1958年7月29日，第3版。

"酱菜"，提供生活用品的"供销社"，"讲卫生，学文化""劳动竞赛"，
还有看"戏剧、电影"等娱乐生活，是真正的"社会主义大乐园"，俨然
一幅"最新最美的图画"。宣传材料也说："在漫长的 600 多公里的工地
上，十数万民工们已组成了一个规模宏大的、引洮上山的人民公社，有工
业，有农业，有军事，有学校，有星罗棋布的商业网。每个民工，是工
人，是农民，是战士，又是个学生。引洮工程不但是一个伟大的共产主义
工程，而且，使人们看到了未来共产主义社会的曙光。"① 在时人眼中，工
地社会是代表着美好未来的社会组织形态，"生活集体化、行动军事化、
作风战斗化、思想革命化"等时代特色在此体现得淋漓尽致。

本章考察工地社会运行的日常生活实践，从民工的食宿供应、文化娱
乐、医疗卫生、伤亡事故及无处不在的群众运动等方面入手，表现人们在
工地这个特殊场域中"日常"（everydayness）的方方面面。理解工地人的
生存常态，能够解释工地社会缘何正常运转。

一 食与宿

> 每月完成九百万，伙食必须要改善。改善伙食办法多，加强领导
> 是关键。操作方法要改变，一斤要蒸二斤半，蔬菜豆腐都俱全，一日
> 三餐两顿饭。教育炊事员要勤俭，开水热馍要实现。以上做到还不
> 算，一个礼拜不吃同样饭。

> ——《管好伙食，人人健康》②

生产和生活是引洮工地社会的两翼，艰辛的施工生产让人不堪回首，
相较而言"勉强能吃饱饭"是许多民工关于"饥饿的 1960 年代"最珍贵
的回忆。1957 年的粮食实产丰收与 1958 年潜存的"进入共产主义社会"

---

① 《大跃进中的引洮上山工程》（1958 年 9 月 30 日），甘档，档案号：231 - 1 - 434。
② 榆中工区全体代表：《管好伙食，人人健康》，《引洮报》第 21 期，1958 年 10 月 25 日，
第 3 版。

"吃饭不要钱"的希望，让这个样板工程的工地社会在开工之初的几个月里有相对充足的粮食供应，对常年在温饱线上挣扎的旱塬百姓来说极具吸引力。即使到1959年下半年整体粮食吃紧，工地社会因粮食特供仍能维持基本口粮需求，吸引附近和后方各县的民工家属向工地涌来以图糊口。至少，工地民工鲜少被饿死，但诗歌中"蔬菜豆腐""开水热馍"及"一个礼拜不吃同样饭"却仍是难以企及的梦想。

相较于"吃的喝的真不坏"的食物供应，工地住宿条件较差，以窑洞、简陋民房、帐篷为主。本章开头诗歌中的"婆婆妯娌合床睡，给我们腾出了好新房"，大约只是个别人才能享有的待遇。施工在极少人生存的崇山峻岭之间，"好新房"也只能是一种美好的想象。

粮食供应

一开始，工地的伙食标准就比乡村高，是吸引常年在温饱线上挣扎的百姓参加引洮的重要原因之一。按规定，"民工每月定量45斤"，"民工生活应以8元为标准"；[1] "大队长以下的干部，因实际参加劳动，决定口粮标准与民工标准相同（45斤）；大队长以上干部口粮标准为32斤"。[2] 照此标准，单以1958年为例，工地粮食消耗惊人，大致情况如表5–1所示。

表5–1　1958年引洮工地粮食消耗情况

月	6月	7月	8月	9月	10月	11月	12月	合计
人	44347	96635	102456	94538	112713	121957	152765	
粮（斤）	1995615	4348575	4610520	4254210	5072085	5488065	6874425	32643495

注：一律按每月45斤粮食计算。工地人数出自表2–3。

计算下来，单1958年开工到年底，引洮民工消耗的粮食就有3200余万斤之多。如粗略以工地月均10万人计，粮食消耗应占全省1200万人的0.8%，而1958年全省粮食总产339.58万吨，[3] 算下来实际消耗占比3.8%，约是平均消耗量的4倍多。同时民工吃粮每月多大于45斤，"每人

---

[1] 《关于施工准备工作的初步总结》（1958年5月17日），甘档，档案号：231–1–432。

[2] 《甘肃省人民委员会关于支援引洮工程的决议》（1958年6月17日），《甘肃政报》第19期，1958年。

[3] 《中国共产党甘肃大事记》，第148页。

每月平均少的 8 元，多则 16 元，一般的都是 12、3 元"，"吃粮食有高有低，如陇西工区吃粮 56～60 斤的有 41 个灶，管理好的有 20 个灶，伙食标准也是 10～12 元，秦安工区吃粮 50～55 斤的有 20 个灶；天水工区 40个灶都是 50～55 斤，因此伙食标准都是 10～12 元"。① 基本上每月 55斤。相比之下后方人民公社的吃粮标准则要低得多，如"渭源县官堡镇红旗人民公社，每人每月吃粮 32.75 斤"；"兰州市安宁区红旗人民公社，每人每月平均吃粮 33 斤"。② 这意味着工地应占用了后方县市的部分口粮。

1959 年的春荒使工地社会的粮食供应出现紧张，在新粮未下来以前的4～5 月，粮食供应并不顺畅。工程局承认粮食供应紧张，存粮仅够 5 天，陇西、武山、定西等工区运一天吃一天，雨季到来可能断炊，运输力也紧张，文县、平凉、天水等许多地方路途难行。③ 因此临洮工区 1959 年 6 月发生"偷跑、请假、装病不上工地"等普遍现象。部分领导干部都"愁于家庭缺粮问题……眼看群众跑了，也要去回家去。四大队一中队 12 个分队长中就有 8 个要求要回家去，甚至有的中队干部也闹思想躺下不工作"等，以至于工区党委专门要求针对全民关心的粮食问题，"开展一个群众性的粮食问题大辩论"。④ 这种状况随新粮的及时更新发生改变，如陇西工区 1959 年 7 月份有 10165 人，以"民工每人每月按 55 斤成品粮供应，干部按 32 斤供应"为计，实际供应成品粮 50.8042 万斤，平均伙食费达11.06 元。⑤

1959 年 8 月"反右倾"运动展开，省委对引洮工程的指导方针也随之愈"左"。为加快工程进度，民工人数再次增加，粮食需求量随之上升，但初期供应有保障。1959 年 8～10 月，陇西、岷县、平凉、武山、定西、

① 《对于引洮工程粮食供应情况的检查及今后改进的意见》（1958 年 11 月 17 日），甘档，档案号：91 - 4 - 222。
② 《对于引洮工程粮食供应情况的检查及今后改进的意见》（1958 年 11 月 17 日），甘档，档案号：91 - 4 - 222。
③ 《关于引洮上山水利工程几个问题的报告》（1959 年 4 月 26 日），甘档，档案号：91 - 4 - 348。
④ 《关于加强政治思想教育工作的指示》（1959 年 6 月 9 日），甘档，档案号：231 - 1 - 280。
⑤ 《甘肃省引洮上山水利工程局陇西工区关于 1959 年三季度和十月份的粮油供应情况的简结报告》（1959 年 11 月 10 日），甘档，档案号：231 - 1 - 590。

天水、榆中等七个工区平均每月还可吃粮52斤。① 不过到1959年底至1960年上半年，特别是1960年甘肃整体灾荒严重，缺粮也蔓延到工地上。省委核定1959年7月1日至1960年6月30日引洮工程局的粮食年度销售指标按照10万民工计为7400万斤，但"实际7至12月，平均每月供应民工和干部为106322人，共销售粮食3913万斤"，尚余销售指标3487万斤；"根据省委决定由12月已陆续增加民工和干部为148668人，其中特重体力132267（挖土石方在内），重体力6789人（铁木石工人），轻体力7040人，干部2219人，大中学生8人，家属445人，牲畜1925头，本年元至6月份供应粮5758万斤，除剩销售指标3487万斤外，至元月份尚不敷2271万斤"。因此，1960年2月，引洮工程局党委向省委上报要求追加粮食销售指标。②

1960年春荒严重之际，作为重点建设项目的引洮工程也仍是重点拨粮对象。省委同意在"规定人数的限额内，追加粮食销售指标"，但同时提出"特劳人数占总人数的89%，显然太大"，希望工程局"迅速加以调整，把不应列入特劳和重劳的，坚决压下来、调整后按实际编出需粮计划，报省粮食厅核拨"。③ 不过，1960年上半年，民工人数一直并未达到工程局党委所预计的"148668人"，且到了4月，民工急剧精减，按照前表2-3显示的实有民工人数和平均每月所需60斤粮食计算，1960年1~6月份，约共需粮食4371万斤。④ 从1960年7月开始的下半年，民工人数随工程建设规模的缩小急剧下降，粮食需求降低。局党委7月2日召开会议，将粮食销售指标实行分口包干，安排工地7万人的3948万斤口粮。⑤

总体上看，施工期间工地上的粮食供应一直有保障，因此工地上尽管工伤不断，鲜少听说有人饿死。甚至到了1960年下半年，饥饿的农民还流

---

① 《关于引洮第一片七个工区粮食供应报告与民工过冬准备的检查报告》（1959年11月29日），甘档，档案号：231-1-590。

② 《中共甘肃省引洮上山水利工程局委员会关于报请追加粮食销售指标的报告》（1960年2月3日），甘档，档案号：91-9-105。

③ 《省委批复引洮工程局党委关于追加粮食销售指标的报告》（1960年3月3日），甘档，档案号：91-9-105。

④ 计算方式为：（142622+139252+132597+109747+104598+99629）×60=43706700。

⑤ 《关于增拨1960~61年度粮食销售指标的请示报告》（1960年7月16日），甘档，档案号：91-9-105。

亡到工地，如通渭工区党委秘书周建国在时隔多年后提到引洮工程还神采飞扬地说，"引洮工程好呀，救活了我们通渭县的五六千人"，"1959 年通渭人没饭吃，饿得受不住，许多人跑到引洮工地"。① 但有时仍然由于粮食加工调运的不及时影响工地供应。

粮食调运

粮食的库存、保管、加工、运输等环节都很重要。在施工准备阶段，工程局已经"根据各个工区地理条件、交通情况及尽量利用原有粮站和便利民工的原则"，设立了必要的粮食供应站和中转站，如"从岷县古城至渭源剪子岔一共设置粮食供应站 26 处和 1 个粮食中转站，共配备粮食干部 73 人"。② 但这很难支撑十几万的民工队伍的食粮供应。每年 4 月，工地沿线进入雨季，给粮食保管带来很大不便。许多粮库临时修建，库容小，通风条件差，粮食极易发生霉变，加重损耗。各县在给工区送粮食时，多是原粮，并未加工成面粉。虽然各工区都临时建立了面粉加工厂，但这些加工厂规模小，且机械化程度低，更多的还要依靠原始的水磨、石磨加工，需要投入的人力多且不说，产出也极为有限。这都对工地上的粮食正常供应形成极大的挑战，其中最关键的是粮食调运。

运距少则几十公里，多则几百公里，交通极为不便，甘肃中东部地区别说铁路，像样的省级、市级公路都没有，多是泥路、土路。定西县通往渭源县的主要公路定渭公路是 1958 年为输送引洮物资临时动用引洮工程的民工 1000 多人突击抢修的，"至年底初具公路规模，勉强可通行车辆"；定西到临洮的公路虽经突击整修，"直到 1963 年仍未能通车"；沟通会宁县城南关与静宁县界石铺的会界公路"沿线缺桥少涵，路面无砂砾，仅能晴通雨阻"；通渭与会宁之间的通会公路也是这种情况；定西与通渭之间"只有绕道华家岭，别无它路"。③ 这种路况给粮食运输带来极大不便。

纵是这样，也不能保证有充足的车辆来调运粮食，多要依靠人力、畜

① 通渭工区党委秘书周建国的口述回忆。转引自庞瑞琳《幽灵飘荡的洮河》，第 229 页。
② 《引洮水利工程粮食供应准备工作情况的报告（手稿）》（1958 年 5 月 31 日），甘档，档案号：231-1-604。
③ 甘肃省地方史志编纂委员会、甘肃省交通史志年鉴编写委员会编纂《甘肃省志》第 38 卷《公路交通志》，甘肃人民出版社，1993，第 231~237 页。

力来运输，甚至肩挑背背，极大地增加了成本。如由定西专区调粮到施工区域时，就"在交通不便、道路艰险的地区组织了毛驴 200 多头驮运，还有农业社的社员及中小学的学生计 260 余人，以肩挑、肩负的方式运送"。① （见图 5 - 1）

图 5 - 1　架子车在紧张运输

资料来源：《引洮上山画报》第 1 期，第 16 页。

这种运输方式效率低下，经常遭遇运输力不足。岷县 1958 年 9 月底称："我县粮源不足加工将脱销，引洮任务无力完成"，而"由临潭宕昌调入粮食 280 万斤当地无轮力不能起运，经与引洮工程局天水联系亦无力解决"。② 即使是由省上直接给引洮工程局调粮食，这十几万民工，一个月消耗的粮食在千万斤左右，所需运输力也是惊人的。甘肃省委书记处书记霍维德在 1959 年 7 月甘肃省财贸书记会议上发言指出，引洮工程上粮食供应工作紧张，部分原因是粮食调运跟不上。③ 工程局党委在 1959 年 8 月给省委的报告中称："由于运输力紧张，经常有两万多人运粮，增大间接工，劳力浪费很大。"④

除了陆路运输，还有水路运输。有的施工点设在洮河对岸，隔着滚滚洮河，简易的羊皮筏子承担水上运输。羊皮筏子不像船，速度慢不说，还有自身特点，对水上技术要求比较高。稍有不慎就会被凶猛的水流吞没，

---

① 《引洮工程粮食工作会议总结（手稿）》（1958 年 6 月 23 日），甘档，档案号：231 - 1 - 604。

② 《电报：调往引洮工程 280 万斤粮食的任务无法完成》（1958 年 10 月 2 日），甘档，档案号：91 - 4 - 321。

③ 《批发霍维德同志在省委召开的各地、市、州委财贸书记会议上的总结报告》（1959 年 7 月 18 日），甘档，档案号：91 - 18 - 95。

④ 《引洮工程局党委关于修改第一期工程（古城至大营梁）方案的报告》（1959 年 8 月 6 日），甘档，档案号：91 - 8 - 289。

人粮俱损。靖远工区的水上运输队，要"经过一天的行程，才能达到包舌口——工区所在地，卸掉面粉，放掉皮袋里的气，晾干晒好，第二天再步行七十华里的旱路，把筏床背到中寨集，再给皮袋里装上气，继续运输。这样七天两次，每次三付皮筏载重两千多斤"。[①]（见图5-2）如此一来，对人力的消耗极大。

图5-2 洮河上的皮筏运输队

资料来源：《引洮报》第34期，1958年12月10日，第3版。

副食品、水与燃料

除主粮之外，为保持人体营养均衡，还需蔬菜、肉类等副食品。开工之初，省委要求"由财政厅立即拨款30万元给工程局，作为对民工的副食补助基金。工程局应将大部分钱用于购养家畜、种菜及其他副食品生产、加工方面"。[②] 对此，工程局提出："付［副］食标准和任务：每人每月各种肉一斤，粉条四两、豆腐六斤（在不增加豆子的供应下力争十斤）、青菜30斤。"[③] 还特意"拨给各工区为购置、制作豆腐的家具工具款500元，靖远工区600元"，[④] 同时鼓励各工区自力更生。相较于十几万民工，

---

① 《引洮战线上的水手们》，《引洮报》第24期，1958年11月5日，第3版。

② 《甘肃省人民委员会关于支援引洮工程的决议》（1958年6月17日），《甘肃政报》第19期，1958年。

③ 《甘肃省引洮上山水利工程局加强民工付食供应工作的指示》（1958年7月22日），甘档，档案号：231-1-438。

④ 《甘肃省引洮上山水利工程局为增拨基建款的通知》（1958年8月27日），甘档，档案号：231-1-430。

这点拨款只是杯水车薪，各工区只好自己想办法。临洮工区为使工地蔬菜完全达到自产自食，于 7 月 10 日至 17 日开展了突击种菜运动周。[①] 但这种"运动化"的种菜，违背蔬菜种植所需成长周期的自然规律，效果有限。

在这种状况下，省委要求省商业厅、后方各县各单位对工区进行酱菜支援。1958 年 7 月，甘肃省商业厅派出五辆汽车，装载了各种酱菜 2.6 万多斤来支援。[②] 渭源县庆平乡人民委员会、庆坪乡完小、供销社等社员干部 160 人，带着各种菜蔬、自制的洋芋点心、腊肉、鸡蛋等物资来慰问，妇女还给丈夫带来了衣服鞋袜，到庆坪乡的马家渠工地慰问民工。[③] 陇西县委还专门发出通知，要求一户给民工赠一双鞋、30 斤菜。[④]

这种支援在开工之初还能有所保证，随着时间推移，难以维持。送往工地慰问的各种食品先由干部享用，普通民工很难得到实惠，甚至还有干部侵吞慰问品，如平凉工区的党委书记贾某就被指认其爱人侵吞慰问品——一麻袋布鞋。[⑤] 离工区机关所在驻地近的大队民工还有些口福，离得远的大队更难分到慰问品。一位老汉说："哪有什么慰问品？就是有也给干部了，分到我们干活的人这儿还有啥呢！我只记得有一年国庆吃过一个西瓜，俩人一个西瓜。"[⑥] 也有材料赞颂"陇西工区各大队在办好伙食，省钱吃饱的原则下，派出了一定的人力每天拾挖野菜，增加副食，节约主粮"。[⑦] 表明了副食品之缺乏程度。

每个工区都有固定小卖部和流动售货员，出售一些必需品，如火柴、盐、针线、糖等。而这些物资在工地上也匮乏到难以想象的程度，比如人体必需的盐，甚至都需要民工自己去买。在访谈中，一个老汉说："发的钱很少很少，哪能存下钱哩！吃的馍馍、面片都是甜的，没啥油水，关键是连咸味儿都没有，我们忍不住了，在小卖部买点盐，吃饭的时候自己放

---

① 《甘肃省引洮上山水利工程局关于推行临洮工区开展突击种菜运动周的通报》（1958 年 7 月 28 日），甘档，档案号：231-1-438。

② 《省商业厅大力支援引洮工程》，《引洮报》第 2 期，1958 年 7 月 8 日，第 2 版。

③ 《亲人的话儿暖在心英雄的劳动为亲人》，《引洮报》第 4 期，1958 年 7 月 22 日，第 2 版。

④ 《陇西县发动群众支援引洮工程》，《引洮报》第 8 期，1958 年 8 月 19 日，第 1 版。

⑤ 《关于对平凉工区党委书记匿名信的调查报告》（题目由作者自拟，1961 年 1 月 8 日），甘档，档案号：231-1-97。

⑥ 2011 年 9 月 8 日笔者于定西市采访张某某的记录。

⑦ 《当前古城水库职工思想情况的调查报告》（1959 年 5 月 29 日），甘档，档案号：231-1-176。

上些。"① 这在一则歌颂售货员材料中"有时听见民工病了，需要买些糖、盐和咸菜等东西，他就主动地送到宿舍或病房里去"，② 也得到佐证。

洮河水质较好，但从饮用水角度看，"含碘量低，为 2 微克/升，小于国家规定 10 微克/升，易引起甲状腺肿大病，故饮用时需配以碘盐"。③ 盐在工地上是一种"奢侈品"。纵然是碧绿的洮河水，水中依然含有大量的杂质和看不见的微生物，需加热饮用，但仍很难实现供水充足。武山工区"工地上每天施工人数约 5000 人，而仅有一个开水站（两口锅），平均每人每天仅能饮半茶缸开水。因开水供应不足，致使民工较普遍的喝生水"。④ 很多民工因此而患病，通渭工区"据检查和医疗就诊，民工患病的40% 是吃喝不注意、消化不良引起的，30% 是不服水土、伤风感冒，10% 旧病复发"。⑤ 还有些工区因施工区域在高山上，没有洮河水，饮水条件更差。如天水工区在大营梁施工，是著名的干旱区，只有一条细细的河沟流过，叫咸水河。要把最近的咸水河的水拉到山上已很困难，更何况这水是苦的，"喝后嘴皮开裂，连舌苔也呈黑黄色"。⑥

人们无法喝到开水的重要原因是没有足够的燃料。当时最简便的燃料是煤、木头，但煤的供应很有限。后方各县有时也砍伐县域内的公共林木给工区供应木材，且规定不征收商品流通税，但林木长途运输耗时费工，因此洮河两岸生长百余年的郁郁葱葱的原始树木成为取材来源。有人回忆："这儿的山上全是林，松树、柏树、桦木、杨树多得很。村庄周围的白杨树罩得满满的，但在引洮结束时全砍伐光了"，"不光我们（通渭）工区，各工区实际上全砍的是林木"。⑦ 平凉工区驻扎在临洮县尧甸公社达京堡一带，"该区民工对这里的树木幼苗乱伐乱砍，对渠线以外成片的树木，不论大小全部砍伐，树上的枝条一根不留，计砍树已在 8000 株以上，特别

① 2011 年 9 月 8 日笔者于定西市采访张某某的记录。
② 《优秀青年营业员——芦振仙》，《引洮报》第 30 期，1958 年 11 月 26 日，第 4 版。
③ 师守祥、张智全、李旺泽：《小流域可持续发展论——兼论洮河流域资源开发与持续发展》，科学出版社，2002，第 90 页。
④ 《引洮上山水利工程局转发局卫生处关于武山工区发生痢疾和防治情况报告》（1960 年 9 月 9 日），甘档，档案号：231 - 1 - 504。
⑤ 《通渭工区关于如何办好民工伙食的几点意见》（1958 年 7 月 16 日），甘档，档案号：231 - 1 - 2。
⑥ 天水工区宣传部长田志炯的口述回忆。转引自庞瑞琳《幽灵飘荡的洮河》，第 152 页。
⑦ 通渭工区副主任张承武的口述回忆。转引自庞瑞琳《幽灵飘荡的洮河》，第 234 页。

是对 40 亩苗圃连根割掉，对庄稼的践踏也很严重，有些地边五尺多宽的地方被走路，地中间小路纵横交错"，引起尧甸公社民众的不满。被制止时，民工却回应诸如"你们对引洮工程还有意见""就地取材，我们只有这样作"等语。① 大规模砍伐林木严重破坏了洮河沿岸的森林资源。这些树木都历经几百年的生长期，再培植养育非常困难。引洮工程本是为了改善人类的生存环境而来，却在修建过程中极大地破坏了自然环境。现在走过当年的施工区域，依稀可见当初的破坏程度之严重，现在山坡北边已补上了新种的树苗。（见图 5 - 3）

图 5 - 3　岷县古城洮河北岸

资料来源：笔者摄于 2012 年 4 月 26 日。

住宿

民工的吃饭问题尚能解决，住宿条件却非常简陋。如果施工沿线有村庄，还有机会借住群众有瓦的土房，但大多民工只能住在单帐篷、自挖的窑洞里。笔者在一次访问中谈到住宿条件，定西老汉显然很高兴，提高嗓门说："我们住的好！我们没住窑洞，没住帐篷，我们住的是民房。边上村民让给的。当时都讲协作嘛！也没有炕，哪还有热炕呢！再不要想。人挨着人，铺的茅草嘛！冷？咋不冷！冬天这虽然是房子，也没个火，暖和

---

① 《引洮民工提高觉悟的教育问题》（标题为笔者自拟，1959 年 4 月 10 日），甘档，档案号：91 - 8 - 286。

不到哪里去！不过人干一天活，乏死了，躺下都睡了。"[1] 言语之间透露了对能够住上铺着茅草的单薄民房非常满意。不过大部分民工没这么"幸运"。总的来看，住宿方式大致有三种——窑洞、民房和帐篷，以窑洞为主。

窑洞是最常见的住宿方式。担负古城水库兴修任务的陇西工区"11145名民工中，就有9348人住着2348个窑洞"，占比83.9%。[2] 通常认为，黄土高原的窑洞简单易修、坚固耐用、冬暖夏凉，但这需要复杂的窑洞挖掘方法，即选方位、挖地基、打窑洞、扎山墙等，其中最重要的步骤是打窑洞。打窑洞是把窑洞的形状挖出，把土运走，不能操之过急，过急则土中水分大，容易坍塌。但在工地社会，事事都讲"形势逼人"，根本不讲究打窑洞的方式方法，只是简单地把土挖出来，形成一个洞子即可，极其简陋。

不仅外形简陋，里边更简陋，根本来不及修炕，更没有床，能有柔软的芦苇草当成铺盖就相当不错了。每个洞子大约1.5米高，能容纳三四个人平躺着，里边修一个凸出的平台放东西，人在里面连身子都直不起来。大约为了美观，有的窑洞里边刷了一层有色的水泥。随着时间的锤炼，竟还留下一层红色的装饰，或深或浅，仿佛为民工们留住了苦中作乐的瞬间。（见图5-4、图5-5）

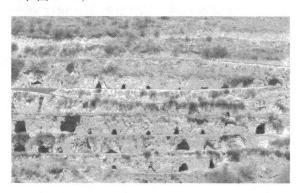

图5-4　民工自挖的窑洞外形（九甸峡至会川段）

资料来源：笔者摄于2012年4月27日。

---

① 2011年9月8日笔者于定西采访张某某的记录。

② 《劳动安全工作通报第四期：陇西工区关于保证窑洞安全问题的基本总结》（1958年11月10日），甘档，档案号：231-1-555。

图 5 − 5　窑洞的内部情状

资料来源：笔者摄于 2012 年 4 月 26 日于古城。

冬天阴风阵阵刮过，窑洞内没有燃料生火，那种寒冷痛彻心扉。有人回忆，"窑内非常潮湿，人在里面住一夜，铺盖全湿了，潮得周身很难受，各个关节都痛"。① 就在这样的住宿条件里，还要保证每天十几个小时的繁重体力劳动，民工们的付出可以想见！

窑洞的土和灰都非常散，特别是进入雨季，大雨倾盆而下，巨大的重力极易将本不十分牢固的窑洞压垮，因此在休息中遭遇窑洞突然坍塌而伤亡的民工也不在少数。如天水工区两天内就压死民工 4 人，压伤 2 人。② 1959 年 7 月距古城水库北三华里的窑洞塌方千余，压死 18 名武山工区洛门公社的民工 18 人。③ 陇西工区 2348 个窑洞，从开工到 11 月 "倒塌了 346 个窑洞"，由于没有压死人，④ 竟成表扬对象。

除窑洞之外，极少数民工能够如那位定西老汉一样幸运地住进民房和帐篷。民房多由施工附近区域的老百姓让给，不过因甘肃本地生活水平极低，民房也没好到哪里去。有位医生回忆："冬夜，冰冷的房内点着蜡烛，

---

① 天水工区一大队队长余作民的口述回忆。转引自庞瑞琳《幽灵飘荡的洮河》，第 159 页。

② 《劳动安全工作通报第三期：关于窑洞塌陷问题的通报》（1958 年 11 月 5 日），甘档，档案号：231 − 1 − 555。

③ 《引洮工程局党委关于古城水库附近窑洞塌方向甘肃省委的报告》（1959 年 7 月 30 日），甘档，档案号：91 − 8 − 289。

④ 《劳动安全工作通报第四期：陇西工区关于保证窑洞安全问题的基本总结》（1958 年 11 月 10 日），甘档，档案号：231 − 1 − 555。

冷风常常将蜡烛吹灭，晚上我们冷得把包药纸都盖在身上。"① 而帐篷多是给那些无法开挖窑洞的在山上施工的民工住，如在九甸峡施工的靖远民工，都住单帐篷。其阴冷程度甚至超过窑洞，1960 年秦安工区从陕城搬至古城水库施工时，尚有 950 人住在单帐篷里，"很是拥挤，同时地气也很潮湿"。② 显然，在崇山峻岭之间，西北的寒风阵阵吹过，别样的冰冷超越艰苦体力劳动带来的感受，是今人难以想象的苦难。

住宿条件虽然简陋，但都是统一的。这种集体统一的住宿、劳动与生活，为当局的管理工作带来很大便利。即上级可以统一安排民工的作息时间，其生产和生活的所有时间都在掌控之中，每个人几乎都处在透明的管理体系之内，相互之间都看得见，形成隐性监督。

二　文化生活

> 的答答，号声响，水库民工放下筐；推土小车一边靠，打土的夯子放一旁。怀里掏出生字本，一边走来一边想；学写学念又学算，工地立刻变学堂。
>
> ——王占田：《工地变学堂》③

"站起来与洮河搏斗，坐下来向文化进军"是工地上脍炙人口的口号，与建设"社会主义大乐园"的目标相统一。尽管工地上的文化生活被严重夸大了，但它在很多民工心里留下较深的印象。多年后不仅有民工自豪地声称"我识字就是从洮河工程上学来的"；④ 还有人仍随口哼出当年创作的"花儿"小调——"钻天的岷山快低头，你不是英雄的对手，牵上洮河回

---

① 武山工区医院大夫石伟杰的口述回忆。转引自庞瑞琳《幽灵飘荡的洮河》，第 144 页。

② 《关于编造新建民工宿舍计划请予拨款的报告》（1960 年 9 月 20 日），甘档，档案号：231 - 1 - 650。

③ 王占田：《工地变学堂》，《引洮上山诗歌选》第 1 集，第 90、91 页。

④ 2012 年 4 月 24 日笔者于榆中县采访周某某的记录。

家走，笑容儿露在眉头"。① 那些朴素无畏的歌谣，历久却弥新，传颂着不一样的情怀。

扫盲运动

自新中国成立便开始的扫盲运动在"大跃进"的背景下发展更为迅猛，并有显著的急躁、冒进特点。② 民工多为来自乡野的普通农民，受教育程度有限，如榆中工区第四大队民工的文化程度，见表5-2。

表5-2　榆中工区第四大队民工文化程度

单位：人

队名	民工数	文盲	半文盲	初小	高小	初中
一中队	246	78	82	61	25	
二中队	306	83	84	122	16	1
四中队	238	44	122	48	22	2
五中队	285	55	110	101	16	3
木工组	18	8	4	6		
合计	1093	268	402	338	79	6

注：半文盲系指认字在1500个以下者。

资料来源：《榆中工区第四大队民工文化程度统计表》（标题为笔者自拟，1958年），甘档，档案号：231-1-241。

文盲占比约1/4，人数最多的半文盲占37%，高小、初中等所占比例甚少，高中、大学文化程度的更没有，大致反映民工的基本文化程度状况。据1959年11月统计，工地"现有文盲和半文盲，一般占民工总数40%~50%，岷县工区1914个民工中，就有文盲、半文盲1648人，占民工总数的80%"。③ 个别大队有高中、大学文化程度的人，如榆中工区七大队978名民工中，分别有1名民工具高中和大学文化程度。④ 这些人多是

① 天水工区被服厂工人周树生（女）的口述回忆。转引自庞瑞琳《幽灵飘荡的洮河》，第220页。
② 李庆刚：《"大跃进"时期扫除文盲运动述评》，《当代中国史研究》2003年第3期。
③ 《全党动手，全民动员大张旗鼓地开展扫盲运动》（1959年11月2日），甘档，档案号：231-1-175。
④ 《榆中工区第七大队民工文化程度统计表》（标题为笔者自拟，1958年），甘档，档案号：231-1-241。

右派分子，在此"劳动改造"。

　　民工刚到工地就被要求扫盲。会宁工区提出，"'七一'扫青年，'八一'扫壮年，全部脱盲进入高小班"的口号，要求"按两个月全部达到扫盲标准（识字 1500 个以上，能看通俗书报，能写信记账），凡小队以上干部中的文盲和半文盲，要提前一月完成脱盲任务"。① 陇西工区甚至喊出"苦战十五天，突破扫盲关"的口号。② 工程局宣传部专门编印《引洮民工业余高小文化课本》。满永曾经对 1950 年代的扫盲教材进行考察，指出"扫盲的终极追求并非乡村社会的现实需要，而是抽象层面的政治认同建构"。③ 仔细阅读教材，会发现它为引洮工程建设服务的现实目的远远超越"政治认同建构"。或可换句话说，"现实需要"与"政治认同建构"在工地社会本就是化不开的一体两面。这份教材共十课，有引洮工程开工典礼上的誓词、鼓动民工干劲的诗歌、通知和介绍信的写法及与民工生活息息相关的"王禄狗学文化""民工杨孝忠给他父亲的一封信""渭源南谷社安玉英给参加引洮工程的丈夫康进才的一封信"等，以及教民工们"怎样写信""怎样读报"等。宣教意义不言而喻，如第八课"三大纪律十项要注意"：

　　　　引洮职工个个要牢记，三大纪律十项要注意。第一，一切行动听指挥，步调一致才能得胜利；第二，不拿群众一针线，群众对我们拥护又喜欢；第三，爱护公共的财物，为了减轻人民的负担。三大纪律我们要作到，十项注意不要忘记了。第一，提高政治警惕性，严防敌人破坏和造谣；第二，遵守操作的规程，安全施工一队要作到；第三，人人创造和发明，改革技术做工多又好；第四，粮食一定要节约，糟蹋浪费坚决根除掉；第五，爱护群众的庄稼，做工走路处处注意到；第六，借人东西用过了，当面归还不要损坏了；第七，民族政策执行好，风俗习惯人人遵守到；第八，学习文化要经常，一时一刻

---

① 《甘肃省引洮水利工程局转发会宁工区扫盲计划》（1958 年 6 月 27 日），甘档，档案号：231－1－2。

② 《转发陇西工区"宣教工作开展情况（摘要）"》（1958 年 9 月 29 日），甘档，档案号：231－1－171。

③ 满永：《文本中的"社会主义新人"塑造——1950 年代乡村扫盲文献中的政治认同建构》，《安徽史学》2013 年第 4 期。

莫要忘记了；第九，团结互助要做好，取长补短共同来提高，打人骂
人坚决要除掉；第十，爱国卫生要作好，保证健康工作效率高。一切
纪律自觉遵守到，互相监督不要违犯了。①

这一课源于体现人民解放军军队宗旨的"三大纪律八项注意"，后者对统
一纪律、加强思想和作风建设具有重大意义，在此也被借鉴，表明了编写
者希图以此来规诫和教育民工。

扫盲效果

在学习文化知识之外，民工还被要求"创作"，"是巩固扫盲成果和提
高文化水平的有效措施"。② 1959 年 2 月统计，民工们"已创作了雄伟、
朴实和情调优美的文艺作品 85 万多篇，其中民歌创作即达 60 多万篇，其
他有小说、剧本、散文、通讯等"。③ 这个数字显然是夸大了。1959 年 1
月，工程局提出，"要创作出与我们所从事的这一工程相称的文艺作品，
向国庆十周年献礼"，形式上要求"百花齐放，多种多样，如电影文学剧
本、小说、引洮工程史、各种文艺演唱节目、美术、舞蹈等"；数量"最
好每个工区创作 1 至 3 部电影或戏曲剧本，小说 5 至 10 篇；诗歌 50 首；
本工区的引洮工程史；绘画等美术作品 3 至 5 件；舞蹈 3 至 5 个，音乐创
作 3 件"。④ 各工区要求更甚。会宁工区要求，"到 59 年 9 月底共要创作出
文艺作品 120 万件，其中长篇小说 18 本，中篇小说 27 本，短篇小说 180
本，大型电影剧本 29 本，各种大型剧本 20 本，中型剧本 50 本，小型剧本
500 本，诗歌、快板、民歌、散文等等 1199200 件"。⑤ 层层加码下的"创
作"，催生弄虚作假的现象。

---

① 《中共甘肃省引洮上山水利工程局委员会宣传部关于试用"引洮民工业余高小文化课本"
的通知》（1958 年 8 月 27 日），甘档，档案号：231 - 1 - 170。
② 《关于在古城水库开展文化活动的意见》（1959 年 5 月 29 日），甘档，档案号：231 - 1 -
20。
③ 《大力开展工地文化工作，为工程建设服务》（1959 年 2 月 3 日），甘档，档案号：231 -
1 - 175。
④ 《关于在引洮工地上大放文艺"卫星"向国庆十周年献礼的计划》（1959 年 1 月 31 日），
甘档，档案号：231 - 1 - 20。
⑤ 《会宁工区文艺创作活动规划（初稿）》（1959 年 2 月 10 日），甘档，档案号：231 - 1 -
20。

有一位名叫金××的民工回忆，他是文化教员，被指令"负责给每个民工编一首诗"，经常编写诸如"水紧石头陡，我们都有一双手，说声洮河上山来，洮水乖乖跟我走"这类顺口溜，"编到半夜"；每当检查团到来，他就将编好的"诗"署上民工的名字誊抄挂在绳子上，"远远看去花花绿绿，如同万国旗"。①

文学创作的载体是工地办的报纸，以《引洮报》为主。各个工区也有简报，如武山工区的《武山引洮》、天水工区的《战斗报》、靖远九甸峡共青段的《共青生活》等，但很遗憾，这些报纸都难寻踪迹，唯从机关报《引洮报》上弥得工区文化生活之一角（见图 5-6）。

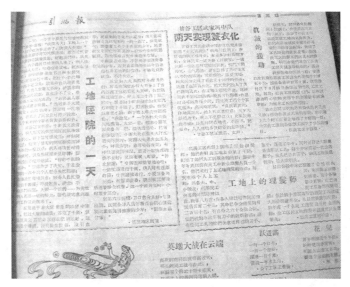

图 5-6　《引洮报》（第 15 期，1958 年 9 月 28 日，第 3 版）

为鼓励投稿，《引洮报》每月都统计并公布各工区的来稿数量。

表 5-3　各工区 1958 年 11 月来稿统计

工区	榆中	会宁	靖远	陇西	通渭	定西	临洮	秦安	甘谷	平凉	渭源	武山	天水	工程局	其他	总计
篇数	38	31	28	25	24	18	15	13	8	4	4	3	2	18	7	238

资料来源：《各工区十一月份来稿统计》，《引洮报》第 33 期，1958 年 12 月 6 日，第 3 版。

---

① 王文元：《1958 年，引洮工程上一位民工的记忆》，《档案》2013 年第 1 期。

　　比较之下，相对落后的工区自然会迎头赶上，且要求更高。因此，12月各工区来稿数量明显增多，总计达到 532 篇，每个工区都比先前要多。① 为鼓励人们投稿，引洮报社还要求每个工区评选"模范通讯员"并予以奖励。②

　　在材料中，扫盲教育取得明显效果。开工不过一个多月，陇西工区便称"一万五千多民工，已经有 90% 左右的突破了文盲关，摘掉了文盲帽子"。③《人民日报》也指出，引洮工地"坚决地贯彻了常年扫盲工作"，"使 90% 以上的青壮年摘掉了文盲帽子"。④ 尽管工程局要求发放"文盲情况调查表"和"文化调查卡"来调查扫盲教育的效果，⑤ 但在施工任务极其紧张的情况下，90% 以上的脱盲率确实言过其实。报刊媒体不过是虚报浮夸。《引洮报》登载了一封来自秦安工区一大队女民工的信，称："我是一个十九岁的贫农妇女，生长在陇西马河镇，卜家渠，从前因家里没有劳力，没有上过学，虽然在民校学习过几天，可是没有识下几个字，此[自]从来到引洮工程，就象进了红专学校，我来到引洮只有一年长的时间，就学会了一千多个生字，还学会了写文章。学会了不少的政治和社会科学知识。这篇诗歌是我写出感谢党的。请你们看看行不行。"报社编辑部将"信和诗歌都全文照登，仅有的几个错别字已注在扩[括]号中"。这首七字诗歌，原文如下：

　　　　千万英雄双手动，能叫天地鬼神惊。要叫高山听号令，指到那里那里平。

　　　　民工个个英雄汉，攻破难关千千万。要叫洮水把山上，红花开遍董志塬。

　　　　战胜自然还不算，文武双全是好汉。我家三代不识字，与（遇）到苦处说不完。

---

① 《各工区十二月份来稿》，《引洮报》第 43 期，1959 年 1 月 8 日，第 3 版。
② 《模范通讯员条件和奖励办法》，《引洮报》第 40 期，1959 年 1 月 1 日，第 3 版。
③ 《陇西工地无文盲》，《引洮报》第 3 期，1958 年 7 月 15 日，第 2 版。
④ 《引洮工程全部工序土机械化》，《人民日报》1959 年 11 月 28 日，第 1 版。
⑤ 《关于发放"文盲情况调查表"和"文化调查卡"的通知》（1959 年 9 月 17 日），甘档，档案号：231 - 1 - 179。

自从有了共产党，到处扫盲齐欢唱。我们引洮也同样，处处学是（习）歌声杨（扬）。

从前我没上过学，今天提笔写文章。未来引洮不识字，来到引洮才学习。

来到引洮一年整，政治技术攻坡（破）关。经济文化大翻身，永远不忘党的恩。①

从这封来信和诗歌上很难断定"徐桂兰"真有其人，"贫农"身份的认定和对引洮"红专学校"的定义以及诗歌中尚算齐整的平仄对称都让人不免怀疑其真实性。如另一则口述史料。引洮英雄周某某在参加 1959 年国庆观礼之后，《引洮报》上登载了一篇名为《我见到了毛主席》的文章，以第一人称的口吻述说其到北京观礼、在人民大会堂见到毛主席的经过。② 但在采访中笔者问及时，他却说"从来没写过"，"不知道"。③ 但另一方面，周某某确实在工地上成功识字，直接原因是他是引洮英雄，需要在多个场合演讲，识字是必备技能。由图 5 - 7 可见他 1960 年时的手迹。

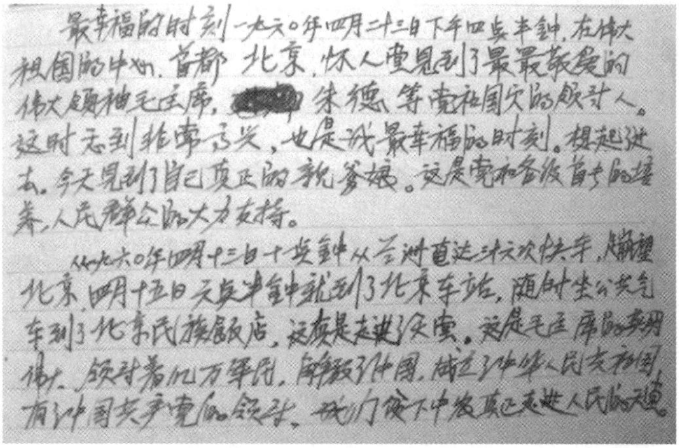

图 5 - 7　周某某手迹

资料来源：由受访者提供，特此感谢。

---

① 徐桂兰：《感谢党的领导》，《引洮报》第 257 期，1960 年 6 月 28 日，第 3 版。
② 《我见到了毛主席》，《引洮报》第 162 期，1959 年 11 月 12 日，第 3 版。
③ 2012 年 4 月 24 日笔者于榆中县采访周某某的记录。

细读之下，图 5 – 7 中的"怀仁堂"被写成"怀人堂"，"汽车"被写成"气车"。日记记载了他作为先进生产者被接见的场景，传神而朴素地表达了一个穷苦老百姓对带领其翻身的党和毛主席的深厚感情。这种感情并未随着时间的流逝而消失，直到 2012 年笔者去采访他，他仍然说："我的一切都是共产党、毛主席的英明领导，在各级党组织的培养和关怀下，在广大人民群众的支持下取得的。"① 他临退休时是某乡公安系统的普通干部，职业生涯的起点与顶点均在引洮工地，不难想象他对这一工程的热爱程度。

"又红又专"

引洮工程被认为"是宏伟的劳动战场，又是马克思、列宁主义的红专学校"，是因为"反右"运动中延续下来的关于"红"与"专"的讨论，到"大跃进"时期被悉数归为对"又红又专"的追求。既重视政治思想教育，扫盲取得的实效，又重视业务能力的提高，学习一两项科学技术。②

首先是建立红专学校。秦安工区"建立了五个中级红专学校，38 个初级红专学校，配备专职教员 38 人，兼职教员 136 人，建立了 349 个班组，参加学员 8213 人"；③ 平凉工区"学习方面，已组织起文化初中班 11 个，参加学习的学员 299 名、完小班 26 个。参加学习的学员 1110 名、初小班 50 个。参加学习的学员 3132 名、识字班 5 处。参加学习的 224 人"。④ 另有许多类似功能的文化组织，据 1959 年 2 月统计，"工地上已建立起文化站 68 个、中心俱乐部 149 个、俱乐部 494 个，业余剧团 190 个、文娱小组 2490 个、创作小组 2103 个、展览馆 4 个、图书室 766 个、图书袋和图书箱 844 个，有各种图书 181228 册，民工借阅图书 2989250 册次，每人每月平均读书 3 册，有读报组 4965 个，订阅各种报纸 29842 份（内有引洮报 9054 份，是赠阅的），有电影队 14 个，共放映电影 1215 场，观众达

---

① 《周某某的自述》，个人材料，2011。
② 《甘肃省引洮上山水利工程局党委宣传部印发"关于普遍建立红专学校意见"的通知》（1958 年 8 月 4 日），甘档，档案号：231 – 1 – 173。
③ 《局党委宣传部转发秦安工区党委宣传部关于两月来扫盲工作的报告》（1960 年 1 月 4 日），甘档，档案号：231 – 1 – 182。
④ 《中共平凉工区宣传科关于在民工中开展红专学习和娱乐活动工作情况报告》（1958 年 11 月 20 日），甘档，档案号：231 – 1 – 371。

1522120 人次"。① 这些具体数目的真实性有待考证，但可从侧面表明人们对于教育的重视。

还有一项特殊的思想理论教育。"群众一旦掌握理论，就会产生巨大的物质力量；马列主义不但出粮食，出钢铁，而且也出土石方"，因此要"在引洮工地开展全民学理论运动"。② "学理论"主要学习毛主席著作、学哲学、学当下政策文件等，目的是统一思想、鼓舞干劲。让还没有脱盲的民工学理论、学哲学勉为其难，但工地上学习毛主席著作的活动如火如荼。《关于正确处理人民内部矛盾的问题》《矛盾论》《实践论》《愚公移山》等文章被宣传科干部以通俗、生动、密切联系工地施工实际的方式介绍给普通民工，报刊上出现大量学习毛主席著作的模范人物及事迹。③

对于"专"的追求则体现在水利技术常识的普及和教育上。1958 年 9 月，工程局先后发出《培养技术人员的规划》以及《建立和加强红专学校的指示》，提出培养农民技术员的计划，方针是："以工地为学校，以工程为教材，就地取材，自力更生，多次培训，逐步提高，边学边用，学以致用，为工程建设服务"，最终达到的目标是"白丁进来、红丁出去"。④ 会宁工区的基本方法有六条：批判科学神秘、技术高不可攀的迷信保守思想；书记亲自动手、干部亲自带头示范，在工地传授技术；发动民工编写工程技术方面的歌词、顺口溜、快板等；师徒同劳动，边学边体会；大教师教小教师、小教师教学生的层层包干制度；工地设讲堂，布置设备，组织民工参观，互教互学。经过培训，"截止 10 月底，学会水平仪、罗盘仪、测流量、建筑清基等技术的各数十人；能使用各种土仪器，会做横断面以及会控制填方质量的各数百人；会计算土方、能掌握各种坡尺、识别边桩、中桩及各种边坡等各千余人。此外，并创造了不少土仪器，如定方向的有分度盘，活动十字架等，测平地有丁字尺、拐尺等。测坡面的有坡

① 《大力开展工地文化工作，为工程建设服务》（1959 年 2 月 3 日），甘档，档案号：231 - 1 - 175。

② 《关于执行中共甘肃省委"关于全民学理论、全党办党校的指示"的计划》（1958 年 10 月 27 日），甘档，档案号：231 - 1 - 173。

③ 参见 1960 年 3 ~ 5 月《引洮报》。

④ 《关于引洮工地培养水利技术人员的基本经验》（1959 年 2 月 18 日），甘档，档案号：231 - 1 - 19。

尺、坡板、活动坡尺等共十余种"。① 到 1959 年 2 月，工地上共"培养出农民工程师 193 名，中级农民技术员 3746 名，初级农民技术员 33319 名"。②

除此之外，还办有临时性的技术班，进行各方面的技术教育。1959 年 4 月，工程局举办科学技术训练班。各工区分配名额并规定诸如"政治可靠，历史清楚，思想先进，工作积极，富有钻研精神"等选拔条件，学习内容集中于"有关地质常识以及怎样测量渗透系数"等方面。③ 除了在技术班上学习，《引洮报》上每一期都刊登施工常识，如《怎样才能确保建筑物工程质量》《冬季土方工程施工方法》《两种深渠出土工具》等文章，④ 也是一种将水利技术知识普及的方式。工程局甚至一度筹备建水利学院，下设水工、工程和地质等三个系。⑤ 不过最终无疾而终。

总的来看，工地上的文化活动服务于工程建设的总目标。那些自编自演的娱乐节目，第一次被铅印的诗歌、短文，以及平生第一次写下的名字，都让从未从事过此类活动的民工有了别样感受。下文即将展现的娱乐活动也是如此，常香玉豫剧团、陕西秦剧团、电影放映队等给民工们增添了从未有过的人生体验。这些文娱活动带着浓厚的宣教色彩，影响着工地人的生产与生活。文娱活动仍然是工地社会生活不可分割的组成部分。另一方面，经历了饥饿和苦难，这些不可多得的温暖也成为对工地生活的集体记忆。

三　娱乐活动

以革命的思想内容，先进的英雄形象和引洮工程的现实生活，以

---

① 《会宁工区怎样培养农民技术员的?》，《引洮报》第 30 期，1958 年 11 月 26 日，第 1 版。
② 《关于引洮工地培养水利技术人员的基本经验》（1959 年 2 月 18 日），甘档，档案号：231-1-19。
③ 《甘肃省引洮上山水利工程局关于举办科学技术训练班的通知》（1959 年 4 月 3 日），甘档，档案号：231-1-460。
④ 《引洮报》第 36 期，1958 年 12 月 17 日，第 2 版。
⑤ 《工程局举办水利学院》，《引洮报》第 3 期，1958 年 7 月 15 日，第 4 版。

富有民间艺术风格的文化娱乐活动，不断鼓舞和激发广大民工的政治热情和劳动积极性。

——《引洮工地文化工作的初步经验》①

繁重的体力劳动、简陋的住宿条件与时好时差的饮食给了民工们关于引洮工程的痛苦记忆，而劳动之余不多的娱乐活动则给他们的记忆增添了一抹亮色。工地娱乐活动有三种，一是看电影；二是民工们自己排演节目；三是外地剧团来慰问演出。但这些娱乐活动被过度政治化，以文娱的形式进行思想教育的目的远远大于娱乐本身，是为了"以革命的思想内容，先进的英雄形象和引洮工程的现实生活，以富有民间艺术风格的文化娱乐活动，不断鼓舞和激发广大民工的政治热情和劳动积极性"。②

放电影

工程局的电影放映队是省文化局支援的，巡回在各工区放映，各工区的电影队服务于己。由于电影设备、影片都是消耗品，电影队采用半企业编制，目的是适当补偿器材的损耗并支付放映员工资。电影放映分两种，一种是免费放映的宣传片，有配合各种大小会议放映的，有外省市、后方各县及单位参观慰问而"免费"招待放映的。另一种是低价售票放映。从开工截止到1958年12月，"共放映电影250场，其中慰问和招待放映91场，观众达156322人次"。③ 到1959年10月，"共放映电影2532场，观众达1646686人次，放映电影98部，平均每个民工每月看到两次电影"。④ 到1960年2月，"共放映3088场，观众3531567人次（58年1102场1289808人次，59年1574场1860269人次，60年1月至2月放映412场，观众281490人次）"。⑤ 可见1959年放电影的次数比较多，月均160场左右。但影视装备较少，截止到1959年12月共有"电影队10个，专业放映

<hr>

① 《引洮工地文化工作的初步经验》，甘肃省图书馆藏，索书号528.4178.2。
② 《引洮工地文化工作的初步经验》，甘肃省图书馆藏，索书号528.4178.2。
③ 《引洮工程电影队1959年工作总结》（1959年1月17日），甘档，档案号：231-1-20。
④ 《引洮工地的电影放管工作》（1959年12月1日），甘档，档案号：231-1-181。
⑤ 《引洮工地的电影放映宣传工作》（1960年3月20日），甘档，档案号：231-1-186。

员 21 人，35 毫米放映机 1 套，16 毫米放映机 11 部"；① 1961 年对工地物资进行清理时，共有"电影机 13 套"。② 与放电影的次数相比，足见是在十分艰苦的条件下给民工提供娱乐活动。

各个工区的电影队服务于本工区民工，在施工段巡回放映。通渭工区1958 年 11 月成立电影队，从民工中挑选两名放映员到工程局电影队学习放映技术。从 1958 年 12 月 15 日到 1959 年 1 月 15 日，"一个月内，就放映了 38 场，观众达到五万多人次"。③ 据统计，"全工地的 12 个电影队从开工到今年（1959 年）九月底共放映 2332 场，职工观众达 2646686 人次，平均每月可看电影一次以上"。④ 但这只是总体来看，不能一概而论。由于对电器设备的要求，工区电影队仍集中在工区机关，离工区驻地较近的民工能观看到电影。但有的大队离工区驻地一二十里地，即便有电影可看，让累了一天的民工徒步十几公里去欣赏电影，未免强人所难。

电影的放映不是单纯的娱乐，其方针是"电影为政治、为工程建设、为广大职工服务"。⑤ 因此放映的都是有宣传功能的红色影片，如《上甘岭》《董存瑞》《铁道游击队》《渡江》《总路线光辉照耀下》《荒地之春》等。⑥ 主人公多是时代楷模。放映员在放映时根据影片内容适当做一讲解，将施工所遇问题与电影中的困难相比较，以此激励大家。临洮工区的电影队就是如此，民工们在看了《水库之声》《最坚强的人》影片后，"大大激发了引洮的决心和技术革命的热情"。⑦ 还有的民工看了《上甘岭》后说："我们工地上的生活比起上甘岭的战士来还是要舒服的多。"⑧ 在工具改革时，电影队特意选择诸如《鲁班的传说》《破除迷信》《千里淮北变江南》等影片，鼓励民工积极创造，激发民工对工具改革和发明创造的积极性。这些电影中的英雄人物形象鲜明地树立在人们心中，以至于许多小

---

①《引洮工地的电影放管工作》（1959 年 12 月 1 日），甘档，档案号：231 - 1 - 181。

②《关于引洮工程物资处理情况的报告》（1961 年 12 月 15 日），甘档，档案号：91 - 9 - 197。

③《通渭工区电影队放映的好》，《引洮报》第 64 期，1959 年 3 月 26 日，第 3 版。

④《反右倾、鼓干劲，广泛深入地开展群众文化活动，把高工效运动推向新的高潮（初稿）》（1959 年 10 月 25 日），甘档，档案号：231 - 1 - 174。

⑤《引洮工地的电影放映宣传工作》（1960 年 3 月 20 日），甘档，档案号：231 - 1 - 186。

⑥《甘肃省引洮上山水利工程局关于电影放映有关问题通知及 8 月份影片排定表》（1958 年8 月 2 日），甘档，档案号：231 - 1 - 172。

⑦《名副其实的工地电影队》，《引洮报》第 119 期，1959 年 8 月 1 日，第 3 版。

⑧《在引洮工地上开展文娱活动的报告》（1958 年 9 月 27 日），甘档，档案号：231 - 1 - 170。

队在给自己命名时也以英雄人物的名字命名，如董存瑞小队、穆桂英小队等。

除此之外，也会放映一些与水利工程相关的电影，有关引黄河水上山、兴修水利的电影——如取材自甘肃永靖县的《英雄渠》及《山上运河》《千军万马修水库》《黄河飞渡》等影片。1959 年 2 月 28 日至 4 月 26 日《英雄渠》和《山上开运河》在工区所在地及 45 个大队进行巡演，"放映电影 100 场"，观众达 79322 人。①

能在繁重劳动之余不用开会、不用批斗、简单地看场电影，对民工来说已是享受。但看电影有时也有强制性，有人回忆："晚间开会、看电影也是命令式的，非去不行。你不去就'拱'哩。"②

文艺演出

工地上还有业余剧团，隶属宣传部。节目由民工自编自排自演，许多民工连演出都没看过，更别说登台表演，如今在工忙之余排演节目，本身就是巨大进步。不过这些节目同样带有政治色彩，多歌颂英雄模范人物及其事迹，如白手起家办工厂、勇敢的爆破能手、爱护民工的干部以及前后方的相互协作等。如 1958 年底，陇西、定西、榆中三个工区联合在定西工区的卓坪进行文艺会演，演员 100 多人、节目 20 个，内容全是工地的新人新事，最后得优秀节目奖的是讲陇西工区如何白手起家兴办工厂的郿鄠剧《三天实现滚珠化》等。③

1959 年 1 月，工程局第一次业余文艺会演按照工区分三片展开，参加的有"演员、观摩评比人员、工作人员共计 403 人，共演出民工们自编自唱、以反映引洮工程为主要题材的各种演唱节目 106 个"。④ 获奖节目"临

---

① 《工程局电影队在各工区巡回放映小结（手稿）》（1959 年 5 月 13 日），甘档，档案号：231-1-20。《英雄渠》拍的是甘肃省永靖县在"大跃进"时期引黄河水上山灌溉的事迹，由兰州电影制片厂拍摄。《山上开运河》疑为《山上运河》，是 1959 年由上海科学教育电影制片厂拍摄的科教片，但从时间上推断可能不是，只是从名称上看这两部影片讲的都是"引水上山"的故事。

② 天水工区二团二营"保尔突击连"指导员王顺喜的口述回忆。转引自庞瑞琳《幽灵飘荡的洮河》，第 212 页。

③ 《生动活泼的文娱会演大会》，《引洮报》第 40 期，1959 年 1 月 1 日，第 3 版。

④ 《关于举行民工业余文艺会演的总结》（1959 年 3 月 3 日），甘档，档案号：231-1-20。

洮工区的郿鄠剧'张尕虎转变'，描写了落后分子张尕虎不安心工地劳动，后经组织和自己爱人的耐心说服而转变认识的过程，生动的表现了两条道路的斗争；定西工区的郿鄠剧'马德义'，歌颂了农民工程师马德义不怕别人嘲笑终于制成先进工具的敢想敢做共产主义风格；平凉工区的'补衬肩'，反映了民工和当地群众的血肉关系和老乡们对引洮工程的热情支援"。① 这显示了节目带有宣教目的性。

然而，上述演出毕竟只是业余，只能略微丰富民工们单纯枯燥且繁重的日常劳作，且水平有限，多强调的是政治宣传功能。而真正能够让民工在多年后回忆起来的娱乐生活，是全国其他地区、省上各地区组织的专业剧团的慰问演出。

慰问演出

这些专业剧团有话剧、歌舞剧、秦腔、豫剧、京剧等等，水平高的居多。组织这些剧团来工地慰问演出，有两个作用：一是丰富民工们的业余生活，也表达了其他地区人们对引洮工程的友爱、协作之心；二是来引洮工地参观学习，引洮工程是当时举世瞩目的大工程，对剧团演员来说也是一种精神鼓励。

> 从去年六月分开工以来，按照省文化局排定的计划，前后有省话剧团、省歌舞剧团、省广播电台说唱队、省京剧团、五一秦剧团、省秦腔剧团、省秦学生班；定西专区的豫剧团、蒲剧团、秦剧团，通渭、靖远、榆中、陇西（包括渭源剧团）、会宁、临洮等县的专业剧团，先后到工地作了巡回演出。来工地作过短期慰问演出的还有南京杂技团、新疆红星剧团、原西北师范学院秦剧团、歌舞剧团、常香玉剧团以及省市教育工会组织的业余剧团、张掖专区七一秦剧团。从去年六月到今年六月底，据不完全统计：共演出 754 场，受到教育的民工达到 1507280 人次，民工每人每月平均看戏一次。此外，尚有各县

---

① 《农民作家和演员大会师丰富多彩的文艺会演》，《引洮报》第 50 期，1959 年 1 月 24 日，第 3 版。

组织的慰问团直接到工地为民工慰问演出。①

另一份材料显示从开工至 1959 年 9 月底，"先后有 25 个专业文艺团体来工地慰问演出 821 场，职工观众达 1527680 人次，平均每两月可看到一次戏"。②《引洮报》上的报道是了解慰问活动的一个窗口，具体可参见表 5 - 4。

表 5 - 4　各单位来引洮工地慰问活动统计

时间	慰问团体	慰问对象	慰问活动
1958.9	渭源县	官堡镇工程局（引洮工程局机关驻地在渭源县官堡镇）	60 只羊、10 面锦旗、500 多封慰问信
1958.9	省级国家机关慰问团、榆中县慰问团、临洮县秦剧团、定西县蒲剧团等文艺团体	慰问各自工区	猪、羊等慰问品，演出
1958.10	窑街矿务局代表团		锦旗、毛巾、书籍等慰问品
1958.10	定西蒲剧团、临洮秦剧团	在会宁、通渭、陇西、临洮、定西等 5 个工区演出	演出，给民工缝洗衣服被褥，给 200 多个民工理发，剧团兼任医生给 100 多名民工看病
1958.10	省戏剧学院秦腔剧团		演出
1959.8	省戏剧学院秦腔剧团 55 人	陇西、武山、平凉等工区演出 15 场	演出
1959.8	临洮县慰问团	临洮工区门楼寺工地施工现场、职工宿舍、伙房、病房等处	大批慰问品，与民工一起劳动、交谈
1959.10	山丹秦剧团 55 人	在秦安、临洮、通渭、会宁等工区进行慰问演出	演出了《白蛇传》《白玉楼》《芳草碧血》等大、中、小型剧目
1959.10	定西县	定西工区	棉衣 900 多件，被子 200 多条，还有其他许多衣物

① 《关于专业剧团的演出情况和生活补贴经费使用情况的报告》（1959 年 7 月 10 日），甘档，档案号：231 - 1 - 20。
② 《反右倾、鼓干劲，广泛深入地开展群众文化活动，把高工效运动推向新的高潮（初稿）》（1959 年 10 月 25 日），甘档，档案号：231 - 1 - 174。

续表

时间	慰问团体	慰问对象	慰问活动
1959.10	平凉专区的庆阳秦剧团、泾川两县	平凉工区	演节目，各种蔬菜、柿子、梨、核桃等 1.7 万多斤和 5000 多封慰问信
1959.11	省慰问野外工作人员代表团	古城至榆中工区，靖远至会宁工区	现场演出，并举行大小慰问会议 103 次
1960.1	中共张掖地委、张掖专员公署、中国人民解放军张掖军分区和全专区 14 个县、市、自治县的工业、农业、水利等战线上的先进生产者代表以及玉门、酒泉市两个秦腔剧团的演员们共 125 人	各工区	蔬菜、肉食、食盐、汽油、煤油、柴油、机油、硫黄、炸药、沙枣树种、柳筐等 209.5 吨、慰问信 1 万份，还缝补衣服
1960.1	中共天水地委、专署、天水军分区和县、市的代表 22 人、秦剧团 29 人	临洮、通渭、会宁等工区	慰问大会、演出以及 10 多面锦旗、2000 斤柿饼、1000 斤肉食、5000 封慰问信
1960.1	新疆生产建设兵团参观慰问团一行 70 人	靖远和榆中等工区慰问，还参观了九甸峡、宗丹岭工程和古城水库的各种建筑工程	
1960.1	白银市慰问团一行 15 人	先后在工区、共青段、一大队等地放映了《白毛女》《上甘岭》等影片，并在民工休息时间，通过个别访谈、小型座谈、召开大会等形式，进行了慰问活动	慰问团带来了毛巾、围巾、绒衣、鞋袜、衣服、手套共 1300 多件，肉食 525 斤，人民币 1000 元
1960.1~2	中共平凉地委、专署和专区各县党政干部、教育界人士和先进工作者，泾川、静宁县秦剧团和泾川县电影队共 59 人	平凉工区和古城水库	慰问大会和小组会、舞台演出、放电，联欢会，肉 2000 斤，粉条 1000 斤，火硝 3 吨，先进工具、鞋袜、毛巾、手套等慰问品共 18000 多件，慰问信 19000 多封
1960.1~2	中共定西地委、专署、军分区组成慰问总团，专区所属陇西、临洮、榆中等 8 个县和白银市共组成 9 个慰问分团		带有大批礼品（肉、糖果、点心、硫黄等）、慰问信，剧团、文工团、电影队进行演出，并赠送锦旗

续表

时间	慰问团体	慰问对象	慰问活动
1960.3～6	省中苏友好协会宣传车	10 个工区，44 个大队	演出、电影、图片展览
1960.7	兰州艺术学院演出慰问团音乐系和戏剧系舞蹈班师生116 人	在水库工地和各工区进行巡回演出	演出

资料来源：根据《引洮报》第 11、17、24、31、132、136、149、156、158、167、169、189、194、196、197、199、254、261 期，1958 年 9 月 6 日、10 月 8 日、11 月 5 日、11 月 23 日；1959年 9 月 1 日、9 月 10 日、10 月 13 日、10 月 29 日、11 月 3 日、11 月 24 日、11 月 28 日；1960 年 1月 28 日、2 月 4 日、2 月 6 日、2 月 11 日、6 月 21 日、7 月 7 日等相关报道整理。

可见，慰问的方式主要是文体娱乐活动，有两个高峰期，即 1958 年下半年和 1959 年下半年至 1960 年上半年。1958 年底，定西蒲剧团和临洮秦剧团在会宁、通渭、陇西、临洮、定西等 5 个工区演出，每天演出两场戏，每场都有两三千人。[①] 有人回忆，1958～1959 年来会宁工区慰问的剧团有"常香玉剧团，甘肃省秦剧团、陇剧团、蒲剧团、歌剧团，定西、平凉地区剧团，靖远、临洮县剧团。记得 1958 年秋季常香玉剧团来会宁工区，在尖山演出，豫剧表演艺术家常香玉、马金凤都出场表演，演到中间，秋云四布，大雨滂沱而下，但民工们都冒雨看戏，且精神贯注，很少有人离场"。[②]（见图 5 - 8）

图 5 - 8 来自各地的文艺工作者在工区进行慰问演出

资料来源：《引洮上山画报》第 1 期，第 40 页。

---

① 《定西蒲剧团和临洮秦剧团大受民工欢迎》，《引洮报》第 31 期，1958 年 11 月 29 日，第3 版。

② 刘玉珩：《引洮漫记》，中共会宁县委党史资料征集办公室编印《会宁党史资料》第 5 集，1996，第 145 页。

剧团演出和放电影一样，很多离工区驻地较远的民工是无法看到的。工程局也指出，"因为时间短，工线长，有一半以上的工区不能去，所以有些偏远工区的民工平均一个月还看不到一次戏"。①

这种慰问活动，实际上是自甘肃省委到各级地委、县委自上而下要求的结果，慰问的同时进行宣传教育。1960 年 1 月，省委专门通知定西、平凉、天水地委和辖区各县委春节期间对引洮职工进行慰问，"以专区为单位组成慰问团。成员应包括专区、县、市党政负责同志，工农业及各个战线上的模范或先进人物"，慰问活动包括"作报告、座谈、联欢，介绍工农业战线上的生产成就和进行慰问演出等。还可以根据实际情况，适当携带部分食品、先进工具等"，"慰问时间为三至五天，希能在元月 27 日左右达到工地，利用假日展开慰问活动，和民工一起欢渡春节"。② 因此，1 月 26 日开始，"由中共定西地委、专署、军分区组成慰问总团，专区所属陇西、临洮、榆中等八个县和白银市共组成九个慰问分团，分别带有大批礼品、慰问信、剧团、文工团、电影队，在春节先后到达引洮工地进行慰问。仅岷县慰问分团就有 170 多人，由县委书记率领，各公社党委书记参加"。③ 陇西秦剧团提出"既是一个宣传队，又是一个民工队"的口号，不仅演出多场，还主动"买布 29 尺，给民工缝补衣服 467 件，买推子两把，给民工理发 242 人，贴出慰问民工的大字报 1254 张，标语 1000 多张，写慰问信 42 封"。④ 宣教寓于娱乐活动中。

四　群众运动

我们不祈祷神灵，命运更不能信从，我们的真理只有一条：事事

---

① 《简报专业剧团在工地上演出情况及存在的问题》（1958 年 10 月 27 日），甘档，档案号：231 - 1 - 170。

② 《省委关于春节期间慰问引洮民工的通知》（1960 年 1 月 6 日），甘档，档案号：91 - 9 - 73。

③ 《定西专区慰问总团和九个县市分团热情慰问广大引洮职工》，《引洮报》第 199 期，1960 年 2 月 11 日，第 4 版。

④ 《关于专业剧团的演出情况和生活补贴经费使用情况的报告》（1959 年 7 月 10 日），甘档，档案号：231 - 1 - 20。

大搞群众运动。

靠群众打败了"刮民党"，靠群众撵走了日本兵，靠群众斗倒了大地主，靠群众消灭了美国狼。

大跃进——群众运动，人民公社——群众运动，群众运动实现了总路线，群众运动大搞引洮工程……

——柴世昆：《万岁，伟大群众运动!》①

"文革"结束前，各种政治运动不断，李里峰认为，"接连不断的群众运动可以帮助党和国家在短时间内有效地动员乡村民众、实现乡村治理，但这种动员和治理的成果却难以制度化、常规化，而只能以接连不断的新运动来维系，从而在社会变革的动力与社会运行的常态之间，形成了难以消解的矛盾"。② 既有研究多强调群众运动消极的一面，但从另一方面看，群众运动能够屡屡发动并有其群众基础即表明其有存在的合理性，引洮工程上的群众运动就充分展现了两面性。

大大小小不同的群众运动在某种程度上决定着工地社会的生产和生活状态，使工地社会始终处于"高压政治"的压力之下，紧张是常态。施工的整个过程就是"运动化"的过程，群众运动的目标以各种各样的口号展现出来。

群众运动无处不在

在工地社会，群众运动贯穿于引洮工程始终，为工程建设服务；基本可分为"生产型"运动和"生活型"运动两种。前者包括工具改革运动、高工效施工运动、技术革命和技术革新运动等；后者包括扫盲运动、爱国卫生运动、种菜运动、计划用粮、节约用粮的群众运动等。据不完全统计，在工地社会上开展的群众运动有四五十次，如表 5-5 所示。

这些群众运动大多由工程局党委发动，除个别的整党、整团运动针对党团员，改进领导方法、领导作风运动针对干部以外，其余运动对象是全

---

① 柴世昆：《万岁，伟大群众运动!》第 147 期，1959 年 10 月 8 日，第 3 版。

② 李里峰：《群众运动与乡村治理——1945～1976 年中国基层政治的一个解释框架》，《江苏社会科学》2014 年第 1 期。

体民工，具有普遍性。局党委发出运动号召后，各工区在响应号召贯彻运动指示之外，有时还会针对本工区的特殊性，发起更具针对性的运动。如九甸峡工程是整个引洮工程最为艰险的一段，地势险要、施工环境恶劣，被命名为"共青团工程段"，主要由靖远工区的 3000 多名青壮年劳力承担施工任务。1958 年 9 月，共青团工程段党委发起"千面红旗、万名突击手"的社会主义劳动竞赛运动，这项运动在此工段一直被贯彻下去。

表 5 - 5　工地社会的各项运动

时间	倡导者	内容
1958.7	局党委	用大辩论的形式开展"献计献策运动"，目的是制定提前一年完成引洮工程的计划
1958.7	局党委	技术革命和技术革新运动
1958.7	工程局各处室	红旗竞赛运动，设计处"早日完成设计工作"、工务处"突破全国定额缩短工期"、器材供应处"施工到哪里，器材供应到哪里"等
1958.7	陇西工区	"红七月"劳动竞赛运动，提高民工工效
1958.7	局党委	卫生突击运动，整顿环境卫生
1958.6	局党委	突击扫盲运动及"读百本书、写千篇文章""人人当歌手，个个当作家"运动
1958.9、1959.3	局团委	"千面红旗、万名突击手"运动
1958.9	局党委	整风运动，目的是"向党交心"，"坚决克服资产阶级个人主义，拔掉思想上和工作中的白旗、灰旗，插遍红旗，使自己成为又红又专的无产阶级战士，全心全意为引洮上山水利工程服务"
1958.9	局党委	每月完成 1 亿土、石方任务的群众运动
1958.10	通渭工区	"红十月"运动，要求每月完成 2000 万土、石方任务
1958.10	靖远工区共青段党委	"千面红旗、万名突击手"的社会主义劳动竞赛
1958.11	局党委	社会主义和共产主义教育运动
1959.1	局党委	学习、宣传、贯彻党的八届六中全会决议运动
1959.2	通渭工区	红旗竞赛运动
1959.3	局党委	高工效运动、大面积丰产运动、技术革命运动、百方运动
1959.3	局党委	大写引洮工程史运动
1959.3	靖远工区	百方运动
1959.4	局党委	以技术革命和工具改革为中心的红旗竞赛运动

时间	倡导者	内容
1959.4	秦安工区	安全运动
1959.5	局党委	进一步开展大面积高工效运动
1959.5	局党委	以技术革新和技术革命为中心的增产节约运动；以反贪污、反浪费为中心的增产节约运动
1959.5	静宁工区	"三反"（反贪污、反浪费、反盗窃）运动
1959.6	局党委	高工效运动
1959.6	局卫生处	以预防和消灭急性传染病为中心的卫生突击运动
1959.7	古城水库指挥部	防洪突击月运动
1959.7	各工区	种菜运动
1959.9	局党委	"反右倾"、鼓干劲，掀起高工效施工运动
1959.9	榆中工区一大队	安全施工运动
1959.11	局党委	"三超四比"（劳动超定额、实产超计划，后进超先进和比干劲、比措施、比进度、比实效）竞赛运动
1959.11	局党委	工具改革运动
1959.12	局党委	"一跨（上旬跨下旬，上月跨下月，前季跨后季，今年跨明年）、二革（技术革新和技术革命）、三超（实产超计划、劳动超定额、后进超先进）、四比（比干劲、比措施、比进度、比实效）、五成（竞赛成网、成套、标兵成列、红旗成林、互比成风）"运动
1959.12	局党委	冬季高工效运动
1959.7	工程局	质量大检查运动
1959.12	局党委	计划用粮、节约用粮的群众运动
1960.1	局党委	"全勤满员，一人顶两人用"的群众运动
1960.1	局党委	"五一"通水漫坝河的宣传运动
1960.1	局党委	春节前的卫生突击运动
1960.1	局党委	进一步大搞工具改革运动，要求在1月底再发明创造先进工具1万件
1960.2	局党委	开展"文化革命"运动，迎接全国文教群英大会
1960.2	局党委	更全面、更深入、更持久地开展节约粮食运动
1960.3	局党委	"三大民主"（政治、工程、经济民主）的思想教育运动
1960.3	局党委	群众性的学习毛泽东思想的运动
1960.3	通渭工区	"三查、两反、一挖"（查仓库保管、查损耗、查偷盗，反破坏、反浪费，挖掘人力和物力的潜力，利用各种废料制造工具）的增产节约运动
1960.4	局卫生处	爱国卫生运动突击周

续表

时间	倡导者	内容
1960.4	局党委	"三反"（反贪污、反浪费、反官僚主义）运动
1960.4	局党委	以"四化"（机械化、半机械化、自动化、半自动化）为中心的技术革命运动
1960.7	局党委	开展"密切联系群众，实事求是，埋头苦干，克服困难"的运动
1960.8	局党委	开展改进领导方法、领导作风运动
1960.9	局党委	开展以保粮保钢为中心的增产节约运动
1960.9	局党委	开展学习常得禄同志（通渭工区五大队六中队党支部书记）的运动

资料来源：根据以下相关资料整理而成：《引洮报》第 2、3、5、13、14、15、17、21、23、31、53、58、59、64、68、74、84、88、90、97、99、108、115、116、134、135、158、159、170、181、183、186、190、191、207、208、210、223、227、230、272、275、280、288、301 期，1958 年 7 月 8 日、7 月 15 日、7 月 29 日、9 月 22 日、9 月 28 日、10 月 8 日、10 月 25 日、11 月 1 日、11 月 20 日；1959 年 1 月 22 日、2 月 28 日、3 月 12 日、3 月 14 日、3 月 26 日、4 月 4 日、4 月 18 日、5 月 21 日、5 月 26 日、6 月 11 日、6 月 16 日、7 月 7 日、7 月 23 日、7 月 25 日、9 月 5 日、9 月 8 日、11 月 3 日、11 月 5 日、12 月 1 日、12 月 25 日；1960 年 1 月 1 日、1 月 9 日、1 月 19 日、1 月 21 日、3 月 1 日、3 月 3 日、3 月 8 日、3 月 12 日、4 月 7 日、4 月 16 日、4 月 23 日、8 月 2 日、8 月 9 日、9 月 8 日、10 月 11 日；《关于开展"三反"运动安排意见的报告》（1960 年 4 月 24 日），甘档，档案号：231 - 1 - 56。

工地社会上的群众运动各种各样，甚至种菜、办食堂、节约粮食、搞卫生都被"运动化"处理，可见对群众运动这一工作方式的依赖。群众运动以其自上而下、疾风暴雨摧枯拉朽之势，统一由工程局的各级党政组织贯彻推行，大潮所至，牵涉每一位工地人，更难以拒绝或超越运动的目标。

群众运动的弊端显而易见，由于往往以"左"倾为指导思想，带来诸多问题。如 1959 年的"反右倾"运动，致使"揭发出有严重问题的 227人"，占全体党团员脱产干部 1764 人的 12.9%。[1] 前文所述的整党整团运动、"大辩论"运动更是如此，通过运动来更替干部成为非常规的干部选拔机制，普通民工稍有不慎便成为批判对象，足见这类运动的消极性。

但是，工地上的运动大多围绕施工展开。如 1959 年 2 月，工程局党委召开了第四次（扩大）会议，会上提出了"修成千里河，水通大营梁，灌地百万亩，打好第一炮，确保'七一'通水，向党的生日献礼"的口号，

---

[1] 《十四天来反右倾斗争情况报告》（1959 年 11 月 23 日），甘档，档案号：231 - 1 - 41。

随之掀起各种施工运动，如高工效运动、大面积丰产运动、技术革命与技术革新的工具改革运动等。从某种程度上说，党的方针政策的推行有赖于群众运动的展开，而党组织"持续不断的动员力"① 则为这类运动的展开提供了丰富的策略。

除了上述以施工为核心的群众运动之外，工地上还有许多有关生活的群众运动。然而，即使是以生活为中心的卫生突击运动、种菜运动等，其立足点也是为更好地进行工程建设。尤其是在工地面临粮食紧张的 1960 年代，以办好食堂、节约粮食、自力更生种菜种粮为核心的生产运动普遍展开，工地的党委机关报《引洮报》就以大量篇幅跟踪报道这方面的内容。因此可以说，以施工为核心的群众运动是工地政治的重要特点。

标语"口号"与群众运动

各种各样的"口号"是工地社会运行的关键词，与群众运动如影随形。"口号"朗朗上口，是为实现某一目标而提出的极具宣传鼓动作用的短句，集中反映某一时段提出者（多为工程局党委）所追求的主要目标。在各类群众运动中，极具动员力的"口号"就像是开路先锋。在工地社会上，一句句简单凝练的口号代表着党的方针政策，局党委提出"所有工地都要标语口号化，经常书写鲜明、生动、准确、及时、有力的标语口号"。②

1958 年 7 月，朱德副主席到甘肃省兰州、酒泉、玉门等地视察，共 15 天。③ 在兰州视察了刘家峡发电站、兰州炼油厂、兰州化工厂等多处，但并没有到引洮工地，只为工程题词——"引洮上山是甘肃人民改造自然的伟大创举"。该题词被当作朱德肯定并关心引洮工程的表现，在工地各处悬挂。

---

① 参见 Charles P. Cell, *Revolution at Work*: *Mobilization Campaigns in China* (New York: Academic Press Inc., 1977); Gordon Bennett, *Yundong*: *Mass Campaigns in Chinese Communist Leadership* (Berkeley: Center for Chinese Studies, University of California, Berkeley, 1976); Elizabeth J. Perry, "Moving the Masses: Emotion Work in the Chinese Revolution", *Mobilization*, Vol. 7 (2), 2002, pp. 111 - 128.

② 《关于组织、宣传会议的情况报告（手稿）》(1958 年 9 月 30 日)，甘档，档案号：231 - 1 - 4。

③ 顾雷、樊大畏、闻捷：《难忘的十五天》，敦煌文艺出版社，1958。

在推行施工目标的过程中，"口号"非常重要。例如，1959 年 2 月，引洮工程局党委在会川召开第四次扩大会议，做了"修成千里河，水通大营梁，灌地百万亩，打好第一炮，确保'七一'通水，向党的生日献礼"的决议。为了"胜利贯彻执行第四次党委扩大会议的决议精神，进一步鼓舞广大职工群众的革命干劲和劳动热情，确保'七一'通水"，局党委印发了 26 条宣传口号，"要求各工区大量书写并广泛宣传，使工地标语化"。其中一些宣传口号是：

1. 修成千里河，水通大营梁，灌地百万亩，打好第一仗！
2. 十分指标，十二分措施，二十四分干劲！
3. 争取更大、更好、更全面的跃进！确保"七一"通水大营梁！
4. 确保"七一"通水大营梁，要大闹技术革命！
5. 发挥群众干劲，大抓工具改革，确保"七一"通水！
6. 发挥人的主观能动性，改革劳动组合，确保"七一"通水！①

实际上，这些口号大同小异，但都朗朗上口、简单、直接，易于被大多民工记在心里。在局党委的号召下，各工区也提出了各自为确保"七一"通水的"战斗口号"，有些口号较为激进。如，陇西工区提出：全党全民动员，鼓足冲天干劲，大抓大型工具，大放水泥卫星，誓要战胜洪水，确保"六一"通水；临洮工区提出：紧急总动员，火速摆大战，加强党领导，英雄没困难，大干巧干一百天，六月水过浪家山；朱家山工区提出：书记挂帅齐出阵，全党全民总动员，猛干实干加巧干，技术革命闹翻天，四月卫星满天飞，红五月里大决战，确保"六·一五"水过朱家山，"七一"向党把礼献等。② 通过对这类口号的重复，造就一种"广场效应"，人们在不知不觉间被影响。裴宜理提到的"情感动员"策略所兹依赖的重要手段之一就是那些被群众大声呼喊的口号和标语，③ 像"从前是牛马、现在要

---

① 《局党委制订确保"七一"通水大营梁宣传口号》，《引洮报》第 70 期，1959 年 4 月 9 日，第 1 版。

② 《英雄的誓言，进军的号角》，《引洮报》第 77 期，1959 年 4 月 25 日，第 3 版。

③ Elizabeth J. Perry, "Moving the Masses: Emotion Work in the Chinese Revolution", *Mobilization*, Vol. 7 (2), 2002, pp. 111 - 128.

做人"的口号因回归了对人的基本尊重而深深打动着普通老百姓。① 引洮工程上的口号造就了一种积极向上的激情。

　　各类群众运动与各种口号，是工地社会党委组织贯彻其施工理念与方针政策的一种有效途径，由此也见证了引洮工程的建设过程。通过对工地社会上的群众运动和口号的梳理，一种特殊的以工程建设为核心的工地政治浮出水面，它深刻体现了党以革命的形式来追求现代化建设的一面，即在"运动"和"口号"的革命形式下，实现对工程施工的孜孜以求。工地社会没有自身的能量来源，引洮工程的修建是最大的驱动力。这一特点和形式尤其重要，甚至在某种程度上决定着引洮工地社会的生死存亡。

五　医疗卫生

> 我们是引洮工地的医务人员，救死扶伤担双肩。
> 风雨霜雪工地转，日月星辰来陪伴。
> 我们是引洮工地的医务人员，救死扶伤担双肩。
> 没有病房改牛棚，没有手术床自己建。
> 我们是引洮工地的医务人员，救死扶伤担双肩。
> 不做消极看病者，要做积极预防员。
> 我们是引洮工地的医务人员，救死扶伤担双肩。
> 民工个个身体壮，清清洮水流入白云间。
>
> ——彭兴：《我们是引洮工地的医务人员》②

　　由于引洮工程的施工特点和工地社会上极其简陋的安保条件，施工中极易发生安全事故，如坍塌、火灾、爆炸、中毒、高空坠物、机械伤害

---

① Elizabeth J. Perry, *Anyuan*：*Mining China's Revolutionary Tradition*, Berkeley：University of California Press，2012.

② 彭兴：《我们是引洮工地的医务人员》，《引洮上山诗歌选》第 2 集，第 112、113 页。

等。尽管省卫生厅提供 400 余名医生，[①] 各工区也有医生，试图建立医疗救治组织网络，但还是无法消解简陋的施工条件、繁重的体力劳动和营养无法均衡的饮食等带来的各种隐患。各类安全事故在工地上频繁发生，因施工带来的伤亡成为祸首。

简陋的医疗条件

工地上的医疗条件非常差。工程局及各工区都在驻地设立医院，各大队、中小队建立卫生站、保健站；还有巡回医疗人员，以此组成自上而下的医疗网络。但医生数量非常有限，如甘谷工区医院"共四五个人"，得负责"几千民工"。[②] 定西工区民工 5878 名，分居 6 个村庄，有保疫员 341 个、卫生防疫员 33 个、中西医人员 26 个。[③] 不仅医务人员缺乏，软件差，硬件也非常差。医疗机构所需要的药品、器械，每月统一列出计划表，由工程局卫生处药库统一采购，但常不能如意，临时缺药现象更是普遍。在这种背景下，再加上"就地取材"方针的指引，药品提倡自造。比如，"没化［花］国家一文钱建立起来的引洮制药厂，在二十天里，已生产了总价值 5391.63 元的十五种工地急需的西药，其中有两种是药厂试制成功的新药种，有六种是当前市场上难以买到的脱销货"。[④] 靖远工区的医生沈某有空就制造葡萄糖、普鲁卡因和盐水。[⑤] 时人的创造力与当时物质的匮乏程度奇异地结合在一起。

但在有限条件下制造出有效西药毕竟是少数。民工们患伤寒感冒、胃疼、砸伤创伤等，无法及时得到药品救治，只能默默忍受。采访中，一位老人说："有医生在工地上转悠，看谁被石头打伤了或者划破了，给点药粉粉按上，但是药粉粉少得很。要是有个头疼发热的，只能忍着，小病嘛！还不能请假，除非你病得下不了床，哪能不干活呢！"[⑥] 这段回忆在档

---

① 《全国人民大力支援引洮工程》，《甘肃日报》1958 年 6 月 18 日，第 2 版。
② 武山工区医院大夫石伟杰的口述回忆。转引自庞瑞琳《幽灵飘荡的洮河》，第 142 页。
③ 《甘肃省引洮上山水利工程局定西工区 1959 年度工地卫生工作总结》，甘档，档案号：231-1-724。
④ 《工程局卫生部门空手办药厂二十天节约五千三百多元》，《引洮报》第 6 期，1958 年 8 月 5 日，第 1 版。
⑤ 《靖远工区医院职工思想解放以后……》，《引洮报》第 33 期，1958 年 12 月 6 日，第 4 版。
⑥ 2011 年 9 月 15 日笔者于定西市采访张某某的记录。

案中得到印证。基地医院的工作组在检查通渭工区的医疗卫生情况时便指出，药品"供不应求，保健类药物少，同时每日消耗量较大等。原因有两个：①县上支援存物较少；②治疗没有原则，想起了啥药就用啥药。例如三大队一腹胀腹痛呕吐患者，当时决定服阿托品1片即可，但工区医生习惯上都是2-3片。其次因药少，直接与工人接触的保健员及保健箱，都没有起到应有的作用"。① 民工一旦生重病"就通知家里来领人"②。

重点工程古城水库的医院也非常简陋。古城山腰间一个废弃的娘娘庙里，残存的女神像被搬走，就成了医院。没有桌子，不用的药箱垒起来架成治疗台；没有担架，几根不成材的木板和几个箱子盖便派上用场；黑暗的过道变成X光透视机完美的操作暗室。③ 其他工区医院更简陋，但工作包括多方面。如进行除"四害"、讲卫生的安全生产运动，对民工进行急救知识的宣传教育，按期、按季预防注射破伤风针，制造简易厕所和小便池，要求个人勤洗头、洗澡、剪指甲等等。当时有照片真实反映了工地上的医疗设施，非常简陋。

给民工"打防疫针"实际上很难推行，因民工人数众多，疫苗更是缺乏。即便是个人卫生，如"人人冷水洗手脸。洗脚、洗衣服、剪指甲经常化。每月理发一次，经常修面刮胡。夏季劳动后擦洗澡一次，每人有口罩、牙刷、面巾。要经常进行体格检查，不随地大小便，吐痰入盂，妇女使用月经带，妇女每周洗头一次"，④ 也只能停留在规划里。有民工回忆，"因没换的衣服，永不洗衣，身上的虱子多得滚成团，实在痒了，就靠在架子车榜上搓一搓"，"一天的活干下来，连耳朵碗碗里也是土。手皴得烂烂的，用尿尿洗手还好一些。打饭时碗脏得不行，也只用衣襟把碗一擦就舀饭"。⑤ 还有人回忆说："洗澡？再不要想。没洗过。上工地三年多没洗过。衣服也没有洗过。身上虱子多，痒了就抓抓嘛！都是这样，民工都是

① 《基地医院到通渭工区工作组检查总结》（1958年7月29日），甘档，档案号：231-1-624。
② 武山工区保卫科长赵家祥的口述回忆。转引自庞瑞琳《幽灵飘荡的洮河》，第140页。
③ 《古庙中的医院》，《引洮报》第106期，1959年7月2日，第2版。
④ 《定西工区59年卫生工作规划初稿》（1959年3月4日），甘档，档案号：231-1-724。
⑤ 天水工区二团二营"保尔突击连"指导员王顺喜的口述回忆。转引自庞瑞琳《幽灵飘荡的洮河》，第211页。

不洗澡，哪有这个条件哪！"①

病患状况

劳动任务的艰巨、施工条件的简陋、食物的单调无味、一进入秋天就冻得发抖的天气以及人数众多等原因，都使民工频繁得病。常见的病有感冒、冻伤、一氧化碳中毒、斑疹伤寒、肠胃病等，还有各种施工原因造成的炸伤、碰伤等；还有些民工本来就有旧病，加上施工任务繁重，造成旧病复发。工区医院为民工设置，实际上每人只有两角钱医疗费用，"民工看病自负 10% 的医疗费用，其余 90% 由工区所掌握的每人二角医疗费内开支"。此外，还补充规定了"因工负伤者，贵重药品和输血等代办费，应由工区掌握的医疗费中开支，患者本人不出医疗费用"。意味着只是头疼脑热、感冒发烧等内科疾病，还需自己承担少部分医疗费。而且"在本工区的医疗机构内和工程局所属医院内看病，不收出诊费、诊断费和挂号费"，因此，一般在本工区医治。② 民工患病都是能忍则忍，纵是如此，疾病复发频率仍是居高不下。定西工区共有民工 5878 名，1959 年各月发病情况如表 5 - 6 所示。

表 5 - 6　定西工区 1959 年度多发病人次统计

单位：次数

月份 病名	1月	2月	3月	4月	5月	6月	7月	8月	9月	10月	11月	12月	合计
消化系统	401	413	349	356	279	522	638	436	376	438	178	87	4473
呼吸系统	567	560	756	235	264	381	280	276	313	316	260	54	4262
循环系统	63	52	34	32	11		4	10	8	6	2	4	232
泌尿系统	48	59	13	1	22	50	5		7	6	3	6	229
神经系统	28	33	41	1	3	9	2	4	6	2	14	6	149
风湿性疾病	79	87	18	12	32	31	12	18	14	56	0	2	361
新陈代谢 疾病	18	16	4	0	5	14	69	71	12	0	3	54	266

---

① 2011 年 9 月 8 日笔者于定西市采访张某某的记录。

② 《收费标准的意见》（1958 年 6 月 6 日），甘档，档案号：231 - 1 - 623。

续表

月份\病名	1月	2月	3月	4月	5月	6月	7月	8月	9月	10月	11月	12月	合计
外科	42	37	127	8	10	13	21	9	17	34	8	3	329
眼科	92	133	27	288	65	96	83	45	28	12	6	4	879
五官科	63	60	19	28	16	16	4	19	13	2	7	1	248
口腔科	74	45	18	53	37	7	26	9	2	1	2	1	287
皮花科*	20	4	3	9	5	3	5	11	13	10	6	1	90
其他	30	1	2	37	82	35	28	14	18	50	6	0	303
传染病	0	6	4	5	7	3	4	2	1	1	0	0	33
合计	1525	1506	1415	1065	838	1186	1181	937	835	935	494	224	12141

注：＊皮花科指皮肤科。

资料来源：《甘肃省引洮上山水利工程局定西工区 1959 年度工地卫生工作总结》（1959 年），甘档，档案号：231 - 1 - 724。

可能有民工身患旧病，但多数民工是积劳成疾，表 5 - 6 显示消化系统、呼吸系统和眼科方面的疾病发病率较高。

消化系统疾病多在肠胃。中寨医院的相关材料称："因吃得过饱、喝冷水，不注意冷热得肠胃病的占患病人数的 60%。极少数因吃得过多，得肠梗阻，不治死亡。"[1] 1959 年 6 月初，"秦安工区的胃肠传染病，占全工区发病率的 53.8%，其中四大队的胃肠病人竟达 377 人，占全体职工的 69.5%"。[2] 一位曾在工务处工作的老人回忆："我的老胃病就是在引洮上犯下的，后来胃切除了三分之一。当时年轻，啥都不顾，身体也不注意，吃饭饥一顿饱一顿也没啥，后来吃亏了。"[3]

由于水源、食物不洁而中毒甚至发生瘟疫传染的情况也时有发生。1958 年 6 月，靖远工区有 9 人烧食野菜根而中毒；通渭工区在 7 月份两天内便有食物中毒民工 47 名，原因是食用腐败蔬菜和不洁饮水。[4] 平凉工区

---

[1] 《政治挂帅，敢想敢作，把技术革命运动向纵深发展——卫屏藩、马彬同志向党委的报告（摘要）》，《引洮报》第 6 期，1958 年 8 月 5 日，第 2 版。

[2] 《有效地控制夏季传染病，秦安工区受到卫生处通报表扬》，《引洮报》第 117 期，1959 年 7 月 28 日，第 1 版。

[3] 2011 年 9 月 20 日笔者在兰州采访李某某的记录。

[4] 《甘肃省引洮上山水利工程局关于转发靖远工区发生野菜中毒和通渭工区发生食物污染中毒的通报》（1958 年 7 月 4 日），甘档，档案号：231 - 1 - 623。

"伤寒和斑疹伤寒等传染病的流行比较严重。仅自（1959）年 9 月 20 日至 11 月 6 日，先后被传染患病者达 115 人，其中以伤寒患者较多，此 115 例 中有伤寒患者 101 例，斑疹伤寒患者 14 例，内有 3 例伤寒患者因患有肠穿 孔等死亡"。① 据武山工区的医生回忆，"按理说，入夏，不应是斑疹伤寒 发病的季节，但因民工居住条件恶劣，住自己挖的窑洞，潮湿不说，窑门 上连个遮挡的物件都没有。苍蝇蚊子乱飞，民工们成天出大汗，不要说没 条件洗澡，连手脸都没啥洗。喝的苦水，嘴皮都快蚀烂了，那敢往手脸上 放？身上虱子多得滚疙瘩哩。这病就是由传染体虱子传播的，发病率相当 高。我们一人看护 60 个人，病房挤得满满当当，一天 24 小时，医护人员 不能休息"。② 他的回忆为我们勾勒了一幅具体形象的画面，在这里不仅民 工让人同情，医生也极可怜，概因工地社会艰苦的条件。

眼病多是夜盲症，原因是缺乏维生素 A，也就是缺乏青菜和脂肪。虽 然卫生处发出通知，"要各工区认真加以治疗，并立即加强对饮食的管理， 力求增加青菜、豆腐、豆芽、肉食……让民工增加食油数量"。并介绍治 疗夜盲症的方法："第一，川野蓖麻一斤，加水一千西西（毫升——引者 注），以小火慢熬成五百西西，每次服十西西，每日两次。第二，用马尾 松松针一斤，加水一千西西，以小火慢熬成五百西西，每次十西西，每日 二次。"③ 事实上夜盲症只要吃一点西药和鱼肝油便可治愈，但工地没有， 只能求助于中医和土方法。中医疗效良好，蓖麻、松针是鱼肝油极好的替 代品，通渭工区用蓖麻、定西工区用松针，都治好了夜盲症。④ 在西药缺 乏的情况下，漫山遍野的野生植物成了药物来源，中医派上用场。每个工 区都不乏中医。截止到 1958 年 11 月，各工区共有医务人员 484 名，其中 中医 200 名，占 41.3%；中医在全部医务人员中的比例超过 50% 的工区有 陇西、榆中、通渭、会宁、甘谷、秦安、天水、武山等八个工区。⑤ 鉴于

---

① 《平凉工区伤寒与斑疹伤寒传染病的流行和防治情况报告》（1959 年 11 月 8 日），甘档， 档案号：231 - 1 - 861。

② 武山工区医院大夫石伟杰的口述回忆。转引自庞瑞琳《幽灵飘荡的洮河》，第 142～143 页。

③ 《卫生处发出通知，加紧和夜盲作斗争》，《引洮报》第 90 期，1959 年 5 月 26 日，第 1 版。

④ 《蓖麻能顶鱼肝油治疗夜盲有奇效》《治夜盲好方》，《引洮报》第 96 期，1959 年 6 月 9 日，第 3 版。

⑤ 《引洮工程局卫生处中医座谈会总结》（1958 年 11 月 28 日），甘档，档案号：231 - 1 - 624。

在野外中医药材易得，有些西医也开始学习中医。定西工区卫生院1959年
4月举办为期五天的"西医短期脱产学习中医班"，使西医初步掌握"中
医诊断学和七十多种常见中药的使用方法"。①

　　由于医疗条件极其有限，很多病人得不到有效医治而死亡。1960年8
月，中央安全生产联合检查组对工地安全生产进行检查后，称："引洮工
程60年1至7月份因工死亡184人，因病死亡436人。"② 6月份因病死亡
的20人中，"急性胃肠炎合并严重脱水酸中毒致死者4人，占因病死亡总
数的20%，加急性传染性肝炎、痢疾、肠梗阻、阑尾炎等因肠胃系统疾病
死亡者共9人，占因病死亡总数的45%，其他死亡6人，系诊断不明
者"。③ 还有人回忆："当时梅川医院死的民工摞成摞。"④

六　事故与伤亡

　　引洮工程艰巨又伟大，安全质量丝毫不能差。第一基础一定要清
好，树枝杂草一定要除掉。第二铺土不过三公寸，土块一定打碎它。
第三夯儿定要过膝高，夯打三遍质量保证好。第四层要挖结合槽，结
合槽里一定要打牢。第五我们更要注意到，边锹中桩不要碰掉了。第
六挖土不过一米高，不出事故效率能提高。第七推土要有上下道，集
中精神不要碰坏了。第八工地卫生要搞好，身体健康工效能提高。保
证质量好好干，早日引水董志塬。

　　　　　　——甘谷工区技术科：《工程质量是第一，八项注意要牢记》⑤

---

　① 《定西工区西医学习中医班结业》，《引洮报》第83期，1959年5月9日，第3版。
　② 《中央安全检查组向省委汇报检查情况的报告》（题目由作者自拟，1960年9月7日），
　　　甘档，档案号：231-1-81。
　③ 《关于1960年6月份各工区疾病、传染病、工伤、死亡的统计报告》（1960年7月26
　　　日），甘档，档案号：231-1-636。
　④ 武山工区供应科科长王晋锡的口述回忆。转引自庞瑞琳《幽灵飘荡的洮河》，第147页。
　⑤ 甘谷工区技术科：《工程质量是第一，八项注意要牢记》，《引洮报》第46期，1959年1
　　　月15日，第3版。

尽管施工安全注意事项被编写成诸如《八项注意要牢记》这样的顺口溜传颂在工地上，但简陋的施工条件还是令伤亡事故不断发生。1961年1月12日工程局党委开会讨论指出："洮河上死了2000多人，大的是工伤，其次是浮肿、消瘦、营养不良。第三是几次精减民工路上发生的肠梗塞很多，有些原来就有老病。"① 大致将民工的伤亡原因做了归类，实际情况虽更复杂，但也无出其右。

伤亡事故的类型

第一，工伤事故是头号杀手。各工区成立安全委员会，各大、中队成立安全小组，各小队视需要设安全员，在险要施工点建立安全岗。② 据不完全统计，"（至1958年10月）十个工区，共建立劳动安全组织1616个，配备专职干部12人，不脱产安全员5118人，约占民工总数的4.7%"。③ 但工伤事故仍旧频繁发生。据统计，到1958年10月"共发生因工死亡者56人，重伤54人，轻伤1000余人次"。依发生死亡事故的性质来分类，如表5-7所示。

表5-7 民工死亡性质统计

死亡性质	土方塌陷	爆炸、火药燃烧	从高处坠落	物料高处坠落打死	水害	其他
所占比例	33.3%	15.6%	23.5%	21.6%	4%	20%

资料来源：《关于引洮工程劳动安全的报告》（1958年12月3日），甘档，档案号：231-1-4。

因工伤亡的原因非常多。有被高山上的乱石击伤的，如1958年9月会宁工区第五大队的民工王××（21岁）、曾××（27岁）在尖山石工处施工时，被高山滚石打伤致死。④ 1959年12月26日，秦安工区三大队中山中队的民工搬运面粉和桌子，有4个民工走在前面，突然从山坡上滚下来

---

① 《工程局党委讨论贯彻西北局、省委会议精神情况简报第9期：1月12日下午讨论情况》（1961年1月12日），甘档，档案号：231-1-100。

② 《工程局发出加强劳动安全工作的通知》，《引洮报》第6期，1958年8月5日，第1版。

③ 《掀起安全、生产齐跃进的高潮》，《引洮报》第20期，1958年10月22日，第1版。

④ 《关于民工曾××、王××死亡事故的检查》（1958年9月23日），甘档，档案号：231-1-305。

一块 50 厘米的大石头，这 4 人来不及躲闪，慌乱中，1 人被打死，掉下悬崖摔死 1 人，打伤两人，两名罹难民工都年仅 19 岁。① 有被炸药炸伤的，如通渭工区 1959 年 11 月 20 日至 22 日 3 天时间内，连续发生爆破事故 3 起，其中死亡 2 人。② 秦安工区二大队四中队，在定向爆破（开挖渠道）过程中，由副中队长刘 × × 带队装药引起爆炸，当场死亡 21 人，伤 10 人。③ 因连日下雨，炸药受潮，爆破任务在即，陇西工区一大队副队长令民工借当地村民的铁锅炒炸药，结果引起黑色炸药 600 斤当即燃烧，烧死 5 人，重伤 1 人。④ 据统计，1960 年 2 月 21～29 日 9 天内 "秦安、天水、临洮三个工区，连续发生重大爆破事故 4 起，共炸死、炸伤民工 50 人，其中死亡 23 人，重伤 8 人（内 1 人有危险），轻伤 19 人"。⑤ 有山体滑坡致死的，如天水工区二大队在占旗施工时，20 多个小伙子正在挖平台，突遇山体滑坡，将这 20 多个民工压在下边，埋得浅的 12 个还活着，都受了伤，剩下的 7 个小伙子都被压死。⑥ 还有工程塌方的，"榆中工区三大队五中队古路沟工段于 9 月 24 日下午 5 时左右，因塌陷土方发生一起重大的伤亡事故，计死亡 7 人，轻伤 2 人"。⑦ 1960 年 12 月，古城水库消力池发生塌方事故，导致两人当场死亡。⑧ 凡此种种都造成伤亡，也说明工地社会存在诸多安全隐患。

　　1958 年 9 月，工程局保卫科汇总各工区的工伤事故人次，如表 5 - 8 所示。

---

① 《关于发生伤亡事故的报告》（1959 年 12 月 28 日），甘档，档案号：231 - 1 - 835。
② 《批转 "关于通渭工区连续发生工伤事故的情况反映" 的报告》（1959 年 11 月 30 日），甘档，档案号：231 - 1 - 39。
③ 《关于秦安工区发生重大伤亡事故的报告》（1960 年 3 月 6 日），甘档，档案号：231 - 1 - 55。
④ 《甘肃省引洮上山水利工程局公安处关于陇西工区一大队付大队长汪 × × 有意强令民工用铁锅炒炸药引起燃烧造成重大死伤事件的通报》（1958 年 9 月 16 日），甘档，档案号：231 - 1 - 778。
⑤ 《引洮工程局党委批转陶 × ×、丁 × 同志关于最近连续发生四起重大爆破事故情况和意见报告》（1960 年 3 月 6 日），甘档，档案号：231 - 1 - 43。
⑥ 天水工区团委书记王海潮的口述回忆。转引自庞瑞琳《幽灵飘荡的洮河》，第 163 页。
⑦ 《关于榆中工区土方塌陷压死七人的重大事故的联合通知》（1958 年 10 月 3 日），甘档，档案号：231 - 1 - 446。
⑧ 《关于水库消力池发生塌方事故的通报》（1960 年 12 月 20 日），甘档，档案号：231 - 1 - 570。

表 5-8　各工区民工工伤事故统计

单位：人

类别 工区	工伤事故			
	次数	死亡	重伤	轻伤
陇西工区	1	5	1	
定西工区	7	1	9	8
榆中工区	53	7	10	30
靖远工区	19	2	6	13
临洮工区	7	5	4	3
通渭工区			5	41
会宁工区	2	2	3	
秦安工区	2	1		1
合计	91	23	38	96

资料来源：《甘肃省引洮上山水利工程局公安处关于贯彻保卫科长会议情况向局党委的报告（附表）》（1958 年 9 月 1 日），甘档，档案号：231-1-2。

表 5-8 显示，榆中工区工伤事故的次数较多，可能与统计方法有关。另有一则材料显示，榆中工区"58 年 6 月截止 59 年 3 月底共发生工伤事故 64 起，死亡 29 人，重伤 21 人，轻伤 29 人，残废 8 人"。[1] 总的来看，工伤事故伴随着工程建设始终。据统计，截止到 1959 年 1 月底，"共发生较大工伤事故 250 起，死亡 117 人，重伤和残废 138人"。[2]

第二，有的民工因病医治无效而死亡，透露出工地医疗卫生保健工作的漏洞。定西工区的民工马德福得了重感冒，医治以后病情好转，后病情逆转，转为"急性肺炎"，抢救无效死亡，病故后用白洋布 3.6 丈葬于岷县。[3] 天水工区"一大队送了 6 个病人到马河镇医院，就死了 5 个，一个把脚趾冻坏 8 个，只剩 2 个了"。[4] 还有发生食物中毒抢救治疗无效而死亡

---

① 《甘肃省引洮上山水利工程局榆中工区劳动安全委员会关于引洮工程第一期劳动安全的规划》（1959 年 4 月 6 日），甘档，档案号：231-1-224。
② 《关于确保 7 月通水大营梁积极做好劳动安全工作的几点意见的请示报告》（1959 年 2 月28 日），甘档，档案号：231-1-242。
③ 《关于民工马××病故情况的报告》（1959 年 1 月 4 日），甘档，档案号：231-1-717。
④ 《工程局党委讨论贯彻西北局、省委会议精神情况简报第 12 期》（1961 年 1 月 14 日），甘档，档案号：231-1-100。

的，如 1960 年 "2 至 4 月底共发生野菜、食物中毒事件 27 次，中毒人数达 49 人，其中死亡 8 人"。[1] 1960 年 6 月，因病死亡的民工有 20 人。[2] 1960 年 1~7 月份，因病死亡的民工达 436 人，同期因工死亡的人数为 184 人，前者是后者的两倍多。[3] 这一时期材料中的 "因病" 可能是 "浮肿病"，大约是下文所示的 "饥饿所致"。

第三，因所住窑洞塌方而致伤死。由于工地窑洞打造极其简单，只求把土掏出来窝身，存在诸多安全隐患，特别在雨季，窑洞内阴暗潮湿。上文所列的表 5-6 中定西工区民工罹患风湿性疾病的人次较多，也多是这种阴湿住宿条件带来的。如遇暴雨，窑洞塌方时有发生。1958 年 9 月 24 日，榆中工区第三大队第五中队古浪沟工地发生大量土方塌陷，"造成死亡 7 人，轻伤 2 人"。[4] 1959 年 7 月 29 日，连着两场暴雨连绵至 30 日，古城水库以北 1.5 公里之沟门前窑洞塌方，武山工区七大队四中队部和两个灶房全部压塌，18 人罹难。[5] 天水工区保卫科长回忆："民工大多住自己挖的窑洞。窑洞的土和灰一样散，一次塌下来压死 40 多人，白花花的棺材摆了一长溜，很凄惨，光五大队就埋了六、七个人。"[6]

第四，还有些民工自杀。渭源工区六大队民工张某偷吃粮食，被队长发现，遂开会辩论，张承认错误，但队长仍宣布 "追清农业社小偷小摸的问题"，张想不通而自杀，与此类似的还有其余六名民工。[7] 秦安工区二大队成川中队民工张某因给兰州亲友写信求找工作被发现，在中、小队会上批判两次后，上吊自杀。[8] 临洮工区的民工雍某，因病请假多次未准，且

[1] 《关于发生食物中毒事件及防范措施的报告》（1960 年 6 月 8 日），甘档，档案号：231-1-74。

[2] 《关于 1960 年 6 月份各工区疾病、传染病、工伤、死亡的统计报告》（1960 年 7 月 26 日），甘档，档案号：231-1-636。

[3] 《中央安全检查组向省委汇报检查情况的报告》（题目由作者自拟，1960 年 9 月 7 日），甘档，档案号：231-1-81。

[4] 《批转王××、夏××二同志关于第一次劳动安全工作会议的情况报告》（1958 年 11 月 2 日），甘档，档案号：231-1-11。

[5] 《关于窑洞塌方的报告》（1959 年 7 月 30 日），甘档，档案号：91-8-289。

[6] 天水工区保卫科长淡同社的口述回忆。转引自庞瑞琳《幽灵飘荡的洮河》，第 203 页。

[7] 《甘肃省引洮上山水利工程局公安处关于贯彻保卫科长会议情况向局党委的报告》（1958 年 9 月 1 日），甘档，档案号：231-1-2。

[8] 《内部反映第 1 期》（1960 年 6 月 12 日），甘档，档案号：231-1-568。

被严厉批评自杀。^① 有的干部也在政治运动中被过度批斗逃跑未遂而自杀，如岷县工区四大队的管理员李某。^②

第五，工地上粮食供应相对充裕，因饥饿而发生浮肿病甚至死亡的情况较少，但也有发生。1959 年 "11 月 29 日到 12 月 29 日，陇西工区发生昏倒病人 135 人，占全部发病人数的 15.6%，其症状严重者 17 人，内有 8 人死亡"。^③ 1959 年 11 月，通渭工区 "浮肿患者大量发生，据三大队六、七两个中队统计，浮肿患者 70 余人"，医生说是 "缺乏营养"；死亡也有发生，截止到 11 月 20 日死亡 10 人，"死者多系突然跌倒，牙关紧闭，口吐白沫、浑身冰冷，失去知觉，不能言语，在 12 个小时内即亡。致死原因尚未作出肯定结论，据个别大夫诊断，系营养不良致亡，死者十人中，浮肿患者达七人"。^④ 因 "反右倾" 运动的开展，此时报告中特别忌讳 "浮肿"，而以 "昏倒" 代替。有个别人回忆天水工区 "五大队饿死的人多"。^⑤ 还有人说天水地区的 "太京乡民工在洮河饿死的很多。东岔人、利桥人也饿死了不少，受伤的也多"。^⑥

长期从事通渭地方史研究的张大发，在其未刊稿《金桥路漫——"通渭问题" 访谈报告》一书中写道："据笔者了解，工地上饿死的不是很多，主要是工伤死亡。其次，还有两个方面：一是在工地上被批斗死的；二是死在来回路上的。"^⑦ 除了作者耳闻的两个例子外，档案中也有类似材料，局党委报告称，1960 年下半年 "三次精减共死亡 21 人"。^⑧

---

① 《民工雍某自杀情况报告》（1958 年 7 月 9 日），甘档，档案号：231 - 1 - 761。
② 《关于制止三反运动中发生的违法乱纪行为的通知》（1960 年 8 月 10 日），甘档，档案号：231 - 1 - 81。
③ 《关于彻底消灭浮肿昏迷疾病的办法通知》（1960 年 1 月 6 日），甘档，档案号：231 - 1 - 628。
④ 《关于通渭工区连续发生工伤事故的情况反映》（1960 年 11 月 25 日），甘档，档案号：231 - 1 - 39。
⑤ 天水工区四大队党委书记张振国的口述回忆。转引自庞瑞琳《幽灵飘荡的洮河》，第 218 页。
⑥ 天水工区被服厂工人田桃英的口述回忆。转引自庞瑞琳《幽灵飘荡的洮河》，第 228 页。
⑦ 张大发：《金桥路漫——"通渭问题" 访谈报告》，第 151 页。
⑧ 《关于几次精减民工工作的情况报告》（1960 年 11 月 7 日），甘档，档案号：231 - 1 - 46。

伤亡事故的处理

按规定伤亡事故发生后，工区保卫科应立即进行调查、确定事故原因，并填写民工伤亡事故登记表，向工程局上报。[①] 涉及三人或三人以上的属于多人事故、重伤事故（指经医师诊断，负伤人员成为残废的事故）或者死亡事故，工区除立即组织调查组调查外，"应将事故情况（发生时间、地点、伤亡者姓名，事故经过和原因以及所采取的措施）用电话或其他快速办法在十二小时内报工程局劳动工资处"。[②] 对于牵涉较大的民工因工伤亡的事故，领队干部要承担责任。如天水工区五大队在占旗施工时，一次石山塌方压死21人，"大队书记张××被逮捕法办，用绳子捆走，判了三、四年"。[③] 对于工伤事故，各工区尚能够做到记录在册，然而对于因病、精减在路上死亡的或没过几天便死在家里的民工，则难以统计。如秦安工区"因工伤亡者17人，残废者35人，病亡31人，自杀2人，共计86人"。[④] 表5-9所列大致反映民工伤亡缘由和处理情况。

表5-9 秦安工区伤亡民工登记名单

姓名	年龄	来工地时间	伤亡时间	原因	处理
范××	30	58.7	58.11.28	伐木打伤	
成××（党员）	20	58.8	59.8.12	被水淹死	
王××	21	58.7	59.1	被冻土压死	
周××	46	58.7	58.12	病死	
雒××	44	58.7	59.6.9	压伤残废	
王××	43	58.7	58.8.22	自杀	
王××	35	58.7	58.11.1	压伤残废	
蔡××	45	58.7	58.7	火车碰死	

[①] 《甘肃省引洮上山水利工程局民工死亡事故暂行办法（草案）》（1958年8月），甘档，档案号：231-1-533。

[②] 《甘肃省引洮上山水利工程局民工（工人）职员伤亡事故报告暂行办法（修正草案）》（1959年11月10日），甘档，档案号：231-1-555。

[③] 天水工区宣传部长田志炯的口述回忆。转引自庞瑞琳《幽灵飘荡的洮河》，第156页。

[④] 《关于春节期间慰问伤亡职工家属的经费的问题》（1960年1月16日），甘档，档案号：231-1-842。

续表

姓名	年龄	来工地时间	伤亡时间	原因	处理
陈××	18	58.7	59.8	行军病死	
吕××	22	58.7	59.1	车压残废	
周××（女）	21	59.2	59.3.11	病死	
薛××	23	58.7	60.1.8	被火药烧伤	
赵××	45	59.2	59.11	病死	
汪××	44	58.7	58.7	病死	
蔡××	43	58.7	59.12	走路滑倒摔成残疾	
吕××	26	59.2	60.1.8	被火药烧伤	
令××（女）	19	59.2	60.1.8	施工滑下悬崖残废	
王××	49	58.8.17	59.5.21	右肩胛骨搓断	已回家
庄××	31	58.8	58.10	右脚踝打断	已回家
仓××	19	59.3.15		残病	已回家
杨××	37	58.8.17	58.9	因打窑打死	陇县联□社水□村
李××（党员）	54	58.8.17	59.4	右大腿打断	已回家
李××	26	58.8.17	58.9	因病死	已搬□
孙××	54	58.8.17	59.3	残废	已回家
周××	20	58.8.17	59.9	残废	会川医院
姚××	32	58.7.15	58.9	因工死亡	陇西通□公社
陈××	51	58.7.13	58.9	病死	陇西通□公社
魏××（女）	25	59.1.1	59.10	因工死亡	临洮庄亭公社
马××	34	59.1.1	59.10	病死	天水市郊区
芦××	38	58.7.13	59.12	因工负伤残废	会川住院
蔡××	28	59.2.12	59.8	因工负伤残废	会川住院
王××	30	59.6.9	59.6	病死	已搬回安置
陈××	28	58.8.15	59.10	病死	已搬回安置
马××（地主）	48	58.9.12	59.12	病死	已搬回安置
王××	32	58.7.14	59.10	病死	已搬回安置
潘××	27	58.9.12	59.11	病死	已埋在兰州
宋××	25	59.2	59.8.10	伐木料水淹死	
宋××（党员）	37	59.2	59.2.22	残病	
袁××	23	58.9.15	59.10.12	病死	
蔡××	53	59.5.16	59.12.4	病死	

姓名	年龄	来工地时间	伤亡时间	原因	处理
程××	28	58.9.23	58.10.28	病死	
刘××（团员）	17	58.9.23	58.10.1	病死	
赵××	19	58.7.15	58.10.26	病死	
杨××	25	58.7.9	58.12.15	病死	
陈××（地主）	45	58.10.3	58.12	病死	
李××（富农）	40	58.9.25	58.11.28	吊死	
李××	23	58.8	58.12.27	病死	
伏××	25	58.8.17	59.11.13	残废	
汪××	28	58.9.25	59.1.18	残废	
康××	47	58.11.5	59.10.25	因工打死	
赵××		59.6.25	59.8.26	病死	
车××（地主）	29	58.9.25	59.2.28	残废	
姚××	33	58.9.25	59.3.16	残废	
程××	27	58.9.23	59.8	残废	
李××	19	58.2.18	59.12.26	因飞石打死	
刘××	19	58.9	59.12.26	因飞石打死	
王××	19	58.9.25	59.6.25	病死	
常××	24	58.7.25	59.9.25	病死	
郭××	28	58.11.5	59.12.19	病死	
赵××	38	59.2	59.8.10	伐木料打死	
邹××	43	58.8.18	59.1.28	病死	埋在马友镇
李××	41	59.3.4	59.5.4	病死	埋在□家耕
王××（团员）	22	58.8.18	58.10.23	逃跑到定西死亡	埋在定西
李××	43	59.2.10	59.7.6	病亡	埋在宋石村
张××（女）	22	58.9.10	59.7.16	病亡	马博陈柳树咀
王××	24	58.10.23	59.1.16	打窑压死	搬回家
张××	17	59.2.19	59.8.19	病死	会川□坡
段××	24	59.2.10	59.10.5	石头打死	宗石村
张××	21	58.8.18	59.5.17	打窑压死	郝家梁
何××	25	58.7.5	59.7.5	因工死亡	将军湾
姚××	19	58.11.3	59.12.7	因工被石头打死	宗石村
伏××（地主）	25	58.8.18	58.9.12	病死	搬回家

续表

姓名	年龄	来工地时间	伤亡时间	原因	处理
陈××	45	58.8.17	59.11.29	右腿打断	
□××	24	58.8.16	59.12.21	□□打死	
任××（女）	22	58.9.10	58.11.28	病伤	会川住院
李××	39	58.8.16	59.4.28	残病	
陈××	27	58.8.16	59.8.13	残病	
刘××	18	58.8.18	59.2.18	残病	
□××	23	58.8.18	59.9.28	残病	
杨××	19	58.8.8	59.4.8	残病	
袁××	41	58.8.8	59.12.12	残病	
陈××	22	59.3.1	59.3.16	残病	
王××	19	58.8.18	59.11.13	残病	
□××	24	58.8.18	59.11.13	残病	
李××	19	58.8.16	59.12.7	因工伤	
胡××	43	59.2.18	59.4	残废	天水工区医院

注：档案中无法辨认的字用□表示。

资料来源：《关于春节期间慰问伤亡职工家属的经费的问题》（1960 年 1 月 16 日），甘档，档案号：231 - 1 - 842。

这 86 人中有 5 名女性，有 4 名地主，1 名富农，其余均为贫下中农；有 3 名党员，2 名团员；以青壮年为主，有 14 人不足 20 岁。列出善后处理情况的只有 33 人，尚不足半。33 人中能够回家的只有 11 人，大多亡灵无法带棺收敛魂归故里，只能埋在附近的村落、树林、山坡下。刚开始可能还竖立一个牌子，写上姓甚名谁、死亡年月，随着时间推移，更多的普通民工只能做无名英雄，尸骨无处寻。

还有的人死在医院里，无人处理。如"中寨医院过去就发生死人长期不埋的现象，这个医院最近调往河西时，又发生移交人的事情。原通渭工区一大队七中队民工包万祥，因病送会川途中死亡，放在路旁一石灰窑内，两个多月无人过问，直到家属来工地探亲时才发觉"。①

---

① 《关于当前反官僚主义斗争情况和安排意见的报告》（1960 年 11 月 22 日），甘档，档案号：231 - 1 - 46。

也有些党员干部因公死亡有一些仪式性的待遇。如 1958 年 12 月，临洮工区的干部王××、赵××晚上住在搭起的窝棚里，被砸死，工区为他们"准备了棺材衣物"，举行了追悼会，并派专人慰问家属。[①] 但这种情况非常少，大部分民工牺牲后只能魂归自然。

---

① 《中国共产党临洮工区委员会关于发生伤亡事故的情况报告（手稿）》（1958 年 12 月 4 日）、《关于临洮工区发生伤亡事故的报告（手稿）》（1958 年 12 月 8 日），甘档，档案号：231 – 1 – 4。

第六章　群体群相

　　在引洮工地上，到处都是英雄人物，有的是智取悬崖绝壁的尖兵，有的是和惊涛骇浪搏斗的勇士，有的是舍己为人的战士，有的是创造发明的先锋。他们都是平凡的人，朴实的人，但是他们有一个共同的伟大的理想和抱负：用最快的速度和最少的人力、财力和物力，尽早地把引洮上山工程修筑出来，根本改变甘肃东部的干旱面貌。

　　　　　　　　　　　　　　——王体强：《引洮工地上的英雄》①

　　引洮工程自诞生之日起便被赋予崇高的"政治意义"——"标志着共产主义思想在甘肃省取得了新的胜利"。② 因此，在工地劳动的民工被无限拔高，是尖兵、是勇士、是战士、是先锋，"平凡""朴实"的背后"有一个共同的伟大的理想和抱负"。③ 但这是一种理想状态。实际上，面对工地社会有限的生存条件，面对一个又一个激动人心的施工口号被高调宣扬又无声归零，在高压任务下，工地上的各个人群——干部、英雄模范、普通民工、"大右派"与"五类"分子、"反革命"等，由于个人身份与诉求的不同，做出各不相同的应对。他们各自的生存策略，反映了理想信念与现实之间的抵牾，既是本能反应，也是时代产物。同在社会主义制度下，同在"共产主义大乐园"里，引洮工程的建设目标高高在上，一个个渺小的个人用自己的生存经历诠释着何为"集中力量办大事"，他们是制度的具体践行者。

---

① 王体强：《引洮工地上的英雄》，《人民日报》1959 年 6 月 7 日，第 5 版。
② 李培福：《引洮河水上山，幸福万万年》，《人民日报》1958 年 6 月 14 日，第 2 版。
③ 王体强：《引洮工地上的英雄》，《人民日报》1959 年 6 月 7 日，第 5 版。

一 "新"干部

旧社会，县长在衙门里不见，

新社会，县长和民工睡在一席间。

旧社会，县长吃的山珍海味，

新社会，县长民工同吃一锅饭。

旧社会，县长戴纱帽穿蓝衫，

新社会，县长戴草帽搭衬肩。

旧社会，县长出门用轿抬，

新社会，县长上山把渠开。

旧社会，人人都把县长骂，

新社会，人人都把县长夸。

——柴世昆：《县长上山把渠开》①

美国政治学家派伊（Lucian W. Pye）认为："中共力量的秘诀所在，并不是列宁主义的纪律，也不是僵硬的权力统治集团，而是富于献身精神的个别成员，即党的干部。"② 中共向来重视干部队伍建设，党的干部在各行各业都发挥领导核心作用，在引洮工程上也不例外。抽调干部时特别强调"政治质量好，有独立工作能力"；工区主任由副县长或副党委书记担任；工区干部来自各县职能部门，多为科级干部；即便是大队、小队一级的干部，也对应抽调公社、大队里的党团员干部、积极分子。工地上的基层干部起承上启下的作用，连接着国家权力与普通民众。他们既需贯彻落实上级指示，尤其是面对一个个响亮的施工口号时，又需考虑底层民工的需求，理解其困难，在二者之间寻求平衡。纵然如此，稍不留意，他们可

---

① 柴世昆：《县长上山把渠开》，《引洮上山诗歌选》第 3 集，第 43 页。

② 转引自王乐群《政治文化导论》，中国人民大学出版社，2000，第 84 页。

能会被上级责斥，也可能被普通民工写大字报揭批。

但总体而言，工地社会有限的资源由干部优先使用。如工地商业服务部，"在出售价格上，对干部是一套，对民工又是一套，干部的售价低，民工的售价高"等情况，时常会出现。① 还有人在采访中回忆："干部也辛苦，不过哪有普通农民工辛苦呢？农民出了十分力，干部也就四五分力。"② 更重要的是，在饥饿的 1960 年代，干部们可以将家属偷偷带到工地上糊口，甚至还有干部在工地上结婚。③

然而，工地社会毕竟不像其他基层社会，它永远有一根弦在紧绷，即引洮工程的建设。正是为了这个目标，干部们不得不采取各种措施，面对困难做出各种调整与适应。他们成了一批"新"干部，不仅是新中国的干部，更是新工地的干部：他们是"红"干部，掌握党的理论方针政策，熟悉时事政治，在自我教育的同时也教育民工；他们需要参加体力劳动，在劳动实践中走向"专"，掌握科学施工与管理的方法。然而，他们毕竟也是普通人，在艰苦的施工环境和高压任务下也会消极抵抗甚至逃跑。这些行为在一波一波的政治运动中一一消解，并再次出现，循环往复。

"红"干部

根据省编制委员会规定，引洮工程"按每百个民工配备 1.5 名干部计算"。④ 截止到 1959 年 2 月，工地有 3509 名干部，其中中队长以上的脱产干部有 1242 人，不脱产基层干部有 2267 名。⑤ 脱产干部又包括水利技术人员 405 人和医务人员 422 人，共 827 人。⑥ 工区级干部全部为脱产干部；大队一级设总支委员会，委员 7~9 人，秘书 1 人，秘书脱产，其余干部均不脱产；中队一级设支部委员会，委员 5~7 人，书记 1 人，书记、委员均

---

① 《批转钟润生同志关于武山工区民工服务部经营管理问题的报告》（1960 年 7 月 29 日），甘档，档案号：231-1-81。
② 2011 年 9 月 6 日笔者于榆中县采访金某某的记录。
③ 天水工区宣传部长田志炯的口述回忆。转引自庞瑞琳《幽灵飘荡的洮河》，第 158 页。
④ 《关于新上民工配备干部的情况报告》（1959 年 12 月 26 日），甘档，档案号：91-9-73。
⑤ 《关于处分干部的情况和今后意见的报告》（1959 年 2 月 28 日），甘档，档案号：231-1-22。
⑥ 《关于技术人员思想情况的报告》（1958 年 9 月 16 日），甘档，档案号：231-1-1。

不脱产。① 干部在引洮工程工作是重要的政治资历，有一套如"行政干部及民工奖惩情况月报表"等制度来考核，个人奖罚情况及单行材料连同报表每月上交一次。②

从工程局、工区到大队、小队，每个级别都设有党委，委员各司其职、分工合作。如会宁工区共 7 名党委委员，10 个大队，由党委书记窦某负责全面工作，并分管全体干部与民工的政治思想教育工作、技术革命并包干三、九等两个大队的工作。委员李某、曹某包干一、六、十等 3 个大队；曹某分管全面施工，李某分管治安保卫与施工安全工作。委员范某包干四、八等两个大队，并分管民工生活与卫生工作。委员李某分管二大队，赵某分管七大队，黄某分管五大队。③ 将每个负责人的工作按照思想教育、技术革命、施工、治安保卫等方面来具体划分，显示党组织系统的细密化与精致化。

"新"干部首先要求"红"，工地上的各种干校、红专学校、业余党校等承担这一工作，是为提高干部的理论素养、加强思想和政治方面的教育，并培养真正的党的干部。工程局的干校于 1958 年 9 月成立，校部设在官堡镇。所有干部均是学员，工区成立学习班，按队分成若干学习小组。第一次理论学习时间从 10 月 15 日开始，每天两个小时，教学方针是："学习理论，联系实际，提高认识，增强党性。"④ 各工区也有性质类似、名称不同的机构。陇西工区的业余党校于 1958 年 11 月开课，教学内容包括政治、文化、技术三个方面。⑤ 靖远工区的理论学习班，要求干部"每周必须坚持 10 小时"。⑥ 教材主要是党的基本理论方针政策和时事政治等，不同时期的侧重点亦有不同。从 1958 年 11 月下旬开始，斯大林著《苏联社会主义经济问题》和《马恩列斯论共产主义》成为主要教材。1960 年 11

---

① 《关于调整工区、大队、中队党的组织形式的通知》（1958 年 7 月 12 日），甘档，档案号：231 - 1 - 6。

② 《甘肃省引洮上山水利工程局关于制发"行政干部及民工奖惩情况月报表"的通知》（1958 年 7 月 24 日），甘档，档案号：231 - 1 - 435。

③ 《中共会宁工区党委关于党委委员分工情况的通知》（1958 年 9 月 1 日），甘档，档案号：231 - 1 - 7。

④ 《关于干部理论学习的通知》（1958 年 9 月 30 日），甘档，档案号：231 - 1 - 7。

⑤ 《陇西工区成立工地业余党校》，《引洮报》第 3 期，1958 年 7 月 15 日，第 4 版。

⑥ 《关于贯彻执行省委"关于全民理论，全民办党校的指示"的计划》（1958 年 11 月 28 日），甘档，档案号：231 - 1 - 260。

月，工程局规定："从 12 月 1 日起至 1961 年 6 月底的干部理论学习时间，一律学习'毛泽东选集'第四卷。"①

要求干部理论学习与工程施工息息相关，其中一个目的是随时整顿施工中的各类右倾思想和言论。1959 年 9 月，工程局党委指出，"为了克服干部思想方法上的主观片面性、工作上的盲目性和阻碍工程进展的右倾保守思想"，决定从 10 月开始对全体干部"进行正规系统的理论学习"；通过理论学习"要使全体干部比较清楚地认识人的主观能动性和客观规律的关系；党的群众路线的重大理论和实践意义；鼓足干劲、力争上游、多快好省地建设社会主义的总路线的正确性等"。② 可见，理论学习更是一种思想上的纯化教育，使干部们接受党的理论来源及此一时期的方针政策，随后教育普通民工。并要定期考试，且"理论学习的好坏，作为干部鉴定的重要内容之一"，③ 以此来制约干部。在这种状况下，干部们理论学习的热情既是被理论的重要意义激发，也受硬性鉴定制度的约束。据统计，"截止（1958 年）10 月 27 日，12 个工区共编中级组 29 个，初级组 83 个，共有 2144 名干部参加学习"。④ 但仍有一些"不合拍"的思想，"学习理论做啥，顶不了土石方""学习是软任务，施工是硬任务""学习理论是远水解不了近渴"等。⑤ 这些"错误认识"，一有机会便被批判。

"劳动"的干部

除理论学习之外，干部需要经常参加体力劳动，与民工实行同吃、同住、同劳动，"中国共产党相信体力劳动对于培养和维持正确的政治态度至关重要"。⑥ 干部以普通劳动者的面貌在群众中出现，"进一步改善了干部和群众之间的关系，提高了广大劳动群众的革命积极性，加强了他们对

---

① 《关于组织广大干部认真学习"毛泽东选集"第四卷的通知》（1960 年 11 月 18 日），甘档，档案号：231 - 1 - 91。
② 《全体干部即将开始正规的理论学习》，《引洮报》第 134 期，1959 年 9 月 5 日，第 1 版。
③ 《关于开展干部理论教育的指示》，《引洮报》第 150 期，1959 年 10 月 15 日，第 3 版。
④ 《局党委召开各工区宣传部长会议总结研究干部理论学习问题》，《引洮报》第 160 期，1959 年 11 月 7 日，第 1 版。
⑤ 《学习理论做好工作》，《引洮报》第 160 期，1959 年 11 月 7 日，第 1 版。
⑥ 转引自王乐群《政治文化导论》，第 85 页。

于干部的信任和爱戴"。① 因此，"干部参加体力劳动"被固定下来，时间上要求"工程局机关干部每周至少一天，全年不得少于 60 天。工区机关干部每周至少三天，全年不得少于 155 天，大队、中队应搬上工地办公，干部除工作、开会、学习时间外，必须和民工一起参加体力劳动"，并"结合干部排队，每月检查评比一次"。②

在实际操作中，由于干部工作繁忙，或体力劳动太过繁重，"干部参加劳动"的规定很难贯彻实施。据 1958 年 11 月工程局党委组织部调查，有少数干部"没有严格的执行，时断时续，很不经常。工程局原在尖山划出'干部工段'，组织干部轮流去工地，但只坚持了一周左右就停止了。另据工程局 321 名干部统计，39 名干部从开工到现在，从未参加过劳动……个别工区也有类似情况。总的来看，下面比上面好。中队级的最好，大队次之，工区再次之，工程局机关最差"。③ 1959 年 5 月 26 日，工程局党委再次发出《关于干部轮流当民工的通知》，要求"工程局和工区机关干部除年老有病者，都应毫无例外地轮流下队当民工"。④ 这一要求已兼带强制意味，1960 年甚至以运动的方式要求干部下基层。

1960 年开始，"干部参加体力劳动"的要求有了形式上的变化。6 月下旬，工程局要求在全工程范围内普遍推行"二五制"，并与民工实行"四同"。⑤ 工程局和工区机关身体力行，"抽出 544 名干部，到基层去担任中队副支书、副中队长或劳动锻炼，加强生产第一线"；"深入第一线的干部，绝大多数到落后单位落脚蹲点，寻找落后根源，改造落后面貌"。⑥

---

① 《中共中央、国务院关于干部参加体力劳动的决定》，《建国以来重要文献选编》第 11 册，第 510 页。

② 《批转工程局党委组织部〈关于干部参加体力劳动的情况和意见的报告〉》（1958 年 11 月 13 日），甘档，档案号：231－1－2。

③ 《批转工程局党委组织部〈关于干部参加体力劳动的情况和意见的报告〉》（1958 年 11 月 13 日），甘档，档案号：231－1－2。

④ 《局党委发出关于干部轮流当民工的通知》，《引洮报》第 94 期，1959 年 6 月 4 日，第 1 版。

⑤ "二五制"的具体内容是：在一周中，有两天的时间学习、开会、研究工作，有五天的时间深入基层，参加生产、领导生产，具体帮助基层解决问题。这是河北省吴桥县委的工作作风，经中央号召，得以全面推广。"四同"是指干部与民工同吃、同住、同劳动、同商量。

⑥ 《关于推行"二五"制领导方法的情况报告》（1960 年 9 月 18 日），甘档，档案号：231－1－85。

"二五制""三同""四同"的制度对民工和干部是一种双重制约。从普通民工的角度看，他们不得不处在身边干部的直接监督和管理之下，稍有不慎就被批评。如平凉工区的梁某下放到四大队三中队后，发现该队民工有逃跑思想，有 6 名民工鼓动他去陕西割麦，他很快将此信息反映给中队，在晚间民工逃跑时被抓了现行。① 从干部的角度看，既加重工作量，如"脱产的中队长、干部必须随同民工一道坚持劳动和领导分工。大队的干部必须分班轮流值班，将值班名单报工区党委，如有不能领导施工，要经工区党委批准，并安排好代理的"，② 也让干部身处普通民工的监督之中，群众以写大字报、匿名信的方式监督干部。

"平常"的干部

在工区制体系中，中队长以下的基层干部是基础。上级的指示要通过他们得到最广泛程度的落实，他们直接和普通民工打交道，最熟悉施工进展和民工的各种思想动态。虽然基层干部多由党团员和积极分子担任，但素质不一。有的基层干部关心民工，自己也以身作则，在《引洮报》上这样的先进干部屡屡出现。但也有些干部，有种种违法乱纪的行为。临洮工区红洮大队四中队把逃跑追回的民工组成"赶方队"施以重体力劳动。榆中工区某干部给劳动不积极的民工脸上抹黑。陇西工区六大队二中队队长朱某曾处罚开会迟到的民工以"通宵劳动"；不让一些犯错民工吃饭，使得"连续两顿没吃饭的民工达 100 人左右"；对一些逃跑被追回的民工严厉处罚，如在脚后跟垫石子罚站、开批斗大会体罚等。干部对犯错民工的惩罚显示其管理方式的简单粗暴，也暴露出工地社会体力劳动的繁重，以至于民工难以承受而屡屡犯错遭罚。

面对严酷的施工环境，干部也可能像普通人一样选择逃跑。如通渭工区五大队中队长齐某某（党员）和两个突击小队长（一个党员，一个团员）于 1959 年 12 月 3 日晚一起逃跑，"陇西工区分队长王××（党员）元旦晚上带走 51 名民工逃跑"。③ 据 1958 年底的整党运动统计，先后逃跑

---

① 《关于下放劳动锻炼干部的情况简报》（1960 年 7 月 12 日），甘档，档案号：231-1-49。
② 《施工简报第十七期》（1959 年 3 月 31 日），甘档，档案号：231-1-465。
③ 《尚××同志元月 4 日晚在工区党委书记电话会议上的讲话稿》（1960 年 1 月 5 日），甘档，档案号：231-1-46。

的民工党员有 176 人。①

干部的提拔，如同对党员的甄选一样严格，其中一个重要原则就是"阶级路线"。局党委明确规定："选拔干部必须切实注意贯彻阶级路线，凡经审干、肃反限制使用的干部和地主、富农、资本家出身未彻底改造的干部不得提拔；家庭被杀被斗，与台港有关系，政治历史没有主要问题未审查清楚的暂不提拔。"②

"暴风雨"中的干部

由于形形色色的政治运动持续开展，违法乱纪、多吃多占、简单粗暴的工作作风等经常在运动中被揭发，客观上震慑了干部。频繁的政治运动在某种程度上承担干部选拔的功能。有学者提出毛泽东时代存在一种特殊的"运动型精英"，即"主要通过政治运动来发现、培养和选拔并实现精英之间的轮替和更换"，③尤其适用于"泛政治化"的工地社会。下面以1960 年 4 月的"三反"运动为例。

针对各级领导干部的"反贪污、反浪费、反官僚主义"作风的"三反"运动，是将干部置于批判枪口之下的一剂猛药。1960 年 4 月，局党委召开全体扩大会议，揭露了以下问题：第一，骄傲自满，工地人普遍存在着"优越感"，认为："引洮是社会主义的伟大工程，工程本身是光荣的……认为省上鼓励的比较多，批评少"；第二，虚报浮夸，"大部分工区实现了所谓'百方工区'，有八个工区工程总任务完成的很差，而却说土石方都超额完成总任务"；第三，贪污盗窃和多吃多占，"据定西、会宁、陇西、临洮四个工区很不完全的摸底，贪污的就有 66 人"；第四，丢失与浪费工具、物资，"陇西工区即丢失铁铣、洋镐、大锤、锯条等 18 种主要物资就有 1069 件；岷县工区丢失 4330 件，占 39.8%"等；第五，违法乱纪、强迫命令，"据岷县、会宁、临洮、陇西四个工区不完全统计，就有 213 人，占干部总数的 10.95%"；第六，平调，据统计，12 个工区现存资金 1870751 元，

---

① 《关于第二次工区组织科长会议的报告》（1959 年 2 月 19 日），甘档，档案号：231 - 1 - 19。

② 《对党的组织工作的要求和意见》（1958 年 9 月 20 日），甘档，档案号：231 - 1 - 2。

③ 冯军旗：《政治运动与精英更替——以毛泽东时代的村庄整治为中心》，《江汉论坛》2012 年第 2 期。

包括县财政科拨款、县拨救济款、公社拨款、民工副业收入、收回贪污款、民工过节补助款、逃跑民工工资等，主要是应退未退的平调款。① 据此，工程局要求"放手发动群众，大搞群众运动"。②

各工区随后向干部和民工进行宣传动员和政策宣传，号召民工针对各项问题进行揭发、贴大字报。矛头实际指向各级干部，他们是上述问题的直接承担者。如临洮工区从 1960 年 5 月 1 日至 10 日"共贴出 21740 张，其中属于贪污方面的 4232 张，违法乱纪方面的 5946 张，民工生活方面的 4176 张"。复核揭发后发现有贪污盗窃行为的干部 108 人，贪污 100～200 元的有 16 人，200～500 元的 7 人，100 元以下的有 95 人。③ 他们都被要求退赔赃款，并受相应惩罚。

对干部中存在的官僚主义问题，也通过大字报的形式进行揭发。武山工区被指领导工作上有"三多"和"六不清"，前者指会议多、布置多、批评多；后者指民工数字、车辆数字、财务、物资、工程、职工思想不清楚。岷县工区二大队五中队将一个地主分子提拔为小队长，受过多次表扬，还将一个留党察看两年的人配备成支部书记。武山工区二大队五中队支书报工效 14.7 方，大队批评说："工效太低，干劲有问题"，一见风向不对，当即补充说："我把小数点看错了，是 147 方"，受到了表扬。④ 这些当时可能不会被认为是错误的行为，一旦"上纲上线"，则极易被冠之以"官僚主义"的名号加以批判。如后一例报工效的问题，工地上存在很多类似情况，然而一旦被当作运动靶子，这种行为就变成"严重官僚主义"了。

还有的干部有生活作风问题，即乱搞男女关系。如"临洮工区 216 名脱产干部中，乱搞男女关系的达 16 人，占 7.4%，不脱产的 158 名干部

① 以上六条均选自《关于引洮工程局党委传达贯彻中央召开十个省的省委书记会议精神和省委在天水召开的地市州委第一书记会议精神的情况报告》（1960 年 4 月 23 日），甘档，档案号：91－9－21。

② 《关于开展"三反"运动安排意见的报告》（1960 年 4 月 24 日），甘档，档案号：231－1－56。

③ 《临洮、秦安工区"三反"运动情况》（1960 年 5 月 11 日），甘档，档案号：231－1－52。

④ 《卫××同志"关于古城水库三反运动的新动向和今后几个安排意见的报告"》（1960 年 5 月 4 日），甘档，档案号：231－1－73。

中，乱搞男女关系的达 19 人，占 12%，32 名医务干部中，乱搞男女关系的就有 8 人，占 25%"。①

各级干部都有可能因粗暴的工作作风遭到民工揭发检举，其可能性随干部级别的升高而减小。据悉，"强迫命令、违法乱纪作风在中、小队两级干部中表现得相当普遍而严重。根据十二个工区初步揭发出的材料统计，犯有强迫命令、违法乱纪错误的干部 1243 人（党员 653 人，团员 166 人），占小队长以上干部 13339 人的 9.3%。其中大队级干部 25 人（党员 13 人，团员 2 人），占大队级干部 451 人的 5.5%；中队级干部 382 人（不脱产干部 287 人，党员 271 人，团员 18 人），占中队级干部 1990 人的 19.1%；小队级干部 821 人（党员 364 人，团员 146 人），占小队级干部 7964 人的 10.3%"。② 原因可能在于基层干部与民工接触最多，犯种种违法乱纪、强迫命令等错误的机会更多，也更容易遭到揭发。

有的基层干部被揭发后，可能会选择逃跑甚至自杀。平凉工区六大队 1960 年 5 月共逃跑 70 人，其中有不脱产队长 1 人，分队长 3 人，小队长 20 人，共 24 人，占 34.3%。③ 岷县工区四大队二中队食堂管理员被揭发有贪污问题，会上被斗争后逃跑，追回几日后投河自杀。④

此类针对干部的"清算"运动，客观上舒缓民工对干部的不满，对干部也是一种震慑。但有时也会走向另一种极端。岷县工区在一次"三反"运动斗争大会中，有 8 名犯错干部被打；还有的干部交代问题说不清楚时，当场被打、被群众推倒在地批斗等。⑤

总体上看，由于引洮工程建设的目标高高在上，一种持续的紧张与压力弥漫其中，使得"新工地"上"又红又专"干部表现出上述种种面相。他们是党的领导核心和工地上的灵魂，是不可或缺的润滑剂。但同时他们

---

① 《关于开展"三反"运动安排意见的报告》（1960 年 4 月 24 日），甘档，档案号：231 - 1 - 56。

② 《引洮工程开展"三反"运动情况报告》（1960 年 5 月 13 日），甘档，档案号：231 - 1 - 65。

③ 《关于平凉工区六大队民工逃跑情况的报告》（1960 年 6 月 2 日），甘档，档案号：231 - 1 - 74。

④ 《关于制止三反运动中发生的违法乱纪行为的通报》（1960 年 8 月 10 日），甘档，档案号：231 - 1 - 81。

⑤ 《关于制止三反运动中发生的违法乱纪行为的通报》（1960 年 8 月 10 日），甘档，档案号：231 - 1 - 81。

也来源于普通人，会有普通人一样的压力和反抗。与干部和普通人都不相同而又有相似之处的，是下文将要叙述的"英雄模范"，他们在整个集体化时代中代表着一种独一无二的精神力量，是那个年代主义的象征。

二　英雄模范

> 一将赵子龙，引洮是英雄；二将刘胡兰，做工如旋风；三将老黄忠，工地传美名；四将小罗成，一铣山削平。
>
> ——关中杰：《四将上山》①

工地社会上有许多先进模范，在劳动、思想、生活等诸方面积极上进，组成各种红旗队，以电影中、历史上的英雄人物作为队名。20~40岁的青壮年男子是工地民工的主体部分，有武松队、黄继光队、董存瑞队、老虎队等；妇女为显示其"巾帼不让须眉"的斗志，叫穆桂英队、花木兰队、赵一曼队、刘胡兰队等；十几岁孩子组成的队伍就称作红孩子队、罗成队；四五十岁以上的当时被视为老人，就叫黄忠队。队名代表着一种深刻的期望。这些英雄模范一旦被树立，则千人一面，具有共同的特点：思想进步、劳动积极、生活简朴、乐于助人，是时代需要的先进模范。英雄模范的生成不乏官方塑造的一面，但其中亦有普通人积极主动的配合。从某种程度上说，正是这样一批无私而甘于奉献的普通模范，促进了工地社会的正常运转，他们用自己的表现诠释了"集中力量办大事"这一宣传口号的力量。

共青团员"大战"九甸峡

"九甸峡来是天险，引洮工程第一关。巉岩峭壁一线天，鸟兽绝迹神胆寒，八仙看见把头摇，王母路过哭呜咽。引洮英雄显身手，创造奇迹降

---

① 关中杰：《四将上山》，《引洮报》第65期，1959年3月28日，第3版。

九甸，葫芦炮声震山谷，巍峨石山削半边，智取九甸水通过，古今中外实罕见。"① 前几句话，概括九甸峡地势之险要与施工环境之恶劣；后几句话，显示人们在此施工要克服的种种困难。靖远工区以共青团员为主的青壮年劳力在此施工，是全工地学习的榜样。

九甸峡工段是整个引洮工程最艰苦的一段，南起谷马窝山梁，北至桥道堡山坡，全长6170米，共计土石方工程量700多万方，涵洞建筑物1座，便桥1座。② 山势险要，交通不便，甚至没有像样的道路，此地藏民穿过峡谷只能走山腰的羊肠小道和凌空架起的木栈道，稍有不慎便被洮河水吞噬。但九甸峡地段又是引洮干渠的必经之路，唯此才能谈得上后边的渠道引水。（见图6-1）

图6-1 九甸峡现状

注：九甸峡水利枢纽工程于2004年开工，2008年12月建成投入运行，洮河水被拦腰截断，蓄积成大水库，水波平静，此处依稀可见枢纽工程未修成之前洮河在峡谷中穿梭，及山间路况的险恶。

资料来源：笔者摄于2012年4月27日。

"为了在向自然进行革命中更好的发挥其战斗作用"，共青团甘肃省委提议、引洮水利工程局决定，把一段九甸峡工程命名为"共青团工程段"，"以靖远工区青年比重较大的东湾、陡城、□滩、北湾等四个乡组成的一

---

① 《九甸天险》，《引洮报》第43期，1959年1月8日，第3版。

② 破浪：《群英大战九甸峡》，《红星》1959年第3期。

个大队 3700 人，承担这一任务"。① 后来实际参加施工的有 "583 名共产党员、共青团员，1006 名青年和 539 名成年"。② 同时，临夏回族自治州不是受益区，然以其集体主义大协作精神，也派了 275 名党员、团员和 4 名积极分子组成突击大队来支援，其中 138 人是回族和东乡族。③ 可以说，集中了工地上的优势人力资源。

从 1958 年 6 月开始，这 2000 多名民工便来到九甸峡的燕子坪安营扎寨。所遇困难难以想象：这里是人迹罕至的高山峡谷，没有住处，需要在海拔 3000 米的高山上砍毛竹、拉木料、盖窝棚；山里气候变化大，又恰逢雨季，动辄一场暴雨就将民工们淋得浑身湿透，晚上只好烤着火坐到天亮；没有通向山下的道路，只能自己动手修简易公路和驮运便道，以运输粮食等物资；山顶的滚石随时都有可能滚下来，砸伤人。④ 就是在这样的环境下，民工们进行着坚韧不拔的体力劳动。

九甸峡上的鹦哥嘴，被形容为："清清如水洗，陡如刀削，仰面不见天，俯首心胆寒，从古到今不用说没人到过，就连飞禽走兽也难立足。"被誉为 "群英队" "勇士队" 的东风青年突击队在此施工，目标是炸掉石山鹦哥嘴的山头。首先得打炮眼，"拿一根木头，两头用绳子拴住，从山顶上吊下来，象个秋千架似的，人就吊在上边打炮眼"，没有绳子，人们便采麻自己拧绳。⑤ 炮眼打开后再用铁锤打击、火药爆破，以打出更大的洞子。炮洞越深，空气越稀薄，越前进越吃力，煤油灯的亮光也越来越微弱。宣传材料说，"人们的呼吸更加急促，再加上灯烟的熏染和火药味的呛激，打上一会锤就口渴眼花，想喝水"，然而 "哪里有水呢？条件越困难，他们的斗争意志越坚强，工程越艰险，他们的心情越愉快，从来没有听到有人叫过一个 '苦' 字"。⑥ 这显然是一种文学虚夸，漠视人的生存本

① 《共青团甘肃省引洮水利工程局委员会关于在引洮水利工程中建立共青团工程段的决定》（1958 年 6 月 10 日），甘档，档案号：231 - 1 - 885。
② 破浪：《群英大战九甸峡》，《红星》1959 年第 3 期。
③ 《共产主义的协作精神，各族人民的兄弟友谊》，《引洮报》第 7 期，1958 年 8 月 12 日，第 1 版。
④ 破浪：《群英大战九甸峡》，《红星》1959 年第 3 期。
⑤ 南林：《鹦哥嘴上话英雄》，中共甘肃省引洮上山水利工程委员会资料室编《战斗在引洮工地上的人们》第 2 集，敦煌文艺出版社，1959，第 8 页。
⑥ 《甘肃省引洮上山水利工程靖远工区九甸峡共青段东风青年突击小队先进事迹材料》（1960 年 5 月 15 日），甘档，档案号：231 - 1 - 157。

能，夸大精神意志的作用，但反映了客观困难。宗丹岭隧洞工程也需打洞子，同样面临空气稀薄的状况，一名技术人员说："民工们劳动强度非常大，都是三班倒，工具机器不休息，人轮换。我算过了，到隧洞里不能超过二十分钟，超过就会因缺氧而呼吸困难。但是技术人员可以下去一下就上来，民工们不行。民工都是在隧洞里挖，直到缺氧口吐白沫，下边能呼吸的人把人抬出来，在上边缓一缓，呼吸呼吸新鲜空气，了不得给两碗面汤，等缓过神了再继续下去劳动，再缺氧再上来。都是这样子！"[1] 纵然是在这样艰苦的环境下，1959 年 7 月，民工们还是打通了一个洞子，命名为九甸峡"共青涵洞"。（见图 6 - 2）

图 6 - 2　共青涵洞

　　注：如今已被废弃，藏在今漾水崖森林公园入口的山沟里，不经当地老人指
点，基本无法找到。
　　资料来源：笔者摄于 2012 年 4 月 27 日。

　　九甸峡工段都是石山，坚硬异常，需要炸药爆破。多数民工没有经过爆破训练，自制炸药危险性极大。虽然在危险地带设置安全牌、安全旗且

---

[1]　2011 年 9 月 21 日笔者于兰州采访李某某的记录。

明确规定放炮时间，但不慎丧命者比比皆是。靖远工区连续三天发生三起
工伤事故，如"进行爆破装炸药时，因使用铁棍捣击炸药，引起爆炸，致
炸伤民工 2 人"，在山上民工推石头下山时，又把山下拉木料的民工碰伤 2
人等。[①] 1988 年，甘肃省水利水电勘测设计院的一支小分队在九甸峡查勘，
在半山腰的石洞里发现一堆白骨。[②] 从侧面印证了当年施工环境之恶劣。
摄影师茹遂初所拍摄的照片《引洮河水上山》就取景此地，反映此处施工
的艰苦环境。（见图 6-3）

图 6-3 引洮河水上山（茹遂初摄）

资料来源：《中国摄影》1960 年第 1 期。

这幅照片曾两度在国际摄影展上获得金奖，后又在《中国摄影》杂志
举办的年度最佳照片奖中获得一等奖。摄影者回忆："为了表现农民兄弟
不怕困难，忘我劳动的动人场景，我选择了工程最艰巨的九甸峡工段，战
斗在这里的是以共青团员为主的青年突击队。九甸峡名不虚传，洮河两岸
高山夹峙，民工们在高数百米的悬崖上，用极简单的工具打眼放炮，劈山

---

① 《为彻底杜绝施工中伤亡事故的报告》（1958 年 7 月 16 日），甘档，档案号：231-1-427。
② 《引洮纪实之圆梦九甸峡》，第 34~37 页。

筑渠。典型的环境突出了工程的艰巨，虽然画面上出现的人并不多（拍摄前对个别人物的位置作了适当的调整），但施工扬起的尘雾，增加了现场的气氛，给人以千军万马的感觉。"① 这番回忆说明九甸峡工段施工环境的艰苦和工程的艰巨。照片能获奖除拍摄技巧外，取材也是关键，首次获奖是在匈牙利举办的第三次国际艺术摄影展上。② 获奖后有人评价这幅照片的成功"首先在于作者以锐敏的观察力，准确地选择了能够表现这一伟大工程的主题——人们的冲天干劲和英雄气概，表现出我国农民在大跃进中的精神气质，使形象具有了丰富的语言"，"还成功地选择了能够表现这一伟大工程的典型环境，这就把主题烘托得更加鲜明"。③ 这幅照片如今成为反映引洮工程之艰辛的珍贵图像证据。

"巾帼不让须眉"的女英雄

鼓励妇女解放、走出家庭、参与到革命和建设事业中，是党一贯坚持的理念。"大跃进"时期劳动力缺乏，妇女参与劳动建设的趋势更为明显。引洮工程起初抽调劳力时并不鼓励妇女参加。截止到 1958 年底"民工157794 人，其中有女民工 5741 人"，④ 占总数的 3.6%。随着工程任务的加重，女民工也越来越多。截止到 1959 年 2 月 24 日，工地民工 91587 人，妇女 4927 人，占 5.4%。⑤ 不过这些女民工并不都是抽调而来，有的公社将原有身强体壮的男民工留下搞农业生产，换成女民工；有的男民工带着自己的老婆；有的女人因家乡缺吃的，带着孩子来工地讨吃。⑥ 随着后方粮食吃紧和青壮年劳动力缺乏，更多的女性被派往工地。1960 年 6 月统计，有女民工 7000 余人，⑦ 占当时民工实有人数 49484 人的 14%。有人回忆，"女民工大多是家里饿得受不住，自己跑到工地上来的，来了后就哭

---

① 茹遂初：《引洮上山——大跃进的一曲悲歌》，http://www.fotocn.org/rusuichu/article-82。访问时间，2010 年 5 月 20 日。
② 《国际艺术摄影展览我国作品获金质奖章》，《新民晚报》1959 年 11 月 2 日，第 2 版。
③ 柳成行：《国际得奖作品评介·"引洮河水上山"》，《中国摄影》1960 年第 1 期。
④ 《引洮上山水利工程局党委向省委汇报会议纪要（手稿）》（1959 年 1 月 5 日），甘档，档案号：91-8-289。
⑤ 《各工区民工上工地情况》（1959 年 2 月 25 日），甘档，档案号：231-1-21。
⑥ 《各工区民工上工地情况及存在问题》（1959 年 2 月 20 日），甘档，档案号：231-1-21。
⑦ 《关于加强女民工劳动保护工作的联合指示》（1960 年 8 月 7 日），甘档，档案号：231-1-73。

哭啼啼不走"。①

有一首诗展示女民工的英雄形象："过去有个穆桂英，今天有个赵秀梅，赵秀梅，穆桂英，英雄美名一般同，穆桂英曾经把帅挂，赵秀梅引洮工程上当英雄，秀梅年纪只有十六岁，干活赛过男民工，休息时间学文化，帮助别人也有名；洗衣补衣把鞋钉，经常帮助男民工，她是引洮工程上一朵花，初开花儿鲜又红！"② 这一英雄形象表现在两方面：一方面，在体力劳动上，丝毫不逊色于男民工，甚至比男民工还厉害；另一方面，在缝缝补补的生活上，能够发挥所长，帮助男民工。如图6-4所示，《新洮河》的封面人物是一个拿着生产工具面带笑容的女子，代表了时代所需的英雄妇女形象。

图6-4 引洮女战士（郝常耕摄）

资料来源：《新洮河》。

在这个以体力劳动论胜负的工地上，妇女被煽动起来与男性竞争，有强烈的身份意识和使命感，以至于有时会忽略天然的性别差异。武山工区一大队二中队的红霞队，共有队员38人，平均年龄十七八岁，在古城水库的围堰上施工，《新洮河》中有专门介绍。（见图6-5）在1600

① 天水工区宣传部长田志炯的口述回忆。转引自庞瑞琳《幽灵飘荡的洮河》，第158页。
② 《表扬》，《引洮报》第8期，1958年8月19日，第3版。

米运距内运土，男民工一般拉 3 次，她们能拉五六次。打夯要求夯提高度为 60 厘米，干容重为 1.6，平均工效 0.6 方；她们能达到 80~90 公方，干容重 1.74，平均工效 0.7 方以上。[①]武山工区二大队的王玉英有"大力士"之称，打炮眼，十磅重的锤子一抡一个准，每天能打进两米；抬石头，160~200 斤的重量一个小时抬 60 多来回，一般小伙子也就抬 140 多斤 40 多个来回。[②]这些宣传材料有夸大事实的可能性，但也表明了宣传的引导方向。武山工区 781 名女民工中出现"中、小队长级干部 41 人，党员 32 人，工地入党的有 20 人，共青团员 159 人，工地入团的 73 人，有 72 人还被光荣地评为先进生产者"。[③]这些数据表明了对女民工付出的肯定。

图 6 – 5　英雄模范红霞队

资料来源：《新洮河》，第 29 页。

由于天然的性别差异，女性本该是弱势群体，但其生理特征当时受条件所限无法得到照顾，以至于付出沉重的代价。尽管上级也要求"根据女民工的生理特点，大力开展妇女卫生工作"，"因陋就简和自力更生地设立卫生室、休息室、女厕所和必要可能的其他设备、并建立月经牌制度，注意和掌握妇女的经期情况，在月经期间给予一定的休息时间，休息期间工

①　《跃进的红霞队》，《引洮报》第 105 期，1959 年 6 月 30 日，第 2 版。
②　《"大力士"姑娘》，《引洮报》第 106 期，1959 年 7 月 2 日，第 2 版。
③　《引洮女英雄大显威风》，《引洮报》第 210 期，1960 年 3 月 8 日，第 3 版。

资一律照发"等。① 但这些都流于形式，工地上甚至没有厕所。通渭工区董某反映，大部分女工都有闭经和白带病，来月经时虽向领导说明理由但很少能准假；平凉工区某女工说：妇女用的月经带、麻布都没有供应，队上没有卫生室，也没有女大夫，即使有病也难以启齿，只好拖着。② 这带来严重后果。工程局卫生处于 1960 年 8 月对武山工区 361 名妇女（工地共有女工 570 人）做经期卫生调查，"其中月经正常的 44 人，占被调查总人数的 12.2%；闭经的 199 人，占被调查人数的 55.1%（内有二年以上的 39 人，一年以上的 61 人，一年以下的 99 人）；从未来过月经的 55 人（年龄 16~20 之间），占被调查人数的 15.2%；其他月经不正常的 63 人，占被调查人数的 13.5%"，"调查 361 人中有腹疼、下坠、下肚涨、白带多者 249 人，占被调查人数的 69%。经检查有较严重的：子宫头糜烂的 5 例，子宫发育小者 5 例，子宫体后倾的 1 例，子宫体偏左的 5 例，子宫肿痛的 1 例"。③ 陇西三大队赵一曼小队 134 个女民工中有 90 人"闭经"；岷县工区 1500 多名女民工中月经不调者占 80%。④

无独有偶，兴建于 1958 年被联合国大坝专家盛赞为"世界奇迹"的龙河口水库（即万佛湖）——淠史杭灌区五大水库之一，曾出现了"五大英雄"，为首的是一个叫许芳华的女英雄。这位女英雄带领刘胡兰战斗连在水库工地上向男人一起摆擂台、争先进；在水库决口时带领连队跳入洪水组成人墙。从水库工地回来以后，"逢上阴天下雨，碰到天寒地冻，她就浑身上下说不清楚哪儿疼。更糟糕的是不能生孩子，她当年带领过的那些姑娘后来也大都不能生孩子！"⑤ 这些英雄妇女为了新中国的建设，在山崖上、沟壑间、洮河畔，留下阳光、靓丽而又坚实、刚毅的身影，将青春献给祖国，自己却留下余生的病痛。

---

① 《关于加强女民工劳动保护工作的联合指示》（1960 年 8 月 7 日），甘档，档案号：231-1-73。

② 《工程局"二革四化"和劳动保护会议简报第 5 期》（1960 年 5 月 25 日），甘档，档案号：231-1-568。

③ 《关于武山工区女工经期卫生情况的调查》（1960 年 9 月 24 日），甘档，档案号：231-1-636。

④ 《工程局"二革四化"和劳动保护会议简报第 4 期：加强领导努力做好妇女劳保工作》（1960 年 5 月 24 日），甘档，档案号：231-1-568。

⑤ 陈桂棣、春桃：《调查背后》，武汉出版社，2010，第 14 页。

小"罗成"与老"黄忠"

政协委员罗某 1959 年 4 月视察引洮工程时称赞："定西不仅工具改革很突出，而且全民总动员，他们有个妇女突击队，要与男人相比；小孩有红领巾队，他们利用挖洞漏土办法和大人相比；老人黄忠队，最大的有七十一岁，干劲也很大。"① 岂止是定西工区，每一个工区都有一样的妇女、小孩、老人队伍，公开在这体力战场上向男青壮年劳动力叫板。也许，只有在特殊年代，男男女女、老老少少才能被激发全部的热情，才会出现一个如此竞赛的高潮。

每个工区都有类似的小英雄队，除名字不同，或曰罗成队、红领巾队、红孩儿队或直接叫小英雄队，英雄事迹基本一致。他们有几个共同特点：第一，年龄都在 18 岁以下，有的才十三四岁；第二，与成年民工一起竞争，有的在劳动时间或强度上更甚于成年人；第三，相互之间展开竞赛，尤其注意发挥聪明才智。如武山工区一大队有一个小英雄队，由 103 个少年组成，最大的不过 18 岁；② 陇西工区一大队四中队的红孩子队，25 名队员，都是十五六岁的少年；③ 其先进事迹大致类似。这些未成年的孩子大多并不是正式抽调，是因为工地上有吃的，跟着长辈一起来。特别是 1959 年民工过完春节以后，看到家乡缺吃少穿，工地上还有口饭吃，有的民工便把孩子带来。

但在山崖沟壑间劳动危险性很大，这些尚未成年的孩子们多缺乏安全意识和自我保护能力，稍有不慎就会酿成惨剧。天水工区一大队的红孩儿突击队在一大队的重点工程石旗嘴上劳动。石旗嘴上面是悬崖峭壁，下面是滚滚洮河，山上没有道路，挖平台、修渠道主要靠爆破。在这儿搞爆破需要用绳子把人吊在半山腰，再用钎子和铁锤打上几个站脚的窝窝和小炮眼，然后用小炮把炮眼冲开，打出 30 米深的洞，接着装上炸药爆破。顺利的话，山就像馒头一样胀起，大大小小的石块便滚入洮河中。这样做除了爆破的危险性大之外，石头在半山腰被炸掉形成空

---

① 《全国人大代表朱××、政协委员罗××、刘××向邓省长、黄××付省长汇报视察情况（纪要）》（1959 年 4 月 8 日），甘档，档案号：231-1-468。

② 《战斗在引洮工地上的小英雄队》（1960 年 5 月），甘档，档案号：231-1-157。

③ 《红孩子创奇迹》，《引洮报》第 109 期，1959 年 7 月 9 日，第 2 版。

当，有时山体滑坡也会导致塌方。红孩儿突击队就遇此险境，7 个孩子被压在山下。①

工地上也有不少老人组成"黄忠队"，年龄在五六十岁。老人因生活阅历丰富，有两种截然相反的思想。一是根本不相信洮河水能够引上山去，认为"那是哄娃娃的话"；二是受干旱之苦太深，十分相信政府，干劲更充足。前者多出现在整风辩论中，以错误思想为名遭到批判；后者多出现在宣传材料上。比如陇西工区运输队的小队长杨玉清，60 岁，主动干活，且常在工余给年轻民工讲："六十年的盼望，在共产党和毛主席的英明领导下才实现，我能赶上引洮河改变干旱也算我六十年来为子孙后代做了件终生的大好事，就是死了也光荣。"②

尽管在宣传材料中，屡屡出现老人和小孩的先进事迹，但在这个以体力为主要竞争力的社会里，他们毕竟不占优势。1959 年春节过后，民工返回工地，有些公社为把精壮民工留到公社，用年老体弱的老人和孩子替代，引起工程局极大不满。③ 在屡次民工精减中，老人和小孩也往往是被精减对象。如 1959 年 3 月中旬实到民工 16.9 万人，陆续遣送病、老 3000多人。1959 年 7 月精减民工时，原则也是"病、老、残、弱、妇、少和个别家庭有特殊困难的予以精减"。④ 武山工区因老、弱、妇、幼较多，在原定精减的基础上再减 2000 人。⑤ 对这些老人和孩子进行精减，也表明老英雄、小英雄的宣传不乏浮夸成分。

各个人群中的英雄模范是"毛主席的好战士"，是时代所需要的"新人"，多为配合宣传而塑造。除掉这些耀眼的光环，他们最基本的特点是"劳动积极"，正是建立在这样的基础上，千千万万普通人在洮河畔、古城边、山崖上所扬起的尘土、挑起的顽石、夯下的渠道、修好的道路，成为工地社会曾经甚嚣尘上、红极一时的最大意义。

---

① 天水工区一大队长余作民的口述回忆。转引自庞瑞琳《幽灵飘荡的洮河》，第 162 页。

② 《"老黄忠"杨玉清》，《引洮报》第 8 期，1958 年 8 月 19 日，第 2 版。

③ 《各工区民工上工地情况及存在的问题》（1959 年 2 月 25 日），甘档，档案号：231 - 1 -21。

④ 《关于引洮工程精减民工问题的报告》（1959 年 7 月 6 日），甘档，档案号：231 - 1 - 23。

⑤ 《关于精减民工和劳动力安排的情况报告》（1959 年 7 月 24 日），甘档，档案号：231 -1 - 33。

三　普通民工

　　我们秦安工区三大队民工赵桂生的父亲，最近来到工地看他。队里领导给他父亲安置好住处，很关心地问他父亲路上走得辛苦不辛苦。老汉感到很高兴，向全队民工谈了家乡的情况，说社里的庄稼长得很旺，正在准备夏收，希望大家安心好好地干；并嘱咐他的儿子赵桂生要在"四化"中打先锋，争取当模范。三大队的民工王自强，原来很想家，听老汉这么一说，也不惦记家里了，决心搞好"四化"，争取早日通水。

　　　　　　　　　　　　　　　　——高秀山：《家中事儿莫挂念》①

　　这则出自《引洮报》的报道，极有可能是虚构的，但被刊登出来表达了上级的愿望：来自家乡亲人的嘱托，是要让民工安心劳动。同样出现在报纸上的有《三封家信》，是说平凉工区某民工接到家中来信催其回家结婚，但他坚决表示"水上高山，才回家去见亲人"，跟他一样的还有九大队分队长、永靖工区共青段的民工马某等。② 这是一种宣传倾向。那么，真实的情况是什么呢？

　　整日艰辛的劳动、不甚可口的饭食、阴冷潮湿的窑洞蜗居、军事化的管理方式等，都让从未离开过家园的民工对家的渴望如此强烈，充满对亲人刻骨的思念。然而，高压之下，大会夹着小会、改造夹着批判、繁重的体力劳动伴随着无休止的政治运动，民工们苦不堪言。虽然戴着大红花与"水不上山、决不回家"的誓言一如昨天，但日子久了，再强的意志也会动摇，自由散漫惯了的农民工人，难以应付这整齐划一的施工、吃饭、休息甚至上厕所。然而，工程已然上马，承载着党和家乡亲人的殷殷希望，

---

① 高秀山：《家中事儿莫挂念》，《引洮报》第 253 期，1960 年 6 月 18 日，第 3 版。
② 赵新芳：《三封家信》，《引洮报》第 255 期，1960 年 6 月 23 日；有流：《三封家信》，《引洮报》第 214 期，1960 年 3 月 17 日。

没有引来生命之水怎能罢手？眼看着"苦战两年，改变甘肃落后面貌"的口号成为一纸空文，请假回家多不被允许，民工们为了生存常施以"小聪明"——装病怠工、磨洋工甚至逃跑，成为工地社会"隐藏的文本"。① 普通民工以自己的方式应对着工地的高压任务。这种现象成为民工生活的日常，是他们坚持下来的生存智慧。

"摸底排队"：民工的基本情况

为了随时掌握民工们的思想动态，及时消除不利于工程建设的思想，上级经常对民工进行"摸底排队"。一般有三四种情况：占多数的积极分子、不积极但也还算听话的中间分子、少数不积极的落后分子以及进行破坏活动的"坏分子"。例如，开工不过半个月，岷县工区1268人思想状况如下：

> 对引洮工程认识明确、思想坚定、积极主动、劳动踏实、坚决听党的话的第一类民工480人，占38%。这类民工（包括不脱产干部在内），多数是党、团员，公社的基层干部和大多数贫、下中农，有少数是上中农中的思想觉悟较高的积极分子。如四中队突击小队的14名突击手，从开工以来平均工效一直达30多方，这14人中有党员1名、团员1名。从成分看：贫农7人、新下中农3人、上中农2人。……这部分民工是推动我们工程前进最基本可靠的有生力量，必须依靠他们，带动其他。

> 思想基本安定，劳动一般积极，对引洮工程认识较为正确，但

---

① 詹姆斯·斯科特（James C. Scott）在对东南亚农民生活进行大量田野调查的基础上，提出"公开的文本""隐藏的文本"等概念。"隐藏的文本"主要是指隐匿在后台或特殊场所的、针对特定人的语言行为和实践过程。对农民来说，偷盗、秘密逃税、故意怠工等为组成部分；对统治者来说，不露声色的奢华和使用特权，暗中雇佣暴徒，贿赂，操纵土地产权等为组成部分。参见 James C. Scott, *Domination and the Arts of Resistance：Hidden Transcripts*, NewHaven, CT：Yale University Press, 1990；*The Art of Not Being Governed：an Anarchist History of Upland Southeast Asia*, NewHaven, CT：Yale University Press, 2009；郭于华：《"弱者的武器"与"隐藏的文本"：研究农民反抗的底层视角》，《读书》2002年第7期。

信心不够大，艰苦环境中容易动摇的第二类 621 人，占 49%。如民工杨贵生说："我们来了 33 个人，跑的去下 18 人了，再跑、再不干活叫谁完成任务哩！张三跑了李四还得顶替"。……三中队队长牛国仓（本质上是好的），但看到天没亮就催大家上工地时便说："只要白天好好干活就行了，这时后［候］黑鼓洞洞的干不下多少活"。这类民工也是基本群众，但较多的人思想觉悟不够高，家庭环境富裕，有许多是新、老上中农，一时吃不下苦，家庭观念浓厚，只要加强教育，他们中的多数或者大多数是可以转变过来，成为我们的基本力量的。

思想不安定，一味追求工资待遇，嫌工地生活苦，劳动紧张，作活消极，对工地某些措施不满，流露不满言论，也有程度不同破坏行为的第三类 164 人，占 13%。这类民工中有不少在平时是不安心农业生产的，有许多是在公社表现不好，受过集训改造的地、富、反、坏、右份子，有严重二流子习气和流氓习气的份子。如二中队，一民工唱的山歌是"晚上睡得冰冷炕，一到晚上毯又涨"，有严重的流氓习气。……还有一名叫虎忠的团员，据初步了解在农村时不安心农业生产，曾到兰州找小工（未找到），同时和农村一青年争风吃醋，黑夜手持小刀斗殴，戳坏对手。这次一到工地即煽动一部分青年企图逃跑到外地找工作。……这类民工中有一部分是人民内部的落后分子，又有一部分是心怀不满的敌对分子。①

上述排队体现时代特色，即唯成分而论。第一类多为党、团员、积极分子，成分以贫下中农居多；第二类为新老上中农，可看作基本群众；第三类多是不被上级所信任的"五类"分子和"有严重二流子习气和流氓习气的"落后分子，后者的"当下表现"成为坐实"落后分子"身份的理由。

上述材料也表明，对于规模宏大的引洮工程，人们各怀心思，不理解甚或不满工地社会某些做法的大有人在。斯科特说："反抗的性质在很大程度受制于现存的劳动控制形式和人们所相信的报复的可能性与严重程

---

① 《岷县工区民工、干部思想情况简报》（1959 年 3 月 19 日），甘档，档案号：231 - 1 - 405。

度。"① 工地社会也不例外，只有在极端难以忍受的情况下，民工们才会铤而走险，选择逃离工地。

无从选择的生存智慧：逃跑

坚持不下去的民工如果选择逃跑，出路有：跑回家；跑到兰州、白银等工业城市打工；跑往更远的新疆、青海、陕西等省。方式有两种，一种是集体逃跑，在追究责任时会被认为是某一个坏分子煽风点火；一种是个人逃跑，大多"利用黑夜民工睡觉不提防的时候或装病请假不上工，趁机逃跑"。②

首先是选择逃跑回家。虽然能够和家人有不多的信函往来，但几个月不着家，还是让民工们对家庭充满思念和担忧。无奈前方工地和后方各县已经织成一张大网，各家各户有哪些人在工地，干部一清二楚。逃回家的民工在已经公社集体化了的家中，可能甚至连口饭都吃不到。公共食堂化后，民工的粮食关系转到工地，每个人在食堂都只能领到定时定量的口粮，多一个人吃饭会引起其他群众不满。在当时的舆论下，逃回来的民工是"引洮工程的逃兵"，逃跑是"极端给引洮工程抹黑的行为"，使家人抬不起头来，因此很多人不敢回家。不过，逃跑回家后的个人到底待遇如何，要视具体时间和情况而定。有人回忆逃跑回家后，工地派大队干部来找，大队干部询问得知他不愿回工地，就不再勉强。③ 靖远工区第五大队的几位党员干部和医生请假回家后，公社给安排工作，甚至还有一名"五类"分子偷跑回家后，也"没有追问，并安置了生产"。④

有些胆大的民工选择逃往兰州、新疆、陕西等地。此时，限制人口自由流动的户籍制度已在实施，坐车都要介绍信，而且每个公路、火车站的关卡都有人把守，一旦发现这类来路不明的人，就会被遣返。不坐

---

① 〔美〕詹姆斯·C. 斯科特：《弱者的武器：农民反抗的日常形式》，郑光怀、张敏、何江穗译，译林出版社，2011，第41页。
② 《关于第一、四大队少数民工逃跑应立即采取措施防止类似问题再次发生的指示》（1958年8月27日），甘档，档案号：231－1－340。
③ 天水工区二团二营"保尔突击连"指导员王顺喜的口述回忆。转引自庞瑞琳《幽灵飘荡的洮河》，第214页。
④ 《引洮靖远工区第五大队关于逃跑及请假过期民工未来工地的报告》（1959年10月5日），甘档，档案号：231－1－39。

车单靠走路的话，西北地广人稀，逃跑又带不了多少粮食，一不小心就会冻死、累死、饿死在半路。据统计，开工半年共约有 9000 人逃跑，约有 1000 人经反复动员讲道理又返回工地；有 4000 人跑回原籍；约有 2000 人在兰州、白银、玉门等城市打工；约有 1000 人逃往青海、新疆等省谋生；还有约 900 人下落不明。[①] 下落不明的人多半死在路上。

工区保卫科的任务之一就是"追逃兵"。武山工区保卫科干事回忆，有一次"从兰州劳动局的招工名单上查出甘谷、武山跑来的民工一百多人，全被领回工地"。[②] 另有一次，武山工区保卫科去兰州火车站拦截出逃的民工"大概有五六百人"，等把这些人带回工地，只"剩下一半人"。[③]

应该来说，每一个阶段、每一个民工选择逃跑，即使不是迫不得已，也别有缘由。施工伊始工地上粮食充足，参加工程又无上光荣，各地慰问参观源源不断，民工选择逃跑的主要原因是太过劳累：每日出工"两头不见太阳"，长达 12 个小时，且动不动就要搞"夜战"；施工多需肩挑手提，有时挖石方需要爆破，危险性极大，开工"四个月中死亡 51 人，残废 45 人，轻伤 1000 多人次"；[④] 住的不是潮湿阴冷的窑洞就是简易民房、帐篷；没有自由，甚至不时被拳打脚踢；伤病也很难请假休息或看医生；白面馍馍虽然够吃，却难见到蔬菜、油水；打小没离开过家如今却要背井离乡。上述原因都让民工顾不得平日里反复进行的思想教育，选择逃跑。据统计，开工半年来"逃跑民工 9000 余人，约占民工总数的 6%"。[⑤]

1959 年初，无论是岷县古城还是洮河沿线一带的施工区，都因冬日未过而天气阴冷，凛冽的北风不时还会带来雪花。别说石方开挖，就是裸露的黄土也因酷寒而冰冻板结、异常坚硬，使施工难有进展。与此同时，后方不断传来因春荒而粮食吃紧的消息，使许多民工蠢蠢欲动，想回家看看。1959 年 3 月中旬实有 16.9 万人，陆续逃跑两万多人，到 7 月"实有

① 《甘肃省引洮上山水利工程局关于迅速制止民工逃跑问题的指示》（1959 年 1 月 3 日），甘档，档案号：231 - 1 - 12。
② 武山工区保卫科干事张顺通的口述回忆。转引自庞瑞琳《幽灵飘荡的洮河》，第 139 页。
③ 武山工区保卫科长赵家祥的口述回忆。转引自庞瑞琳《幽灵飘荡的洮河》，第 141 页。
④ 《甘肃省劳动局李向正付局长在甘肃省引洮上山水利工程局第一次劳动安全工作会议上的讲话（记录稿）》（1958 年 10 月 15 日），甘档，档案号：231 - 1 - 533。
⑤ 《甘肃省引洮上山水利工程局关于迅速制止民工逃跑问题的指示》（1959 年 1 月 3 日），甘档，档案号：231 - 1 - 12。

人数为 144100 人"。①

逃跑原因

1959 年 5 月临洮工区一大队一中队共有民工 355 人，有 59 人逃跑。工区党委宣传科对逃跑原因做了详细调查，大致有以下几种情况。

从表 6－1 可知，第一，因挂念家庭而逃跑的人数最多，近 40％。前一个想家的原因是怕家人挨饿；后一个则因各种原因想回家看看，请假不准。工地上有严格的请假制度，"凡因病请假，经医生证明，在三日以内者由中队批准，四日以上、一个月以下者由大队批准，一个月以上由工区劳动工资科批准"，"凡因事请假，一日以内者由中队批准，二日以上七日以下者由大队批准，八日以上由工区劳动工资科批准"，而"凡不按规定办理手续，事后又无正当理由申请补办请假手续者，一律按旷工论处，在旷工期间的工资待遇一律停发"。② 更有些工区不仅执行严格的请假制度，甚至对来请假的民工动不动就进行批判，使民工们宁愿逃跑也不敢请假。③ 干部对民工事假的依据是后方公社的"介绍证明"。但这同时带来另一个问题，很多人持介绍信回家后，就不再返回。后方公社出于自身对劳动力的需求默认并纵容这种行为，随意给民工开介绍信，尤其是 1959～1960 年，后方用人在即而引洮工程的修建完工眼看遥遥无期。④ 上述逃跑原因中有关"干部"一栏也指出有些人不满干部不肯准假而逃跑，也与此相关联。

表 6－1　临洮工区一大队一中队 1959 年 5 月民工逃跑情况

原因	具体表现	人数	占比（％）
想家	后方部分生产队的粮食问题还未得到彻底妥善的解决，食堂管理不善，社员生活存在一些问题，有吃不饱的现象。民工知道以后，思想不安想回家去看一看	11	18.64

---

① 《关于引洮工程精减民工问题的简报》（1959 年 7 月 6 日），甘档，档案号：231－1－23。

② 《甘肃省引洮上山水利工程局关于民工管理暂行办法（草案）》（1959 年 11 月 9 日），甘档，档案号：231－1－555。

③ 《工程局党委讨论贯彻西北局、省委会议精神情况简报第 3 期：1 月 9 日下午讨论情况》（1961 年 1 月 10 日），甘档，档案号：231－1－100。

④ 《引洮工程局靖远工区关于逃跑及请假过期民工未来工地的报告》（1959 年 10 月 5 日），甘档，档案号：231－1－39。

续表

原因	具体表现	人数	占比（%）
想家	来工地时间长，想家或有事请假未获准	12	20.34
衣物	因未换上夏衣，而偷跑回家	9	15.25
伙食	嫌工地劳累，不愿吃高粱面，因易拉肚子	8	13.56
工资	嫌工资少，要在外挣大钱	2	3.38
干部	干部的工作方法有缺点，缺乏群众观点，个别问题处理不当，有事请假不准，因而逃跑	15	25.4
出身	"地、富、反、坏分子"对工程不满，不接受劳动改造，畏罪逃跑	3	3.38

资料来源：《关于一大队一中队民工逃跑情况的调查报告》（1959 年 5 月 31 日），甘档，档案号：231 - 1 - 280。

第二，因干部的恶劣行为而逃跑的占 1/4 之多，从侧面印证当时确有相当部分的基层干部存在简单粗暴的工作作风问题。为了制止逃跑行为，上级指示对逃跑而自觉归队的民工不追究责任。但实际上，一些干部因民工逃跑给所在队抹黑常设法儿整治。如陇西工区二中队"所有私自回家又回来的民工，都要在群众会上作斗争，有时打耳光，甚至用木棍或绳子打。因此，回来的民工宁愿去别的队，也不敢回去"。①

第三，因伙食、衣物、工资、干活的原因而逃跑的人从表 6 - 1 中看，比较少。但实际上，有的人回忆，"因吃住条件太差，又冷又饿，施工又苦又累，民工难以忍受，经常有逃跑的，有的连长会带上一连人逃跑"。②这种逃跑的原因可能要根据每个时间段来具体分析。如到了 1960 年，后方区域没有粮食，人们甚至主动跑到工地上求干活来挣得一线生机。

第四，"出身"并不能成为逃跑与否的原因，成分差的民工逃跑的非常少。从阶级成分上看，逃跑民工中新老中农最多。定西工区截止到 1958 年 10 月 20 日，"陆续逃跑民工 605 人，其中贫农 156 人，中农 426 人，富农 14 人，地主 9 人，中农以上成份即占逃跑总数的 74.2%"。③ 天水工区 1960 年 5 月共逃跑民工 420 人，其中贫农 184 人，中农 202 人，富农 13

① 《清除少数干部中的强迫命令作风》，《引洮报》第 41 期，1959 年 1 月 3 日，第 1 版。
② 武山工区保卫科干事张顺通的口述回忆。转引自庞瑞琳《幽灵飘荡的洮河》，第 139 页。
③ 《关于民工逃跑情况的报告》（1958 年 12 月 3 日），甘档，档案号：231 - 1 - 533。

人，地主 21 人。[1] 新老中农脑子最为活泛，且家庭出身相对安全，不仅在以脑力劳动见长的工具改革之类活动中拔尖，逃跑也不例外。相比之下，"五类"分子逃跑的非常少，他们谨小慎微，历次政治运动不免被批判的惯性使其不到逼不得已不敢逃跑。1958 年 6 月，陇西、定西工区逃跑的400 多人中没有一个地主、富农。不过，这种情况被认为是"有些地主、富农自己不敢跑，煽动别人跑"。[2] 个别材料中也出现有"五类"分子逃跑的，如"靖远工区第五大队截止 11 月初统计，共逃跑民工 67 人，按其家庭成份计：贫农 5 人，中农 44 人，富农 3 人，地主 15 人，按其政治情况看，其中反动（会道门）道首与管制分子达 27 人，约占 40.3%"。[3] 可见，阶级成分问题只是依照结果寻求原因解释的一种方式，在生存面前，人人平等地选择默默忍受，或铤而走险。

到 1959 年 12 月 15 日为止，岷县工区动员新民工 7000 多人，逃跑2384 人，逃跑比例竟达 34% 之多。逃跑原因则被分析为："有些地方对民工动员组织教育工作作的不够，所以来到工地之后，不安心施工，少部分民工抱着到工地看一看的态度，不带被褥棉衣，看吃住怎样，发不发工资，再加气候寒冷，生活施工都不习惯和来工地后也未能抓紧教育工作，形成逃跑现象的发生。"[4] 此时，逃跑原因又被归结为思想教育抓得不紧。

反逃跑措施

为了防止民工逃跑，上级也采取各种方式，首要的是加紧思想宣传教育。榆中工区党委书记的说辞最具特点：

> 作为逃跑者自己来说，当一个建设社会主义道路上的逃兵是非常可耻的，俗语说："人死留名，豹死留皮"，今天你跑了，可是这可耻的经过会传给你历代的后生，真是"一失足造成千古恨"。再说："引洮的有引洮的管，这到是千真万确的实话，在后方有引洮办公室，在

---

① 《情况反映》（1960 年 6 月 7 日），甘档，档案号：231 - 1 - 489。
② 《加强思想教育，安定青年情绪》（1958 年 6 月 30 日），甘档，档案号：231 - 1 - 885。
③ 《关于民工逃跑情况的报告》（1958 年 12 月 3 日），甘档，档案号：231 - 1 - 533。
④ 《关于新上民工情况简报》（1959 年 12 月 19 日），甘档，档案号：231 - 1 - 40。

作这些工作，跑去的人会一个个被送回工地，那将是最难受的，可耻。"俗语又说："前悔容易、后悔难"，前悔就是没跑以前要觉悟，觉悟了就不会逃跑。所谓后悔难者，就是跑了以后，才觉悟，那就来不及了，已经成了逃兵，我希望大家都要前悔、莫要后悔。①

这一说辞恩威并施，暗示前后方已结成巨大网络，民工不易逃跑。

除此之外，还采取一些强制措施。如陇西工区四大队二支部"对民工逃跑问题，采取了以查窑洞安全为名，放哨监视。对不上工的民工，采取扣饭的办法"。② 靖远工区第五大队针对逃跑民工首先是向对应公社"连去公文要多次"，未果，之后向公社对应的上级单位定西地委报告情况，指出其"随造化名册，请领导下文督促速返工地"。③ 定西地委下文强调："支援洮河工程，是我们的一项政治任务，今后必须继续加强。有些工人和干部未经精减的不论请假或逃跑的都应由县社党委负责送回去，绝不能减少规定的干部和民工人数。以确保引洮工程的早期建成。"④ 但后续各县委究竟如何去做，缺乏进一步的论证材料。

对于逃跑被抓回去的人，上级规定："对已逃跑的民工各乡社均应动员他们返回工地，各工地对返回来的民工除个别情节严重者进行适当处理外，一律要持欢迎的态度。不能歧视、讽刺和打击。"⑤ 报刊上也树立起那些逃跑而又归队的典型，如榆中工区董永清因想家而逃跑，回家后妻子和父亲轮番开导他，公社主任也教育他，使他返回工地，得到工区总支书记的关怀和鼓励，最终成为一名积极劳动的先进分子。⑥

---

① 《继续鼓足更大革命干劲，为按期通水李家岘而奋斗——工区党委书记杨×同志在六一广播大会的讲稿》（1959 年 6 月 5 日），甘档，档案号：231－1－242。

② 《陇西工区四大队支部工作调查报告（手稿）》（1959 年 7 月 7 日），甘档，档案号：231－1－128。

③ 《引洮工程局靖远工区关于逃跑及请假过期民工未来工地的报告》（1959 年 10 月 5 日），甘档，档案号：231－1－39。

④ 《转发"引洮工程局靖远工区关于逃跑及请假过期民工未来工地的报告"》（1959 年 10 月 15 日），甘档，档案号：231－1－39。

⑤ 《批转工程局团委关于"加强思想教育安定青年情绪的报告"》（1958 年 7 月 2 日），甘档，档案号：231－1－2。

⑥ 榆中工区宣教科：《董××二次来洮河》，《引洮报》第 30 期，1958 年 11 月 26 日，第 3 版。

但实际上，由于逃跑是一种给工区抹黑的行为，以致这些民工在归队后也遭遇程度不同的打骂甚至批斗。如临洮工区某中队，把逃跑回来的民工组成"赶方队"，安排他们干更重的活；甘谷工区有个中队长"把逃跑回来的民工集合起来跑圈子，他站在一边，每个民工过来他都要用烧枪在头上敲一下"。① 还有人回忆，通渭工区有个中队长，带了十几个民工逃跑，被抓回来以后，"定性为'瓦解伟大引洮工程'罪，法办逮捕，判刑，送会川监狱，监狱对犯人一天半斤粮，监督劳动，干更重的苦活"，"最后病死在监狱"。②

反其道："上洮河逃命去"

然而，无论在哪个阶段，生存都是第一位的。进入1960年，甘肃境内春荒严重，特别是定西地区缺粮状况愈甚，有的家属来引洮工地上投奔亲人。遇到好一点的干部，对源源不断来工地的家属，睁一只眼闭一只眼，客观上救活了一批人。通渭工区党委秘书周建国多年后回忆："引洮工程好呀，救活了我们通渭县的五六千人。"③ 这是因为自1959年开始，通渭县许多人饿得受不住，跑到引洮工地上，当时甚至在通渭流行一句话："上洮河逃命去"，当时的通渭工区主任白尚文（副县长）"接待和安置了大量通渭逃荒饥民"。④ 还有人回忆："其实，那几年，唯引洮工程上吃的好，人人家里都在挨饿，我家里也在挨饿。就我去引洮上几年，没挨饿。"⑤ 这类回忆在档案材料中也有印证。1960年2月，陇西县委称，截止到2月11日，全县共外流人口6771人，其中"流到洮河工地上1284人"。⑥ 无疑，外流者总趋向于有粮的地方。

总的来看，旱塬地区的百姓对于引洮工程有一种特殊的矛盾情感。引

---

① 《关于坚决制止干部强迫命令、违法乱纪的指示》（1958年12月24日），甘档，档案号：231-1-9。

② 通渭工区党委秘书周建国的口述回忆。转引自庞瑞琳《幽灵飘荡的洮河》，第229页。

③ 通渭工区党委秘书周建国的口述回忆。转引自庞瑞琳《幽灵飘荡的洮河》，第229页。

④ 《通渭人物志》，出版单位不详，2005，第119页。

⑤ 天水工区一团三营"青年突击队"队长李文耀的口述回忆。转引自庞瑞琳《幽灵飘荡的洮河》，第174页。

⑥ 《陇西县委关于生活安排、人口外流情况的电话汇报》（1960年2月12日），甘档，档案号：9-1-9-113。

洮工程既影响了一部分人的生存轨迹，如杨显惠笔下《定西孤儿院纪事》中每一位孤儿的家庭都有青壮年劳力在那个饥饿年代去了引洮工地，失去男劳力的庇佑，孤儿寡母的命运可想而知，又在某种程度上保全了一部分人，工地上的粮食特供使得"上洮河逃命去"成为流行一时的口号，许多人因在工地劳动免于在家乡被饿死，因饥饿而死在工地上的民工也非常少。不过，正如本部分所述，繁重的体力劳动与艰苦的生存条件，每一分钟都在挑战民工的耐心。无论怎样，能够在那个年代活下来的，就是"强者"。

四　"大右派"

　　在引洮工程上人员集中，社会改造对象数量不小，某些方面和地方，反革命分子和刑事犯罪分子的重大盗窃，凶杀报复，书写反动标语，制造谣言，甚至阴谋组织暴乱等破坏活动还是比较突出的，美蒋间谍特务与其他隐蔽更深的敌人，绝不会放松其对伟大的引洮工程的破坏活动。因此，在敌情严重活动比较突出的地方必须注意从严的一面。

——《甘肃省引洮上山水利工程局公安处为呈请批转
1959 年几项主要工作的安排意见》①

　　引洮工程是集体化时代的工程，劳动力以根正苗红的贫下中农积极分子为主，但还有一个特殊群体，即来自甘肃省级机关、受益区县级机关的右派分子，以及下文将要描述的来自各个县市的普通"五类"分子等。他们在工地上的活动，是体力与思想上的双重改造。

　　这些右派分子出现在此的主要原因有两点：第一，工程建设需大批干部，有单位以"改造"或"锻炼"之名将本单位犯错误的干部甚至右派分子送来。1958 年 4 月 10 日，省委通知要求在 10 天内从省级各单位、天水

---

　　① 《甘肃省引洮上山水利工程局公安处为呈请批转 1959 年几项主要工作的安排意见》（1959 年 3 月 16 日），甘档，档案号：231－1－22。

专区、兰州市抽调思想好、有干劲、身体健康、熟悉本行业务的骨干干部200 名参加引洮工程。① 但到 5 月 24 日，只抽调来 131 人，还有 69 名缺额，且"领导骨干缺乏"，"一般干部政治质量低，业务能力差，主办人员少"，"原分配的工程技术人员尚无 1 人"。② 可见即使是干部，无私奉献的精神和热情未如预期那样迸发。于是一些单位把"在整风运动中受到批判和犯有各种错误的干部，还有 13 名右派分子"送来"锻炼提高"。③ 随着干部人数的增加，右派人数更多出现在工地上。第二，这些右派大多学有专长，能为引洮工程所用，同样以"劳动改造"的名义送来。他们或具备一定的组织管理能力，或是工程建设所需的水利、水文、桥梁、道路、医疗等方面的专业技术人才。既可以在工程中增进右派分子对党和共产主义事业的认同感，以对自己做彻底的批判和反省，又可以给他们提供一个立功赎罪、发挥专长的机会，使其在党的监督下更好地劳动与改造，以便及早"回到人民队伍"中来。因此，在人才需求和需要改造的双重驱动下，"阶级敌人"与"集体主义工程"之间的矛盾被遮蔽，反而显露出对允许他们参与这项工程的别样"恩宠"。于是，这些"大右派"在工地上的生存，也就与"改造"二字密切勾连。他们的生存境遇，实际上就是被改造的过程。

改造的方法

甘肃省在反右运动中揪出相当数量的右派，据 1959 年 7 月统计，"全省共定右派分子 11132 人，其中共产党员中定了 1405 人，团员中定了1904 人，党外各界人士中定了 7823 人"。④ 这些右派分子被分配到各个地方（或在原单位降职使用）进行改造，比较著名的有位于酒泉的夹边沟劳改农场等。具体到引洮工地，有来自省级机关、定西专区机关以及武山、天水、秦安、定西、榆中等县的右派分子 168 人（包括开除公职的 35人）。这些人原来分别是："副省长 1 人、地级干部 6 人、县级干部 9 人、

---

① 《中国共产党甘肃大事记》，第 141 页。
② 《甘肃省引洮水利工程局关于抽调干部情况的报告》（题目由作者自拟，1958 年 5 月 25日），甘档，档案号：92 – 3 – 84。
③ 《关于从省级各单位抽调干部的情况报告（手稿）》（1958 年 7 月 18 日），甘档，档案号：231 – 1 – 119。
④ 中共甘肃省委统战部：《甘肃统战史略》，甘肃人民出版社，1988，第 168 页。

区级干部 30 人、一般干部 104 人、医务和水利技术干部 18 人（内有高级知识分子 2 人）。"[1] 他们大多被分配做普通民工。原为医生、水利技术人员等这类有专长的，被分配至相应能够发挥其专长的医院或工程局机关。个别高级干部，如孙殿才（原副省长），梁大钧（原银川地委第一书记）、刘余生（原民政厅副厅长）、林里（原交通厅副厅长）、梁克忠（原商业厅副厅长）、洛林（原省人民委员会政法办公室副主任）等，则分配担任领导职务，如孙殿才任器材供应处副处长，梁大钧任工务处副处长，林里先任器材供应处干事，后 1958 年 11 月调任交通运输处副处长，张生强在器材供应处任副处长。

在文献中，右派分子被改造的主要方法是：第一，定期召开座谈会、个别谈话、有计划地组织学习马列主义理论、党的方针政策等；第二，要求全部参加体力劳动，进行劳动改造；第三，定期开展民主评审，发动群众监督改造；第四，加强监督管理，人事部门主管思想教育，公安部门负责劳动和生活管理。[2] 具体操作中，右派分子的处境随分配为干部或普通民工的新身份而有所区别；下放子单位不同，所面对的状况也不同。在长期政治运动的影响下，人们多选择明哲保身，不愿意接触右派分子。有的右派分子主观上愿意认真改造，积极劳动，希望早日"摘帽"，因而表现格外积极。但也有的右派分子劳动不积极，感到前途渺茫，因为"不知道要劳动改造到什么时候"。

在这种状况下，1959 年 7 月，工程局党委对保有公职的 132 名右派分子进行摸底排队，认为：

> 对错误认识深刻，工作、劳动一贯积极，或起初表现不积极，经过教育转变较快较好的 38 人，占 28.78%；对错误有一定认识，愿意悔改，工作、劳动比较积极，但经常考虑个人前途，工作不够大胆和主动，或口头表示愿意悔改，工作、劳动比较积极，但企图早日摘掉右派帽子的 54 人，占 40.9%；对错误认识不深刻，不服处分，情绪

---

[1] 《批转局党委组织部"关于教育改造右派分子的情况和今后意见的报告"》（1959 年 2 月 26 日），甘档，档案号：231 - 1 - 22。

[2] 《关于教育改造右派分子的初步总结报告》（1959 年 7 月 20 日），甘档，档案号：231 - 1 - 33。

消沉，工作、劳动不够积极的 34 人，占 25.75%；心怀不满，抗拒改造，继续散布反党反社会主义言论的 6 人，占 4.54%。①

摸底排队列出优、良、中、差，使上级清楚掌握一定时期内改造对象的整体情况，并使后续工作更有针对性。摸底排队的内容显示改造的侧重点是对错误的认识、工作表现、劳动表现以及思想表现等方面，但弹性空间非常大，与掌握"排队"者的个人认识有很大关联。与其说是为了让上级掌握情况，不如说是为了对右派分子产生巨大震慑力。因为被排在后面的人，改造之期更为遥遥无望，造成的心理压力可想而知。

在这些右派分子中，有 34 名被安排在引洮工程局各机关工作，分配情况如表 6 - 2 所示。

这 34 名能够在工程局继续担任一定领导职务的右派分子，之前都是甘肃省中、高级干部或掌握引洮工程所需的水利、地质、医疗、卫生等技术的专业人员，其中地级以上干部占 20.5%，而水利方面与卫生等技术干部一共占 58.8% 之多。如甘肃省水利厅定为右派分子的共 23 人（有 1 人逃跑），分往引洮工地的就有 11 名，占比 50%。② 被分配至引洮工地的右派分子大多不是因为对引洮工程本身有疑问，而是有其他"罪过"。因质疑引洮而获罪的人，被划为"右派"后往往送至其他地方。③ 引洮工程建设特别需要水利和医务方面的人才。纵然他们已被定为右派，但其本身的专业技能可在工地上尽其用，给了这些右派分子"摘帽"的巨大希望。

从这 34 名右派分子的排队情况看，第一类有 7 人，占 20.6%；第二类 19 人，占 55.9%；第三类 8 人，占 23.5%；居中者仍最多。这 34 名右派分子究竟因何表现造成排队结果的不同呢？表 6 - 3 反映了部分原因。

① 《关于教育改造右派分子的初步总结报告》（1959 年 7 月 20 日），甘档，档案号：231 - 1 - 33。
② 《（甘肃省水利厅）对右派分子教育改造情况的简结》（1959 年 12 月 28 日），甘档，档案号：95 - 2 - 81。
③ 参见 http://www.21ccom.net/articles/rwcq/article_2010070712796.html，访问时间：2012 年 6 月 26 日。

表6-2 在引洮工程局各机关改造的右派分子基本情况

类别项目	人数	原来政治情况		原任职务级别							现任职务						排队情况		
		党员	非党员	副省长	地级干部	县级干部	水利技术干部	卫生技术干部	一般行政干部	副处长	水利技术	卫生技术	一般干部	测工		一类	二类	三类	
工务处	11	7	4		3	1	4		3	1	4		6			1	7	3	
卫生处	10		10					9	1			9	1			2	6	2	
勘测设计处	7		7				7				5			2		1	4	2	
器材供应处	4	4		1	2				1	2			2			2	1	1	
交通处	1	1			1	1				1						1			
粮食处	1	1											1				1		
合计	34	13	21	1	6	2	11	9	5	4	9	9	10	2		7	19	8	
占总人数%		38.2	61.8	2.9	17.6	5.9	32.3	26.5	14.7	11.8	26.5	26.5	29.4	5.9		20.6	55.9	23.5	

注:一类:已低头认罪、明确悔改,并在工作、学习、劳动中表现较好、愿意向党和人民靠近;

二类:表示愿意悔改,但内心不完全服,表现时好时坏;

三类:基本不服或不完全服,表现不好,其中,一小部分人坚持反动立场,抗拒改造甚至继续有反动言行。

资料来源:《引洮工程局党委关于在引洮工程机关改造的34名右派分子情况汇报(附表)》(1959年9月19日),甘档,档案号:95-2-81。

表 6 - 3　在引洮工程局各机关改造的 34 名右派分子情况

排队情况	姓名	原任职务	工地职务	各方面表现
第一类7人，占右派总数34人的20.6%	陈××	定西专署中医大夫	基地医院	对其罪行有较明确的认识，工作中表现较积极肯干也能吃苦。对领导交给的任务能想办法完成。并能主动汇报自己的工作情况，征求组织和同志们的意见。但工作不够大胆
	张××	医生	医院	对其罪行有较明确的认识，能靠拢组织，工作表现积极，也能经常提出建设性意见。对病人诊治详细及时，有重病人时，经常守在病人跟前。并能积极参加各种义务劳动。在氯霉素等药品缺乏的情况下能积极用中药代替。但平时参加集体活动较少
	刘××	省水利厅12级技术员	勘测设计处	对自己的错误有一定认识，工作表现尚积极负责，也能吃苦，能主动靠拢组织，经常向组织口头、书面汇报自己的工作，并积极检举其他右派的表现，劳动也较积极
	杨××	定西军分区任科长	器材供应处	对自己所犯错误有一定认识，表现还积极，能按时完成任务。但在工作中不主动，很少向领导汇报学习、工作、思想情况
	孙××	副省长	器材供应处	积极热情，吃苦肯干，学习上能抓紧时间，阅读报纸和一些理论书籍，也能放下架子生活。对自己的错误有悔改表现，但在工作中责任心不强，粗枝大叶。有些不该说的也说了，表现为小广播、原则性不强的做法
	林××	交通厅副厅长	交通运输处	积极肯干，主动提出节约汽油的措施。经常向党组织汇报自己的思想，劳动表现一般，对学习抓得紧。对自己的处理没有怨言，但在工作中不大胆，不愿分管财务工作
	杨××	省水利厅12级技术员	通渭工区	表现尚好，能积极完成上级所交给的任务，能够与民工一同参加劳动，靠拢组织，但有时工作不大胆，怕负责任
第二类19人占右派总数34人的55.88%	杨××	卫生学校学生		对分配工作一般能完成，在劳动中表现较好，曾被评为一等。身体不好仍能积极为病员输血。但对其"右派罪行"没有认识，对处分心怀不满。在一次给他的朋友写信中说，"自从遭遇不幸之别人看不起了"，"待遇苛刻"，"不是右派而是反社会主义分子"等

续表

排队情况	姓名	原任职务	工地职务	各方面表现
第二类 19 人占右派总数 34 人的 55.88%	李××	卫生学校学生		劳动积极，曾被评为一等。积极为病人输血。但对其罪行没有认识，认为自己"不是右派，而是反社会主义分子"。并且在工作中有时不主动
	石××	卫生学校学生		右派，反社会主义分子。工作表现一般，时好时坏，不主动思想改造，对反社会主义帽子不太服气，劳动表现不积极
	毛××	省综合医院眼科主任（高级知识分子）	基地医院	工作表现较好，能够靠近党组织，劳动积极工作负责。对病号态度好，有时还洗脚，也能完成任务，并能主动反映自己思想情况。但有时好做表面工作、表现自己，不愿接受批评，受批评易生消极情绪
	张××	药剂师		能完成任务，但不够大胆，怕负责任，在劳动中表现较好，但对其罪行完全不服
	赵××	助产士（女）		工作较踏实，对病号热心，劳动较好。有时白天劳动晚上检查女民工疾病，还给女民工主动洗头洗衣。但平时不爱讲话，不能主动汇报思想，不接近党团员
	罗××	粮食厅储运管理局副局长	粮食处	被定为反党分子开除党籍，行政上撤职降级处分。在工作中一般认真负责，并经常表示"要从学习中提高自己的认识，坚定阶级立场"，"在劳动中改造自己，重新做人，主动赎罪"
	周××	省水利厅 12 级技术员	勘测处第三队	对自己所犯错误有认识，但不深刻。工作中能完成任务，劳动吃苦，但不积极。还没放下架子，也不向组织汇报改造情况，曾被斗争过两次，改正不突出
	辜××	省水利厅 12 级技术员	勘测设计处	极右分子。能完成工作任务。但对自己错误认识不足，情绪死气沉沉，不爱学习和劳动，推一推，动一动
	唐××	省水利厅 12 级技术员	勘测设计处	能完成任务。但对被评为右派觉得不严重，改造决心不大，工作、劳动不积极主动，说"吃粗粮没有营养"
	袁××	省水利厅 12 级技术员	勘测设计处	劳动表现能吃苦，一般能完成任务。但对自己的错误满不在乎，不爱学习，有一点成绩及时报告领导，生怕发觉不了。对群众的监督嘻嘻哈哈，表现嚣张

续表

排队情况	姓名	原任职务	工地职务	各方面表现
第二类19人占右派总数34人的55.88%	吴××	同济大学桥涵系上学，定为右派，提前毕业	工务处	对自己反党反社会主义罪行口头上认为严重，但不能主动改造自己，主动赎罪，不与党团员接近，很少暴露自己思想，有时在工作中表现娇气很重。"反右倾"运动开始后表现特别沉默，劳动也不够起劲
	庞××	省民政厅机要秘书		对其错误认识较明确，亦有悔改之意。在工作中一般能完成任务，但不主动，想办法少，劳动表现一般
	刘××	定西军区	工务处	尚能负责完成任务，也能汇报工作和思想，但不参加体力劳动，有时说得多做得少，夸大自己，有时表现很骄傲
	董××	省委统战部办公室主任	工务处	对其错误基本上认识，前面工作还肯干，最近一个时期好睡觉。在其他同志跟前很少讲话，但与右派分子在一起谈说笑笑。今年7月决定他下大队参加体力劳动时表现不好，不愿在劳动中改造自己
	刘××	省民政厅副厅长	工务处	基本能认识自己的错误，工作也虚心，能够向组织汇报自己思想改造情况，劳动表现也好。在初次负责修公路时，能和民工打成一片。但工作有时表现不够大胆主动，干劲不足，想办法少
	梁××	银川地委书记	工务处副处长	对罪行一般有认识，工作还能想办法完成，但常摆困难，想办法解决少，架子还没放下来。在全民算账中流露出对他在粮食问题上犯的错误还有些不服气。很少向党委汇报思想改造情况
	张××	定西专区专员	器材供应处副处长	工作积极，生活上也能和民工同吃同住，利用工作间隙积极参加义务劳动。要求同志们监督帮助他改造，对学习也较重视。但没有完全心服和放下架子，刚来工作暮气有点大，不主动，也不说话，不和别人接近
	白××	省水利厅工程师	技术员	能积极完成任务，提出技术措施，表面上工作热情，低头认罪，但对其处分心里不满，不参加劳动，上工地也少，有时工作不够大胆，怕负责任

续表

排队情况	姓名	原任职务	工地职务	各方面表现
第三类8人占右派总数34人的23.53%	李××	定西军分区	工程局	不干工作，不听党的话，如调他去古城管伙食，坚决不去，说他是搞军事和法政工作的，并说犯了这一点错误参加劳动不好，又好吹嘘自己
	何××	省水利厅10级技术员	工务处	对其定为右派分子心怀不满，在会宁工区工作期间不服从大队领导，经常上工迟下工早，很少参加劳动并散布恶毒攻击领导的言论，"七一通不了水，要通水是领导上通水"。工作不负责，使涵洞质量不好给工程造成损失
	洛××	省人委政法办公室	工务处	最初工作表现尚能吃苦，但傲气还大，没放下架子。对其错误认识不够明确，工作表现消极，不愿负责任，很少向组织汇报思想和工作情况
	朱××	医士	医院	一般还能主动接近组织征求对自己的意见，但几次请假都没按时返回。在其爱人犯错误下落不明时，对组织不满，还想自杀。曾一度表现情绪非常不好
	杨××	卫生学校学生	医院	对定其为右派不服，不愿低头认罪，不讲心里话，工作劳动不积极
	朱××	武汉水利学院教授	工程局科学研究所	任务一般还能完成。对自己的错误没认识，工作学习劳动不好，不接受改造，在"反右倾"运动以前有攻击人民公社、"大跃进"粮食供应的反动言论，对引洮"上山"两个字不满。准备在群众中进行斗争
	梁××	省水利厅14级助理技术员	勘测处第三队	劳动表现一般。对自己的错误没认识，不接受监督改造，对粮食政策不满，经常喊叫粮食不够吃，乱讲调皮话
	梁××	省商业厅副厅长	器材供应处	能完成一般工作任务。在水泥厂和同志们一起苦战过，对民工生活也关心妥善安排。但后一个时期表现不好，对自己的错误没有深刻认识，一心想翻案，工作表现时冷时热，成天看小说，据反映还有男女关系问题。没有放下架子，也不汇报自己的思想改造情况

资料来源：《引洮工程局党委关于在引洮工程机关改造的34名右派分子情况汇报》（1959年9月19日），甘档，档案号：95-2-81。

表6-3这一摘自原始档案的右派分子日常表现统计表，用词非常口语化，一些话语甚至明显由旁人揭发并转述而来。上述"排队"内容集中于对右派分子日常行为的考察，尤其是对错误的认识、工作表现、劳动表现以及思想表现等，这些方面可能直接决定其未来命运。

一个右派分子的改造

这些历经多年考验才曾身处高位的右派分子，虽然在工地上被处处监督改造，却仍在绝境中为工程建设殚精竭虑。原任甘肃省民政厅副厅长、副党组书记的刘某，是"反右"运动中省级反党集团的重要成员。1958年5月起，刘某任引洮工程局工务处干事，起初做事务工作，随后外出做架设电线、修筑公路等工作；9月，赴会宁工区参加体力劳动，11月、12月去峡城烧木炭；1959年被派往古城电锯厂。①

这段经历表明，刘某虽然名义上分配至工程局机关，但并未受重用，且进行了不少体力劳动。他汇报经过此番锻炼得来的思想启示："这些看来平凡的人物，在千山万岭中，傲雪霜，抗风雨，克服一切困难，英勇顽强的向大自然搏斗，凭自己的双手劳动，创造着人类不平凡的奇迹，这种生动的事实，对我的思想教育是极深刻的，令人感动的，回顾自己之前的个人主义骄傲浮夸，多么渺小可耻"，还表示，"引洮工程是很艰巨的技术复杂的具有世界意义的伟大工程，赖党的爱护，我在这样的工程上作些工作是很幸福的，虽然我的身体今不如昔，我毅然坚决认真改造自己，按时抓紧学习理论，希望赎回自己的严重错误，争取党的重新信任"。②且不论这段话是不是刘真正所想，起码表明此刻他已逐渐朝党所引导的方向做自我剖白。

这番认识首先得到了肯定："一年来，经过党的教育和实际锻炼，刘某对自己的错误有比较深入的认识，也有比较显著的悔改表现"，并提出，"目前的主要缺点是：思想顾虑还未完全解除，工作还不够大胆，会上发言总是怕别人误解了他的意思，再三解释。有意见不敢大胆提出，总是考虑再三，或者是和别的同志交换意见后才敢讲"。③对"缺点"的罗列表明

① 《刘某单行材料》（1959年6月19日），甘档，档案号：231-1-33。
② 《刘某：我的检讨（手稿）》（1959年7月22日），甘档，档案号：91-8-289。
③ 《刘某单行材料》（1959年6月19日），甘档，档案号：231-1-33。

此番判断不仅建立在个人自我"剖白"上，还有别人的看法。

纵然在这种"靠边站"、不被党信任的状况下，刘某还是尽己所能向上级提建议。"根据最近古城水库导流槽的情况看，洮河水的冲刷力很利害……渠道的稳定性值得考虑的。为了坚固、经久、耐用，除石渠外，建议把全部渠道（包括黄土质砂砾层等）的内外边坡和渠底，里层用红胶土夯实，表层均用块石砌成，洋灰浇灌，消灭冲刷的危害，确保放水后渠道的稳定和人民生命财产的安全。"① 可见右派分子虽在政治上不被信任，但其内在的知识、观察力和判断力还是具有相当的敏锐性和建设性的。这或许才是其在政治上被改造，而技术上又受重视的原因。然而，这些合理化建议其实很难得到采纳。

改造的出路

这些右派分子虽分配至引洮工地，但工资与组织关系仍在原单位，② 因此原单位也有监管之责，而且唯原单位才对其最后"脱帽"与否有最终定夺权，在工地上的经历是其是否"改造好"的重要参照。由此，原单位与工程局对这些右派分子形成双重监管，制约其改造出路。

甘肃省水利厅采取"三包一保证"和"九个好人加一个坏人"的办法，对在工地的 11 名右派分子进行监督改造。具体为"①对右派分子，各支部、行政单位，应指定专人，具体负责监督教育改造他们的工作。②规定每月每个右派分子书面汇报自己的思想、工作和学习等改造情况，半月口头汇报一次，多数不限。③三个月单位开一次右派分子座谈会，检查他们三个月以来的思想、工作和学习上的改造和存在的问题。④对右派分子一定要拉到艰苦和有群众监督的劳动场所去改造。半年总支、支部对右派分子的改造、教育进行一次全面的总结。"③ 从这些措施可以看出，虽然是对右派分子的监督改造，但无形中却也表明原单位并未放弃对他们的改造，客观上带来一种心理安慰，给他们一种改造好、"脱帽"及返回原

① 《对引洮上山水利工程渠道的建议》（1959 年 7 月 23 日），甘档，档案号：91-8-289。
② 《甘肃省引洮上山水利工程局关于对调我局工作人员工资处理意见的报告》（1958 年 7 月 31 日），甘档，档案号：231-1-439。
③ 《（甘肃省水利厅）对右派分子教育改造情况的简结》（1959 年 12 月 28 日），甘档，档案号：95-2-81。

单位的希望。

1959 年 9 月，《中共中央关于摘掉确实悔改的右派分子的帽子的指示》给右派分子以切实的期盼。10 月，工程局认为"绝大多数右派分子有不同程度的悔改表现，最近经过民主评审，摘掉了 9 个右派分子的帽子"。① 如省水利厅的杨某被"摘帽"，是当年甘肃省水利厅 22 名右派分子中仅有的 2 名被"摘帽"的右派之一。② 他们被摘帽是因其符合中央的三个条件，即："（1）真正认识错误，口服心服，确实悔改；（2）在言论、行动上积极拥护党的领导和社会主义道路，拥护总路线、大跃进和人民公社；（3）在工作和劳动表现中表现好，或者在工作和劳动中有一定的贡献。"③ 如表 6 - 3 排队被排在第一类的陈某，他被摘帽的基本依据是：

> 首先，在改造过程中能接受组织对他的教育，和群众对他的监督改造；能服从党的领导；对党的各项政策也是积极拥护的；在各项运动中表现也较积极，会议上能大胆发表自己的意见。
>
> 其次，在工作中表现认真负责，踏实肯干，吃苦耐劳，60 年夏季基地医院伤寒病人增多，他每天负责 20 多个病员的临床治疗，诊断病情，取药、煮药、送药，甚至护理，往往工作深夜才休息，但工作情绪是饱满的，有次为了抢救一个肝炎病人，整夜没有休息，治愈了病人。在今年他虽年龄大，再加浮肿，体弱，但也照常坚持工作，完成交给他的各项任务。
>
> 还有在日常劳动中也是积极肯干的，能经常地自觉地参加体力劳动，积肥、背粪以及基地医院修建房子等，他都积极参加，且很卖力。平时经常扫院子、厕所、打扫药房等，但始终是愉快的，并无怨气。④

这几条"摘帽"理由，与表 6 - 3 中排队依据比较一致，集中在思想表现、工作表现以及劳动表现上。总结中不仅陈述了他对错误有认识，更

---

① 《引洮工程党的组织工作基本总结》（1959 年 11 月 13 日），甘档，档案号：92 - 1 - 224。
② 《（甘肃省水利厅）对右派分子教育改造情况的简结》（1959 年 12 月 28 日），甘档，档案号：95 - 2 - 81。
③ 《中共中央关于摘掉确实悔改的右派分子的帽子的指示》，《建国以来重要文献选编》第 12 册，中央文献出版社，1996，第 573 ~ 574 页。
④ 《关于摘掉陈某右派分子帽子的决定》（1961 年 8 月 8 日），甘档，档案号：95 - 6 - 679。

指出其"能拥护党的领导，拥护三面红旗，心服口服"。

刚刚经历"反右"运动、身着干部外衣的右派分子，并没有想到右派帽子一戴就 20 年摘不掉，都希望经过改造再次重返政途，重回人民队伍。于是，这些干部或者说右派分子，在工地上仍然竭尽全力，用己之所能，改造自己并为人民服务。在引洮工地上右派分子的生存，就是这样一种在最初的绝望中寻求希望的状况。整体而言，右派帽子易戴难摘，大多数人在工程下马时仍未"摘帽"。同其他右派分子一样，最终"脱帽"要到改革开放以后了。

五　普通"五类"分子

临洮工区于 11 月 28 日，依法逮捕了破坏工程建设的坏分子梁××。该犯消极怠工，散布不满，并以找工作多挣钱为名，煽动民工逃跑，在他引诱之下先后逃跑了民工 150 多人，严重的破坏了工程的进行。为严肃法纪，保证引洮工程顺利进行，判处该犯有期徒刑二年。

——《引洮工程法院宣判一批罪犯》①

1958 年 11 月 28 日，临洮工区逮捕了一名"坏分子"，罪行是"破坏工程建设"，具体为"煽动民工逃跑"。② 这则来自《引洮报》的新闻报道，细节的真实性尚待核实，但其出现在官方报道上表明了相关部门的倾向性。一些史实符合工地基本状况：第一，这个样板工程上有不少出身并不好的人，恰如上节所述的右派分子；第二，这些如"坏分子"梁思义这样出身不好的人，破坏工程建设，与其"出身"互为表里。他们是工地社会矛盾的出口，是维系工地社会稳定的另类力量。

---

① 李建鼎：《引洮工程法院宣判一批罪犯》，《引洮报》第 34 期，1958 年 12 月 10 日，第 4 版。
② 李建鼎：《引洮工程法院宣判一批罪犯》，《引洮报》第 34 期，1958 年 12 月 10 日，第 4 版。

普通"五类"分子参与引洮工程，作为劳动力，是中央政策的要求。1958 年 8 月第九次全国公安会议上，中央指示，要求"坚决贯彻'少捕多管'的方针，大搞社会改造，强迫他们走社会主义道路，调动他们的双手为社会主义建设服务"。① 实际上是要求各地在"大跃进"亟须劳动力之时，充分利用"五类"分子。引洮工程所需劳力按规定全部由定西、天水等受益区承担，且原则上要求"必须是精工"，但并未就阶级成分做出规定。笔者在采访中了解到，工程虽为民心所向，但让许多没出过远门的农民远赴离家几百公里的地方劳动，却也并非都心甘情愿，任务多被派给成分差的家庭。定西县城关公社某大队六小队一共有 20 多户人家，按照规定需要 7 个人参加引洮，根据成分看，有 4 人贫农出身，1 人富农，2 人地主，此小队成分差的只有这 3 家，全部都被要求出人参加引洮工程。② 工地上有不少"五类"分子，即包括地主、富农、反革命分子和坏分子在内的"四类"分子、少数右派分子和其他被剥夺政治权利的诸如会道门道徒、刑事犯、刑满释放人员等（本节将这些人笼统称为普通"五类"分子）。

"在引洮工程上人员集中，社会改造对象数量不小，某些方面和地方，反革命分子和刑事犯罪分子的重大盗窃，凶杀报复，书写反动标语，制造谣言，甚至阴谋组织暴乱等破坏活动还是比较突出的，美蒋间谍特务与其他隐蔽更深的敌人，绝不会放松其对伟大的引洮工程的破坏活动"，③ 鉴此，必须加强对他们的监督和改造。对这些言论的真实性虽要打上一个大大的问号，但在那个年代，阶级斗争的弦绷得很紧，他们不得不成为改造对象。

数量及分类

相较于规模庞大的总人数，各工区普通"五类"分子并不多。据 1958 年 8 月统计，8 个工区"有历史特务 13、土匪 2、反动党团骨干 20、反动会道门道首 234、一般反革命分子 263、现行反革命分子 3、地主 825，富

---

① 《第九次全国公安会议关于进一步加强对地、富、反、坏、右五类分子改造工作的决议》（1958 年 8 月 16 日），中国警察网 http://museum.cpd.com.cn/n14895172/c15413303/content_1.html。

② 2011 年 9 月 8 日笔者在定西市采访张某某的记录。张为地主出身。

③ 《甘肃省引洮上山水利工程局公安处为呈请批转 1959 年几项主要工作的安排意见》（1959 年 3 月 16 日），甘档，档案号：231 - 1 - 22。

农 526，坏分子 151，右派分子 58，刑满释放犯 60，未分类者 801（其中包括一部分伪军、政、宪）共计 2962 名，占民工总数的 2.65%"。[1] 可见除"五类"分子外，其他如反动会道门道徒、伪保长、历史特务、土匪等"历史不清"的人也在统计之列。表 6-4 具体地列出各工区的统计情况。

表 6-4 各工区"五类"分子等情况统计

工区	统计时间	民工人数	"五类"分子和其他							所占比例
			地主	富农	反	坏	右	其他	合计	
陇西	1959.1	15000	208	113	85	18	10		434	2.9%
定西	1958.8	15455	420	209	68	17	8	92	814	5.27%
通渭	1958.9	23244	247	182	214	70	9		722	3.1%
榆中	1959.4	10209	244	94	65	24	14	44	485	4.75%
靖远	1959.12	4795	194		41			46	281	5.86%
临洮	1959.4	13559	338	104	34	16	56		548	4.04%
会宁	1958.9	9072	179	156	101	22	1		459	5.06%
武山	1959.3	20893	121	70	21	106	15	485	818	3.9%
总数		112227	2879		629	273	113	667	4561	4.06%

注：（1）时间是指各工区报告中所言的最后统计时间。由于统计干部思想上认识不清如"（一）地主分子和地富出身的子弟划分不清，混为一谈。（二）反革命分子和反革命知情分子划分不清。（三）历史反革命和伪人员划分不清。（四）坏分子和社会渣子混为一谈。（五）对摘掉地富帽子的地富应如何对待不够明确"等原因，有时各工区在不同时间段"五类"分子数目并不一致。

（2）其他是指类似于刑事犯罪分子、依法管制分子、"社会渣子"等。

资料来源：《陇西工区保卫科 1958 年工作总结》（1959 年 2 月 25 日），甘档，档案号：231-1-701；《甘肃省引洮上山水利工程局定西县工区保卫科关于开工以来保卫工作情况及保卫科长会议传达贯彻情况的报告》（1958 年 8 月 20 日），甘档，档案号：231-1-712；《甘肃省引洮上山水利工程局通渭工区关于对五类分子监督改造工作情况的报告》（1958 年 9 月 23 日），甘档，档案号：231-1-778；《榆中工区关于实现安全运动情况总结》（1959 年 4 月 23 日），甘档，档案号：231-1-739；《靖远工区保卫科关于反革命社会基础的调查摸底和富裕中农思想动态，掌握排队情况的报告》（1959 年 12 月 15 日），甘档，档案号：231-1-755；《临洮工区队第一次保卫工作评比会议总结》（1959 年 4 月 20 日），甘档，档案号：231-1-767；《引洮工程会宁工区关于第一期工程保卫工作计划》（1958 年 9 月 26 日），甘档，档案号：231-1-795；《武山工区保卫科"关于 1958 年社会改造工作的报告"》（1959 年 3 月 15 日），甘档，档案号：231-1-845。

---

[1] 《甘肃省引洮上山水利工程局公安处关于贯彻保卫科长会议情况向局党委的报告》（1958 年 9 月 1 日），甘档，档案号：231-1-2。

总的来看，"五类"分子占民工总数的4%左右。各个时期民工总人数不同，"五类"分子数量也有起伏。如1959年7月陇西工区实有民工8520人，"其中五类分子119名"，后者占前者的1.4%。① 如表6-4所述，各工区被监管改造的对象除"五类"分子外，还有"其他"。这一类在各工区有不同的对象与叫法，大致涵盖不服从管教、不好好干活的所有"分子"，名目繁多。如武山工区有485人，叫"社会渣子"，包括"二流子懒汉330名，小偷74名，流氓29名，神汉3名，阴阳6名，其他不良分子43名"。② 由于统计方式和统计时间的不同，这类人也许会扩大或缩小。在另一份材料中，武山工区的这类人叫"有反革命社会基础的人"，共"666名"，与"五类"分子一起统称为"各类反革命分子"。③

在工地上，"五类"分子的活动主要有两类，第一类是常规活动，即与普通民工基本无异的体力劳动，日常的区别对待无处不在；第二类是集中改造与公开评审，时间大致为一周到几个星期不等，以大队为单位将其集中起来改造，并在普通民工面前公开评审，在监督改造"五类"分子的同时也教育普通民工。

"正常"生活：劳动改造

一般来说，"五类"分子被当作敌对势力，在工地上要防止其"破坏"。各工区根据"以中队为单位建立治保会，以小队建立小组"的要求，设立治保组织，主要作用是监督、改造"五类"分子，处理工地上一般的偷盗、打闹等案件。治保成员一般是积极分子，最好有党团员身份，主任则一般由党支部书记兼任。如武山工区"共有治保人员4785（应为4875——引者注）名（党员2680名，团员1092名，积极分子1103名）"。④ 在大约2万人的民工总人数中产生将近5000人的治安员，其比例

---

① 《甘肃省引洮上山水利工程局陇西工区保卫科关于当前敌情况的报告》（1959年8月26日），甘档，档案号：231-1-701。

② 《武山工区保卫科"关于1958年社会改造工作的报告"》（1959年3月15日），甘档，档案号：231-1-845。

③ 《武山工区保卫科第一季度敌社情动态报告》（1959年4月23日），甘档，档案号：231-1-845。

④ 《武山工区保卫科关于"第一次战役跃进进展情况及今后工作部署意见"的报告》（1959年4月24日），甘档，档案号：231-1-845。

之高足见对"五类"分子监督之严。

由于"五类"分子本身不被信任，因此不会被安排在工区的重点工程或领导职位上。如古城水库是引洮工程的龙头项目，施工任务由陇西工区承担。施工中，工区党委提出，保卫部门"要分期的确定重点深入工地，同时应和工程技术人员密切联系，作出古城水库的保卫计划和各项重点工程的保卫计划，及时的把五类分子从要害施工地点清除，并建立检查员，负责检查材料质量，施工质量"。① 对"五类"分子的戒备和管制随处可见，政治上的不信任使他们在施工中也被边缘化。而个别"五类"分子因有特殊技术，被安排参与工程建设技术方面的施工，一般"对参与施工的一部分五类分子采用了红夹黑的办法进行控制，监督劳动，并召开了会议，进行了思想教育"。② 还有诸如通渭工区所言的对特殊需要的"五类"分子要"布置秘密力量严加控制使用"等。③

在"政治上分清界限，经济上同工同酬"的原则下，"五类"分子的经济待遇与普通民工差别不大。但在"劳动改造"的名义下，往往被派给劳动强度更大的工作。至于商店买卖、伙食管理、采购、编织、缝纫等这类轻劳动且有利可图的工作，则鲜见他们的身影。他们的正常生活，就是从事繁重的体力劳动。

对"五类"分子的区别对待，不仅表现在上述只要工地出问题就往"出身"上找原因，还有一些日常的区别对待。如有的大队将"五类"分子集中起来，名曰"学好队"，或建立"功过事记簿"，或为他们专门分配更苦更累的劳动任务，甚至有时来往劳动场所要用枪跟着。④ 还有些干部对"五类"分子进行面对面、一对一的直接控制，如陇西工区"一大队治安员王××同志亲自对反革命分子张鼎文进行控制，张不睡他不睡，张走到哪里，他就跟到哪里"。⑤ 这种区别对待的做法，将"五类"分子在家乡

① 《陇西工区保卫科1958年工作总结》（1959年2月25日），甘档，档案号：231-1-701。
② 《陇西工区保卫科1958年工作总结》（1959年2月25日），甘档，档案号：231-1-701。
③ 《甘肃省引洮上山水利工程局通渭县工区保卫工作一年计划》（1958年8月17日），甘档，档案号：231-1-778。
④ 《甘肃省引洮上山水利工程局陇西工区关于社会改造工作的简报》（1959年3月4日），甘档，档案号：231-1-701。
⑤ 《陇西工区保卫科关于报送第二次跃进战役总结的报告》（1959年10月7日），甘档，档案号：231-1-701。

所受的身心创伤延续至工地上，同样被看作"异类"，无时无刻不在接受着上级的改造和群众的监督。

"非常"生活：集中改造

除了在日常劳动中兼有改造意味之外，上级还对"五类"分子进行集中改造与公开评审。集中改造一般为期较短，几个星期不等。主要分为几个步骤。首先，对"五类"分子逐个调查，摸底排队是掌握思想动态的第一步，一般分为三或四个类别。如表6-5即为三个工区"五类"分子的排队情况。

表6-5　三个工区"五类"分子排队情况

工区	人数	排队情况							
		一类	比例	二类	比例	三类	比例	四类	比例
陇西	434	65	15%	194	44.7%	140	32.3%	35	8%
靖远	281	142	50.5%	97	34.5%	42	15%		
通渭	788	215	27.3%	361	45.8%	212	26.9%		

注：一类是指奉公守法、劳动积极的；二类是表现一般的；三类是表现不好、不爱劳动、经常偷懒装病的；四类指多次偷懒、有破坏行为的。

资料来源：《陇西工区保卫科1958年工作总结》（1959年2月25日），甘档，档案号：231-1-701；《靖远工区保卫科关于反革命社会基础的调查摸底和富裕中农思想动态，掌握排队情况的报告》（1959年12月15日），甘档，档案号：231-1-755；《甘肃省引洮上山水利工程局通渭工区关于开展安全运动月的总结》（1958年8月11日），甘档，档案号：231-1-778。

还有些工区仿照此时期人民公社的做法，将这些监管对象列为"正式社员""候补社员""监督改造"等类别，如通渭工区就分"正式、候补社员、监督改造、依法管制等四种类型"。[1] 定西工区的814名各类分子分为"正式社员、候补社员、监督生产"三个级别，具体情况见表6-6。

———————————

[1] 《甘肃省引洮上山水利工程局通渭工区关于第三季度公安保卫工作执行情况综合报告》（1958年10月9日），甘档，档案号：231-1-778。

表6-6　定西工区地、富、反、坏、右等各类分子排队情况

项目类别	正式社员				候补社员				监督生产				总计			
	好	一般	坏	小计	好	一般	坏	小计	好	一般	坏	小计	好	一般	坏	小计
地主分子	60	51	7	118	40	82	33	155	23	83	41	147	123	216	81	420
富农分子	33	44	6	83	20	42	12	74	10	30	12	52	63	116	30	209
反革命分子	10	14	3	27	4	12	7	23	2	10	6	18	16	36	16	68
坏分子	1	2	5	8		2	1	3	1	4	1	6	2	8	7	17
右派分子		4		4					1	2	1	4	1	6	1	8
刑事犯罪分子	1	6	2	9					1	6	3	10	2	12	5	19
敌伪军政人员	5	4	1	10	1	1		2					6	5	1	12
依法管制分子													5	15	10	30
刑满释放分子													2	20	9	31
合计	110	125	24	259	65	139	53	257	38	135	64	237	220	434	160	814

注：本表根据原档案复制，原文献中依法管制分子与刑满释放分子总计栏有数据，其他类别无数据。

资料来源：《甘肃省引洮上山水利工程局定西县工区保卫科关于开工以来保卫工作情况及保卫科长会议传达贯彻情况的报告》（1958年8月20日），甘档，档案号：231-1-712。

表6-6翔实地将当时"对立"于人民的各类分子之表现情况展现出来。除"五类"分子之外，其他还有诸如刑事犯罪分子、敌伪军政人员、依法管制分子与刑满释放分子也被列为"异类"，特别是"依法管制分子"和"刑满释放分子"是紧次于正式社员、候补社员与监督生产之后的类别，在当时更难有翻身之日。

排队与分类结果不同的"五类"分子，在实际操作中被要求区别对

待，以达到"分化瓦解"的目的。通渭工区规定："①对改变成份，评为正式社员成为农民，取得公民资格的，在队享有与其他民工同等权利，但在目前不宜于担任领导和其他重要工作；②对后〔候〕补社员在政治上没有选举权和被选举权以及享有其他荣誉，但在劳动报酬，参加文娱活动等方面，和其他民工享有同等权利；③对交队监督改造和依法管制的分子除在经济上和其他民工有同等报酬及参加学习会、交流经验会等外，在政治上没有任何权利和荣誉享受；④对地、付〔富〕分子和地、付〔富〕家庭出身的青年学生，没有划成分子的人员必须区别对待，不能混淆，对这些人员和其他民工同样对待。"① 这种区别对待的规定甚至具体到称呼，与政策上在农村对待地、富的规定是一脉相承的，"（1）表现较好，勤劳生产的，可以允许他们入社，作为社员，并且允许他们改变成分，称为农民。（2）表现一般，不好不坏的，允许他们入社，作为候补社员，暂不改变成分。（3）表现坏的，由乡人民委员会交合作社管制生产；有破坏行为的，还应当受到法律的制裁"。② 在家乡本备受歧视的"五类"分子，在工地社会也同样如此。

不过，排队结果并非一成不变。投身于这一红旗样板工程的"五类"分子，在新的环境、新的场域中也时刻期待新的机会。实实在在的工程建设使他们有机会通过积极的劳动表现，获得新的政治"身份"。榆中工区的"五类"分子经过一个月的集中整顿，依照"奉公守法，服从领导，遵守纪律，拥护党的政策，能重新作人，劳动积极，思想进步"等方面，重新排队，认定"地主由二类上升一类摘掉帽子者5人，由三类上升二类者18人。富农由二类上升一类摘掉帽子者9人，由三类上升二类者15人。反革命由二类上升一类摘掉帽子者11人，由三类上升二类者15人。坏分子由二类上升一类摘掉帽子者2人，由三类上升二类者4人。右派分子由二类上升一类摘掉帽子者2人，由三类上升二类者2人"。还有一群人地位有所下降，"地主由社员戴帽子下降二类1人，管制者1人，富农由社员戴帽子下降为管制者1人，反革命由社员戴帽子下降二类9人，管制者

---

① 《甘肃省引洮上山水利工程局通渭工区关于对五类分子监督改造工作情况的报告》（1958年9月23日），甘档，档案号：231－1－778。

② 《1956年到1967年全国农业发展纲要（草案）》，《建国以来重要文献选编》第8册，中央文献出版社，1996，第48页。

1 人，坏分子由社员戴帽子下降为二类 3 人"。① 其中管制分子级别最低，行动无自由，改造的意味更浓厚。这种无时无刻不进行的摸底排队随时提醒"五类"分子安分守己，其震慑力不言而喻。

其次，订立各种改造制度。一般包括"五类"分子订立自我改造计划、交心书和所在单位治保会为其建立考核登记簿、定期（半个月或一个月不等）检查改造情况等。如会宁工区第八大队每隔 5 天由治保会将"五类"分子的思想、劳动表现等情况记入考核登记簿内；每隔 15 天将考核登记簿内的材料向群众宣布并辩论一次；每 15 天利用休息时间向上级治保会进行一次汇报；每隔 20 天向"五类"分子进行一次训话，表扬表现好的，训斥差的。② 在采访中笔者了解到，自我改造计划和交心书停留在官方报告中，年轻的普通"五类"分子的成分大多遗传而来，文盲居多，让他们写这些自我改造计划不免强人所难，多流于形式。

最后，短期集中公开评审。评审既是为了掌握"五类"分子的思想动态，也是为了以此教育普通民工，评审是全体民工参与的过程。定西工区七大队在 1958 年 12 月对 128 名"四类"分子（本大队无右派分子）进行集中评审，大致进行三个步骤：广泛宣传，"以两天时间分别在党、团员会，干部会，治保会，积极分子会，群众会，宣传评审的政策界限，反复讲明评审的目的意义斗争策略等，使其'人人知晓'"；确定评审名单，并根据名单寻找更多的"证据"，"组织力量训练骨干，由专人负责分工，在评审会上进行揭发、批判、斗争"；将民愤大的"四类"分子排在前面评审，以鼓动群众的愤怒情绪，充分鼓励群众采用"大鸣、大放、大字报、大辩论"的方式揭发批判。于是，这一过程不仅"对群众进行了一次□现实的社会主义和共产主义政治思想教育，提高了革命警惕性"，还提高了工效。③ 阶级觉悟和工效的提高是难以断定的评审效果，但"五类"分子通过评审被宣布"改造成为好人"则带给他们实惠。陇西工区在 1958 年底至 1959 年初，先后集中改造"五类"分子等 416 人，评审后有 29 名

---

① 《关于 30 天的工作情况报告》（1959 年 4 月 23 日），甘档，档案号：231-1-739。
② 《引洮工程会宁工区关于监督改造五类份子情况报告》（1958 年 9 月 18 日），甘档，档案号：231-1-795。
③ 《定西工区七大队评审四类分子的情况总结报告》（1958 年 12 月 15 日），甘档，档案号：231-1-712。

"五类"分子和 39 名"其他分子"被宣布改造成为"好人"。①

对于经历过多次政治运动冲刷洗礼的"五类"分子而言，在引洮工地上，无论是日常的区别对待劳动，还是摸底排队与公开评审，都带有歧视意味，使他们在家乡的经历无一例外地在工地上同样——感受到，甚至更为剧烈。这种改造与区别对待伴随工程建设始终，他们无从选择和逃避。

"替罪羊"

当工地上出现问题时就拿"五类"分子是问，或将责任人冠之以"五类"分子名号，成为那个年代的特殊逻辑。同时，他们也不会被选拔出来成为先进分子，即使他们在生产与生活各方面都更为顺从，甚至做出了杰出贡献。

陇西工区在开工之初口粮紧张，"反革命分子"王××说，"现在该明跑的了，还暗跑啥哩"。很难想象这句简单的话能够煽动民工逃跑，但"反革命分子"身份使其更易被冠之以煽动民工逃跑的罪名，结果遭到逮捕法办。② 根正苗红的干部出问题也同样如此。武山工区一中队长说："去新疆不要钱，不要粮食关系也行，一月六、七十元的工资比引洮好的多。"于是，他原本的贫农阶级成分和中队长的干部身份不重要了，因查到他曾是土匪而被认定为"混进我职工内部骗取中队长之职的土匪，借机拉拢组织民工不安心引洮去新疆当工人"。③ 总之，还是要与"五类"分子挂上钩。

榆中工区有一位因"三上拉马崖"打通此处道路而驰名的劳模，被树立为典型，作为甘肃的代表去参加 1959 年国庆观礼。实际上，"三上拉马崖"的事迹是他和李某一起合作的。这位劳模自己解释没有树立李某为"红旗"是因为李"是个一贯道"，因此只对他"口头表扬"。他评价李某"能够积极参加劳动，有一不怕苦二不怕死的革命精神，能主动的团结同志，有思想改造的积极性"，"我认为帮了很大的忙，是一个好同志"。④ 出

---

① 《陇西工区关于社会改造工作的简报》（1959 年 3 月 4 日），甘档，档案号：231 - 1 - 701。
② 《陇西工区保卫科 1958 年工作总结》（1959 年 2 月 25 日），甘档，档案号：231 - 1 - 701。
③ 《武山工区人民法庭是如何搞好中心、生产、业务三不误的》（1959 年 12 月 18 日），甘档，档案号：231 - 1 - 46。
④ 《周某某的自述》，个人材料，2011。笔者得到本人允许使用。

身决定了他们各自生涯的不同。

　　本节开头部分的"坏分子"梁××，根本弄不清楚他到底本来就是"坏分子"，还是因"煽动民工逃跑"的罪行而被定为"坏分子"。再如，1959 年"反右倾"运动中，古城水库机械施工队曾出现一个"以李某为首的坏分子现行破坏集团"，共 8 人，他们的家庭成分都是中农、贫农，个人出身为农民或学生，此时却成为各种"坏分子"。① 可见"坏分子"是极具张力的称号，伸缩自如，适用于每一个有不良行为的人，几乎可以被任何稍有权力的人拿来使用。地主、富农这类经济范畴的概念和反革命、右派这类政治范畴的概念，总有经济或政治标准。"坏分子"却不然，它是一个社会政治概念，无所不包。于是"混入革命队伍的坏分子""有现行破坏行为的坏分子"这类称呼被拿来形容那些尽管"根正苗红"却有"不良行径"的人，通过完美的修辞手法，不经意间过渡成为一个无所不包的社会政治标签。

　　对普通"五类"分子来说，政治地位的一贯低下使他们唯唯诺诺，即便这样，也不断被当作斗争靶子，视为"替罪羊"。工地对这些"五类"分子的改造之道，是当时农村政策的延续。在家乡本备受歧视的"五类"分子，并没有因参加样板水利工程而得到地位的根本改变，仍在最底层。这批作为"专政对象"或敌对阶层的"五类"分子，本与引洮这个红旗样板工程性质格格不入，但改造政策赋予他们出现在工地上与其身份极不相符的合理性。对他们的改造之道——无休止地摸底排队、写交心书、集中改造以及公开评审，日常劳动中的区别对待——"学好队""控制使用""三红夹一黑"等措施，与他们的日常生活交融在一起，无时无刻不在提醒着他们原有的身份，也在提醒着普通民工"谁是朋友，谁是敌人"。这样一种连续不断、人为制造的紧张对峙，使"五类"分子与普通民工自觉地分隔开来。于是，身处引洮工地最底层的"五类"分子，即便付出与普通民工相同的劳动，甚至发挥了工程建设必不可少的水利、医疗等专业技能，也较难得到应有的肯定，因为是否已经"改造好"是一个未知数。

　　同时值得注意的是，"五类"分子在引洮工地上的改造，与对他们集

---

① 《中共古城水库指挥部机关临时支部关于机械施工队以李××为首的坏分子现行破坏活动集团的决议》（1959 年 12 月 12 日），甘档，档案号：231 - 1 - 28。

中改造或管制的场域极为不同。后者为专门的劳改农场，每一位右派都是无差别的改造对象；而引洮工地上，普通民工人数最多，人为制造的对立，使这些"五类"分子时刻感受到歧视。然而，虽然日常的区别对待无时无刻不在侵蚀着工地上的"五类"分子，但由于甘肃省的粮食偏移政策，在文字材料与口述中均鲜闻有人在引洮工地饿死。然而，他们的阶级身份在工地上是潜在的危险，任何微小的火苗都有可能引燃他们成为"敌人"。

下文显示，通过工地社会司法系统的运行，一些诸如"反革命""造谣"之类的破坏活动被揪出，"敌人"仍旧无处不在。这种"制造敌人"的手法与"阶级出身论"一道维系工地社会的稳定。

六　"反革命"

暗藏在靖远工区第六大队的反革命分子张××，在9月24日依法逮捕了。这个反革命分子是地主分子，解放前在兰州当过伪警长，欺诈人民，欺压群众。解放后在土改中划为地主，对党怀恨在心，常在群众中散布不满情绪，说"政府硬把他划成地主了"。来到工地消极怠工，不遵守劳动纪律，处处散布不满，并寻机行凶，进行反革命活动。8月17日中午乘民工休息机会，这个坏蛋就躲进树林里抄写反动书。休息以后，在民工上山时，有意推下石头，击中小队长吴××（党员）的头部，晕迷了二十多分钟，幸亏安全帽带的好，否则，当场毙命。为了彻底打击敌人的阴谋破坏活动，保证顺利施工，这个反革命分子受到了法律制裁，民工们个个愉快，都说："铲除了引洮工程的一个祸根。"

——王仿贤、薛承恩：《反革命分子张××依法逮捕》[1]

---

① 王仿贤、薛承恩：《反革命分子张××依法逮捕》，《引洮报》第18期，1958年10月11日，第1版。

在张伯礼的故事中，他原是"地主""伪警长"；在工地上不仅没有好好改造，反而伺机"进行反革命活动"：抄写反动书、故意砸党员；最终被发现并逮捕，群众拍手称快。这个故事是那个特殊年代的惯用逻辑，细节的真实性无从可考，但登载在《引洮报》上则表明了宣教导向。"反革命"常常是那个"革命"年代最常被使用的逻辑，工地社会自不例外，甚至愈烈。

工地社会设置公安、法庭、监狱等一套司法系统，用来应对民工们的"犯罪"行为。总的来看，逃跑是一种极端方式，普通民工更愿意选择装病、怠工、小偷小摸、造谣破坏等方式。装病耍滑、怠工是可以想见的成本最低的生存策略；小偷小摸、顺手牵羊是最为常见的"反行为"方式。①在这个相对封闭的工地社会中，诸如"粮食紧张""一年内通不了水"之类的被官方认定的"谣言、流言"遭遇现实困境时更容易传播，从而引发系列问题，很可能被视为"反革命破坏"。不管诸如"造谣者""反革命破坏者"之类是否原有成分即为"五类"分子，都要与成分挂钩。这是一种管控手段，以维系工地社会的平衡。

司法系统

引洮工程局作为专区级单位，专门设有独立的公安处、法院、检察院和监狱，有一套完整的司法系统负责处理工地上的大小刑事、民事案件。但工程局法院只有5个工作人员，难以担当分布在350公里渠线上13个工区十几万人的诸多司法事宜，且有的案件比较小，比如偷盗在15元以下、打架斗殴等，一一上报，成本太高，因此各工区都各自设立法庭。一般处理偷盗、贪污和"反革命造谣惑众"案或"组织煽动民工逃跑"案等，多判处劳教、管制，严重的送往工程局设置的监狱劳改。只有"较大的和牵涉面宽的案件和第二审上诉案件"，才需工程局法院处理。

在工地社会，类似法院、法庭等司法机构的设置，也是为了工程建设。按照工程局法院的要求，"法庭必须在工区党委的绝对领导下进行工作，不仅要服从党的方针政策的领导，而且要坚决服从党对审判具体案件

---

① "反行为"是指人民公社时期存在于农民中的瞒产私分、磨洋工、投机耍滑、偷分粮食等"猫腻"行为。参见高王凌《人民公社时期中国农民"反行为"调查》，中共党史出版社，2006。

以及其他一切工作的领导，并要向工区党委随时请示和汇报工作，党叫干什么，就干什么，党不叫干什么，就不干什么。法庭要作为党的一个驯服的工具"。① 可见工区法庭是党委的从属机构。比如临洮工区的人民法庭，明确提出其任务是："运用审判职能正确、及时、合法的处理案件，严肃打击反革命分子及一切刑事犯罪分子的现行破坏活动，及时处理有关民事纠纷，确保'七一'通水大营梁和保障引洮工程的顺利进展和提前完成。"②

各工区以下都设有保卫科、治保委员会和治保小组等机构，理论上负责工地的安全保卫工作。主要有：第一，针对施工，贴安全标语，对民工们进行安全施工方面的教育工作等；第二，针对生活，主要负责伙食卫生和住房安全；第三，针对"五类"分子，防止其破坏工程，实行监督改造；第四，对工地上出现的大小案件，负责侦破和处理；第五，对正常与非正常伤亡事故进行检查，并填写死亡报告。这些工作往往交互进行。据天水工区保卫科长回忆："我们保卫科的工作就是哪儿有死人现象，就赶赴出事地点为死者进行验尸，然后填写'非正常死亡报告'送交工程局。"③

各类案件

装病耍滑、磨洋工是集体劳动中最常出现的情况。如榆中工区总结民工存在的 11 种"不良思想"，其中第 1 种表现即是："装病以小病充大病，轻病充重病，以暂时的充长期慢性病。"④ 会宁工区"个别小队的民工，口里喊着挑战和跃进口号，但铁锹洋镐和推土步伐软弱无力，非常缓慢，有的小队甚至有见干部来劲头大，有声有色，当干部刚一离开即停顿休息"，"个别中队的二分土箱，仅装运三分之一"。⑤ 还有材料指出"地主分子

① 《甘肃省引洮上山水利工程人民法院关于在各工区成立临时法庭方案的请示报告》（1958年 11 月 21 日），甘档，档案号：231 - 1 - 11。
② 《武山工区人民法庭"1959 年工作计划"》（1959 年 3 月 7 日），甘档，档案号：231 - 1 - 845。
③ 天水工区保卫科长淡同社的口述回忆。转引自庞瑞琳《幽灵飘荡的洮河》，第 203 页。
④ 《精简民工中的思想工作和今后加强思想工作的意见》（1959 年 7 月 19 日），甘档，档案号：231 - 1 - 242。
⑤ 工程局党委第二指挥部编印《情况反映第 1 号》（1959 年 3 月 6 日），甘档，档案号：231 - 1 - 25。

宋××"说："你们不会做工，我们在工地上看见领导来了就加唱带做，领导走了我们就缓了。"① 这一本意指称谴责地主的材料，暴露出集体劳动中的一般状况。特别是到了 1960 年，眼看着施工口号一次次落空，工地上也开始粮食紧张，为保存体力而减缓劳动强度是人的正常反应。常有民工揭发干部不关心民工、民工即使有病也不准请假等，反过来是否也可以这样认为：装病的人太多以至于干部无从判断，索性全部不准假了呢？

偷盗多为小偷小摸、顺手牵羊，涉及金额几元、几十元。榆中工区"在刑事侦察破案方面，半年来共发生了各类刑事案件 95 起（其中盗窃 59 起，破坏 9 件，贪污 5 件，造谣 15 件，组织性的反革命案件 1 件，违法乱纪 6 件），标准以下的小案共计 66 件（其中偷盗 46 件，破坏 7 件，贪污 2 件，造谣 12 件），已查清破获 94 件（尚有盗窃案 1 件未破）"。② 武山工区 1959 年共发生"大小各类案件 680 起，损失达 7900 多元"，"情节较严重的经拘留处理的 32 人，其余 648 件当众作了批评教育"，还有"三大队四中队一夜破获案件 34 件，折合人民币 178.80 元；二大队一夜破获 10 件"。③ 可见"小偷小摸"行为之频繁。

从这些案件的性质上来看，无论是刑事案还是标准以下的小案（指偷盗 15 元以下），都是偷盗比重最大，占六七成。如武山工区 1959 年的 680 起案件中，标准以上的刑事案件仅 26 起，内有"盗窃 17 起，强奸 1 起，诈骗 2 起，赌博 1 起，其他破坏 5 起"，④ 仅占总数的 3.8%。

有些民工逃跑时不忘顺手牵羊，"如（岷县工区）杨某把石灰厂上用的 4 条钢钎拿到中寨公社，中寨管理区扎马沟铁业厂进行交易，因还价过低，而拿回家中。又如（岷县工区）一中队邱某逃走时偷去民工谭某眼镜一付、球鞋一双、床单一条、人民币 8 元。邱过关逃走时盗过国家财产——铁锨两张、麻绳三条、盗去民工私人的球鞋一双、雨鞋两双、狗皮

---

① 《武山工区保卫科第一季度敌社情动态报告》（1959 年 4 月 23 日），甘档，档案号：231 - 1 - 845。
② 《榆中工区保卫科关于 58 年 6 至 12 月份的工作总结报告》（1959 年 1 月 27 日），甘档，档案号：231 - 1 - 739。
③ 《武山工区保卫科关于 1959 年全年刑侦工作情况的总结报告》（1959 年 12 月 17 日），甘档，档案号：231 - 1 - 845。
④ 《武山工区保卫科关于 1959 年全年刑侦工作情况的总结报告》（1959 年 12 月 17 日），甘档，档案号：231 - 1 - 845。

两张"。① 这种顺手牵羊反映一种小农心理。出门在外一年两年，几乎没挣上钱，心中有愧，想回家看看又不好请假，既然选择极端的形式——逃跑，便顺手捞点东西变卖。

在小偷小摸的案件中，顺手偷走、私藏粮食的也比较多。岷县工区"有些民工偷藏馒头，往家里送，一大队最近一次就查出民工存放的馒头288斤，一次灶上蒸了1200个花卷，一夜就有400多个不翼而飞"。② 粮食偷盗频繁表明当时物资的缺乏。岷县靠近古城水库，有许多当地农民私自跑到工地上度日或私偷粮食，客观上也救活了一批人。③ 笔者在岷县古城村落考察古城水库遗址时，问及是否听过引洮，几位村民哈哈大笑，说："我们村里人都知道引洮，引洮好啊，看这几个人就是当年偷下引洮的馍馍的。"多年过去，这段经历依然萦绕在人们心中。

到1960年春天，各地粮食吃紧，工地上粮食偷盗或抢劫民工财物的案件更多。"据统计二月分以来，工程内部和沿线山区共发生凶杀、拦路抢劫财物案件达20起，其中民工被杀害者4起（3起破案，凶犯被捕），民工和民工家属财物被抢劫案9起。岷县、天水、平凉、通渭四个工区的粮站，二月中旬至三月底，发生盗窃和抢劫粮食案十起，偷盗面粉1780斤，原粮1400余斤。"保卫科将原因归为"五类分子控制不严，少数隐藏较深的残余反革命进行作案"，"富裕中农中的冒尖人物借个别村队粮食供应上的困难，煽风点火，串连落后群众，偷抢食粮，破坏社会治安"等。④ 实际上因缺粮造成的生存险境而偷盗、抢劫才是主要原因。无论是工地上还是工地外，1960年的缺粮状况均一直未得到根本改善。工地沿线群众偷挖工地蔬菜的情况，⑤ 也印证了粮食匮乏程度。

另类"反革命"案

所谓"反革命"案件实际上是上纲上线的结果，是时代的印记。老实巴交、常被高额施工任务压得喘不过气的民工，很难与真正意义的"反革

---

① 《关于民工逃跑情况专题报告》（1959年5月30日），甘档，档案号：231-1-405。
② 《关于岷县工区民工逃跑情况的调查报告》（1959年5月25日），甘档，档案号：231-1-266。
③ 岳智、景生魁：《引洮工程岷县工区纪实》，《岷县文史资料选辑》第4辑，第103页。
④ 《关于工程沿线社会治安情况的报告》（1960年4月26日），甘档，档案号：231-1-65。
⑤ 《关于工程沿线群众偷盗蔬菜的情况报告》（1960年9月6日），甘档，档案号：231-1-85。

命""叛乱"挂起钩来。1958 年 9 月，工程局公安处宣布"已发现的反革命案件与反革命嫌疑案 11 件（反动标语、传单 3，反革命造谣破坏 2，破坏事故 1，政治诈骗 1，勾结叛匪 2，反革命嫌疑 2）"，具体事实有：

①定西工区坏分子董××（拟捕），正当美英帝国主义疯狂侵略黎巴嫩、约旦之际，蠢蠢欲动，在工区召开了支援中东人民游行示威大会后，董犯伺机向民工造谣说："怪不得炮轰轰的响，我原先说过咱们是当兵来的，你们这下可相信了吧"，并肆无忌惮的恐吓说："岷县半个城被美国占了三、四天，民工是骗来打战［仗］的，不过两日我们工区也要被占了……"结果致使民工 28 人逃跑，董犯并亲自率领 8 人逃跑。

②渭源工区医生邓××说：人不愿走社会主义硬强迫叫人走社会主义。

③民工包××（富裕中农）说：蒋××（定西人，曾任国民党军陆军中将，1949 年率部起义，不受重用，被打为黑五类——引者注）那样能干，都未干下啥，你们这样积极还能干下啥。

④会宁工区一贯道首李××煽动道徒说："咱们入下道的人作工，人家是另眼看待，害了病也没人理睬，连开水都喝不上"。

⑤靖远工区右派分子李××散布"鼓足干劲，力争上游，共产党再欢，争的再凶，把水争不上山，九甸峡吓的我胆战心惊"（险要艰巨的重点工程）。

⑥渭源工区地主苏训勾结流氓分子魏××蓄意打伤一民工，并经常挖苦辱骂："团员是干部的走狗，捣蛋的尽是团员等"。

⑦会宁工区八大队新滋生的反革命分子王××（已捕）于 7 月 30日散发的三张反动传单，内容极为反动，煽动性也很大，如写"民工同志们和住家户们：我们在总山场接到无线电上的美国领袖和蒋主席的会议，又接到西藏总统的指示说：我们要实行全心全意……反对修水利和引洮河上山，反对统购人民的财产，反对合作化。但是又总结了反对这三大条件的人数一贯道、地主、富农占全国总人数的 60% 以上，还有其他向党［相当］落后人都提出反对。总统说：正［真］龙说了这么两句话：参加这一运动的人，是光荣而伟大的，不参加这一

运动的人，要瘟死和杀光，但是我和有些民工谈话决心很大，希你们齐心好、团结好、互相帮助好，才能得胜利，但是引洮这时集［机］，是我们很好的集［机］会，但是我们开了总山场会议，是能战过他们的。……王犯还供认这一反革命活动，是到达工地后就处心积虑、蓄谋已久的了，在散发反对传单前后还拉拢勾结一贯道首、地主妄图进行投匪骚乱活动。①

从内容上看，上述"罪证"多为几句牢骚话。但涉案者的身份除"医生"之外，都是地主、富农、一贯道首、右派、坏分子等，他们的言行更容易被找到破绽，从而定为靶子。或者说，他们的言行与其身份，相互起作用：不好的言行容易被追究为其不好的出身，而不好的出身也更容易与不好的言行联系起来。

案例①中的坏分子，细节所谓"造谣生事"实际上无从考证并提供确凿证据，被逮捕的根本原因是"亲自率领8人逃跑"；案例②至⑥中所列举的"牢骚话"，是身处那个环境的人的正常反应，即使不是"五类"分子，也有可能说出类似的话。来自公安处的报告，是带有倾向性的。

案例⑦中的王某为"新滋生的反革命分子"，说明其家庭出身起码不是"五类"分子。材料中引号内容出自宣传单原文，虽有错别字且缺乏逻辑性，但无线电、美国、蒋主席、西藏等语，透露出王某的文化程度不高却也有点"见识"。宣传单中"反对修水利和引洮河上山，反对统购人民的财产，反对合作化"迎合了当时部分人的想法，正如本书第四章第四节大辩论中显示的那样，总有不同意见。宣传单中说的引洮民工苦难但能吃饱饭而家人却"吃着菜汤"，似乎与现状不符，此时正处于1958年7、8月份公共食堂的高峰期，农村吃不饱饭的情况起码在此时不太可能出现。传单内容逻辑混乱，显示出这并不是被王某供认的那样"处心积虑、蓄谋已久"，因此也很难说"煽动性也很大"。因缺乏王某本人更多的背景材料，无法判断其是不是精神病人等。但传单上不同于当时普遍宣传认知的字眼以及散发传单的行为本身已构成犯罪，王某最终被当作"反革

① 《甘肃省引洮上山水利工程局公安处关于贯彻保卫科长会议情况向局党委的报告》（1958年9月1日），甘档，档案号：231-1-2。按，材料中的编号和分段为笔者所加。

命分子"予以逮捕。此类政治案件的模糊性也是时代特征的反映。

1958 年 11 月 26 日,工程局法院在会宁工区第四大队召开 2000 多人的群众大会,宣判一批破坏引洮工程的"反革命"分子。其中就包括案例①中的董某,被处以"有期徒刑十年",同样被认为"煽动民工逃跑"的席某被处以"有期徒刑十五年"。其他还有盗窃犯、贪污犯、鸡奸犯等,例如贪污 169.5 元的干部张某被处以三年有期徒刑。在宣布判处结果后,广大民工高呼"彻底肃清反革命分子""坚决打击刑事犯"等口号,表明大会的宣传导向性。①

"阶级出身论"使工地上出任何问题都有了矛盾出口。即使出问题的不是"五类"分子,追根溯源也会被冠之以"新滋生的反革命分子""坏分子"等名号,阶级成分又成为转移质疑与矛盾的宣泄口。这批出现在工地上的"敌人",客观上成了工地社会不可或缺的一种力量,成为许多矛盾的出口。

---

① 《会宁工区逮捕四名反革命分子》,《引洮报》第 25 期,1958 年 11 月 8 日,第 3 版;《引洮工程法院宣判一批罪犯》,《引洮报》第 34 期,1958 年 12 月 10 日,第 4 版。

第三部分

工地社会的裂解

向"四化"进军的号召，如同雷鸣闪电响彻云霄，它击败了一切右倾滥调，把技术革新和技术革命的巨浪推向新的高潮。

在这如火如荼的技术革命运动中，千万条金龙在狂欢怒吼，它吞噬了各种笨重的工具，又多又快又好又省的先进工具到处出现。

运动的"闯将"和"旗手"是光荣的称号，雄心大志在每个人的胸膛里燃烧，让思想变得更红，风格变得更高，在不断的技术革命运动中把千万双巧手挽得更牢。

红旗在千山万岭飘扬，你追我赶，人人献计，个个献宝，看！质量和工效的火箭在长空展翅飞翔，加油，加油！向更高的高峰赛跑。

——王锦文：《千万条金龙在狂欢怒吼》①

风雨飘摇的 1960 年代，全国上下都面临基本生活无法保障的困境，这个生产和生活资源几乎全部依靠甘肃省和受益区支援的引洮工地社会自不例外。一方面，工地社会存在的最大象征——引洮工程的施工目标屡屡落空，施工方针屡遭更改，施工战线一再紧缩，工程质量也暴露了许多问题；另一方面，省委仍对工程寄予厚望，引导全省人民勒紧裤腰带支援，

---

① 王锦文：《千万条金龙在狂欢怒吼》，《引洮报》第 256 期，1960 年 6 月 25 日，第 3 版。

响彻在工地社会的依然是如诗歌《千万条金龙在狂欢怒吼》中所传唱的
"技术革新和技术革命"运动、"反右倾"运动等。但全省范围内的粮食吃
紧，使得这个依靠外援的工地社会基本粮食供应出现紧张，人们不得不展
开生产与生活各方面的自救。

在这种状况下，工地社会的内在活力与外在动力均严重受损，步履维
艰。当施工任务越来越无法完成、工地人连基本生存都成问题时，工地社
会存在的合法性也遭到严重挑战。伴随而来的是全省整体饥饿在1960年达
到顶峰，再也无法如原计划那样给工程提供方方面面的支持。1960年12
月西兰会议召开，扭转甘肃困局，"抢救人命"成为首要，耗费巨大而不
见效益的引洮工程终于在国家权力的支配下逐渐下马。随着工地社会组织
的解体、工区的合并和工地人的遣散回乡，工地社会走向裂解。省委随即
在工地上展开经济方面的物资退赔、政治方面的干部甄别复查和对伤亡民
工的抚恤等善后处理工作，这种实事求是处理危机的措施一定程度上降低
了修建投资巨大而"一无效益"的引洮工程所带来的消极影响。这个曾经
满载着几百万旱塬百姓希望与十几万民工梦想的工地社会，在顷刻间瓦
解，留下的是被炸毁的古城水库导流槽、突兀裸露的窑洞、碗口粗的大树
根以及由渠道改成的山间小路。

第七章　困局

　　傍山依水处，牧场宽又广，草儿青青随风舞，洮水粼粼泛金光。"引洮工种千百样，样样工作都荣光，别人劈山修运河，我为引洮放牛羊……"乍听歌声阵阵云里来，细看牧童甩鞭把花儿唱；引洮小民工，河边牧场放牛羊。不论刮风下大雨，睡觉伴牛羊，餐风宿露心里喜，花儿越响羊越胖！

——《引洮牧场》①

　　1959 年 6 月底，夏收在即，各地均感劳力不足。省委指示，"为了使引洮工程能有一支精壮的、巩固的建设队伍，同时又照顾定西等三个专区农村劳力的需要"，工程局决定将民工由 144100 人减去 41900 人充实农村。② 精减工作迅速展开，截止到 7 月底，余留民工近十万名。③ 然而，庐山会议打乱了这一甘肃省委计划此后在引洮工程上实行"从长计议"的部署。

　　"反右倾"号召像一阵疾风暴雨，以摧枯拉朽之势扑面而来，本来稍有缩小的引洮战线再次紧绷。1959 年 10 月，甘肃省委第十一次全体（扩大）会议号召全省农村人民"在秋收结束后，立即开展一个大办水利的群众运动"。④ 引洮工程作为"根本改变甘肃干旱面貌"的工程，依旧是重点。1960 年 5 月省第三次代表大会召开，省委第一书记在会上指出，"水利还未过关，干旱威胁尚未解除，水地只占耕地的三分之一。今后要继续坚持蓄、引、提并举，大、中、小结合，以小型为基础，大型为骨干的方针，大搞水利运动，消灭水利死角，抓紧平整土地，增加灌溉面积。引洮工程是我省英雄人民的伟大创举，是大跃进的产物，它集中的反映了全省

---

① 《引洮牧场》，《引洮报》第 262 期，1960 年 7 月 9 日，第 3 版。
② 《关于引洮工程精减民工问题的简报》（1959 年 7 月 6 日），甘档，档案号：231 - 1 - 23。
③ 《各工区精减民工四万多人》，《引洮报》第 118 期，1959 年 7 月 30 日，第 1 版。
④ 《反右倾，鼓干劲，大办水利》，《引洮报》第 151 期，1959 年 10 月 17 日，第 4 版。

人民摆脱更穷更白面貌的迫切愿望，和敢想、敢作的共产主义风格。只准办好，不准办坏；只准加快，不准拖延"。① 将引洮工程再次提升至政治高度加以强调。

　　然而，尽管各地的人力、物力支援不断涌进工地社会，却已是强弩之末。施工目标一再落空与工程质量堪忧，都使工程建设遭遇重重挫折。同时工地上的粮食供应也日渐吃紧，人们不得不展开各种自救措施。

一　施工目标屡屡遭挫

> 千军万马齐出动，
> 大战二月比英雄，
> 决战三月满堂红，
> 四月山上绕蛟龙，
> 五一水通漫坝河，
> 人人欢乐喜庆功。

> ——付纪世：《"五一"水通漫坝河》②

　　经过一年多的实践，通水大营梁的计划两次落空，古城水库两次截流均告失败，都让预期三年甚至更短时间完成这个"山上运河"的计划成为乌托邦。上级不得不改变施工方针，缩短战线，将通水点——350公里处的大营梁转移至180多公里处的漫坝河位置；将"全面开花"的施工方针改为专攻重点工程，并将隧洞工程的方针又改了回去。1960年"五一"水通漫坝河的口号，将工地人再次聚拢起来，"千军万马齐出动"，但各种各样的困难相继浮出水面，如科学技术方面的难题难以取得突破性进展、前

---

① 《高举毛泽东思想的旗帜团结一致奋勇前进——在中国共产党甘肃省第三次代表大会上的报告》，《甘肃日报》1960年6月4日，第1版。
② 付纪世：《"五一"水通漫坝河》，《引洮报》第215期，1960年3月19日，第3版。

一阶段的施工质量难以通过检验、民工们的生活供应也开始紧张等，使得施工步履维艰。

施工方案再次修改

1959 年 6 月 27 日至 7 月 11 日，引洮工程局召开全民算账活动分子大会，参会人数 3000 余人。除了算经济账、思想作风账之外，最重要的是进行工程技术方面的清算，揭露的问题如"在渠道断面设计之前，未能进行较详细的地质勘探和研究工作。没有根据地质复杂条件进行专门设计，建筑物的规划设计标准偏低，渠线修改次数过多，质量低，许多重大的科学技术问题尚未落实；以及严重的虚报浮夸，曾迷惑了真正的施工进度，施工质量很差，有的涵洞已被冲坏或填方沉陷"。[①] 因此局党委要求组织复测设计队，对渠道和已完成的建筑物重新进行估量评价。

工程伊始所确定"对总干渠第一段 23 座隧洞逐一复勘，反复讨论研究，最后可用绕线、深劈、绕劈相结合的方法，把 22 座改为明渠。下剩关山隧洞 1 座"的方针，[②] 实践发现"对明挖深渠工效估计过高，原来所造定的消灭隧洞方案值得重新考虑"。技术人员提出修改意见，即："工程规模不变，渠道设计流量仍为 150 秒公方，只是局部地修改线路，将新堡、献毛岭、小尖山、关山，大平山、大石岔、七家营、东岔梁等八处深劈改为隧洞"。[③] 一年的实践使高山让路的"深劈""绕线"方针败下阵来，不得不回归隧洞计划，由此导致施工方针的根本变化。

以重点工程为主

1959 年 11 月工程局召开第三次先进工作者代表会议，以表彰先进、鼓励民工干劲，更大意义在于正式提出"高举总路线、大跃进和人民公社的红旗，反透右倾，鼓足干劲，继续为引洮工程立功，为明年'五一'通

① 《引洮工程局党委关于修改第一期工程（古城至大营梁）方案的报告》（1959 年 8 月 6 日），甘档，档案号：91 - 8 - 289。
② 《关于力争减少隧洞作到全线通航问题的请示》（1958 年 8 月 5 日），甘档，档案号：231 - 1 - 589。
③ 《关于修改第一期工程（古城至大营梁）方案的报告（初稿）》（1959 年 8 月 18 日），甘档，档案号：231 - 1 - 33。

水漫坝河而英勇奋斗"的口号。[①] 12 月工程局召开第四次工区主任会议，讨论布置 1960 年"五一"通水漫坝河的工程任务，要求"古城水库必须在明年 3 月底 4 月初进行二期截流，大坝填筑达到 2270 高程（坝高 30 米），联合建筑物基本完成；渠道工程必须于 4 月 20 日全部完成"；对于重点工程"必须加强领导，具体安排，调集精锐部队参加战斗，领导分片包干，亲临指挥，保证提前完工"。[②] 省委要求："把控制工期的重点工程分类排队，凡工程艰巨、任务繁重、施工负责、人力物力需求面大的工程（特别是隧洞）由工程局或指挥部直接管理，工区具体负责。"[③] 因此，工程局在重点工程献毛岭、关山、小尖山三个隧洞建设上组成了隧洞指挥部。[④]

古城至漫坝河工段，共有古城水库、九甸峡、宗丹岭、拉马崖、磨沟峡、西岘、松树沟、堡子沟、转角崖、雄沟和漫坝河等 11 处重点工程。[⑤] 它们都有各种各样的不利因素，有的限于地势险要而工作面较小；有的限于工期，须在地冻冰封的条件下继续施工；有的则因大型机械设备不足，单靠人力进展缓慢。如局党委规划古城水库要在 1960 年 3 月底 4 月初完成大坝建筑和联建任务，已聚集全工地 1/3 的陇西、岷县、武山三个工区 3.2 万名民工，由于天寒地冻，温度常常达 −20℃，施工条件极其恶劣。然而民工们仍要"作到零下十度填土不停，零下十五度填砂不停"，[⑥] 艰辛程度可想而知。

在工地上，打通隧洞需要的大型机械极少。省委要求引洮工程继续贯彻"以土为主"的施工方针，但十分清楚"八处隧洞，总长度约 17 公里，虽不算长，但却是能否按期和提前通水的关键工程。场地小，容人少，技术比较复杂，工程质量要求很高，只有采取以机械施工为主的办法，才能

---

① 《反右倾，鼓干劲，为明年"五一"通水漫坝河而奋斗》，《引洮报》第 170 期，1959 年 12 月 1 日，第 1 版。

② 《工程局召开第四次工区主任会议》，《引洮报》第 180 期，1959 年 12 月 24 日，第 1、4 版。

③ 《引洮工程局党委关于传达贯彻省委常委会关于引洮工程几项重要指示的情况报告》（1959 年 12 月 26 日），甘档，档案号：231 − 1 − 40。

④ 《李培福同志报告引洮工程进展情况》（1960 年 1 月 1 日），甘档，档案号：91 − 9 − 90。

⑤ 所谓重点工程，是指地势险要、技术要求特别高、工程量特别大而又是通水之关键所在的工程，其能否按期完成，直接关系到"五一"通水的计划能否实现。

⑥ 《白天红旗招展夜晚灯火辉煌古城水库紧张施工》，《引洮报》第 196 期，1960 年 2 月 4 日，第 1 版。

保证质量，按期和提前完成计划"，而且"渠道线路位于高山，沿线地形、地质复杂，特别是大部分工程在黄土地带，深劈、过沟、水库大坝、大型建筑物等工程，不仅工作量大，而且质量要求严格，也需要适当增加机械设备，以便加快工程进度和保证工程质量"。因此，向中央要求帮助解决"各种机械设备 432 台"。① 但"大跃进"高峰期，各地工业建设都需机械设备，省委的要求得不到回应。

既然机械设备不行，只能从人力上要效率。宗丹岭隧洞由武山工区、通渭工区、工程局机械大队和临夏回族自治州支援的精壮年民工承担任务，"采用三班作业，昼夜不停"的施工方法。② 所有的干部也都被要求"深入现场领导生产，与民工同出同归，日日夜夜跟班劳动"。③ 在干群的共同努力下，1960 年 8 月 24 日，终于打通了宗丹岭水洞二、三号斜井，开始衬砌主洞。

不仅工程局党委将工作重心放在重点工程，各个工区的党委也分别确立各自的重点工程。榆中工区有石门峡、岔路岭、萨扎岭、拉马崖等五处重点工程，工区党委为了加快工程进展，在这几处施工现场，"分昼夜两班，采取多层施工，大搞突击活动"，人歇机器不歇，抓紧一切时间赶工期。④ 为了攻克石门峡，一大队基层党委举行了各种形式的群众比武、誓师跃进大会；党委委员分片包干，层层负责，并开展抓任务、抓出勤、抓安全、抓工具、抓思想、抓学习等六项活动。由于基层党委的重视，"平均工效劈方由原来的三方多提高到五方多，深挖渠道由原来的一点八方提高到三方左右，出勤率由原来的 98% 上升到 99%，直接工由原来的 89%，提高到 92% 多"。⑤

工程质量的困境

在抓重点工程的同时，工程局也非常重视对已有工程质量的检查，经

① 《请求解决引洮工程 60 年所需机具》（1959 年 9 月 28 日），甘档，档案号：91－8－278。
② 《奋战七十天引水过宗丹》，《引洮报》第 196 期，1960 年 2 月 4 日，第 1 版。
③ 《六千英雄猛攻宗丹岭》，《引洮报》第 218 期，1960 年 3 月 26 日，第 1 版。
④ 《榆中工区集中精兵健将奋战重点工程》，《引洮报》第 285 期，1960 年 9 月 1 日，第 1 版。
⑤ 《榆中工区一大队猛攻石门峡重点工程》，《引洮报》第 300 期，1960 年 10 月 8 日，第 2 版。

常派出技术人员巡查。1960 年 1 月，引洮工程检查组进行了"查计划、查工效、查设计、查质量、查效益、查安全、查生活。检查方法是重点与一般相结合"。具体内容如下：

一、检查工程局计划"五一"通水漫坝河、"八一"水过关山的计划，及各工区的任务和完成的时间……

二、检查各项工程进展情况和质量方面的情况……

三、检查一、二个中队的劳动组合和高工效施工情况。

四、工具改革运动进展情况，在挖、装、运、夯方面有那些先进工具，提高工效多少，发明与推广先进工具情况。同时了解两个铁、木工厂的工具改革和技术革新及实效与推广情况。

五、查设计。各项工程有无设计，设计方面现存在些什么问题，重点是水库和溢洪道的设计标准，渠道路线的设计等。

六、查效益。通水漫坝河、关山有些什么效益。

七、查安全。有些什么措施和制度，在施工中曾发生过些什么事故，是如何处理的。

八、查生活。民工吃、衣、住、休息、病等问题是如何解决的，在解决这些问题当中有些什么好经验。工地食堂、医院等福利措施办的怎样。

九、查民工思想政治工作和学习情况。①

上述检查将工程施工与民工生活的方方面面都囊括在内，最重要的还是施工。经过检查，发现"古城水库竣工总任务（坝高 42 公尺）659.33 万方，通水总任务（坝高 30 公尺）574.03 万方。截止 2 月 15 日共完成 298.44 万方，占竣工总任务 45.2%，占通水总任务 51.9%。剩余工程量按竣工总任务计算为 360.89 万方，按通水总任务计算为 275.49 万方。水库工程包括大坝（清基与填坝）和联建（清基与浇筑），按通水任务计算，大坝总任务 250.87 万方，完成 71.53 万方，剩余 179.34 万方；联建总任务

---

① 《省委引洮水利工程检查组关于对引洮水利检查计划的报告》（1960 年 1 月 13 日），甘档，档案号：91 - 9 - 73。

238.74 万方，完成 142.59 万方，剩余 96.15 万方。为确保'五一'通水，大坝应在 4 月 20 日以前必须完成通水总任务，联建应在 3 月底前作完浇筑及浆砌部份，以便使水库未通水前有十多天的保养时间"。① 古城水库经过一年四个月的劳动，施工任务刚过半。若要"五一"通水漫坝河，需在两个月内完成剩下的一半工程，显然有很大难度。

整体上来看，截止到 1960 年 4 月 20 日的统计，以重点工程为例，"古城水库联合建筑物，已经完成了混凝土基础浇筑；拦河大坝填筑高程，达到了 12.5 米。宗丹隧洞工程的四个竖井和斜井，进展了 370 多米，已经进入了主洞施工、漫坝河以下的小尖山、献毛岭、关山三个隧洞，开工 54 天来完成了进出口明渠土石方十七万三千多公方"。② 这表明"五一"通水漫坝河的口号又成为一纸空文。

民工的辛勤劳动并非毫无效益。截止到 1960 年 7 月 15 日，共开挖土石方 28700 万立方米，完成较大建筑物 28 座，古城水库已完成土石方工程 404.9 万立方米，占总任务 636.7 万立方米的 63.6%，联合建筑物已基本建成；剩余工程量最大的是引水口开挖工程，尚有 31.8% 的工程未完成；大坝填筑尚有 52.3% 的工程未完成。③

但与此同时，工程质量着实令人担忧。一些由于赶工期而带来的渠道质量问题，在 7~8 月雨季来临之时浮出水面。如通渭工区"一些过沟建筑物填方工程，发生了局部沉陷、裂缝等质量事故"；④ 榆中工区"丁哈沟填方工程，由于质量不合标准，近来经多次暴雨积水的侵袭，发生了沉陷、渗水现象"。⑤ 就连古城水库的质量也有些问题。1960 年 10 月，引洮工程局工程技术处同公安处、工程施工大队等单位的 20 多位负责同志对古城水库大坝工程质量进行现场检查，结果显示："一、黄土填筑的含水率普遍不够。根据设计要求，大坝填筑的含水率必须达到 16%~19%，但最

① 《关于古城水库工程的检查和安排向省委的报告》（1960 年 2 月 22 日），甘档，档案号：91 - 9 - 90。

② 《全线沸腾战果辉煌》，《引洮报》第 233 期，1960 年 4 月 30 日，第 1 版。

③ 《关于工程安排问题的报告》（1960 年 7 月 22 日），甘档，档案号：231 - 1 - 82。

④ 《通渭工区采取紧急措施提高填方工程质量》，《引洮报》第 134 期，1960 年 9 月 5 日，第 2 版。

⑤ 《榆中工区丁哈沟填方工程质量不好发生沉陷现象》，《引洮报》第 134 期，1960 年 9 月 5 日，第 2 版。

近一般的多在 15% 以下。""二、黄土填筑的干容重普遍不够。""三、取样数量普遍不够。""四、二工区施工的迎水坡石碴，干砌块石护坡工程中，其石碴填筑有时洒水不足不均，石碴含土量较多。干砌护坡石缝填得不实不满，砌石的上下错缝还不合要求，块石质量选择的也不严格。""五、机械队碾压不及时，碾压的遍数不够，不均，甚至经常发生漏压现象。"① 这表明为了赶工期，本来应该做的没有做到位，增大了古城水库蓄水以后的潜在风险。

可见，工程的进度可以用延长劳动时间、搞"人海战术"来提高，但引洮工程毕竟需要严谨的科学技术作为指导，工程质量才是衡量标准。在开工之初曾指望在两三年甚至更短的时间内修成引洮工程的愿望显然成了镜花水月。

强弩之末：如何后退？

1960 年 8 月 10 日，中央发出指示，要求"全党动手，一致努力，大办农业，大办粮食"，"坚决压缩水利等农村基本建设"。② 8 月 18 日，工程局在古城水库召开第六次全体委员（扩大）会议，讨论中央指示并对工程任务再做安排。会议确定施工方针为："缩短战线，集中兵力，打歼灭战，加强重点，兼顾一般，逐段通水。"具体安排是，停止漫坝河以下施工点，将民工调至古城水库和石门峡以上的渠道工程段；集中力量攻克古城水库；渠道工程分四段完成，逐段通水，11 月上旬计划完成第一段古城至麻布台段；宗丹岭和麻黄梁隧洞工程是重点，前者计划 1961 年 10 月底完成，后者计划 1962 年 4 月完成。③ 实际上，在 1960 年全国各地粮食吃紧的情况下，填饱肚子比投资建设显然重要得多。引洮工程已是强弩之末，消耗极大却看不到产出效果。甘肃省委也感到力不从心，可是这么大的一个水利工程，牵涉者众，如何后退呢？

省委要求"缩短战线"，精减民工，加强农业生产，但各工区强调

---

① 《引洮工程局工程技术处关于古城水库大坝质量问题的检查报告》（1960 年 11 月 23 日），甘档，档案号：231-1-509。

② 《建国以来重要文献选编》第 13 册，中央文献出版社，1998，第 517、519 页。

③ 《引洮工程局关于召开第六次全体委员（扩大）会议的情况报告》（1960 年 9 月 3 日），甘档，档案号：91-9-21。

"任务大，民工少了摆不开"，最后"确定全工程留 53000 人，再减 16658 人"。① 1960 年 10 月，甘肃省委再次要求："引洮工程局精减一万五千人（包括干部一千三百人），其中民工一万三千七百人全部回农村，精减后保持三万五千人。"② 11 月，省委甚至决定："引洮工程局兰州转运站，机构撤销，保留六个工作人员，由省水利厅领导管理。"③ 省委已采取一些紧缩的措施，但按照中央的要求显然不止于此。1960 年 8 月 19 日，中央批准国家计委、国家建委党组缩短基本建设战线保证生产的措施中，指定甘肃省停建引洮工程等 20 个项目。甘肃省委则认为引洮工程"如果停下来，问题较多"，原因是引洮工程取得一定成绩，停下来再复工难度较大，不仅"水库无法进行导流"，"已成雏形的渠道工程将会遭受洪水侵袭造成很大损失"，而且道路、施工现场、民工住房和现用工具都会损失。因此请求在减少人数的基础上继续施工以尽快发挥效益，并承诺"所需材料，今年不再要求增加，明年的投资、材料也可低于今年指标"。④

实际上，面对全省数百万人每日口粮不足半斤、大批农民陷于饥饿困顿的悲惨状况，施工两年多仍一亩地未灌上的引洮工程犹如烫手山芋。此时的工地社会上，到处焦灼着饥饿、劳苦的人群，还有源源不断的饥民从后方区域涌来。对这些灾民来说，受省上重点保护的红旗工程，尽管劳动强度非同一般，但毕竟还有粮食，闪耀着生存的微光。

二　工地上的粮食危机

为了保证同志们在决战中有充足的食用，我们最近专门派了一个处长到外地去负责调运粮食。除了工地储存的大批粮食外，本月份的粮食指标——一千零八十万斤我们要力争提前完成。我们由外省和兰

① 《引洮工程局关于召开第六次全体委员（扩大）会议的情况报告》（1960 年 9 月 3 日），甘档，档案号：91-9-21。
② 《省委关于精减人员的紧急通知》（1960 年 10 月 9 日），甘档，档案号：91-4-654。
③ 《关于研究处理各地驻兰机构的会议纪要》（1960 年 11 月 9 日），甘档，档案号：91-4-654。
④ 《要求引洮工程继续施工的请求》（1960 年 9 月 3 日），甘档，档案号：91-9-73。

州等地买了 36 万斤咸菜，在月底前还要加工好四万六千套单衣，——
就用这些来支援前线上热火朝天的大决战。

——冯琛：《大批粮食支援前方》①

工地上的粮食大多由定西、平凉、天水等受益县市提供，由甘肃省委
划归本省重点项目下发粮食销售指标。1960 年 3 月，为保证粮食供应，工
程局"专门派了一个处长到外地去负责调运粮食"。② 材料显示引洮工程作
为省重点工程，粮食供给有保障。只是到 1960 年下半年，粮食供应没有先
前充裕。

1959 年下半年工地粮食供应较充足，7～12 月"平均每月供应民工和
干部为 106322 人，共销售粮食 3913 万斤"，③ 平均每人每月消耗粮食 61.3
斤。由于牲畜用饲料、家属投奔民工用粮、粮食的路途损耗与保管损耗
等，真正吃到嘴里 52 斤左右。④ 在当时情况下已非常难得。

随着 1960 年春荒夏旱的来临，工地的粮食供应状况开始紧张起来，直
接表现是粮食供应指标不断下降。按计划省委给引洮工程 1959～1960 年度
的粮食销售计划是 7400 万斤，依照每月工地 10 万人口为计。1959 年下半
年已经用掉 3913 万斤，意味着 1960 年上半年只剩下 3487 万斤。由于施工
方针改变，民工数目从 1959 年 12 月开始增加，因此需增加指标，工程局
提出追加粮食指标"2271 万斤"。⑤ 粮食厅党组根据工地自 1 月开始的职
工"148668 人"，"按劳别分项计算，1960 年 1～6 月需用口粮 5154 万斤，
副食用粮需用 264 万斤，牲畜头数增至 1925 头，1～6 月份需用饲料 240
万斤，三项共需粮食 5658 万斤，除去剩余指标 3487 万斤"，"应予增拨年

---

① 冯琛：《大批粮食支援前方》，《引洮报》第 212 期，1960 年 3 月 12 日，第 3 版。
② 冯琛：《大批粮食支援前方》，《引洮报》第 212 期，1960 年 3 月 12 日，第 3 版。
③ 《中共甘肃省引洮上山水利工程局委员会关于报请追加粮食销售指标的报告》（1960 年 2
月 3 日），甘档，档案号：91－9－105。
④ 《关于引洮第一片七个工区粮食供应保管与民工过冬准备的检查报告》（1959 年 11 月 29
日），甘档，档案号：231－1－590.
⑤ 《中共甘肃省引洮上山水利工程局委员会关于报请追加粮食销售指标的报告》（1960 年 2
月 3 日），甘档，档案号：91－9－105。

度销售指标 2171 万斤”，比工程局所要求的指标减少了 100 万斤。① 省委认为工程局所要求的特劳人数比例太大，但还是同意追加粮食销售指标。② 表明即使全省全面粮食紧张，对引洮工程还是重点照顾。

不过仍有证据显示工地粮食供应状况出现过危机。1960 年 3 月，有 377 名学员在局党委干校学习。然而，没过几天“全校逃跑学员 9 名，主要原因是感到学习困难，生活紧张，粮食比工地上少（工地 54 斤，学校 32 斤）”。③ 以至于工程局党委之后开会决定：“局党委干校决定改为短期训练班。每期学员的粮食供给和付食品供应由工程局粮食、供给处统一筹备。粮食标准，每人每月按 43 斤供应。”④

1960 年 6 月开始，省委决定把引洮民工的粮食定量标准“由原来粮食平均定量每人每月 54 斤减为 47 斤”。⑤ 而有关 1960～1961 年度粮食销售指标，“省委安排引洮工程七万人，口粮 3948 万斤，每人每月平均口粮按 47 斤贸易粮供应；会议补助粮全年 8 万斤，按每人每天 2～4 两的标准供应”。⑥ 据此，局党委下调粮食供应标准：“1. 公务员、放映员、理发员、制鞋员、缝纫员每人每月按 30 斤标准供应；2. 保育、招待员为 28 斤；机关干部出外每天按 1 斤供应，出外满月的按 30 斤供应；3. 工务处施工员下工地按 30 斤，在机关按 28 斤；4. 下放锻炼干部按 41 斤供应；5. 民工平均每月标准原为贸易粮 47 斤，折成品粮 45 斤”。⑦ 工地职工无一例外都减少了供应。

尽管工地上有省委粮食特供制度的保护，但调运工作的不太通畅显示粮食危机在步步紧逼。工程局报告称：“今年七月份以后，调入粮食很少。7 至 10 月份省粮食厅共调给引洮粮食 1500 万斤，其中七月份天水 600 万，

① 《关于引洮工程局要求追加年度粮食销售指标的批复意见》（1960 年 2 月 16 日），甘档，档案号：91 - 9 - 105。

② 《省委批复引洮工程局党委关于追加粮食销售指标的报告》（1960 年 3 月 3 日），甘档，档案号：91 - 9 - 105。

③ 《局党委干校：一周教学情况简报》（1960 年 3 月 2 日），甘档，档案号：231 - 1 - 49。

④ 《常委会议纪要》（1960 年 3 月 29 日），甘档，档案号：231 - 1 - 50。

⑤ 《关于调整粮食供应标准的宣传提纲》（1960 年 6 月 30 日），甘档，档案号：231 - 1 - 188。

⑥ 《关于 1960 年～61 年度粮食销售指标的安排报告》（1960 年 7 月 13 日），甘档，档案号：231 - 1 - 52。

⑦ 《第 12 次常务会议纪要》（1960 年 7 月 20 日），甘档，档案号：231 - 1 - 50。

8 月份天水 300 万，9 月份平凉 200 万，天水 200 万，10 月份临洮 200 万斤，截止 10 月 20 日共计完成 258.5 万斤（7 月份 182 万，8 月份 37 万，9 月份 37.5 万，10 月份 2 万斤），仅占调入计划数的 17.23%。因之库存粮食逐月减少，与去年下半年同期相比较，库存数下降了 50% 左右。"[1] 还好从 1960 年 7 月开始，民工人数精减，减缓了粮食紧张的状况。

1960 年 9 月 30 日，《省委关于调整城镇粮食定量标准的指示》发出，规定："除高空、高温和井下作业工人外，其他劳别、工种定量供应一律降低，全省总供应水平（按）平均 28.83 斤成品粮计算。"[2] 具体到工地社会上，"规定民工是重体力劳动，定量标准应当是 34 ~ 40 斤，平均不超过 38 斤"，局党委"决定挖填土石方民工每月每人 39 ~ 45 斤，平均不超过 43 斤；隧洞井下工除每人每月按 39 ~ 45 斤的标准幅度评定粮食标准外，再另加补助粮二斤；业余剧团演员决定半天劳动，半天预习，每月定量标准为 30 ~ 36 斤，平均不超过 34.5 斤"。并要求"发动群众，查人口，查劳别，查工种，查定量"，"坚决实行定员定额、法定人口，包干供应，压紧包死"，继续认真贯彻"以人定量，凭票吃饭，节约归己"的方针。[3] 粮食定量供应标准再次大幅下调，表明此时工地社会面临着粮食的全面紧张。

与此同时，省委下达引洮工程局的粮食供应标准也开始按月为计。10 月，省委给工程局粮食销售指标为 239.7 万斤，实际 10 月下旬即预供应 11 月上旬的粮食，共计 40 天供粮 253.95 万斤，是月工地上有 42309 人，平均每人每天还可吃粮 1.5 斤，月均 45 斤。[4]

由于粮食特供制度，引洮工地社会自始至终并未遭受过严重的粮荒，即使在 1960 年也只是压缩了粮食供应指标，并没有到断粮的地步。相较于工地社会尽管紧张却有保障的粮食供应状况，后方百姓的日子就难过多了。这是由于在"大跃进"运动中，以"共产风"、浮夸风、高指标、瞎

---

① 《关于粮食调运情况的报告》（1960 年 11 月 11 日），甘档，档案号：231 - 1 - 46。

② 《省委关于调整城镇粮食定量标准的指示》（1960 年 9 月 30 日），甘档，档案号：91 - 4 - 719。

③ 《关于贯彻"省委关于调整城镇粮食定量标准的指示"的指示》（1960 年 10 月 31 日），甘档，档案号：231 - 1 - 86。

④ 《10 月分粮食供应执行情况及 11 月分安排意见的报告》（1960 年 12 月 15 日），甘档，档案号：231 - 1 - 92。

指挥为主要标志的"左"倾错误严重泛滥，甘肃的农业生产遭到极大破坏，粮食产量逐年急剧下降，征购任务却大幅度上升。据悉，"1958年征购入库的粮食实际占总产量的37.5%"，1959年更高达47.6%，"再扣除籽种和饲料等留量，农民所剩无几，平均每人全年不足100公斤。连续几年高征购必然地又导致了粮食大返销。公元1959年至公元1961年，3年间回销量共达9.50625亿公斤。占征购入库量的40%，平均每年返销量比公元1957年增加58.5%"。甘肃如此不均衡的粮食产、购、销状况，"加之自然灾害的侵袭"，使得"在公元1958年~1961年，全省农村出现大量人口外流和非正常死亡现象"。① 到了1960年下半年，中共中央开始逐渐了解并掌握甘肃灾情。

1960年10月的中央工作会议上，毛泽东指示：甘肃的问题，西北局要早日解决！② 1960年11月，中央派出由中共中央监察委员会副书记钱瑛、公安部副部长王昭、组织部副部长李步新等人组成的中央工作组，在西北局协同下，赴甘肃进行深入调查，发现张掖专区灾情触目惊心。11月23日，钱瑛向西北局第一书记刘澜涛发出特急电报，称："张掖专区问题比较严重……由于吃粮很少，体力减弱，吃3两以下的地方，已经发生死亡、疾病、人口外流等情况。"③ 与此同时，11月21日，公安部下放干部张运吉、王树悦也向刘澜涛反映民勤县缺粮情况。④

1960年11月21日，省委向中央和西北局承认当年情况十分严重，"有的已经发生吃种子、食堂断炊和人口外流现象"。⑤ 11月28日，又报告"我省灾情十分严重，粮食总产量只有25亿斤，这种情况就使我们安排人民生活和完成征购任务遭到很大困难。……现在看来，我们面临的困难确实不是自己能够解决的"。⑥ 自此开始了由中央和西北局主导下的救灾

① 《甘肃省志·概述》，第143~144页。
② 转引自汪峰传编写委员会《汪峰传》，中共党史出版社，2011，第434页。按，中共中央西北局早在延安时期便已存在，1954年在中央的统一安排下撤销。1960年8月也在中央重新建构六大区级组织中开始酝酿恢复，9月中央政治局正式决定成立，辖管西北的陕、甘、宁、青、新五省，1960年11月15日开始办公（不设政府）。刘澜涛任西北局第一书记。
③ 转引自《汪峰传》，第437页。
④ 思涛：《刘澜涛生平纪事》，中央文史出版社，2010，第95页。
⑤ 《甘肃省委关于粮食问题向中央、西北局的请示报告》（1960年11月21日），甘档，档案号：91-18-161。
⑥ 转引自《汪峰传》，第438页。

步伐。①

截止到 1960 年底，引洮工地社会仍旧处于甘肃省的保护之下，却也面临着重重困境。这种困境的出现，不仅是由于本身施工目标屡遭落空，更重要的是甘肃粮食状况的持续严重恶化，使其自身动力不足。在这种状况下，工地社会的人们也展开了自救。

三 "自力更生为主，力争外援为辅"

> 休息时间便开荒，车子放下担粪筐；蔬菜丰收堆成山，民工个个喜洋洋。
>
> ——《丰收乐》②

由于粮食供应日渐紧张及蔬菜、肉食品的匮乏，民工们在进行生产建设的同时，被迫将一部分精力花费到生活上，种蔬菜、养牲畜，展开生产自救，提出"自力更生为主，力争外援为辅"的口号。自救措施主要包括：第一，号召"粮食节约归己"，掀起节粮运动；第二，开展炊具改革、粮食增量法及代食品推广运动；第三，号召自力更生，自种蔬菜，自养家畜。

"粮食节约归己"

在"增产节约运动"的号召下，工程局大力提倡粮食节约。虽然节约用粮一直都是工地社会的重要口号之一，但到了 1959 年底更加被强调。12月 19 日局党委召开电话会议，副书记卫屏藩要求，"各工区党委应立即成立节约粮食办公室、各大队及各灶都要成立节约粮食委员会或小组，作到工区有专管机构，队队有专人负责，灶灶有支书挂帅，大力开展粮食节约工作"，提出"目前的粮食节约工作，应该继续加强政治挂帅，大抓政治思想教育，广泛深入的宣传粮食供应政策，并抓好节约粮食的各项措施"，

---

① 参见刘彦文《荒政中的政治生态：以西兰会议前后的甘肃应急救灾为中心（1960.10～1961.3）》，《中央研究院近代史研究所集刊》第 90 期，2015 年 12 月。
② 《丰收乐》，《引洮报》第 312 期，1960 年 11 月 8 日，第 3 版。

如办好食堂、大搞生产、增加副食、"大闹技术革命"、检查评比等。①

天水工区六大队二中队的民工食堂是节约用粮的典范。"过去3、4月份每人每月平均吃粮70斤，大大超过了平均60斤的定量"；在粮食节约运动的号召下，对伙食管理进行五大改革：第一，改大灶为食堂，贯彻多吃多负担，少吃少负担，节约归自己的原则；第二，改蒸馍人工操作为快速倒馍器操作，改人擀面为土机器压面；第三，改多吃馍为多吃饭，改吃捞面为吃一锅饭；第四，改少吃菜为粮菜混吃、一粮二菜；第五，改单灶为温室连环灶，大大地节约了柴火，降低了伙食费。经此改革以后，这个食堂"每人每月平均吃粮51斤3两，伙食费一直控制在9元左右"。②

同时尤为强调抓好食堂、管好炊事员。一般来说，能够在食堂担任管理员、打饭师傅等，至少意味着不会挨饿。虽然上级反复强调食堂管理员应该是"能力强，思想进步，有共产主义风尚"的贫下中农，但非常时期生存第一。工程局党委要求："各工区及各大队应该对民工食堂普遍进行一次检查，认真加以整顿、提高，帮助建立和健全各种食堂管理制度，及时解决存在的问题。对于少数办的不够好的民工食堂，应该立即抽调能力较强的干部，去加强领导，迅速改变落后面貌。并且应该有计划的分期分批训练管理员、炊事员和保管员，提高他们的政治思想水平，和操作技术，以及管理能力，以便更好的办好食堂，管好生活，推动工程建设。"③并要求"加强党对食堂的领导"，"配备一名能力强、思想好、有群众观点的党员初级骨干担任食堂主任和一名脱产干部担任食堂会计，二名不脱产干部担任食堂管理员、保管员。并选派身体强壮，思想进步，热爱炊事工作，具有一定操作技术的好的党团员和贫农、下中农的积极分子担任炊事员"。④ 还要求"各级党组织每十天检查、研究一次民工生活问题"。⑤

然而，在实践中各种问题层出叠见。不少食堂管理员利用权限多吃多

---

① 《轰轰烈烈地开展计划用粮节约用粮的群众运动——卫屏藩同志在12月19日电话会上对粮食问题作了重要指示》，《引洮报》第181期，1959年12月26日，第3版。

② 《计划节约用粮的红旗》，《引洮报》第190期，1960年1月19日，第2版。

③ 《轰轰烈烈地开展计划用粮节约用粮的群众运动——卫屏藩同志在12月19日电话会上对粮食问题作了重要指示》，《引洮报》第181期，1959年12月26日，第3版。

④ 《工程局党委发出关于进一步办好职工食堂的指示》，《引洮报》第290期，1960年9月13日，第1版。

⑤ 《工程局关于办好职工食堂的布告》，《引洮报》第326期，1960年12月6日，第1版。

占、窝藏粮食。如1960年1月，有两位工人潜逃，管理员马某隐瞒不报，致使2月份套购粮食86斤；还有副食加工厂本来要来一名工人，已将粮食关系转来，后这名工人未到，粮食关系并未注销，管理员套购粮食34斤。① 这类事情不胜枚举。

"粮食食用增量法" 与代食品

在工地社会，"粮食食用增量法"与代食品运动都曾得到大力推广。前者是为了节约粮食、提高粮食的利用率，后者则是粮食供应不足的替代方式。

"粮食食用增量法"本质上是灵活采用各种烹调办法来提高粮食的利用率，在粮食供应充足的工程建设起始阶段就已开始了。如在1958年7月，临洮工区三大队一中队用"一斤面做出二斤馍"的经验曾被要求大力推广。粮食食用增量法是节约粮食的另一种方式。上级认为，"大闹技术革命，不断改进做饭方法"，"增加各种副食品和代食品"，都是节约粮食的重要方法。② "改进做饭方法"是各地在中央提出开展粮食节约运动以后，创造出"玉米食用增量法"、"大、小米食用增量法"以及改进炊具、节省人力等方法。主要是从炊事员入手，引导他们发明创造，利用有限的粮食，做到"粗粮细作，粗细搭配，干稀调剂，粮菜混吃"。会宁工区三大队红旗灶灶长张明贤，成功试验"洋芋食用增量法"，即由原来3斤面、6斤洋芋只可供9人吃一顿，提高到可供20人吃一顿。③ 定西工区四大队二中队的炊事员韩某创出1斤面蒸4斤4两馍馍的先进经验。④

实行炊具改革，主要是节省劳力、减轻炊事员劳动强度，客观上提高直接工的出工率。天水工区"创造了提高工效二倍、减少人力一半的'三床压面机'，减少了人力一半的揭蒸笼盖的'手拉花轮操作法'，减少人力四分之三、从一百米以外引沟水入灶的'土自来水管'等20多种"。"全工区各食堂已抽出炊事员190多人投入了施工，占原食堂工作人员总数三

---

① 《关于检查整顿粮食供应工作的报告》（1960年3月16日），甘档，档案号：231 - 1 - 43。
② 《轰轰烈烈地开展计划用粮节约用粮的群众运动——卫屏藩同志在12月19日电话会上对粮食问题作了重要指示》，《引洮报》第181期，1959年12月26日，第3版。
③ 《宝贝蛋显神通》，《引洮报》第181期，1959年12月26日，第3版。
④ 《一斤面蒸出四斤多馍》，《引洮报》第190期，1960年1月19日，第2版。

分之一以上。"① 会宁工区三大队的红旗二灶利用漫坝河水的水能，带动切菜机、拌面机、豆腐磨等，实现土法机械化，大大节省人力。②

1960 年 6 月开始，民工的粮食供应标准进一步降低到平均 47 斤，局党委要求"大力利用家生、野生植物，提制淀粉，寻找和试用各种代食品"。③ 定西工区副食加工厂职工反复试验，"用麦草、野百合、韭七籽制成了三种淀粉。其中，每百斤麦草能生产出 30 到 40 斤湿淀粉，野百合每百斤能生产出 40 到 60 斤湿淀粉，韭七籽每百斤能生产出 35 到 50 斤湿淀粉"。定西工区驻机关的干部也"大力采集各种野生植物果实作为生产代食品的原料。从 7 月下旬到 8 月上旬，已采集到各种野生植物果实 1285 斤。其中有经过炒、磨以后能做熟面的韭七籽，有能制成淀粉的野百合"。④

"大搞代食品"随即发展成为一场群众运动。1960 年 12 月，工程局党委决定"成立一个安排生活发展代食品生产领导小组，专门负责领导安排生活、研究代食品生产问题"。⑤ 次年元月指示在"全工程立即掀起一个扎扎实实大搞代食品的群众性运动"，采用"就地取材、就地加工"的方法，"人人动手，采集各种代食品原料"。⑥ 号召群众大搞代食品运动是粮食困难在工地社会的直接反映。面对缺粮危机，各工区都不敢懈怠。如天水工区采集能够加工成淀粉的野生植物，掺和粮食食用。⑦

发展副食业生产

副食品在工地上一直比较缺乏，到 1960 年更强调自力更生，即民工

① 《天水工区食堂工具实现半机械化》，《引洮报》第 189 期，1960 年 1 月 16 日，第 2 版。
② 《会宁工区三大队红旗二灶实现炊具水能自动化》，《引洮报》第 199 期，1960 年 2 月 11 日，第 2 版。
③ 《关于调整粮食供应标准的宣传提纲》（1960 年 6 月 30 日），甘档，档案号：231 - 1 - 188。所谓代食品，是指在没有食品的条件下为充饥而被当作食物的原本并不用作食用的植物、动物、微生物、化学合成品等。
④ 《定西工区副食加工厂试制成功三种淀粉工区机关干部采集野生植物作代食品》，《引洮报》第 290 期，1960 年 9 月 13 日，第 2 版。
⑤ 《关于局党委成立安排生活发展代食品生产领导小组的通知》（1960 年 12 月 18 日），甘档，档案号：231 - 1 - 91。
⑥ 《关于迅速开展大搞代食品运动的紧急指示》（1961 年 1 月 3 日），甘档，档案号：231 - 1 - 97。
⑦ 《天水工区大搞代食品》，《引洮报》第 344 期，1961 年 1 月 14 日，第 1 版。

自己种蔬菜、养牲畜，以期达到蔬菜、肉食品自足。1959 年 12 月，工程局制定副食生产和供应规划，"在蔬菜生产、供应方面，1960 年要求每人平均种菜一点七分，种菜面积要翻三至八倍，产量翻五番，一年内达到蔬菜供应自给自足；肉食方面，要求两年内达到自给，三年有余，并向国家上缴成千上万头的猪、羊、马、驴及鸡、鸭、兔等"。①

蔬菜种植需要合适的土地、肥料和气候条件。冬季天气寒冷，显然不适宜。开春以后，各单位开始找荒地，并进行积肥与春灌。局机关职工在房前屋后的零碎地上种上洋芋、猪饲料等；勘测设计处找好了 80 亩熟荒地，并支援其他单位。② 但因西北天气严寒持续至四五月份，春季种菜效果并不好。直到夏季才略有收获，"据 7 月 1 日至 7 日统计，10 个工区和两个大队共种秋菜两千两百多亩，饲料七百一十多亩，新开荒地三千三百多亩"。③ 单工程局机关截止到 1960 年 8 月就开荒地 925.6 亩，种菜 179.2亩，已收获 90113 斤，可供全体职工吃 45 天，其中秋菜有 138.6 亩，可供全体职工吃 50 天，另外种植洋芋、大豆、青稞、荞麦、燕麦共 609.6 亩。④

同时各工区也想尽办法养猪、养羊及饲养家禽。养猪也是为获取粪肥，是种菜开荒的重要肥料来源。1959 年 12 月 23 日，局党委召开养猪工作会议，要求"以猪为纲，猪羊并举，大力发展畜牧业"。⑤ 会宁工区采用野棉花叶、榆树叶、苹果叶、苦蕨及各种野生植物茎叶作为喂猪的代饲料，"现有猪 272 只，比年初增加了 2.5 倍多"。⑥ 通渭工区用锯末、牛粪、马粪作为代饲料喂猪，"效果良好"，已"养生猪 460 口"。⑦ 局机关"为了扩大精饲料来源，加速生猪饲养工作的发展"，大力培养繁殖小球藻。⑧

①《明年菜蔬自给三年肉食有余》，《引洮报》第 176 期，1959 年 12 月 15 日，第 2 版。

②《局机关职工积极准备种植蔬菜》，《引洮报》第 209 期，1960 年 3 月 5 日，第 2 版。

③《抓紧雨后时机，大力抢种秋菜》，《引洮报》第 264 期，1960 年 7 月 14 日，第 1 版。

④《关于工程局机关付食生产情况汇报》（1960 年 8 月 20 日），甘档，档案号：231－1－49。

⑤《局党委召开养猪工作会议》，《引洮报》第 182 期，1959 年 12 月 29 日，第 2 版。

⑥《会宁工区是如何解决猪的饲料和加强管理工作的？》，《引洮报》第 182 期，1959 年 12 月 29 日，第 3 版。

⑦《高速度发展副食品生产充分实现今年肉菜自给》，《引洮报》第 198 期，1960 年 2 月 9 日，第 2 版。

⑧《局机关积极培养繁殖小球藻》，《引洮报》第 264 期，1960 年 7 月 14 日，第 1 版。按，小球藻是一种绿藻类单细胞水生植物，体积很小，繁殖很快，用人粪尿进行繁殖，含有大量的蛋白质、脂肪和碳水化合物。

这种小球藻很快成为供人食用的重要代食品之一。天水工区"办起猪场 42 个、兔场 3 个、鸡场 17 个，养羊 126 只"。① 会宁工区二大队六中队"实现 4 人 1 头猪"；通渭工区五大队六中队实现"3 人 1 头猪"。②

　　且不论这些材料是否如实，其中至少传达了这样一个信息：本来以工程建设为主要目标的工地社会上，人们不得不腾出一部分时间来搞生产，以求得生存的基本保障。可见当时甘肃省粮食状况陷入全面紧张，即使是受保护的样板工程，也不能保证供应。

四　"运动化"管理的最后努力

　　　右倾思想根除完，猛攻巧干战的欢，大炮轰，小炮炸，命令山神把家搬，通水漫坝显英豪，队队红旗杆成林，人人争当红旗手，个个光荣上北京。

——《命令山神把家搬》③

　　庐山会议后，一场席卷全国的"反对右倾机会主义"运动展开。在甘肃，针对"右倾机会主义反党集团"的批判使运动激烈程度升级，工地社会更是如此。施工计划的一再落空和粮食供应的危机，给工程局党委提出巨大挑战。为此局党委继续采用"运动化"的管理方式，如提高劳动效率的"反右倾"、鼓干劲、增产节约运动，针对解决干部思想和工作作风问题的"三反"运动，针对工具改革的技术革新和技术革命运动等。这些运动是人们为了引洮工程及工地社会的正常运转所做出的最后努力，"反右倾"运动最具代表性。

---

① 《"四场一群"化》，《引洮报》第 182 期，1959 年 12 月 29 日，第 3 版。
② 《甘肃省引洮工程局粮食节约现场会议简报（第二期）》（1960 年 2 月 14 日），甘档，档案号：231－1－593。
③ 《命令山神把家搬》，《引洮报》第 179 期，1959 年 12 月 22 日，第 3 版。

"反右倾"运动的基本步骤

经过实践，干部和民工都对引洮工程在两三年内完成的宣传表示疑虑，这被当成"右倾机会主义言论"。

①认定引洮工程修不成，他们污蔑"引洮工程是共产风刮起来的"，是"大跃进轰起来的"，是在"胜利冲昏了头脑的情况下上马的"。"既没有机器，钱又少"，还有世界上没有解决的"渗漏、沉陷、滑坡三大技术问题"，因此，说什么："引洮工程一辈子也完不成"，"苏伊士运河在平地上，全部机械化施工，花了十多年时间，工效才一方多，何况我们"是"山上运河"……

②污蔑引洮工程是"劳民伤财""得不偿失"，是"单纯的照顾政治影响"。……"修到大营梁才灌地300多万亩，十年后才有收益，不如搞小型水利"，"每人每天吃粮1.8市斤，折合粮食627992斤，等于2000亩土地没有收益"，"引洮工程全年吃下的粮食，能装满导流槽，吃下的面粉，可筑一个土坝"。

③抹杀成绩，夸大缺点。……"高工效是吹牛"，是"拔白旗拔出来的"。"只有龟孙子才相信""世界上才是三方记录"，"劳改队的工效最高也不过三、四方"……

④攻击修建引洮工程"不符合小型水利工程为主的方针"，认为"修的太早，等将来国家机器多了再修就好了"。①

表明人们对引洮工程有了更清晰的认识。有的工区对干部进行摸底排队，如通渭工区"中队长以上干部162人，有右倾情绪的60人，占干部总数的37%；有右倾思想的24人，占14.8%；右倾分子4人，占1.2%"。② 单被认定和"右倾"沾上边儿的干部就有一半，更遑论普通人的所思所想了。由此可见，如果说开工之初的干群相信"古今早有引洮愿，共产党领导才实现"，那么一年多的实践后客观困境摆在面前，复杂的地质状

---

① 《右倾机会主义言论汇集》（1960年2月21日），甘档，档案号：231-1-200。
② 《关于当前干部思想情况的报告》（1959年8月16日），甘档，档案号：231-1-33。

况、简陋的施工工具、难以解决的技术难题等警醒了许多人。

在这种背景下，"反右倾"运动势在必行。1959 年 8 月开始，工程局接连发出指示，要求"以八届八中全会为纲，深入开展反右倾思想运动，扫除右倾松劲情绪，彻底批判右倾思想"。① 各个工区即按指示展开群众誓师大会、传达各种文件、组织民工讨论、写大字报"表决心"等，遵循宣传工作的一般模式。比如，誓师大会通常以工区或至少大队为单位召开，有上千甚至万人参加。天水工区一大队 9 月 1 日的誓师大会有一千多人参加，民工们"当场贴出大字报、决心书、保证书 85 张，并有 27 人发言。大家一致响应党的号召，表示坚决提前完成九月份任务，向国庆献礼"。② 陇西工区 9 月 6 日的誓师大会有六千多人参加，会后"人人写保证，个个表决心，一致提出确保按期或提前完成古城水库的联建和导流槽工程的光荣任务"。③ 但这些步骤并不具有实质威慑力，仅停留在宣传层面，真正将"反右倾"运动推向高潮的是针对干群"右倾"思想的"清洗"，方法仍然是"大鸣、大放、大字报、大辩论"。

在普通民工中开展的"大辩论"仍以统一思想、鼓舞干劲为主。1959年 12 月，工程局通知要求在全体职工中广泛开展一次"早把洮河引上山"的辩论，时间为一个星期左右。④ 紧接着，榆中、通渭、会宁、秦安等工区都展开了相应的辩论，如通渭工区在"辩论"之后还掀起"三交""三书"的热潮（三交是交心、交底、交政策；三书是决心书、保证书、挑战书）。全工区 7100 多名民工写了决心书、保证书 3 万份，并有 4350 名民工当场表示为早日完成任务"要求春季不回家"。⑤ 这场在民工中的"辩

① 这些指示包括 8 月 11 日的《关于反对右倾思想的指示》、8 月 24 日的《关于进一步深入开展反对右倾思想的指示》、8 月 30 日工程局副局长尚友仁《关于坚决贯彻党的八届八中全会精神、大力开展反右倾思想运动》的动员报告、9 月 3 日工程局《关于继续深入反右倾、鼓干劲，掀起高工效施工运动的指示》等。
② 《平凉、天水工区广大职工举行反右倾、鼓干劲誓师大会》，《引洮报》第 135 期，1959年 9 月 8 日，第 1 版。
③ 《誓鼓干劲超指标》，《引洮报》第 141 期，1959 年 9 月 22 日，第 2 版。
④ 《一斤面做出二斤馍》，《引洮报》第 2 期，1958 年 7 月 8 日，第 3 版。
⑤ 《人人献策献计，保证提前通水，榆中工区 5000 多名职工展开热烈辩论》《会宁工区广大职工结合辩论掀起冬季施工新高潮》《通过辩论掀起"三交"、"三书"热潮，通渭工区确保提前完成任务》《秦安工区职工辩论后工效迅速上升》，《引洮报》第 178 期，1959年 12 月 19 日，第 1 版。

论"，目的是树立"全工程一盘棋"的思想，以"确保按期通水"。①

为争取民工支持，上级在宣传"反右倾"政策时，着力强调"反右倾斗争只在领导干部中进行"，群众以教育为主；对干部还要进行"交心运动"，即让干部"向党交心，说老实话，主动检查"右倾思想和错误言行，之后还要"写出个人思想检查总结，结合作出年终鉴定"。② 这种将个人思想反映并记录在案的做法，对干部极具威慑力。随后的步骤——揪出"反坏分子"更让处于风口浪尖的干部紧张不已。

揪出"反坏分子"

"反右倾"运动牵涉面非常大，"大小单位共计316个，开展了反右倾斗争的单位313个，只有工程局三个牧场，因距离领导机关较远，没有党员干部或因党员干部极少，没有开展反右整风运动，把个别有问题的党员干部调回批判"。③ 可以说，工地上的党员干部都经历了"反右倾"运动的"洗礼"。但是，什么是右倾思想？怎样划定各种"分子"呢？详细规定如下：

（1）什么是严重右倾思想？严重右倾思想，主要表现对总路线、大跃进、人民公社有怀疑动摇，在个别问题上有错误言论。但在根本立场上，还不是反对总路线、大跃进、人民公社、党的领导。

（2）什么是右倾机会主义分子？右倾机会主义分子，是站在资产阶级的立场上反对总路线、大跃进、人民公社、党的领导，企图使资本主义复辟的人，他们是资产阶级的代表，在农村是资本主义自发势力的代表。

（3）什么是右倾机会主义反党分子？就是站在资产阶级的立场上，既反对总路线、大跃进、人民公社、党的领导，又企图分裂党、破坏党、篡夺党的领导权的人。

……

（8）右倾机会主义反党集团，系指由右倾机会主义分子或由右倾

---

① 《逐月完成计划，确保按期通水》，《引洮报》第180期，1959年12月24日，第1版。
② 《工程局机关反右整风运动中的思想建设进展情况和今后意见》（1960年3月13日），甘档，档案号：231-1-200。
③ 《反右倾斗争情况简报（第7期）》（1960年2月1日），甘档，档案号：231-1-41。

机会主义反党分子组织成的集团，都可以叫右倾机会主义反党集团。①

这样的规定看似分门别类、逐层推演，实际非常笼统，基调是维护"三面红旗"和党的领导，反对"站在资产阶级的立场上"。然而表现在人们头脑意识中的"资产阶级思潮"和"资产阶级的立场"，既难以量化也无形可循，因此常发生定性不准、处理时轻时重的情况。定性不准主要是分不清"右倾机会主义分子"和"右倾机会主义反党分子"、严重右倾思想和一般右倾思想、严重个人主义和一般个人主义等的界限，与负责人的认识有关。比如临洮工区六大队大队长宋某被认定为"严重的个人主义分子"，大队党委书记没有展开批判，等运动深入发展时，党委书记加重火力批判，又将其定为"右倾机会主义分子"。②

工地社会打出 9 个反党集团，有 3 个以工区党委书记为首，分别是陇西、定西、武山工区；临洮、秦安、榆中工区的反党集团以工区党委常委或副主任为首；临洮工区甚至挖出了两个反党集团。③

榆中工区反党集团以工区副主任李××为首，包括工区党委常委哈××、组织部长乔××、保卫科负责干部孙××、组织部干事兼机关党支部书记高××、机关团总支书记（打字员）张××、机关党支部委员（保卫科科员）豆××、机关党支部委员张××、机关团支部书记（通讯员）丁××等 9 人。基层党委称其采取"摸、压、攻、挤、追、挖、分化和四结合等八种战术"才挖出这个反党集团，比如"所谓'摸'，就是要首先摸清反党集团的内部情况，掌握反党分子的特点，然后确定应采取的对策。知己知彼，才能百战百胜。比如在围攻反党集团的时候，由于我们事先分析了集团的内部情况，掌握了反党分子丁××、张××、豆××等一般成员，比较胆小等弱点，就确定首先攻其薄弱环节，然后个个击破。经过几个回合，他们就开始交待了问题，为攻破整个集团提供了不少材料"。④这种"反右倾"斗争方法的工作经验得到工程局党委的赞同，被转发并要

①《省委监委案件审批座谈会议情况》（1959 年 11 月 11 日），甘档，档案号：231 - 1 - 30。
②《反右整风运动情况简报（第 6 期）》（1959 年 12 月 27 日），甘档，档案号：231 - 1 - 41。
③《十四天来反右倾斗争情况报告》（1959 年 11 月 23 日），甘档，档案号：231 - 1 - 41。
④《榆中工区反右倾斗争情况简报》（1959 年 11 月 27 日），甘档，档案号：231 - 1 - 39。

求其他工区学习。

武山工区的反党集团"头目"叫高某，原任武山县副县长。他回忆："我的'罪状'主要是 1959 年回县上时，县上没有籽种，向我求援，我曾偷偷调了引洮工地上的粮食给县上。给我扣的帽子是'反对三面红旗'，'挖工程的墙角'。"[①] 从档案资料上看，他还有一个主要错误，在古城水库上"负责防洪抢险工作，但却积极主张人工开挖，有幸灾乐祸的情绪，因而负有一定责任"。[②] 1960 年 6 月 21 日，经省委批准引洮工程局党委对高某的处分——"定为右倾机会主义分子，因他犯有严重违法乱纪错误，给予留党察看一年，工资降一级（由行政 17 级降为 18 级）处分。"[③] 他被下放到宗丹岭隧洞劳动改造。这个反党集团的其他干部同他一样来自武山县，替任的干部都来自甘谷县。[④] 由此表明其中可能掺杂着复杂的权力斗争，这也是底层政治运动中常有的逻辑。

与此同时，全省的"反右倾"运动也在如火如荼地进行着，有的干部被再次送来改造。副省长王某作为"右倾机会主义反党集团"的骨干分子被定为"右倾机会主义反党分子"，送到工地上劳动。[⑤] 其间对他的日常行为实行监督改造，并向省委汇报，如"在劳动中表现一般，但从谈话中可以看到他对党的不满情绪却始终未减"。[⑥] 直到西兰会议之后，王才得以平反。

截止到 1959 年 11 月 20 日，"在 1764 名党团员脱产干部中，共揭发出有严重问题的 227 人，其中党员 170 人，占党员干部 1218 人的 13.99%，团员 57 人，占团员干部 546 人的 10.44%。内有高级干部 1 人，占高级干部 6 人的 16.66%；中级干部 21 人，占中级干部 70 人的 30%；初级干部 54 人，占初级干部 306 人的 17.64%；一般干部 151 人，占一般干部 1382

---

① 武山工区党委书记高山的口述回忆。转引自庞瑞琳《幽灵飘荡的洮河》，第 215 页。庞瑞琳将对高山的采访文章名为《他依然谨小慎微》，其中指出"总感到有许多话不愿或者不敢说"。作者的采访时间为 2000 年 10 月 20 日，书出版时高山已经去世。

② 《对古城水库围堰决口有关人员的处分意见》（1959 年 9 月 27 日），甘档，档案号：231 - 1 - 28。

③ 《关于高×同志处分决定的批复》（1960 年 7 月 9 日），甘档，档案号：231 - 1 - 77。

④ 武山工区医院大夫石伟杰、武山工区供应科长王晋锡的口述回忆。转引自庞瑞琳《幽灵飘荡的洮河》，第 144、146 页。

⑤ 《关于王××改造情况的报告》（1959 年 11 月 28 日），甘档，档案号：231 - 1 - 40。

⑥ 《关于王××同志最近情况的报告》（1960 年 4 月 13 日），甘档，档案号：231 - 1 - 65。

人的 10.92%。根据 227 人定性和初步定性，计有严重右倾思想 68 人，右倾机会主义分子 41 人，右倾机会主义反党分子 28 人，严重个人主义 23 人，蜕化变质分子 17 人，阶级异己分子 12 人，坏分子 20 人，反革命分子 1 人，漏网右派 2 人，其他 15 人。在这些人里面，有 9 个反党集团，成员共 38 人"。① 干部一度缺乏，"尚需中、初级领导骨干 207 名左右（不包括现有数）"。② 那些之前在运动中表现积极、带头批斗干部的"以工代干的"就成为干部了。③

"反右倾"运动的后果

"反右倾"运动使得人人自危，连工地上的医生也受影响。从 1959 年 11 月开始，由于粮食及副食品的匮乏，工区先后发生昏倒、浮肿病及死亡现象："通渭工区从 11 月 29 日至 12 月 20 日共发生此病 297 例，占工区民工总数 3.8%。死亡 7 例占发病率 2.3%。平凉工区自 12 月 16 日至 26 日发生消瘦患者 103 人，重症浮肿病人 130 人，昏迷病人 64 例，共发生 297 人占该工区总人数 1.7%"，"陇西工区、武山工区、天水工区等工区亦有类似病情"。④ 鉴于这种情况，工程局抽派 22 名医务人员组成工作组赴平凉、陇西等重点工区进行抢救、医治。然而"反右倾"运动愈演愈烈，到 1960 年工程局在报告浮肿病情时，"浮肿"皆以"昏倒"代替。如"59 年 11 月 29 日到 12 月 29 日，陇西工区发生昏倒病人 135 人，占全部发病人数的 15.6%，其症状严重者 17 人，内有 8 人死亡；岷县工区从 12 月 23 日到 31 日共发生昏倒病人 13 人，其中重者 7 人，死亡 5 人"。⑤ 工程局卫生处副处长孙某经过细致调查，认为是"营养缺乏"，并拟定"消瘦、浮肿、昏迷"三日统计表，实施营养疗法。然而，不仅调查遭禁，孙被批判为持有"资产阶级主观主义错误观点"，指出"浮肿"应是"各种慢性疾病和

---

① 《十四天来反右倾斗争情况报告》（1959 年 11 月 23 日），甘档，档案号：231 - 1 - 41。
② 《关于贯彻执行省委关于大力选拔新生力量的指示的报告》（1960 年 2 月 16 日），甘档，档案号：231 - 1 - 53。
③ 天水工区二大队一中队"保尔突击队"队长张炳炎的口述回忆。转引自庞瑞琳《幽灵飘荡的洮河》，第 166 ~ 167 页。
④ 《关于最近民工疾病发生情况报告》（1959 年 12 月 31 日），甘档，档案号：231 - 1 - 40。
⑤ 《关于彻底消灭浮肿昏迷疾患的办法通知》（1960 年 1 月 6 日），甘档，档案号：231 - 1 - 628。

一些急性传染病所引起的临床现象"。①

高压的任务及各种运动没有带来"五一"水通漫坝河，却使多数干部的积极性严重受挫，民工们亦各怀心思。有的民工"认为洮河的光荣时代已经过去，因而不愿在引洮工程工作，干劲不大"，而"工程任务大、时间长、生活艰苦，对工程悲观失望"的情绪也重新在工地蔓延。② 听说家乡闹灾荒，民工想尽一切办法要逃回家。从 1960 年 1 月至 6 月中旬，临洮、秦安"两个工区先后共逃跑民工 3150 人。其中，临洮工区共逃跑民工 2870 人次，占现有民工总数 12068 人的 23.32%；秦安工区共逃跑民工 280 人，占现有民工总数 7603 人的 3.65%"。③ 而另有些民工，想方设法留在工地，甚至也争取使家属留在工地上。因为，尽管工地也缺粮食，但毕竟还不至于饿死，家乡的亲人源源不断地向工地涌来。

引洮工程本是为了解决甘肃中东部地区几百万人口的生产、生活用水问题，然而此时却成了一个烫手的山芋。几百万旱塬百姓的生活困难局面日益加剧，工程本身不仅陷入施工困境之中，还不得不腾出一部分力量来种粮食、发展畜牧业以自给自足。在这种背景下，内外交困的工地社会，随着西兰会议的召开，迅速走向瓦解。

---

① 《坚决批判"营养缺乏论"的资产阶级观点，为消灭目前的多发病而努力!》（1960 年 2 月 3 日），甘档，档案号：231 - 1 - 628。

② 《关于召开第六次全体委员（扩大）会议的情况报告》（1960 年 9 月 3 日），甘档，档案号：91 - 9 - 21。

③ 《关于临洮、秦安工区 1960 年一至六月民工逃跑情况的报告》（1960 年 6 月），甘档，档案号：231 - 1 - 56。

第八章　裂解

> 已经完成的工程，至今一无效益。浪费了大量的人力、物力、财力，给全省人民带来了很大的损失，给党在群众中造成了极不良的影响，教训极为深刻。

——《甘肃省委关于引洮工程彻底下马的报告》①

西兰会议的召开，带来甘肃整个工作重心的转移和指导方针的转变，从"群众粮食不够吃、害浮肿病、饿死人的现象……终究只有一个指头的问题"，转变为"用下水救人的精神，首先把肿病、死亡现象停止下来，切实安排好群众生活"。改组后的甘肃省委将引洮工程彻底下马，承认"事前未经过认真地查勘测量和请示，就仓促'上马'。……当前对于工程量太大和技术没有过关的两大问题确实无法解决。……已经完成的工程，至今一无效益"。② 方针政策的调整，是从当时客观实际出发的结果。工地社会的瓦解，同它的诞生一样，是上级通盘考虑之下做的决定，反映了政治力量的强大作用力。

为减少兴办"一无效益"的引洮工程带来的消极影响，在政治上对在前期政治运动中受不公正待遇的工地干部进行甄别复查和平反，在经济上对平调受益区百姓的粮食、物资进行退赔，并对伤亡民工进行抚恤慰问，表明相关部门实事求是的一面，也是引洮工程投入良多、产出无几却没有在当地引发社会危机的重要原因。

---

① 《甘肃省委关于引洮工程彻底下马的报告》(1962 年 4 月 18 日)，甘档，档案号：91 - 18 - 250。
② 《甘肃省委关于引洮工程彻底下马的报告》(1962 年 4 月 18 日)，甘档，档案号：91 - 18 - 250。

一 "一无效益"和"彻底下马"

> 1962 年 3 月 8 日，省委第 105 次常委会议决定，引洮工程彻底下马，以腾出劳力加强农业生产第一线，把有限的财力物力花在见效快的水利设施上，以恢复和发展农业生产。
>
> ——1962 年甘肃省委第 105 次常委会议决定①

西兰会议后，引洮工程逐渐下马。工区组织的步步紧缩和工地民工、干部精减还乡，使工地社会的边界越来越小，渐趋瘫痪。"一无效益"的定论及"彻底下马"的决心显示了经历"大跃进"之后的甘肃社会已元气大伤。洮河水仍然流淌，但那裸露的山体、一排排窑洞以及从渠道转化而来的崎岖山路告诉我们这片土地也曾尝试"改天换地"。

西兰会议

1960 年 12 月 2 日至 5 日，中共中央西北局在兰州召开第六次书记处（扩大）会议，通常称为"西兰会议"。在当代甘肃的历史上，西兰会议无疑是浓重的一笔，"是扭转甘肃局势的关键，是甘肃整个工作的转折点"。② 西兰会议前夕的"农村四分之三的地区严重缺粮，人民生活极为困难。700 万人每人每天平均吃粮在 7 两以下（16 两秤），其中有 500 万人吃粮在 6 两以下"，状况悲惨。③ 然而，"山重水复疑无路，柳暗花明又一村"，在这种生死一线的状况下，西兰会议召开，中心议题"是贯彻中央指示，检查纠正甘肃省委在大跃进和人民公社化运动中所犯的严重错误，制定并采取紧急措施，抢救人命，安排好全省人民生活，尤其是要安排好农村群

---

① 《中国共产党甘肃大事记》，第 176 页。
② 中共甘肃省委党史研究室编印《20 世纪 60 年代甘肃国民经济的调整》，2009，第 9 页。
③ 中共甘肃省党史研究室编印《"西兰会议"始末及其影响》，2009，第 171 页。

众生活"。① 张仲良代表甘肃省委做检讨,表示甘肃省出现严重生活困难局面,省委特别是他自己应负主要责任。② 会后对甘肃省委领导班子做了部分调整,汪锋取代张仲良实际开始主持省委工作(汪锋的正式任命于1961年1月25日下达)。几百万百姓处在生死一线间,因此抢救人命成为当务之急。

西北局和重新改组的甘肃省委主要采取如下应急措施抢救人命:召开各级干部会议传达西兰会议精神;派遣工作组与慰问团到重灾区天水、定西、张掖、临夏地区进行慰问;移工就食,把全省城市多余职工及其家属、劳改犯等调往新疆、黑龙江、吉林等地,转移人口以缓解粮食压力;紧急调运粮食,保障农村人均"六两"粮,重病人"八两"粮;派出医疗卫生小组,对病人采取免费治疗措施;成立病院、孤儿院、养老院等,将无家可归的老弱病残集中起来照顾;放宽农村各项政策,如解散公共食堂、允许打猎、开放自由市场等。这些措施对于解决全省范围尤其是重灾区的饥荒问题很有帮助。③

即使上述措施有一定帮助,但经历1959年、1960年两年缺粮之苦的甘肃早已元气大伤,因饥饿、浮肿病死亡和外流的现象依然蔓延。1961年春到引洮工地寻粮的群众越来越多,截止到5月的不完全统计,"约有125人(其中:男76人,女49人)。这些群众多数是引洮工程附近岷县的中寨、理川、梅川公社,陇西县的孔雀公社、大草滩、九甸子、口子川和菜子公社等地的"。还有些人被遣返回家乡后再次流到工地,如陇西县孔雀公社的李盛义,被工程局干部护送回去8次以上,但仍返回工地。④ 既表明陇西当地粮食物资之匮乏,也说明引洮工地相对而言粮食供应有保障。西兰会议后省委决定从天水专区再次给引洮工程调运粮食500万斤。⑤

1960年12月23日,省委召开常委扩大会议,讨论指出:"农田水利建设,主要是管好现有水地,充分发挥灌溉效益。除洮河古城水库、巴家

① 李荣珍:《具有重要历史意义的西北局兰州会议》,《发展》2013年第1期。
② 《张仲良同志在西北局书记处会议上的检讨(节录)》(1960年12月5日),《甘肃省农业合作制重要文献汇编》第1辑,第787~789页。
③ 参见拙文《荒政中的政治生态:以西兰会议前后的甘肃应急救灾为中心(1960.10~1961.3)》,《中央研究院近代史研究所集刊》第90期,2015年12月。
④ 《关于外流人员处理情况的报告》(1961年5月13日),甘档,档案号:231-1-97。
⑤ 《给西北局的第三次汇报提纲》(1960年12月12日),甘档,档案号:91-4-721。

咀水库及其他水利工程（包括安西总干渠、榆中三角城提水工程）的收尾工程外，一律停下来。"① 虽然省委承认，"引洮工程，提出民办公助，一面施工，一面设计，两年完成"是"严重的浮夸"，② 但这么大的工程，已经施工两年多，投入巨大却未见效益，下马不是一朝一夕之事。改组后的省委对引洮工程何去何从，采取谨慎态度。工程局党委也在西兰会议精神传达后，对引洮工程的各类问题进行检讨，通过召开各级干部会议进行"自我纠错"。

引洮工程逐步下马

1960 年 12 月 6 日，引洮工程局第八次全体委员（扩大）会议在古城水库指挥部正式召开，主要目的是讨论引洮工程问题以及该往哪里去，由此开启了工程逐步下马的步伐。局党委书记张建纲做检查，承认引洮工程上的"共产风"比什么地方都刮得早、刮得严重；没有将多快好省的方针好好贯彻；没有勤俭办水利；缺乏群众路线和群众观点；领导工作不扎实；组织性和纪律性不强；等等。并指出甘肃省目前面临的严峻形势，要求全局携起手来共同克服困难。③ 局党委的检查为各子单位承认错误做了铺垫，与会同志分成小组继续讨论。随着会议的深入开展，各小组开始讨论工程修建中具体政策的错误，诸如工程技术、粮食政策、水利施工、工具改革、工伤事故的处理等，并点名批评部分领导人的具体错误。④

之后，引洮工程局党委在兰州和古城几次召开常委会，反复讨论引洮工程目前形势、剩余工作量和今后工作意见。一系列会议下来，工程局党委承认，虽取得一些经验，但教训更多，如"在开始就错误的执行了'边勘测、边设计、边施工'的方针，底子不清，上马草率""错误的提出了远远脱离实际的两年通水要求，造成了严重的虚报浮夸风""错误地消灭

---

① 《"西兰会议"始末及其影响》，第 148、149 页。
② 《中共甘肃省委关于省委领导工作中严重错误初步检查的报告》（1960 年 12 月 25 日），《甘肃省农业合作制重要文献汇编》第 1 辑，第 798 页。
③ 《引洮工程局党委第八次全体委员（扩大）会议简报（第 1 期）》（1960 年 12 月 7 日），甘档，档案号：231 - 1 - 93。
④ 《工程局党委讨论贯彻西北局、省委会议精神情况简报》（1960 年 1 月），甘档，档案号：231 - 1 - 100、101。

全部隧洞和宁挖勿填的大改线"等。同时指出，"渠道通过大孔性黄土、松散的山麓堆积体和下滑坡等不良地质地带的治理"问题是国家当时无法解决的技术难题；"劳动力、物资和时间"亦无法在全省经济紧张的状况下大量投入。因此提出："渠道工程和宗丹隧洞暂时停工，集中力量修建古城水库"，并在未来三年内加强勘测设计、地质勘探，等重大技术问题解决后再上马逐段进行渠道和隧洞的施工。① 表明工程局党委已意识到问题，但仍然没有将工程彻底下马的决心和提议，或者说工程局没有对引洮工程究竟何去何从的实质决定权。

但是这一阶段的引洮工程已是强弩之末。一方面，全省陷入饥荒困境，无力提供更多的粮食、物资，省委为各地吃粮问题焦头烂额；另一方面，工地上只剩几千民工聚集在古城水库，干群情绪不安、人心涣散，施工难有突破。在这种状况下，1961 年 4 月 22 日省委向水利电力部、西北局发出特急电报，指出："我省引洮工程今后工程量还很大，同时还存在重大的科技问题。为了慎重研究今后应如何办，拟请水利电力部帮助邀请有关部门的同志，组织工作组能于 5 月份内来甘研究讨论引洮工程。"并列出希望水利电力部、水利科学院、地质部、农业部等单位参加人员的名单。② 6 月 13 日，水利电力部党组回复："经与在京参加防汛会议的西北局农办王全茂局长商定：引洮工程存在的问题如何处理，请你省水利厅及西北勘测设计院派人携带资料来京汇报后再定"，汇报时间则"另行联系商定"。③ 实际上，在 1958 年引洮工程上马时，甘肃省委并没有上报国家水利电力部备案。按照省水利厅一位老干部的说法，水利电力部的态度一直不明确，不反对但也没表示支持，因此这么大的项目并没有列入国家项目。④ 此时在引洮工程难以为继的状况下向水利电力部发电求指示，可能有些晚了。

在没有得到水利电力部进一步指示时，1961 年 6 月 14 日工程局党委召开各工区书记和工程局各部、处、室党员负责同志 31 人参加的第三次工

① 《关于引洮工程今后工作意见的报告》（1961 年 2 月 13 日），甘档，档案号：231－1－97。

② 《请水利专家商讨有关引洮工程问题》（标题为作者自拟，1961 年 4 月 22 日），甘档，档案号：91－4－879。

③ 《水利电力部党组有关引洮工程问题的回复》（标题为作者自拟，1961 年 6 月 13 日），甘档，档案号：91－4－879。

④ 2011 年 9 月 21 日笔者于兰州市采访李某某的记录。

作会议，讨论如何具体贯彻省委对引洮工程"坚决收缩、暂停下来"的指示。最后决定首先从现有的 6100 多名职工（包括干部、家属、农牧工、工人、民工）中精减 2000 人，留 3970 人进行物资器材的清理工作和汛期古城水库的防汛工作；然后再次精减人数，只留 1000 人（民工 600 人，农牧工 200 人，工人 50 人，干部 100 人，家属 50 人）"看摊子"，做好古城水库的维护和防洪工作，管好农牧业生产；最后撤销工程局，成立引洮工程处，直属水利厅领导，工程勘测设计任务、人员和机械施工队全部移交水利厅接管，整个工作计划 10 月底前完成。① 省委此时仅仅要求引洮工程"暂停下来"，但至于"长停还是短停"则"待定"。② 因为省委还未得到上级的具体指示。

　　1961 年 8 月 17 日至 22 日，水利电力部在北京举行由张含英副部长主持的引洮工程座谈会，甘肃省水利厅副厅长杨子英、西北勘测设计院院长王自强、李奎顺总工程师做情况汇报。此次基本达成共识："会议同意引洮工程局认为这个工程的举办是盲目的检查。同时，也同意中共甘肃省委讨论确定引洮工程（包括古城水库）暂时停建。工程局提出的引洮工程 1970 年以前不复工，古城水库五年以后看情况的意见，会议中认为这样安排也许与实际情况相距不远"，认为古城水库尽管已经完成 70%，"但目前对防洪无作用，灌溉没有地（附近抽水灌溉也没有多大发展），发电尚无用户的情况后，认为不必急于修改。目前应采取措施加以维护"，而维持所需的工程经费"由甘肃省自行安排，不再另加"。③ 这次会议的共识是随后处理引洮工程善后问题的主要依据。

　　1961 年 12 月，甘肃省水利厅引洮工程处根据水利电力部关于古城水库"应采取措施加以维护"的意见，提出"为保证 630 个秒公方的洪水期使已建坝体不受剧烈破坏，并争取通过百年一遇的洪水（1300 个秒公方），作为维护标准。维护共分两部分，一是上游岷县贮木厂堤防工程，一是导流槽二号桥下游出口两岸的加固。贮木厂堤防已召集洮河林业局来人进行了具体安排；导流槽下游加固，拟于 12 月准备，来年元月中旬开工，汛期前完成。根据工作量，经研究确定，引洮工程处保留 300 人的编制。现有

---

① 《关于召开第三次工作会议的报告》（1961 年 6 月 22 日），甘档，档案号：231 - 1 - 97。
② 《关于调整工业企业问题的报告》（1961 年 7 月 3 日），甘档，档案号：91 - 9 - 197。
③ 《关于引洮问题座谈会纪要》（1961 年 8 月 26 日），甘档，档案号：91 - 4 - 879。

500 人，1962 年 4 月中旬大量维护工程告一段落后，减到编制数字"。① 可见放弃渠道工程之后，古城水库成为引洮工程处的工作重心。

1962 年 3 月 8 日，甘肃省委第 105 次常委会议决定，"引洮工程彻底下马，以腾出劳力加强农业生产第一线，把有限的财力物力花在见效快的水利设施上，以恢复和发展农业生产"。② 3 月 28 日，水利厅报请甘肃省委就如何处理古城水库做指示。4 月上旬，省委讨论认为为了统一认识并慎重处理起见，确定由水利厅会同省计委、水电部西北设计院共同派人去古城水库实地调查。调查后，提出两个方案：一是拆除导流槽，这样"工作量较小"，还可在适当时候重修；二是"破坏大坝"，使洮河归"旧道，不蓄水"，整个废弃，但工作量较第一个方案增加一倍，处理时间需到 1963 年 6 月，如其间遇大洪水，会使"下游受灾"。大多数人主张采用工作量较小且留有余地的第一方案。③ 4 月 18 日，省委向西北局报告承认："当前对于工程量太大和技术没有过关的两大问题确实无法解决。该工程总干渠、干渠工作量即需 20 亿立方米，约需 12 亿工日。仅以第一期总干渠工程（全长 437 公里，可控制灌溉面积 250 万亩），就需要 5 万人施工 20 年。技术上对防治大滑坡和处理大孔性黄土渠道渗陷等主要问题，都未得到解决的办法。现有的古城水库虽已完成 70% 左右，全部完成剩余工程还需投资一千万元，需要 340 万工日，即使建成这个水库，对防洪无大作用，灌溉没有地，发电无用户，且影响洮河流放木材，继续保留相当数量的劳力作长时间的维护工作，也无实际意义。根据以上情况，我们决定对该工程彻底'下马'，不留尾巴。今后要把腾出来的劳力，主要用于加强农业生产第一线。"西北局同意这个报告，认可第二种方案，并表示："这是我们大家永远不能忘记的一次历史教训。"④ 至此，引洮工程在理论上彻底下马。

---

① 《关于引洮工程物资处理情况的报告》（1961 年 12 月 15 日），甘档，档案号：91 - 9 - 197。
② 中共甘肃省委党史研究室编著《中国共产党甘肃大事记》，中央文献出版社，2002，第 176 页。
③ 《关于古城水库的善后处理问题的报告》（1962 年 5 月 14 日），甘档，档案号：91 - 9 - 284。
④ 《中央西北局批转甘肃省委关于引洮工程彻底"下马"的报告》（1962 年 4 月 24 日），甘档，档案号：91 - 18 - 250。

工地社会的解体

随着引洮工程逐步下马，工地社会逐渐解体。这同样是一个渐进的过程，表现在两方面：一是工区合并，组织缩小，干部人数相应减少；二是民工逐渐被遣散回乡。但实际上工区合并和民工精减自 1960 年就开始了。

1960 年入春，甘肃"全省范围旱象日趋严重，春夏荒比往年普遍。'营养不良'病和'非正常死亡'人口增多。局部地区又有雹洪、霜冻、病虫、风沙等灾"。① 因此 3 月 14 日，省委发出《关于一切服从抗旱生产，一切为了实现大旱大丰收的指示》，要求引洮工程精减民工，加强支援农业战线。工程局于 3 月 26 日至 29 日召开第二届第二次全体委员（扩大）会议，决定"按当时工地实有民工 131589 人，精减 21851 人，保留 109738 人"。② 1960 年 6 月，又决定在现有民工的基础上"再精减一万人"。③ 7 月再次确定"将现有民工减至六万二千人，包括干部、工人、家属在内，实留七万人"。④ 9 月省委要求"以农业为基础，全党全民大抓农业生产"，再次精减民工 43500 人，其中直接参加施工的 39080 人。⑤

1960 年 10 月，民工人数被精减为 30500 人，工区由原来的 12 个工区合并为 6 个，并改换名称，如表 8 - 1 所示。

表 8 - 1　工区名称改换情况

原工区名称	现工区名称	民工人数
陇西、榆中、临洮	第一工区	7150
岷县、靖远	第二工区	3750
武山、秦安、天水	第三工区	7800
平凉	第四工区	6600
定西	第五工区	2900

① 《甘肃民政大事记》，第 225 页。
② 《关于精减民工的报告》（1960 年 4 月 21 日），甘档，档案号：91 - 9 - 90。
③ 《中共甘肃省引洮上山水利工程局委员会关于精减引洮民工意见的请示报告》（1960 年 6 月 8 日），甘档，档案号：91 - 9 - 90。
④ 《关于精减民工的联合通知》（1960 年 7 月 16 日），甘档，档案号：231 - 1 - 77。
⑤ 《关于工程安排的报告》（1960 年 9 月 1 日），甘档，档案号：231 - 1 - 84。

续表

原工区名称	现工区名称	民工人数
通渭、会宁	第六工区	2300
合计		30500

资料来源：《关于合并工区的请示报告》（1960 年 11 月 8 日），甘档，档案号：231－1－46。

为做好精减工作，"工程局抽调干部专门成立了精减民工办公室，在会川、大草滩、东铺设立联络与招待站专门负责联络与招待工作。还派出救护车一辆、收容队 9 人（包括医生）并带干粮沿途巡回检查，救护一些中途发生疾病和掉队的民工"。[①] 精减中出现两种截然不同的状况。有的民工想尽办法被精减，如陇西工区三大队三中队民工吴某怕把自己继续留在工地上，将自己的左手大拇指砍了三刀，五大队六中队民工刘某将自己左手腕砍了一刀。[②] 而有些民工希望留在工地，同样是陇西工区"被精减的265 人中，有 165 人不愿回家，其原因是一部分人认为参加引洮是无上光荣，半路回家，不能光荣到底，有些留恋不舍；另一部分人认为公社生活不如工地好，不愿回去"。[③] 恐怕后者占多数。本质都是为了生存，有的人想与家人团聚，"反正要饿死，回去和家里人死在一搭"；[④] 有的人认为在工地虽然活儿重，起码还有口饭吃。

干部们也存在各种不安情绪。根据 1198 名干部的摸底排队，情绪安定、干劲大的一类干部 776 人占总人数的 64.77%；26% 的人"情绪波动"，是因为"一些人觉得工程任务艰巨，不知何时才能修成；一些人觉得工地生活比较艰苦；一些人觉得修水利不如搞农业熟悉；一些人觉得老人妻子送回农村后无人照管"；第三类人共 111 人，占 9.27%，包括"坚决要求回原单位的 82 人"，还有"个别心怀不满的分子，乘机散布反对言论"的人等。[⑤] 表明了即使是党员干部，经历了两年多并不成功的施工，也对引洮工程失去了曾经有过的热情。为了稳定干群情绪，工程局党委还

---

① 《关于精减民工的报告》（1960 年 4 月 21 日），甘档，档案号：91－9－90。
② 《精减民工情况反映（第 1 期）》（1960 年 7 月 19 日），甘档，档案号：231－1－568。
③ 《关于精减民工的报告》（1960 年 4 月 21 日），甘档，档案号：91－9－90。
④ 《关于整党、整团工作的指示》（1960 年 12 月 30 日），甘档，档案号：231－1－86。
⑤ 《批转工程局党委组织部"关于当前干部思想情况和意见的报告"》（1960 年 11 月 16 日），甘档，档案号：231－1－90。

请示省委，要求增加民工工资，"由平均22元增加为30元"。①

1960年12月，工程局党委拟对工区再次合并，"将原第一工区、第二工区、第五工区合并改名为定西工区。第三工区改名为天水工区，第四工区改名为平凉工区"。② 6个工区合并后剩下3个，施工任务也重新规划，"均安排在（古城）水库施工，原通渭、会宁工区并入工程大队，安排于宗丹岭隧洞施工"。③ 缩减工区组织的同时，将原1700名干部编制缩减为1300名。④

大幅精减民工的工作从1960年12月16日开始。工程局逐级传达动员，成立相应精减机构，"根据平时掌握依次摸底排队，分级审查谈话，最后工区批准出榜公布"。⑤ 精减中的摸底排队主要包括民工的家庭出身、施工表现、身体状况等，一般留守工地的为贫下中农成分、表现积极、身体状况较好的。根据省委的指示，重点精减定西专区民工。⑥ 局党委要求"在民工中进行宣传动员。……引洮工程是一定要修成的，人员是一定要增加的，现在绝不是下马。同时，要教育民工认清形势，使得回乡参加农业生产和参加引洮工程都是光荣的，坚决服从组织调动"。⑦ 这种宣传倾向再次印证，作为具体领导者的工程局实际上对工程最终何去何从并无把握，只能从思想上安抚民工。

此时要求留在工地的人较少，因为随着西兰会议的召开，后方各县粮食开始增多。如四工区二大队1066名民工中，要求坚决不回家的有116人，约占10%，剩下的有各种各样的打算：有的人想回家，但又怕公社粮食供应标准低；有的人主意不定，想春节回家看看，情况不好再返回；有的人觉得参加了两三年引洮，是光荣的，但现在回家就没有"光荣到底"；还有的人想留下，但身体状况、阶级成分不够好。大多干部希望回家，一工区一大队的

---

① 《关于增加民工工资的请示报告》（1960年11月29日），甘档，档案号：231-1-92。

② 《关于颁发各工区组织机构和人员编制方案的通知》（1960年12月18日），甘档，档案号：231-1-91。

③ 《关于合并工区的请示报告》（1961年1月3日），甘档，档案号：231-1-97。

④ 《关于编余干部列入编外供给的请示》（1960年12月18日），甘档，档案号：231-1-92。

⑤ 《关于精减工作的报告》（1961年1月8日），甘档，档案号：231-1-97。

⑥ 《关于精减工作的报告》（1961年1月10日）甘档，档案号：231-1-97。

⑦ 《关于精减人员的报告》（1960年12月17日）甘档，档案号：231-1-92。

18 名支部书记中，坚决要求回家的就有 12 人，达 2/3。① 实际上干群的思想较少被虑及，精减哪些人、数量多少，服从上级的统一决策。从 12 月 23 日开始，民工离开工地。截止到 12 月底，已基本遣返回乡。

在精减过程中，由于时间仓促，虽然要求"确保不死一个人"，但也出现不少问题。有的伤病员难以长途跋涉，不断掉队，工程局机关派出的汽车巡回检查接运病员及掉队民工达 4400 多人次；还有的民工不注意安全，暴饮暴食、食用生水等发生伤病甚至死亡现象，第四工区先后发生肠梗阻、急性肠胃炎、腹泻脱水等病，造成死亡 6 人，第一工区发生肠梗阻死亡 3 人。②

春节在即且冬季施工难度较大，因此没有被精减的民工有 4735 人也被允许回家过年，留守工地的民工有 1746 人。假期从腊月十五也就是 1961 年 1 月 31 日开始，为期一个月。节后，引洮工程并未被下马，上级要求民工及时返回工地，为此专门组织工作组在陇西东铺设立招待所统一接运民工，还组织 9 个工作组到定西、平凉等按照原规定应返回工地的县督促民工。③ 但有很多民工回了家就不愿再返回。截止到 3 月底返回工地 1615 人，尚有 2920 人未回。再加上春节没有回家的 303 人补假回家和逃跑的 16 个民工之外，古城水库工地上只剩下民工 3042 人。④ 尽管来到工地，但他们思想非常不安定，有时一天只劳动两个小时左右。干部们"有的等待调动，工作消极被动；有的公开喊叫要调走或回家，一天写申请，生活散漫，不作工作，也不学习；有的嘴里虽不说，但思想并不安，工作不负责任；有的确实有具体困难，如家中无劳动力，家中人有病等"。⑤ 干部尚且如此，普通民工更不用说了。

留下的民工主要进行古城水库的维护和防洪等工作，"重点是保证导流槽加固工程"。第一工区定西工区的任务是"联建进水口、临时拦水坝的填筑；导流槽左岸三号桥以上铅丝笼的加高的清基及 200 公尺长铅丝笼的安装；三号桥左岸加固工程的清基及运料；导流槽左岸加固（三号桥以

① 《精减工作简报（第 3 期）》（1960 年 12 月 23 日），甘档，档案号：231 - 1 - 511。
② 《关于精减工作的报告》（1961 年 1 月 8 日），甘档，档案号：231 - 1 - 97。
③ 《关于引洮民工返工地情况的报告》（1961 年 4 月 1 日），甘档，档案号：231 - 1 - 97。
④ 《关于引洮民工返工地情况的报告》（1961 年 4 月 1 日），甘档，档案号：231 - 1 - 97。
⑤ 《局党委召开生产工作会议纪要》（1961 年 3 月 13 日），甘档，档案号：231 - 1 - 97。

下）钻机工作台的开挖和打捞木料等工作"。① 此时定西工区只有民工1377 人，其中 50% 的劳力即 689 人从事导流槽施工。② 但民工们很不安心，劳动不积极。与此同时，上级还要求民工力所能及地进行农业生产，"多种蔬菜、保证自给"，"种好粮食作物，保证饲料自给"，"大力发展牲畜、家禽增加肉食"等。③ 定西工区 30% 的民工用于农牧业生产。④ 虽然名义上引洮工程没有停止，但其实已难有进展。

在这种背景下，1961 年 4 月开始对引洮工程所余物资进行清理，对"大跃进"时期平调百姓的物资进行有限度的退赔，展开工程的善后处理工作。工地社会的裂解势在必行。

二 政治账："复查"与"甄别"

甄别工作是全党当前一项重要的政治任务与组织任务。加速做好甄别工作，在我省当前经济处在严重困难的情况下，具有更加重要的意义。近几年来，我们错批判错处分了大批党员、干部和群众，严重的挫伤了他们的积极性，破坏了党内外正常的民主生活，使各项工作和生产受到很大损失。为了纠正错误，恢复和发扬党内外民主，增强团结，调动党员、干部和群众的积极性，尽快地克服当前困难，省委要求各级党组织，必须迅速地、彻底地做好甄别工作。

——《加强领导加速做好甄别工作》⑤

承载着全省千万人民梦想的引洮工程以"一无效益"而终，当地行政部门面临着极大的信任危机。为调动一度受挫的干部的工作积极性，挽回政治

---

① 《工作会议总结报告》(1961 年 5 月 20 日)，甘档，档案号：231 - 1 - 233。

② 《第一工区工作会议报告》(1961 年 4 月 24 日)，甘档，档案号：231 - 1 - 233。

③ 《引洮工程局党委关于 1961 年农牧业生产的安排意见》(1961 年 4 月 14 日)，甘档，档案号：231 - 1 - 46。

④ 《第一工区工作会议报告》(1961 年 4 月 24 日)，甘档，档案号：231 - 1 - 233。

⑤ 《加强领导加速做好甄别工作》(1962 年 8 月 21 日)，甘档，档案号：91 - 18 - 252。

影响，甘肃各级政府对在工地社会上历次政治运动中遭受打击的干部进行甄别、复查和平反。同引洮工程在上马之初省委对其"政治意义"大于"经济意义"的定位一样，"甄别工作"被认为"更重要的是关系到党在群众中的政治影响问题"，① 因而要进行严肃认真的处理。这种相对实事求是的处理措施，在某种程度上挽回了引洮工程投资巨大却"一无效益"所带来的消极影响。

开始"复查"与"甄别"

1959 年 9 月的"反右倾"运动对干部的打击面特别大。据 1959 年统计，全省"重点批判的人数达 11090 人，占参加运动党员干部总数的 14.4%。其中戴上右倾机会主义分子帽子的达 3839 人。另外，还重点批判了团员 2383 人，占团员干部总数的 4.69%"。② 为纠正错误、调动干部工作积极性，1960 年 12 月 23 日省委常委会议讨论提出，"过去历次运动中，打击了一批好人，造成了一批假案，必须彻底清理。凡是明显搞错了，都要立即平反，摘掉帽子，恢复名誉，补发工资"，并要求"县以上党委，要成立办公室，翻阅档案，查证材料，一个一个地审查，一个一个地结案"。③ 随后，中共中央西北局组织部副部长李望淮与中组部的几位干部一起，首先对受处理的 102 名高级干部的材料进行重新审阅，揭开了"复查"与"甄别"的帷幕。④

1961 年 2 月，在中央以及西北局的指导下，天水地区首先进行对"反右倾"运动中冤假错案的甄别试点工作。概因天水地区党内斗争异常激烈无序，"有 103 个反党集团，各县的领导干部差不多是换了一茬"。⑤ 3 月，甘肃省组织工作会议召开，决定对"反右倾"运动中的错案进行集体复

---

① 《关于引洮工程若干遗留问题的处理意见》（1964 年 4 月 30 日），甘档，档案号：138 - 1 - 754。

② 西北局甘肃工作组办公室编《情况反映第 31 期·甘肃省党内斗争情况简报》（1961 年 2 月 4 日），甘档，档案号：91 - 18 - 200。

③ 《甘肃省委常委扩大会议关于进一步贯彻西北局会议精神的决定》（1960 年 12 月 29 日），甘档，档案号：91 - 4 - 642。

④ 西北局甘肃工作组办公室编《情况反映第 31 期·李××同志的报告》（1961 年 2 月 4 日），甘档，档案号：91 - 18 - 200。

⑤ 西北局甘肃工作组办公室编《情况反映第 31 期·甘肃省党内斗争情况简报》（1961 年 2 月 4 日），甘档，档案号：91 - 18 - 200。

查，并于 24 日成立了"反右倾整风案件复查委员会"，具体负责这一工作。①

在此背景下，1961 年 4 月 1 日，引洮工地上成立"反右整风案件复查委员会"（1961 年 8 月开始改为"案件甄别工作委员会"），负责相关事宜。这一委员会由引洮工程局的组织部长领衔，其他主要成员还有局党委副书记、副局长、组织部副部长、卫生处处长、生活管理处处长等人。②他们出身贫农或中农，经过 1955～1956 年甘肃省委组织部的干部审核，显示其"历史清白"，③唯此方可担此重任。

作为甘肃省的"红旗样板"工程，引洮工程在历次政治运动中都走在前列。据 1959 年 12 月 25 日统计，"全工程共批判斗争党员干部 272 人，占参加运动党员干部总数的 22.97%"，甚至大于甘肃省的平均值。此次复查集中在 1961 年统计时的 148 名受党内各种处分的干部。④

在对这些干部进行甄别复查时，通常对照原有材料及结论，进行细节核对，逐条提出查对意见。复查形成的结论，还需由本人阅后提出相应意见，表示同意与否，如果不同意某条，还需再次核对。核对后各级干部都报上级单位核准审查。鉴于引洮工程局此时已划归甘肃省水利厅管辖，规定，"凡工区副书记、副主任以上干部，在改变处分时，一律报水利厅党组审查，转报农村大口审批；工区副部长、副科长一级干部，在改变处分时，由工程局党委审批，报水利厅党组备案；其他干部改变处分时，一律由工程局党委审批"。⑤下面以原靖远工区第五大队基层党委副书记文某的甄别过程为例，叙述干部的"复查"之路。

一个"复查"个案

文某是在 1959 年"反右倾"运动中遭到批判的，1960 年 1 月 26 日靖远工区党委对其做出了"党内警告"的处分。其依据主要有"一味追随右

---

① 《中国共产党甘肃大事记》，第 170 页。
② 《关于报批复查委员会组成人员的报告》（1961 年 4 月 7 日），甘档，档案号：231－1－97。
③ 《干部简历登记表》（1961 年 4 月 7 日），甘档，档案号：231－1－97。
④ 《关于反右整风运动中错案复查工作安排意见的报告》（1961 年 4 月 18 日），甘档，档案号：231－1－97。
⑤ 《关于反右整风运动中错案复查工作安排意见的报告》（1961 年 4 月 18 日），甘档，档案号：231－1－97。

倾反党分子李××。反对党的领导和第一书记挂帅；攻击污蔑大跃进，拒绝执行党的方针政策指示和决议，企图引洮工程下马"。① 在此次甄别复查中，逐条进行了查对。

1. 关于在顶头上司右倾反党分子李××的授意下，积极拉拢落后势力为私设常委的主要成员，狂妄自大，目中无人，反对党的领导的问题：

（1）处分决定中写：文××同志在顶头上司右倾反党分子李××的授意下，积极拉拢落后势力，为私设常委的主要成员。

经过查对：1959年春季李××（59年反右倾定为右倾反党分子这次列为复查）和文××二人闲谈中，李说："咱们一天光团的开上会了，工地上没有人领导施工。这是个问题，我看把你、我、陈炳、詹成甲、王朝五人作为临时常委（五人都是总支委员），咱们今后多开支书会，有些精神一下子，可以传达下去"，文说："这样一来每个中队都有一个，咱们一研究，在中队里就召开支部会贯彻开了，还能照顾到平时工地上经常有干部"，并问"是否要上报工区"，李说："不报了吧！这是临时地"，他俩人就这样说了一次，后给詹成甲、陈炳、王朝也没有说过此事，也未以此名义召开过什么会议，未形成事实，应予否定。

……

2. 目无组织纪律，拒绝贯彻执行党的指示和决议，为右倾反党分子李××的得力助手和参谋的问题：

……

（2）处分决定中写：工区党委决定斜崖岘多面施工，分几路出渣，加速工程建设，他却拒不执行说：没有条件"滚去有利"，"陶主任来也提不出个啥办法，王书记光说"。

经过查对：工区党委对斜崖岘多面施工，分路出渣问题决定后，在大队开会研究时，文在会上提意见说：目前"滚去有利"，出渣快，如果下面要在修路，上面就不能施工了，这是文在会议上讨论施工问题时个人所提的意见，并非拒绝不执行。"陶主任来也提不出个啥办

_____

① 《中共引洮上山水利工程局靖远工区委员会关于文××同志错误的处分决定》（1961年1月24日），甘档，档案号：231－1－233。

法，王书记光说"的话，是在运动中追问斜崖岘未及时多面施工，分路出渣问题时，文检查的。

……

3. 关于乘大算账之机，密谋引洮工程下马的问题：

（1）处分决定中写：乘大算账之机，密谋引洮工程下马，睡大觉，看小说，攻击王××未达到目的，提出调离五大队，放弃对民工的思想教育和施工领导，造成严重逃跑，从大算账开始到十月，就逃跑民工 102 人。

经过查对：59 年大算账期间，由于其他同志对文提了意见，因而<u>一度表现有消极情绪，并非是整天睡大觉，看小说</u>。关于提出调离五大队的问题，是因陈×不老实交待违法乱纪，王××指出文和李有包庇，因而思想未通，曾向组织部长提出要求调动到别队工作。

在大算账、精减民工后，民工思想混乱，施工松弛，民工逃跑有多方面的原因，<u>主要责任不在文××同志</u>。[1]

上述划横线的地方为笔者所加，为复查中的工作重心。经过详细复查，并经文某表示"看了材料后，同意工区党委对我的问题的复查处理意见，我本人没有任何意见"，甄别结论上交至现属定西工区管辖的定西工区党委讨论。讨论后认为，"文××同志的问题，是对工作中一些问题的意见，有些是反映了当时实际情况，有些是生活细节方面的问题"，故原处分"应予否定"。[2]

显然，这一甄别复查过程十分复杂，需要对原有"罪行"做出错误认定的意见，逐条进行批驳和查对，最后提出甄别。

"复查"的结果

此次复查不仅对在"反右倾"运动中受挫的干部进行政治上的甄别，经济上也做了相应补偿，补发曾因受处分停发或降低的工资。如与前述文

---

[1] 《关于文××同志所犯错误的甄别结论》（1961 年 8 月 24 日），甘档，档案号：231 - 1 - 233。

[2] 《关于对文××同志所犯错误的甄别意见》（1961 年 9 月 12 日），甘档，档案号：231 - 1 - 233。

某有关系、曾任靖远工区区委副主任的李某，在"反右倾"运动中被定为"反党分子"，并做出"开除党籍，撤销党内外一切职务，降三级处分"。[①] 1961年的复查甄别中，将对李的原处分予以否定，并恢复原工资级别，补发1960年4月起的工资。[②]

不过，也有少部分干部在此次甄别复查中没有得到平反，主要因其错误原因在"乱搞男女关系"等生活作风问题上，这是道德问题。如原榆中工区技术科副科长哈某，在1959年4月榆中工区第七次党委会上讨论而决定"反党分子、开除党籍、撤销党内外一切职务的处分、下放劳动锻炼"。当时认定的错误有："（1）进行反党活动；（2）在干部中搬弄是非，在领导之间，挑拨离间；（3）强揽组织工作大权，随时调动干部"等。在对上述错误复查期间，他又犯了"与女民工乱搞男女关系"的错误。接着于1960年9月29日由局党委讨论决定定性为"严重资产阶级个人主义，给予开除党籍，撤销党内外一切职务，降两级处分"。[③] 在此次甄别平反中，对他的上述错误进行逐一查对，最后认定"除长期隐瞒伪党团合并的问题，交审干部门处理外，关于攻击党委领导，破坏党的团结的问题，不是事实"，但又认为"严重的是，在他犯错误后，组织复查期间，和女民工搞不正当的两性关系，给党在群众中造成了不小影响"；并强调指出"这是哈的主要错误"，因此"给予撤销党内外一切职务的处分"。[④] 可见在那个年代，党对干部道德问题的关注程度之深。

随着引洮工程的下马，这些干部大多回了原单位，有少数干部的问题没有解决。对此，上级要求"凡遗漏的属于工程局各直属单位的由水利厅负责甄别。甄别后的工作问题，由水利厅出给证明，是干部的由人事局负责安置，是工人的由劳动局负责安置。属于各工区的由有关专区和县人民

---

① 《中共引洮上山水利工程局靖远工区委员会关于右倾反党分子李××错误处分的决定》（1960年1月26日），甘档，档案号：231-1-233。

② 《关于对李××同志所犯错误的甄别结论》（1961年10月13日），甘档，档案号：231-1-233。

③ 《关于哈××同志所犯错误的甄别结论》（1961年8月29日），甘档，档案号：231-1-233。

④ 《给予哈××同志所犯错误的甄别意见》（1960年9月26日），甘档，档案号：231-1-233。

委员会指定部门进行甄别和安置他们的工作"。① 在相对宽松的政治环境下，干部们得到应有补偿。

就全省而言，截止到 1962 年 6 月底，"全省脱产干部已甄别结案的有11574 人，占应甄别总人数 14854 人的 78%"，"应该恢复职务和安排工作的有 5546 人，现在已作了安排的有 5245 人，占 94%。应该补发工资的有2459 人，已经补发了的有 1727 人，占 70%"。② 但这种"纠错"步伐随着1962 年 8 月以后"重提阶级斗争"，逐渐结束。

政治上对某些干部进行甄别平反，反映了相关部门敢于直面过去的政治错误并采取相关措施来弥补错误所带来的后果。这在一定程度上调动了一度受挫的干部的工作积极性，也为国家挽回大量曾无辜受压的栋梁之才。对当时定案事实和言论进行逐条核对并要求涉案人签字确认的细密清理过程，显示甄别平反过程的认真、严谨和负责。这一实事求是和深入细致进行调查研究的工作作风在一定程度上减弱了政治运动带来的消极影响。

三　经济账："坚决退赔"

通过退赔教育干部和群众，真正懂得马克思主义者关于不能剥夺农民的原则，真正懂得社会主义的等价交换、按劳分配的原则，通过退赔进一步密切党与群众的联系，通过退赔造成声势，让群众监督干部彻底反掉"共产风"，不再重犯。

——《甘肃省委关于纠正平调、坚决退赔的具体规定》③

---

① 《关于引洮工程若干遗留问题的处理意见》（1964 年 4 月 30 日），甘档，档案号：138 - 1 - 754。

② 《加强领导加速做好甄别工作》（1962 年 8 月 21 日），甘档，档案号：91 - 18 - 252。

③ 《甘肃省委关于纠正平调、坚决退赔的具体规定》（1961 年 3 月 3 日），甘档，档案号：91 - 4 - 844。

在政治上对历次政治运动中无辜受打压的干部进行复查和甄别，是为了激励干部的工作积极性，挽回政治影响。与此同时，引洮工程还是一项投入巨大的经济工程。当初的受益区百姓为其无偿提供劳动力以及粮食、钱财甚至工具等其他物资，即"一平二调"，在引洮工程下马后，对平调受益区百姓的物资进行最大限度的退赔。[①] 落脚点还在于通过经济退赔达到教育干群的目的，挽回政治影响。

退赔的步骤

在1959年4月上海会议上，中央要求"对人民公社建立以来的各种账目作一次认真的清理，结清旧账，建立新账"，号召全国展开"算账"活动。[②] 1959年六七月份，引洮工程上进行了一次全面"大算账"的活动，"当场兑现给工区（县、公社），民工生活、工具、车辆、器材、医药等费共计1030万元"，[③] 基本清算了此前引洮工程平调各县、公社的物资。因此，到1961年清算退赔平调物资活动中，主要针对的是1959年7月以后的平调。

1960年下半年的农村整风整社运动的主要内容首先是针对平调问题进行退赔。中央要求"社队各级和县以上各级各部门的平调帐，都必须认真清理，坚决退赔"，并规定"要强调退赔实物。原物还在的，一定要退还原物，并且给以使用期间应得的报酬。原物损坏了的，修理好了退还，并且给以适当的补贴。原物已经丢失或者消耗了、无法退回的，可以用等价的其他实物抵偿"。[④] 甘肃省的退赔即遵照此指导精神。1961年3月，省委发出指示，要求"公社化以来，省、专、县、社举办的水利工程，不论是否完工，所花费的劳力、畜力、材料，占用的青苗、树木，使用或损坏了的工具、车辆等，都应清算退赔。那一级举办的，由那一级清退。前一段虽然作了处理，但不彻底的，再进行彻底清算退赔，一定要把应该退赔的

---

① 《甘肃省委关于纠正平调、坚决退赔的具体规定》（1961年3月3日），甘档，档案号：91-4-844。

② 《关于人民公社的十八个问题》，《建国以来重要文献选编》第12册，第166页。

③ 《关于召开引洮工程全民算账活动分子大会的情况报告》（1959年7月15日），甘档，档案号：231-1-33。

④ 《中央工作会议关于农村整风整社和若干政策问题的讨论纪要》，《建国以来重要文献选编》第14册，中央文献出版社，1997，第95~96页。

财物，退到原被平调的单位或个人"。①

具体到引洮工地，工程局党委称："本着'破产'还债、坚决退赔的决心，拿出工程的全部家当，坚决、全部、彻底地进行退赔。"② 退赔工作从1961年4月开始，主要分三个步骤。引洮工程的平调主要来自个人、集体和全民（即"公家"），退赔首先要算出平调这三个来源的具体数目；其次，对引洮工程现有物资进行清理折价；最后，按照"留足留够工程所需用的物资，并进一步拿出更多的实物彻底退赔"的原则对上述三个平调来源进行退赔。

首先，计算"平调帐"步骤由省委派来的工作组协助。经过三个多月的工作，基本算清了"平调帐"。所平调物资都折合成人民币，"本着公平合理的原则，上调物资以原调拨价加运费按新旧程度折旧核定；退赔物资一律不加运费只按国家调拨价计算"，除去1959年全民算账运动中已退赔金额，"从58年开工到61年3月底还平调了3200多万元"。③ 这是此次需要退赔的总数。

其次，对工地所余现有物资进行清理和登记。随着1960年12月民工的精减，各工区都对工地上的钢材、水泥、木材、爆炸品等四大工程器材和几种主要工具进行清点和登记。"总计钢材1646吨，轻轨345吨，木材3032吨，黄、黑炸药2439吨，钢钎180吨，撬杠116吨，洋镐74943把，铁锨94455张，磅锤50994个，板镢29243把，胶轮架子车3556辆，包胶轮木车1855辆，木轮车13356辆。"④ 分别存放在兰州、陇西、会川、岷县、卓尼以及古城至马河镇的施工点上。清理和退赔的原则是："凡属工程所需而又感货源缺乏的各种器材，必须保证留足工程用量，分别运往古城、陇西、会川等点集中保管，留足后的多余器材，其中工程尚不使用易于霉变失效或已经霉变用废的材料、工具等按农业生产需要，尽先作为赔退的实物或赠送给当地县社农业生产；不适用于农业或按规定必须上调的

---

① 《甘肃省委关于纠正平调、坚决退赔的具体规定》（1961年3月3日），甘档，档案号：91 - 4 - 844。

② 《关于彻底清算平调、坚决退赔意见的报告》（1961年7月16日），甘档，档案号：231 - 1 - 97。

③ 《关于彻底清算平调、坚决退赔意见的报告》（1961年7月16日），甘档，档案号：231 - 1 - 97。

④ 《说明》（1961年2月20日），甘档，档案号：231 - 1 - 97。

器材，申请省上上调。"① 在这一原则下，物资器材的处理大致有四种途径：一是首先满足古城水库的维修和防洪需要；二是上调省上，由省委统一安排处理，如外调给同一时期修建的昌马河水库工程、刘家峡水库工程等；三是就近支援当地公社，用于农业生产；四是退赔给最初平调这些物资的公社、生产队。这一处理先后顺序显示仍旧遵循"先国家、再集体、后个人"的原则。

针对所有者为全民的平调物资，引洮工程局党委规定："省、地、县各单位支援的物资器材、办公用具及现金等，一律不退，但原属于临时借用的物资器材和现金，应一律归还；凡不予退还的物资，应进行彻底清理，未办理产权转移手续的要补办产权转移手续。凡各工区从后方拿来的群众集资款，一律退回各地。各县调来的水利款，一律不退，作为工程投资。"② 引洮工程作为甘肃省的样板工程，全省上下都曾支援。在开工之初，省委列出详细的《引洮工程所需物资表》，上书几百种诸如"办公桌、行军床、风钻、油印机、扩音器、水桶、架子车、开关灯头、60W 灯泡"等物资。③ 有机关甚至将"五灯直流收音机 1 部，搪瓷茶缸子 14 个，搪瓷小碗 21 个，红铜小勺 17 个，蚊子油 17 瓶"等物资都拿来支援。④ 支援背后实际上是变相摊派，这些按照规定都不得退赔。

针对平调个人的退赔，主要要求补发民工工资。引洮工程自 1958 年 6 月开工到 1959 年 3 月止，民工基本为无偿劳动。到 1959 年"3 月 1 日起按民工实有人数每人每月发给 13 元工资"。⑤ 在这次退赔工作中，局党委要求"从引洮工程开工至 1961 年 3 月底，按工地实有参加施工人数的劳动工日补发工资，够一月者按 24 元计算，不足一月者，每人每天按 0.8 元计算（包括伙食费），补发工资"。⑥ 如此规定，尽管是对劳动力价值的肯定，

① 《关于器材清理和退赔实物的意见》（1961 年 4 月 13 日），甘档，档案号：231 - 1 - 97。
② 《关于纠正平调、坚决退赔的具体规定》（1961 年 4 月 12 日），甘档，档案号：231 - 1 - 97。
③ 《引洮工程所需物资表》（1958 年 4 月 6 日），甘档，档案号：231 - 1 - 428。
④ 甘肃省民族事务委员会：《支援引洮工程物资表（手稿）》（1958 年 8 月 14 日），甘档，档案号：113 - 1 - 276。
⑤ 《中共甘肃省委常委会 4 月 26 日会议要点》（1959 年 4 月 30 日），甘档，档案号：231 - 1 - 15。
⑥ 《关于纠正平调、坚决退赔的具体规定》（1961 年 4 月 12 日），甘档，档案号：231 - 1 - 97。

但存在不少问题。有的家庭派出劳力到工地，公社已经给此家庭以相应的工分补贴，其家属也得到了年终分红，现在再补发工资，公社其他成员和干部都不满。因此有些县要求将1959年2月以前的民工工资退回公社、大队统一参加分配，作为大队的共同财产而非民工的个人财产。① 对此，引洮工程局清退办公室指出，"按照省委关于纠正平调、坚决退赔的具体规定执行"，坚决要求工资补发给本人。② 然而这些规定实际上很难得到切实执行。由于施工三年多民工人数巨大，材料显示单1960年1～12月的工地实有民工人数分别为"142622、139252、132597、109747、104598、99629、69377、49484、32679、29336、26062、21469"，③ 总人次合计956852。这一年若以退赔原则显示的每月"24元"减去已支付的"13元"即每月补发11元为计，需支付工资10525372元。而从1958年12月至1959年6月，工地上更是每月都有约15万人施工。这笔开支总计过亿，远非工程局和甘肃省所能够承担。但笔者尚未发现民工是否得到了退赔原则中规定的工资的相关资料。

针对平调单位集体的畜力、材料、房屋、土地、工具等，局党委要求一律清算退赔，实物还在的一律退还实物，且付给使用期间的租金和运费；使用坏了的工具、材料和死亡的牲畜，则折价赔偿；占用的土地，一律退回，并酌情付给合理报酬。④ 这一退赔办法与各单位的"平调帐"相对应，各县、公社、生产队对引洮工程平调本级机构的物资进行清算。例如，1961年5月中旬，天水地委召开退赔会议，有关各县市对引洮工程平调情况进行了核算。根据汇报，引洮工程在天水地区"平调总值为6858931元，其中：天水市2166258元，武山2923709元，秦安1658100元，武都110864元。截止6月10日，工程局先后分批退赔各有关县（市）1277400元，占应退赔数的18.6%。其中天水市40万元，武山50万元，秦安377400元。应退而未退的5581551元。其中天水市1766258元，武山

---

① 《陇西县关于退赔中出现的几个问题的报告》（1961年5月31日），甘档，档案号：231-1-528。
② 《引洮工程局清退办公室给陇西县委报告的回复》（1961年7月4日），甘档，档案号：231-1-528。
③ 《引洮工程历年分月实有民工统计表》（1961年），甘档，档案号：91-4-879。
④ 《关于纠正平调、坚决退赔的具体规定》（1961年4月12日），甘档，档案号：231-1-97。

2423709 元，秦安 1280700 元，武都 110864 元"。[1] 这个数据往往与引洮工程局本身核算的平调数字不太一致，但相差不大。退赔原则仍旧遵循先退实物、再折价，退赔仍旧建立在实物充裕的基础上。特别是机械设备，如拖拉机、推土机、铲机、大车、架子车等规定，"适宜当前农业生产需要的物资，应调拨支援农业（包括水利建设）"。[2] 实物退赔之后用现金赔，最后则利用已有其他实物折价退赔。

退赔中的挑战

尽管在处理退赔过程中，工程局党委专门成立了清退办公室，要求"彻底清理、坚决退赔、积极上调"，"拿出家底，破产还债"。[3] 但引洮工程作为省级政治工程，三年来平调物资不计其数，因此给退赔带来很大困难。退赔原则虽详细而严格，但具体实施过程中则困难重重。

第一，由于施工路段长达 180 公里，施工线路几次更改，各工区几经办公地点搬迁、撤销和合并，造成所有物资、现存物资、已使用物资与账面不符，甚至出入较大。原因是有的物资丢失，有的没有入账，甚至还有的被个别人私自侵吞挪用。

第二，大量浑水摸鱼、伺机偷盗甚至集体贪污的现象充斥整个退赔工程。定西工区五中队 59 人集体私分了粮票 954.6 斤，面粉 330 斤，黄豆 754 斤等。[4] 尖山施工点的退赔工作中，主持者私分了"锦旗 21 面，彩旗 5 面，黄纱 5 尺，花布 24 尺，毛巾 100 条，袜子 40 双"。[5] 为了防止偷盗，有的地方甚至不得不要求对"正在清交的库房，白天轮流看守，晚间巡夜放哨"，[6] 可见偷盗现象之严重。

---

[1] 《天水地委关于引洮工程平调退赔方面的报告》（1961 年 6 月 29 日），甘档，档案号：96 - 1 - 450。

[2] 《关于引洮工程物资处理的意见》（1961 年 7 月 28 日），甘档，档案号：91 - 9 - 197。

[3] 《器材物资清理和退赔工作领导小组会议纪要》（1961 年 6 月 30 日），甘档，档案号：231 - 1 - 524。

[4] 《关于五中队集体贪污私分粮食、粮票、蔬菜款的调查报告》（1961 年 8 月 11 日），甘档，档案号：231 - 1 - 527。

[5] 《关于物资清理和退赔工作的总结报告（摘要）》（1961 年 8 月 25 日），甘档，档案号：231 - 1 - 46。

[6] 《康家集器材清理赔退情况报告》（1961 年 7 月 14 日），甘档，档案号：231 - 1 - 527。

第三，有的物资存放在不同的施工地点，造成退赔成本颇高。如卓坪有炸药 82 吨、硫黄 9 吨，以及其他物资 9 吨；门楼寺有炸药 35 吨，其他物资 15 吨；包舌口有炸药 105 吨，其他物资 13 吨；石门沟有炸药 15 吨，其他物资 22 吨。这些地点相隔几十公里甚至一百多公里，然物资同属定西工区。① 按规定需将物资集中运输到同一地点，然后分配处理，不仅需人力、物力运输，还需花费较长时间。

还有些小问题，如有的工区买办公用品，并没有做账，积少成多，难以核准；个别小东西，如钢钎、撬杠、大小磅锤、大小圆盘锯等，因规格不一，无法详细统计和折价，造成价款难以确认等。② 鉴于上述各种问题的存在，在退赔中要做到各县、公社、生产队核对的平调物资款项能够利用工地上剩余的物资来退赔，并不容易。

有的退赔比较合理，能够做到几方满意，基本前提是剩余物资较多。例如，位于临洮县的康家集是陇西工区的办公地点，陇西工区在施工期间曾平调此地农民物资，因此康家集点的已有物资主要退赔给临洮、陇西两县。经过两个工作组对康家集点存放物资的清点和上门对陇西、临洮两县十个生产队和群众的登门拜访、查对、核实后，应该退赔属于生产队集体土地、房屋、家具等财物折价为 37492.36 元，属于群众的 7931.44 元。用现金兑现 4683.42 元，用实物折价兑现 5722.51 元。剩下未兑现的还有 35017.87 元，全部属于应退赔给生产队集体的，工作组计划用移交给临洮县的物资相抵。③ 移交给临洮县的物资根据"新的物资按照国家牌价，旧的物资按照新旧程度双方议定的价格计算"的原则，1961 年 6 月由陇西工区移交给临洮县的物资如铁锹、洋镐、废铁等总折价 27877.12 元，全部相抵退赔给生产队。④ 其余不够的，把粮食、油料、蔬菜作物共 402.9 亩折价 4862.73 元，作为退赔；另外还有食盐、电池、火柴等商品以及不能赶往古城水库的家禽、家畜和在康家集当地由工程局出资盖的房屋

---

① 《引洮工程局清理物资和退赔工作情况简报（第 6 期）》（1961 年 7 月 11 日），甘档，档案号：231 - 1 - 526。
② 《引洮工程局清理物资和退赔工作情况简报（共 10 期）》（1961 年 6 月 25 日至 8 月 29 日），甘档，档案号：231 - 1 - 526。
③ 《康家集器材清理赔退情况报告》（1961 年 7 月 14 日）、《关于会川、关山、康家集器材清理和赔退情况汇报》（1961 年 7 月 12 日），甘档，档案号：231 - 1 - 527。
④ 《临洮县退赔器材移交清单》（1961 年 6 月 4 日），甘档，档案号：231 - 1 - 527。

等，都顶作退赔款。① 这一退赔基本做到使陇西县、临洮县满意。

但更多的情况是核实了物资、找到了责任者，由于原工区机构撤销和负责人不在其位等原因，各方推诿，难以实现退赔。武山、天水、平凉工区都曾平调陇西县北宸公社社员、集体的土地、树木以及各种家具、灶具等，共清算了 161894 元。除天水工区用木料顶替 3 万多元以外，其他一直没有退赔。到 1961 年 9 月底，北宸工委向陇西县委和甘肃省委退赔办公室提出此问题。10 月底，省退赔办公室将此报告转发给引洮工程局党委，局党委请工程处安排，再无下文。② 可见，退赔尽管是上级党委要求的对老百姓的一个交代，显示了党和政府从群众利益出发的立场，但仍旧需要一定的客观物质条件作为保障。

在对这些有形物资器材进行处理的同时，引洮工程局党委要求对建设期间所形成的档案和资料进行清理，要求"做到'只字片纸不丢'"，档案范围"包括本单位给上下级的行文、给有关单位行文、人民来信处理、会议文件记录等"，且"档案之外的各种材料、报刊、杂志、工程照片和民工编写的文艺作品"都要求作为"资料"一并清理。③ 经过清查整理，最后统计出"现存档案 53810 件、机要文电 15727 件（其中：已处理烧毁 15305 件，留存 393 件）、技术档案 3866 件"，"全部移交水利厅引洮工程处指定专人负责保管"。④ 这些档案也成为本书的资料基础。

退赔的效果

经过将近一年的物资清理和退赔工作，随着引洮工程的彻底停建，这一工作基本结束。1961 年 11 月，省委书记处要求抽调省级有关厅、局干部组成引洮工程物资处理小组，对原已处理物资进行检查，并对现有剩余物资就地进行分配和处理。在"破产还债"的原则下，将工地剩余物资折价赔偿，最后还差 800 万元需省财政厅补贴。⑤ 至此，工地上的物资清理

① 《关于会川、宗丹、尖山、康家集器材物资清理退赔工作检查报告》（1961 年 8 月），甘档，档案号：231－1－527。

② 《省退赔办公室批转武山、天水、平凉退赔报告》（1961 年 10 月 31 日），甘档，档案号：231－1－46。

③ 《关于清理档案、资料的意见》（1961 年 6 月 26 日），甘档，档案号：231－1－97。

④ 《关于引洮工程物资处理情况的报告》（1961 年 12 月 15 日），甘档，档案号：91－9－197。

⑤ 《关于引洮工程物资处理情况的报告》（1961 年 12 月 15 日），甘档，档案号：91－9－197。

退赔工作告一段落。尽管有的退赔难以做到尽善尽美，但各相关行政部门勇于面对错误并着手纠正的态度无疑给经济调整带来了新鲜血液。

此番针对经济上的平调退赔时，党和政府力争做到兼顾国家、集体和个人三者的利益，同时以国家利益为重。一方面，物资器材的处理上，首先需要满足国家建设的需要，其次强调支援集体公社的农业生产，最后则退赔给原平调单位；另一方面，虽强调"坚决退赔"，对形为"支援"实为"摊派"而来的"省、地、县各单位支援的物资器材、办公用具及现金等"，却规定"一律不退"。除此之外，由于财力不支，很多退赔难以做到各方满意，比如虽规定对民工工资进行补发，但多流于形式。

不过，引洮工地上一年多的退赔过程仍旧显示着党和政府在尽最大可能面对并挽回工程建设所带来的消极影响，这极大地鼓励了国民经济调整初期的干群信心。千方百计地对工地现有物资进行清理，然后因地制宜地采用先实物、后折价、转换实物和现金补偿等多种方式进行退赔，也体现了党和政府在处理具体问题时做到了原则性和灵活性相统一。经济上行之有效的调整政策，使集体、个人在物资方面的损失得到了一定程度的补偿。更为重要的是，"坚决退赔"的方式使人民群众对党和政府重建信任。

四　社会账：伤亡民工的善后抚恤

我们认为妥善的、彻底的处理好引洮工程残废民工和其家属的问题，不仅是解决一些具有生活困难问题，更重要的是关系到党在群众中的政治影响问题。引洮十六万民工涉及到 6 个专州、20 多县市。如何正确的处理这个问题对群众影响很大。处理好了一方面可以挽回因修建引洮工程给群众造成的损失。另一方面可以调动群众的积极性。有利于今后动员广大群众参加社会主义建设。

——《关于引洮工程若干遗留问题的处理意见》[1]

---

[1] 《关于引洮工程若干遗留问题的处理意见》（1964 年 4 月 30 日）甘档，档案号：138 - 1 - 754。

　　如何处理好因引洮工程致伤致残的民工及其家属是一大难题，被上升到政治高度。然而由于材料不完整，有关引洮工程上到底有多少人伤亡是笔糊涂账。对伤亡民工的善后抚恤问题，也并未得到足够的重视，依然依循特殊时期惯有的处理方式。

伤亡情况

　　由于省委粮食政策的偏移，工地上粮食并不缺乏，因饥饿而死在工地的人比较少。但由于工地环境的恶劣和施工条件的艰难，不少人死于工伤事故。而且十几万民工背后是一个个鲜活的家庭，青壮年劳力被调走就减少了一个家庭的主要收入来源。[①] 对此在西兰会议之后的一次讨论会上，工程局局长坦陈"洮河上人最多时17万多人，这都是精壮民工"，"伤亡2300多人，这是小部分，这17万多人上了引洮，没生产下粮食，是造成目前农村死人原因之一。水利没见利，带来害，造成生产上、粮食上的破坏不可估计，所以洮河上绝不是死2300多人的问题，把引洮应和目前甘肃的社会联系起来看"。[②] 可见，引洮工程所引起的问题，早就超越工程本身。

　　1961年贯彻西兰会议的小组讨论会上，有人指出，"到现在工地上共死人2300多，其中病死1000多人，工伤死亡几百人。死了的绝大部分是青年人"。[③] 还有人指出："两年来疾病不断发生，工伤、病亡2000多人，局党委是要负主要责任的。"[④] 另有人揭发工程局党委"对群众死活不关心。引洮工程民工因病因工和非正常死亡2500多人，残废300多人"。[⑤]

　　1962年4月，省委在关于引洮工程下马的正式报告中指出："死亡民工2418人，伤残民工400人。"[⑥] 1964年对引洮工程遗留问题提出意见时，

---

① 参见杨显惠《定西孤儿院纪事》，花城出版社，2007。该书中所记述的定西孤儿的父亲基本上都去参加了引洮工程，这是他们成为孤儿的原因之一。

② 《1月20日上午讨论情况》（1961年1月20日），甘档，档案号：231－1－101。

③ 工程局党委讨论贯彻西北局、省委会议：《精神情况简报第18期：1月17日下午讨论情况》（1961年1月17日），甘档，档案号：231－1－100。

④ 工程局党委讨论贯彻西北局、省委会议：《精神情况简报第23期：20日下午大会讨论情况》（1961年1月20日），甘档，档案号：231－1－101。

⑤ 工程局党委讨论贯彻西北局、省委会议：《精神情况简报第4期：1月10日上午讨论情况》（1961年1月10日），甘档，档案号：231－1－100。

⑥ 《中央西北局转发甘肃省委关于引洮工程彻底下马的报告》（1962年4月24日），甘档，档案号：91－18－250。

省委又称："根据引洮工程局移交的资料，引洮工程从 1958 年至 1961 年三年多施工中因工死亡 667 人，因病死亡 1783 人，非因工死亡 207 人，共计 2657 人。此外，还有因工残废的 473 人。"①

抚恤情况

然而不管伤亡民工有多少，都是一个个鲜活的生命，背后是一个个家庭，但至今没有发现材料提到他们是否得到了有效的善后抚恤。笔者的田野调查也无相关佐证。

1959 年 4 月省委常委会议上规定引洮工程上的"病、伤亡埋葬抚恤款建议仍由各县民政部门开支"。② 不过从 1959 年定西工区对 49 名因各种原因死亡的民工处理情况来看，除了就近埋葬以外，只"请定西县人民委员会通知该公社对其家属进行安慰"。③ 其中并没有提到善后抚恤费用的问题。

1959 年 9 月，参照内务部、劳动部《关于经济建设工程的民工伤亡抚恤问题的暂行规定》，工程局对民工因工和非因工伤亡的抚恤问题做出如下规定：

> 一、凡参加引洮工程建设的民工，不论在任何单位，或从事何种劳动，而享受民工待遇者（包括民工中的技工），因工和非因工伤亡均按本规定办理。
>
> 二、民工因工和非因工伤亡者，均由工程局发给埋葬费、残废金、抚恤费和家庭生活补助费。其经费由工程费项下开支。
>
> 三、民工因工伤亡应发给埋葬费 120 元（包括工地临时棺葬费和回乡后的棺葬费），并发给其家属一次抚恤费 120 元。其家庭生活确系困难而又缺乏劳动力者，按其生前供养之直系亲人数酌情再给一次

---

① 《关于引洮工程若干遗留问题的处理意见》（1964 年 4 月 30 日），甘档，档案号：138 - 1 - 754。

② 《关于引洮上山水利工程几个问题的报告》（1959 年 4 月 26 日），甘档，档案号：91 - 4 - 348。

③ 《甘肃省引洮上山水利工程局定西县工区关于二大队民工曹××病故情况的报告》（1960 年 7 月 22 日），甘档，档案号：231 - 1 - 717。整个案卷中有 49 位因病或因工死亡的民工名册和原因，但只写备案，未提抚恤。

补助：一人者150元，二人者250元，三人或三人以上者350元。

四、民工因工负伤致成残废者，应按下列情况分别给予一次抚恤：

（一）完全丧失劳动力，饮食起居需人扶持者，一次抚恤500至700元；

（二）完全丧失劳动力，饮食起居不需要扶持者，一次抚恤300至500元；

（三）部分丧失劳动力，尚能参加生产者，视其残废程度一次抚恤50至300元。

五、工程建设中的劳动模范、先进生产者，或在紧急情况下英勇抢险抢救的民工，因工伤亡者增发抚恤费50%（家属辅助费不增发）。因工残废者增发残废金10%。

六、民工非因工伤亡，根据具体情况发给棺葬费80至120元，其家属生活确系困难者，一次发给家属生活补助费100至150元。

七、民工因工或非因工伤亡，除按本规定一次发给棺葬费、残废金、抚恤费和生活补助费，以后再有困难者，均由当地人民委员会按社会救济处理。

八、民工死亡后灵柩搬运费，视其交通情况，由工区按里程计算，实报实销。

九、凡属下列情况之一者均属因工范围：

（一）执行日常工作，以及执行领导所指定或同意的工作者；

（二）在紧急情况下未经领导指定或同意而从事有利于工程建设的工作者；

（三）进行发明创造或技术改进的工作者。

十、民工因工负伤丧失劳动力程度的评定，由各工区医务部门会同劳动工资部门共同审核确定。①

确实有部分因工死亡的民工得到百元左右的抚恤款。如1959年10月，岷

---

① 《甘肃省引洮上山水利工程局关于民工因工和非因工伤亡抚恤问题的暂行规定》（1959年10月30日），甘档，档案号：231－1－555。

县工区有两名民工因挖神仙土被压死，李某死后家中还有其妻1人，"给予抚恤金100元"；张某"家中现有人7口（父母、弟、妻子），死后给抚恤金80元"。① 这两人均为贫农，前者为共产党员，后者为共青团员，抚恤情况有差别是因为这两人家庭赡养情况不同，但与材料中所言的"埋葬费120元"及"抚恤费120元"等规定相比，还是有很大差别。

1960年1月，工程局党委上报省委指出，"工程自开工到1959年12月止，共发生因工死亡336人，因病死亡570人，非因工死亡92人，（如被汽车压死、自杀、淹死等）因工残废220人。上述共计死亡998人，残废220人"；处理情况是："协同原籍县人委作了妥善处理，开了追悼会，安慰了家属，发了少量的棺葬费，有的公社还对死亡家属作了适当的照顾。"② 可见，对因工死亡的民工基本处理程序为：开追悼会、安慰家属、发少量棺葬费等，这套程序不仅费时费力还是一笔大额经济支出，不可能适用于每一个因工死亡的民工。

只有个别人得到"开追悼会"这类"待遇"。临洮工区的共产党员王某和共青团员赵某，因工死亡后，工区党委为他们召开了追悼会，并派专人去慰问家属。③ 还有个别英雄模范，如因救人而死的英模袁伟，不仅召开了追悼会，还号召全工区向其学习。但是那些死在工地的普通民工，命如草芥，能有一副薄棺木便不错了，丧葬费按规定"一般不超过50元"，④遑论追悼会。

在1959年的"大算账"运动期间，省委副书记曾指示，"为了密切党群关系鼓励广大民工的劳动积极性，要对这些人进行抚恤"。因此1960年1月，局党委提出需要40万抚恤费，但"从工程费中开支有困难"，因此要求"在原县籍民政经费中负责□□过去和今后民工伤亡抚恤费给予适当地解决"。⑤ 甘肃省民政厅对此也表示工程中因工伤亡民工的抚恤问题无法由其承担，因"可能引起一些县、社举办的较大型工程因工伤亡民工也要

① 《岷县工区关于发生伤亡事故的报告》（1959年11月9日），甘档，档案号：231-1-39。
② 《（引洮工程局党委给××同志并甘肃省委的）电报》（1960年1月22日），甘档，档案号：231-1-42。
③ 《关于临洮工区发生伤亡事故的报告》（1958年12月8日），甘档，档案号：231-1-4。
④ 《关于埋葬费开支问题的批复》（1960年1月15日），甘档，档案号：231-1-617。
⑤ 《（引洮工程局党委给××同志并甘肃省委的）电报》（1960年1月22日），甘档，档案号：231-1-42。

求抚恤",因此"意见仍暂由各县、社自行处理"。① 对当地民政又多增加了一重负担。

遗留问题

按照上述《暂行规定》的第 7 条"民工因工或非因工伤亡,除按本规定一次发给棺葬费、残废金、抚恤费和生活补助费,以后再有困难者,均由当地人民委员会按社会救济处理",但实际上伤亡民工家属很难得到"社会救济"。"人民来信"反映出这种情况。

甘肃省委人民来信来访工作组"陆续收到引洮民工和其家属的来信来访达 500 余件(次),主要反映生活困难,要求补发抚恤金和残废金;要求救济,要求医疗,要求安装假肢,要求搬柩,要求补发工资,要求甄别等"。② 民政厅党组回复:"具体解决的办法是:对这些人,如果符合五保条件的可由公社、生产队给予五保户待遇;不符合五保条件的可由当地公社、生产队给予适当的安排和照顾。经过照顾后他们的生活上若再不能维持当地人民最低生活水平时,可由当地政府根据困难大小从社会救济费内酌予救济。"③ 但真实情况是怎样的呢?榆中县有 1 万民工陆续开赴引洮工地进行施工,"仅在开工后的半年中,共发生工伤事故 53 起,其中死亡 23 人、重伤 18 人、轻伤 27 人、残废 7 人。从开工到停建,全工区因工牺牲 300 人,抚恤情况无考"。④

1960 年春节,工程局表示要对伤亡家属进行慰问,规定"因工死亡家属和因工残废平均每人按 10 元;因病和非因工死亡家属平均每人按 5 元计算购买必要的实物"。⑤ 并为此请求省委"同意民政厅在省地方财政经费内追加 60 万元预算"。⑥ 秦安工区据此提出需要慰问的有"因工伤亡者 17 人,

---

① 《关于引洮工程民工伤亡抚恤由民政部门解决的请示意见》(1960 年 2 月 10 日),甘档,档案号:138 - 1 - 754。

② 《关于引洮工程若干遗留问题的处理意见》(1964 年 4 月 30 日),甘档,档案号:138 - 1 - 754。

③ 《省民政厅党组关于引洮工程残伤民工遗留问题处理的意见》(1964 年 5 月 13 日),甘档,档案号:138 - 1 - 754。

④ 榆中县水电局编印《榆中县水利志》,年份不详,第 305 页。

⑤ 《关于春节期间慰问伤亡职工家属的通知》(1960 年 1 月 8 日),甘档,档案号:231 - 1 - 558。

⑥ 《关于引洮工程局党委请示民工伤亡抚恤问题的处理意见(手稿)》(1960 年 1 月 12 日),甘档,档案号:100 - 2 - 23。

残废者 35 人，病亡 31 人，自杀 2 人，共计 86 人"，经费标准为："①因工伤亡者和因残病者每人平均 10 元标准；②非因工病亡者每人可按照 5 元标准。"① 慰问是一种姿态，除了是让生者安心，还"为了教育和安慰死者家属，进一步鼓舞广大职工的斗志，鼓足更大的干劲，确保'五一'通水漫坝河"。②

对生者无法给予有效补助，那么死者呢？很多死在工地上的民工，只能潦草掩埋。还有的民工抑或投奔民工的家属默默死去，周遭人都不知姓甚名谁。1960 年初工地上出现《严禁张贴无名尸体招领广告的通知》，可见这种状况并非罕见。③ 有的家属在一两年后家庭状况稍微好一点，便要求公社、县里将尸首运回。然而，上级却规定，"凡要求搬尸者，由各有关公社负责进行说服教育，原则上不搬。个别情况特殊，说服无效，必须搬者，需经县人民委员会批准可酌情发给 80 元至 150 元的搬柩费（包括棺、葬、伙食、运费等）"。④ 在作家王吉泰的小说《引洮梦》中有类似描述。民工牛娃子在工地炸死，按照定西的老规矩，当年死在外边的人，家里人要在大年三十晚上为其叫魂。

> 牛娃子父亲躬着腰，提着一盏破灯笼，他不时地咳嗽着，唏唏嘘嘘地哭泣着，他连连地擦着泪眼，多次被脚下的坎坷绊得不稳，他侧身给后面叫魂的妻子照亮着路。
>
> 老婆子右手抓着一把糜扫把，左手提着一只红布袋，边走边喊，用扫把扫一下，在红布袋上碰一下。老人涕泪纵横，嘶哑的嗓音给大年夜增添几分凄凉，几分悲楚。她对着上苍，对着那冥冥之间游荡不知着落的亡灵，呼叫着："我的娃！回来吧！牛娃子，娘在叫你哩！回来吧！回来吧！"
>
> 一盏孤灯明明灭灭的伴着叫声，从山坡上游游荡荡地走进村子。

---

① 《关于春节期间慰问伤亡职工家属的经费的问题》（1960 年 1 月 16 日），甘档，档案号：231 - 1 - 842。

② 《关于春节期间慰问伤亡职工家属的通知》（1960 年 1 月 8 日），甘档，档案号：231 - 1 - 558。

③ 《严禁张贴无名尸体招领广告的通知》（1960 年），甘档，档案号：231 - 1 - 64。

④ 《关于引洮工程若干遗留问题的处理意见》（1964 年 4 月 30 日），甘档，档案号：138 - 1 - 754。

　　老人的嗓子已嘶哑的发不出声音，她挣扎地吼叫着，更显得凄凉。

　　灯笼走进门内，喊声走进门内，门吱呀一声在身后关上了。

　　隐隐地从屋里传出呼叫声："我的娃娃哟！快到炕上暖暖，妈在叫你……"①

作家可以用各种文学笔调抒发情感，然而当遭遇活生生的现实时，任何文学的描述都失去了光彩，来源于生活的真实才最打动人心。

　　西兰会议以后，西北局和改组后的甘肃省委开始正视甘肃面临的现状，说"国民经济到了崩溃的边缘"一点也不夸张，解决人们的吃饭问题成为首要，工业建设成为其次。特别是水利项目的建设，全部暂停下来。得到国家重点支持的 1958 年开工的刘家峡水库，也在 1961 年不得不停工，直到 1964 年甘肃省国民经济恢复得差不多才开始重建。引洮工程因其巨大的技术困境和经济压力，1960 ~ 1970 年代并没有重新走上历史舞台。

　　然而又因其必要性，甘肃此后的历届政府没有放弃这个计划。"甘肃省委、省政府正式向国务院提出关于引洮工程的设想或报告就多达 12 次，向国务院总理、副总理直接汇报 7 次，向国务院有关各部门——水利电力部、财政部、农业部、国家发展和改革委员会、国家环保总局、黄河水利委员会等部委送达报告和汇报不下百次。几乎在每一次全国人大、政协会议上，来自甘肃的代表和委员都把引洮工程作为重要议案提交大会讨论，并敦促政府部门尽早安排解决。"② 经过重重论证，新世纪引洮工程终于再次上马，九甸峡水利枢纽工程已于 2008 年 12 月初步建成投产发电（见图 8 - 1），引洮供水一期工程在 2015 年 8 月全线通水并正式投入运行，"解决了甘肃中部干旱地区的定西、兰州、白银 3 个市下辖 7 个县（区）154.65 万人民生产和生活用水问题，为当地经济社会可持续发展提供水资源保障"。③ 二期工程作为国务院在 2014 年确定的 172 项节水供水重大水

---

①　王吉泰：《引洮梦》，广州出版社，2001，第 175 ~ 176 页。按，此小说是建立在作者对大量当事人口述采访的基础上完成。

②　《引洮纪实之圆梦九甸峡》，第 31 ~ 32 页。

③　林治波、曹树林：《引洮供水一期工程建成通水，甘肃旱区 150 万人用水问题解决》，《人民日报》2015 年 1 月 8 日，第 9 版。

利工程之一，正紧锣密鼓地修建。

图 8-1 今九甸峡水利枢纽

资料来源：笔者摄于 2012 年 4 月 27 日。

这样一个承载着甘肃几代旱塬百姓希望的世纪工程，终于在国富民强之时走上前台。它建成后，"供水范围涉及兰州、定西、白银、平凉、天水 5 个市辖属的榆中、渭源、临洮、安定、陇西、通渭、会宁、静宁、武山、甘谷、秦安等 11 个国家扶贫重点县（区），可解决甘肃省 1/6 人口的饮水困难问题"，"将从根本上解决甘肃省中部严重干旱缺水问题，促进当地群众脱贫致富"。① 在"大跃进"时期，十几万民工与几百万后方百姓曾经为它所付出的艰辛努力，虽然迟滞了 50 多年，也终于逐渐看到了实效。

――――――――――

① 赵永平、曹树林：《引洮供水二期工程开工》，《人民日报》2015 年 8 月 7 日，第 1 版。

结　语

　　中国以农业立国，农业又以水利为本，治水成败关乎王朝治乱兴衰，为历代统治者所重视。大禹治水，以王天下；郑国渠之修成使关中沃野千里，秦国以此富强而一统天下，并惠泽三秦两千年；都江堰历两千年而经久不衰，至今仍发挥积极作用，被誉为"世界水利文化的鼻祖"。治水作为王朝统治施政之重点，水利兴而天下定；反之，亦然。不仅历代王朝统治者重视，与己之利益休戚相关的中华儿女，也同样如此。渠、库、塘、井、窖，排灌、库灌、堰灌、喷灌，从南到北从东到西，华夏儿女发挥无穷智慧，利用当时当地的客观条件，使中华大地形成若干个农业经济区甚至沙漠绿洲，为中华文明绵延不绝经久不衰提供永续动力。

　　共和国成立后，水利同样被放在重中之重的位置，尤其是大型水利工程，由于投资多、规模大、周期长，需国家统一调度各种人力、物力、财力资源，是"举国体制"的直接和具象体现。在科学技术水平十分落后、大型机械极端缺乏、物质资源极其匮乏和人民生活水平低下的集体化时代，在大江大河上兴修完成的如引黄灌溉济卫工程、新安江水电站、青铜峡水电站、刘家峡水电站、天桥水电站、佛子岭水库、官厅水库、密云水库等工程，不仅造福于当时当地，也为改革开放以后中国经济的迅速转轨提供保障。半个世纪前付诸实践的引洮工程虽最终以失败告终，但就其实施过程而言，与其他工程并无本质不同。彼时所累积的经验教训为新世纪引洮工程重新上马以及如今"调水梦"的逐步实现提供历史借鉴。

　　通过前述对引洮工程之来龙去脉的勾勒，一个在"大跃进"背景下地方政府为解决百姓生存用水问题，不断运用政治手段、调集种种社会资源，营造出的特殊工地社会跃然眼前。这个特殊的工地社会既是"时间"的产物，也是一个全新的"空间"。

一 "时间"的工地："革命"的实践

王也扬称："毛泽东在中国建设社会主义的问题上，并非要'跳过工业化'，而确是要'跳过资本主义'，主张用'不断革命'来实现'直接过渡'"，"以为用革命的方式即可解决建设的问题，解决生产力大发展的问题"。① 这种试图以"革命"的方式来解决"建设"问题的顶峰就是"大跃进"运动的发动。社会主义制度建立之后能够大大解放生产力以及最广泛地动员民众的双重信心，让这场"赶超模式的大实验"具备了自上而下全面推动的基础。② 引洮工程就是这种思维的具体展现，其实施过程是那个特殊时段中的一场革命实践。

当"愚公移山"的故事和全国各地农田水利基本建设相联系时，当"向大自然全面开战"成为盛极一时的口号时，"让高山低头，要河水让路"的风潮正席卷神州大地。③ 在"人定胜天"的话语体系下，"大跃进"时期的建设将大自然视为"革命对象"，不仅形成一套独特的"革命语言"。④ 更在于形成一场特殊的"革命实践"，延续战争年代的斗争、拼搏甚至牺牲。"大跃进"时期的历史教训被反复书写，引洮工程也成为极左的典型代表，为人所诟病。⑤ 然而，凡事都有一体两面。当我们将目光下移，注意真正在那个时空背景下身体力行的普通人时，会看到一个不一样的历史场景。将"集中力量办大事"的中国模式落到实处的是一个个普通人各不相同的生存之路，把他们的经历回归于历史场景本身，是史学工作者穷尽心力的目标。

---

① 王也扬：《也评毛泽东的"一张白纸"说》，《中共党史研究》1999 年第 6 期。
② 萧冬连：《国步艰难：中国社会主义路径的五次选择》，社会科学文献出版社，2013，第 76~122 页。
③ 人民日报出版社编《向大自然全面开战》，人民日报出版社，1958。
④ 刘兆崑：《"高山低头，河水让路"——大跃进时期革命语言之研究》，硕士学位论文，台湾政治大学，2010。
⑤ 《新中国农田水利史略（1949-1998）》，第 13 页；李锐：《"大跃进"亲历记》（下），第 252~256 页。

正是出于这个目的，本书所呈现的不仅仅是特殊年代被固化的"荒诞""左倾""疯狂"印象，也不止于"不切实际"的逻辑，更关心那个年代普通人的生存、血泪、牺牲、激情与梦想。在这个小小的引洮工地上，十几万承载着数百万后方百姓希冀的普通民工，为了解决生存问题的"调水梦"，竭尽心力胼手胝足在崇山峻岭之间。在时人眼里，引洮工程不仅仅是一项水利建设，更是一项崇高无比的革命事业，"苦战三年，带水还家"的愿望激励着他们去克服眼前重重困难。他们的"革命"实践，在那个"时间"的工地里成为最生动的一幅画面。

在这个场景中，是"千军万马来引洮""四面八方来支援"，妻子送别家中的顶梁柱，青少年个个"献金一元"尽绵薄之力；是民工们吃着白面汤，蜷缩在阴风肆虐的简易窑洞中，却裹着血与泪在山崖沟壑之间用血肉之躯开挖一米米渠道、凿开一个个涵洞；是老人、小孩、妇女与男人一道扬起铁锨、托起炸药；是技术人员千方百计发明创造，医生绞尽脑汁利用山间的草木植物；是后方百姓推着小推车，肩扛背背为工地送来口粮；是唱着"花儿"、秦腔、豫剧的慰问团，在表演节目的同时为民工缝补衣服；是来自全国的参观者，一起为"山上运河"的美好远景畅想，写下一首首动人的诗篇……

然而，"革命"终究不是"请客吃饭""绣花做文章"，而与暴力、牺牲有千丝万缕的关系。尽管没有真枪实弹的搏击、枪林弹雨的洗礼，在自然环境艰难的施工场域里，落后的工具与简陋的条件仍旧随时威胁着人的生命，工伤事故频发。一场场群众运动碾碎掏空每个人的心神。这就使得以"革命"的逻辑来大修水利，暴露出难以掩盖的弊端。

第一，引洮工程是一项"伟大的革命事业"，诸多问题在"革命"面前让路。少了枪林弹雨的危险，在和平时期参与建设而一样被提升至"革命"高度，让许多人热血沸腾，从而以百倍的热情积极参与进来。也正因为此，工地社会上时常出现的工伤事故等，都被以"干革命哪能没有流血牺牲""建设要付代价"的名义作为解释。受益区百姓也不得不勒紧裤腰带积极支援，稍有不慎，他们会因"破坏革命"的名义而获罪。"革命"所带来的"崇高"以及"非革命"所带来的弊病，都被随时随地推向极端。

第二，"思想上的革命"成为工地社会的首要法则。对其积极提倡有好的一面，人们在工程建设过程中更具创造性和大无畏的奉献精神，工具改革、炸药制造、劳动组合甚至伙食改良等工作中，都采用非常手段，克服重重困难，发扬艰苦奋斗、自力更生的精神，发挥无穷的创造力。但同时它也带来对常识判断的忽视和漠视，过分强调非常规的创造，挑战常理，使得一些有背常识的事情发生。比如在"边勘测、边设计、边施工"的"三边"政策指导下，"山上运河"的渠道走向任意更改，隧洞、涵洞任意规划和撤销，为工程建设带来难以估量的损失。

第三，革命时期的成功经验——大造声势和舆论，依然为水利工程建设发挥积极作用。充满革命性的思想教育活动，各式各样的群众运动，激动人心的标语口号，都伴随工程建设始终，使得一套与工程相关的革命性话语体系在工地社会建立起来。

第四，革命化的行政管理模式最突出的特点是军事化，这一战争年代的遗产也同样被用之于工地社会。工地人的生产和生活被要求步调一致、行为一致，一切行动听指挥，高度集中和统一。由此，每一个工地人都身处各种网络之中，随时随地被制约。这种管理模式简单、直接而有效率，但它同时也忽略人的个性，迫使各不相同的工地人趋向相同的行为选择；压抑人的需求，人们在低生活标准下挣扎。

第五，与"革命"相对的"反革命"力量，成为维系工地社会运行不可或缺的另类稳定力量。"五类分子""反革命"等这些工地上的改造者，承受着体力劳动和思想改造的双重压力，却成为工程建设各种问题的"活靶子"，从而必不可少。即使是根正苗红的贫下中农犯了错误，也要追根溯源，寻找"历史原因"。由此，极具弹性与张力的"阶级出身论"在工地社会上愈演愈烈，维系着工地社会的稳定。

然而，不可否认的是，革命话语体系有强大的鼓舞人心的精神作用，集体主义的理想信念像一座灯塔指引着工地人前行，鼓励他们因此而"克服艰险、排除万难"，承受非比寻常的苦难，共同为引洮工程目标的实现竭尽全力。战争年代的威望积淀和持续不断的思想教育，使得时人对党充满信任之感，那是用物质难以维系的政治资本，时人的精神世界是充盈的，也是今人无法想象的。

因此，如果仅仅注意到那个"时间"的工地上浮夸、荒诞的一面，仅仅纠结于工程在经济困难时期的仓促下马，则遮蔽了历史场景本身的复杂性和丰富性。然而，水利建设毕竟是一项自然科学事业，讲究科学技术与客观实际，有许多人力所不能抗拒的因素起作用。虽然用"革命逻辑"来进行水利建设有有利的一面，但必然会因其本身的特性而弊端重重。在为引洮工程建设而结成的工地社会里，"革命"包裹着水利建设的外衣，是工地社会的中心话语，是维系工地社会运转的力量之源。"建设"被"革命"喧宾夺主，成为其难以为继的主要原因。

二　"空间"的工地：四维一体的磁力场

工地社会的存在是"时间"的产物，也创设出一个全新的"空间"。人们的实践活动使得工地成为一个立体的四维一体的磁力场，一个集战场、剧场、学校与改造场所的特点为一体的新型磁力场，四重特点归一。这个有机磁力场是大型水利工程在建设过程中形成的，吸收上述四种空间最突出的特点整合杂糅而成，反复震荡、蜕旧融新，为引洮工程提供动力和支撑。

首先，作为"战场"的工地，是革命与战争氛围的作用场，到处弥漫着一种战斗气氛与革命激情。冷战格局下，"大跃进"运动中"超英赶美"的口号与"反美""抗美"的氛围相契合，站在社会主义阵营中的中国在美苏争霸中极力宣传"东风压倒西风"，工地上各类游行、示威、集会将这小小的引洮工地一体化于世界格局之中。[①] 劳动成为"战斗"的直接表现为：手拿的工具是"刀枪"；民工是"战士"，劳动模范是"英雄"；工伤死亡是"牺牲"，死者为"烈士"。传诵一时的口号、歌曲，如"要把工地当战场，洋镐当刀枪，多搞一锨土，消灭美国狼""一把镢头一支枪，引洮工地当战场，劈山开岭引洮河，持枪练武保国防"等等，用一锨、一镢来延续战争年代的激情。[②] 种种激励与约束民工的劳动措施、各工区的

---

① 刘彦文：《国际事务宣传教育在基层——以甘肃＜引洮报＞为中心》，《中共党史研究》2014 年第 2 期。

② 《毛主席讲话鼓舞了引洮战士》，《引洮报》第 13 期，1958 年 9 月 17 日，第 1 版；《古城洮河边，劳动练武忙》，《引洮报》第 29 期，1958 年 11 月 22 日，第 2 版。

组织结构等，也沿用部队作战的管理方式，一度改为营、团、连、排、班系统。工地上的民兵组织训练、"三大纪律八项注意"的类军事化教材，都将一盘散沙的农民快速组织起来，工地社会将军事化的优点利用到极致。

其次，作为"学校"的引洮工地，不仅是"教育民工的好课堂"，更是一个进行思想教育的"共产主义大学校"。"站起来与洮河搏斗，坐下来向文化进军"是工地文化教育的宗旨，首先要对民工进行扫盲教育，普及文化知识，为此精心编印《引洮民工业余高小文化课本》等教材，很多民工在工地上第一次学会写下自己的名字。对水利技术知识的普及是第二要务，各种各样短期水利技术训练班的成立，工地报刊上的技术小知识，持续不断的工具改革、技术革命与技术革新运动，都是为了将民工快速培养成为引洮工程需要的技术员。但引洮工地更被誉为"共产主义大学校"，契合时代特色，对"红"的要求远甚于"专"。不仅思想教育活动随时随地展开，学哲学、学理论的活动也伴随工程建设的始终。正如宣传材料所言，引洮工地上红专学校的特点是"教育与劳动生产紧相结合，体力劳动与脑力劳动紧相结合，理论与实际紧相结合，对于干部来说，还有劳动锻炼与思想改造紧相结合"。①

再者，引洮工地也呈现出"剧场"的特征，即一个为来访者提供演出的场所，超越了水利工程建设的本身而被用来展示政绩。逾万名来自各地的参观者，使这个工程的影响早已超越当地而在全国享有盛誉，"参观"活动成为一种有效的宣介方式。在这里，引洮工程不只是一项水利工程，更是执政能力的象征。同时，工地社会还有一批被精心挑选和培养的民工模范被当作另一种"演员"，他们走出工地到家乡、到其他省市甚至首都北京，用自己的经历带动和感染他人。他们有着相似的贫下中农家庭出身、"一不怕苦、二不怕死"的奋斗精神，勇敢、顽强、乐于助人、无私奉献，是每个工区、大队、小队的董存瑞、穆桂英、老黄忠和小罗成。他们的经历具有可复制性和高度的一致性，成为普通人可以企及的榜样，从而不仅是工地的"英雄"，更是工地上角色固定的"演员"。

---

① 张建纲、卫屏藩、马彬：《大跃进中的引洮上山工程》，《伟大的共产主义风格》第2集，第42页。

最后，作为"改造场所"的工地，体现了这个特殊场域具有强制性和惩罚性的一面。工地上不仅有一批"五类分子"以"改造"的名义在此劳动，甚至普通人也没有自由选择的权利，导致"逃跑"伴随工程建设的始终。即便是干部和技术人员，也由于干部审查鉴定制度的牵制而被牢牢捆住。由于工地社会基本生存条件较差，人们"生活集体化"，吃饭、施工、睡觉甚至上厕所都在一起，处于一种"亲密的监督"状态下。这些参加工程建设的各类民众，被各种力量所牵制，工地上显性与隐性的暴力交相呼应，既有米歇尔·福柯（Michel Foucault）笔下"负有附加的教养任务的'合法拘留'形式"的显性暴力，[①] 也有安东尼·吉登斯（Anthony Giddens）所言的"控制着人类活动的时间安排和空间安排"的隐性暴力。[②]"暴力"实践的无处不在让这个工地社会始终处于紧张状态。

正是在这种工地空间里，流血牺牲与无私奉献结合在一起，冰冷的监督与组织的温暖结合在一起，无处不在的"暴力"与和风细雨的思想教育结合在一起，最终造就出一个特殊的工地"空间"。

三　工地社会的特点

"大跃进"运动以其特有的方式为引洮工程提供试验舞台。这一试图改善甘肃中东部 23 个县市、450 万人口生产和生活饮水问题的"英雄人民的创举、共产主义工程"，本是一个民意工程。一句"古今早有引洮愿，共产党领导才实现"的歌词，表达了旱塬百姓对引洮工程的美好诉求，更饱含着他们对在中国共产党的带领下能够实现工程建设目标进而解决困扰其生存的干旱问题的殷切渴望。地方政府提出"苦战三年，引水上山，消灭干旱，造福万代"的革命口号，与旱塬百姓的诉求和期待遥相呼应。正因为此，地方政府才能够在施工期间常年动用十几万精壮年劳力，平调难以计量的粮食和物资，并得到国家投资上亿元；受"民办公助、就地取

---

① 〔法〕米歇尔·福柯：《规训与惩罚》，第 261 页。
② 〔英〕安东尼·吉登斯：《民族—国家与暴力》，第 57 页。

材"口号制约的受益区，为工程提供宝贵的劳动力、粮食、工具等各种物资，在某种程度上消耗了本地区其他人有限的生存资源；被动员的数万民工背井离乡，以坚韧不拔的毅力自愿或被迫克服难以想象的困难，在工地上为一个又一个的革命口号竭心尽力。由此，在地方政府的领导下，在几百万陇原百姓的支持下，几十万身怀理想、信念与主义的拓荒者，为了修建这一旨在解决百姓生存用水问题的水利工程而胼手胝足在崇山峻岭之间。他们因着同样的梦想，结成一个特殊的"工地社会"。

在这一特殊的工地社会上，民工们之所以能够持续地听从安排和指示，在于政治因素以强有力的态势影响了整个工地社会的正常运行。引洮工程的整个修建过程，体现了这样一个被政治所紧紧左右的工地社会形成、运行且裂解的过程。从本书对引洮工地社会整个过程的勾勒来看，它有几个特点：生成运作的临时性、既定目标的合理性、组织管理的行政化、生活施工的军事化以及国家权力的依附性。

生成运作的临时性是指在时间上工地社会的生成是由于某一共同目标的存在，共同目标是其诞生的前提，为其运行提供根本动力。为了这个目标，青年、壮年、妇女、老人甚至儿童都在短期内汇聚起来，在共同的时空环境下进行生产和生活活动，并随着目标任务的调整，规模或扩大或缩小。工地社会的生成具有临时性，运作过程同样充满变数，这一共同目标的变形、走样和失真也是其消亡的根本原因。

这一共同目标通常关乎国计民生，往往是为了解决某一区域人的生存问题，目标的实现对这个群体的生产和生活至关重要。由于目标是改善民众的生存环境，这一特点决定了其能够最大限度地激起人们的参与热情，这就是既定目标的合理性。

组织管理的行政化，是指由于自上而下的各种权力机构、组织体系、规章制度、监察监督等的存在，工地社会的单元人被层层包裹，身处科层体系之中。这种制度很有效，能够保证下级接受上级的统一指挥，步调一致，目标一致，权责分明，简单却极有效率。

生活施工的军事化，是指工地社会由于缺乏大型的机械设备，施工方式采用大兵团作战的"人海战术"；单个人以服从命令为第一要务，有各种严格的组织和纪律做保障；管理规范化、施工战斗化、生活集体化、劳动作息定时化，连激励措施也以"精神万能"的激励方式为主。

　　国家权力的依附性，指的是工地社会是国家权力的产物，政治意味浓厚，其产生、运行及消亡都与政治的柔韧度密切相关。工地社会面临双重政治压力，一是工地政治，二是工地社会周遭的"大政治"，即来自权力国家的力量，前者服从于后者。由于高压政治的介入，工地社会中的各级权力机构、复杂组织体系与规章制度在起作用时都被打上政治的烙印。政治介入的力量时强时弱，使工地社会的运行充满紧张与博弈。

　　工地社会的张力与政治的压力相辅相成。政治压力越大，社会张力越绷越紧，社会管控的难度越来越大，那么工地社会就会面临着越来越严重的挑战。本质上，工地社会的结成是由于同一目标的存在，当这一目标渐次退让并被政治所取代或利用时，离其消亡也就不远了。但政治对工地社会运行的干预并非一无是处。总体而言，合乎实际的理性政治行为有助于工地社会的正常运行，进而促进最终目标的实现；反之，漠视科学、脱离实际的非理性政治行为则只会给工地社会的运行设置重重障碍，甚至使其无法存续，一项本来合乎各方需求的项目只能以失望和失败而告终。

　　总的来看，工地社会的存在、延续与发展是集体化时期建设大型水利工程重要经验的表现方式。尽管半个多世纪之前的引洮工程失败了，但留下的历史经验，如如何发挥各类人群的潜力使其齐心协力致力于工程建设，如何建立高效的宣传动员、组织和保障机制使个人能力最大化，如何把工地塑造成为充满革命化与政治化、对现代化和科学技术主动追求且充满集体主义奉献精神的场域等，都为其后兴修类似大型水利工程提供借鉴。

参考文献

一　档案资料

甘肃省档案馆（全宗号为 231 的引洮工程局档案；为 91 的甘肃省委档案；为 229 的水利厅档案等）；兰州市档案馆；天水市档案馆；定西市档案馆；定西市安宁区档案馆；通渭县档案馆；渭源县档案馆；榆中县档案馆；陇西县档案馆；岷县档案馆；《内部参考》

二　报刊资料

《定西报》、《定西日报》、《甘肃农民报》、《甘肃日报》、《甘肃水利》、《甘肃政报》、《红星》、《人民日报》、《天水报》、《天水市报》、《天水县报》、《文汇报》、《新民晚报》、《引洮报》（全 353 期，1958. 7. 1 ～ 1961. 2. 2）

三　文献资料

《白银市志》，中华书局，1999。

《北道区志》，甘肃文化出版社，1997。

《定西地区志》，中华书局，2013。

《定西县文史资料选辑》第 1 辑。

《定西县志》，甘肃人民出版社，1990。

方华、史册主编《大参考启示录》（1、2），陕西师范大学出版社，1999。

《甘肃民歌·洮河上高山》，敦煌文艺出版社，1958。

《甘肃省出席全国农业社会主义建设先进单位代表会议先进事迹材料》，1958 年 12 月。

《甘肃省技术革新技术革命展览会展品目录》，1960 年 4 月。

《甘肃省科学技术工作者代表大会汇刊》（共 3 集），1958。

《甘肃省志》第 2 卷《大事记》，甘肃人民出版社，1989。

《甘肃省志》第 23 卷《水利志》，甘肃文化出版社，1998。

《甘肃省志》第 23 卷《水利志·附录·大事记》，甘肃文化出版社，1997。

《甘肃省志》第9卷《民政志》，甘肃人民出版社，1994。

《甘肃省志》第69卷《人口志》，甘肃文化出版社，2001。

《甘肃省志》第38卷《公路交通志》，甘肃人民出版社，1993。

《甘肃省志》第18卷《农业志》，甘肃文化出版社，1995。

《甘肃省志》第12卷《地震志》，甘肃人民出版社，1991。

《甘肃省志》第13卷《气象志》，甘肃人民出版社，1992。

《甘肃省志》第5卷《公安志》，甘肃文化出版社，1995。

《甘肃省志》第52卷《粮食志》，甘肃文化出版社，1995。

《甘肃统战史略》，甘肃人民出版社，1988。

《甘肃新民歌选》，敦煌文艺出版社，1959。

甘肃省档案馆编《甘肃省引洮上山水利工程档案史料选编》，甘肃人民出版社，1997。

甘肃省民政厅编印《甘肃省县以上行政区划沿革简册（1949~1983）》，1984。

甘肃省民政厅民政志编辑室编《甘肃民政大事记》，甘肃人民出版社，1992。

甘肃省农业合作史编写办公室、甘档编《甘肃省农业合作制重要文献汇编》，甘肃人民出版社，1988。

甘肃省群众艺术馆编印《为水而战》，1960。

甘肃省人民委员会编印《甘肃省的水利水土保持》（共2集），1958、1959。

甘肃省水利厅编印《甘肃省库塘渠网化规划（初稿）》，1959。

甘肃省水利厅编印《甘肃省引洮上山水利工程几点施工经验》。

甘肃省水利厅编《黄河飞渡——永靖县英雄渠工程介绍》，甘肃人民出版社，1958。

甘肃省水利厅编《开发地下水源的一面旗帜》，甘肃人民出版社，1958。

甘肃省水利厅编《先进水利工具介绍》第2集，甘肃人民出版社，1959。

甘肃省水利厅编印《征服华家岭》，1958。

甘肃省水利厅水土保持局编《建设山区的一面红旗——武山邓家堡》，甘肃人民出版社，1958。

甘肃省水利厅水土保持局编《水土保持高标准的旗帜——华家岭》，甘肃人民出版社，1959。

甘肃省水利厅水土保持局编《桃林英雄征服仁寿山——秦安水土保持的一面红旗》，甘肃人民出版社，1958。

甘肃省统计局、甘肃省公安厅编《甘肃省人口统计资料汇编（1949 ~ 1987）》，甘肃省统计局，1988。

甘肃省引洮上山水利工程局临洮工区文化站编印《引洮歌声》，1958。

甘肃水旱灾害编委会：《甘肃水旱灾害》，黄河水利出版社，1996。

顾雷：《银河落人间——"山上运河"纪行》，敦煌文艺出版社，1959。

《建国以来毛泽东文稿》，中央文献出版社，1987 ~ 1990。

《建国以来农业合作化史料汇编》，中共党史出版社，1992。

《建国以来重要文献选编》，中央文献出版社，1992 ~ 1998。

《靖远县志》，甘肃文化出版社，1995。

《临洮县志》，甘肃人民出版社，2001。

兰州市政协文史资料和学习委员会编印《兰州文史资料》第 20 辑《甘肃六十年代大饥荒考证》、《兰州文史资料》第 22 辑《中国六十年代大饥荒考证》。

兰州艺术学院编《在引洮战线上》，敦煌文艺出版社，1960。

《陇西县志》，甘肃人民出版社，1990。

《毛泽东选集》第 1 卷，人民出版社，1991。

《岷县志》，甘肃人民出版社，1995。

《农业集体化重要文件汇编》，中共中央党校出版社，1981。

《秦安县志》，甘肃人民出版社，2001。

《山西、陕西、青海、新疆、宁夏、甘肃六省（区）水利、水土保持观摩评比会议总结（草稿）》，1958 年 6 月。

《通渭县志》，兰州大学出版社，1990。

《渭源县志》，兰州大学出版社，1998。

《武山县志》，陕西人民出版社，2002。

杨清武：《甘肃水资源优势及短处评述》，1986。

榆中县水电局编印《榆中县水利志》，1991。

《榆中县志》，甘肃人民出版社，2001。

《1953～1957 中华人民共和国经济档案资料选编·农业卷》，中国物资出版社，1998。

《1958～1965 中华人民共和国经济档案资料选编·农业卷》，中国财政经济出版社，2011。

张大发：《金桥路漫——"通渭问题"访谈报告》，甘出准 46 字总 112 号（2005）21 号，2005。

《中共中央文件选集 1949 年 10 月～1966 年 5 月》，人民出版社，2013。

中共定西县委党史编纂室编《中国共产党定西县大事记 1921～1991》，甘肃文化出版社，2001。

中共甘肃省引洮上山水利工程局委员会资料室编《战斗在引洮工地上的人们》（共 3 集），敦煌文艺出版社，1959。

中共甘肃省通渭县委员会、甘肃省通渭县人民委员会编《通渭县的水土保持工作典型经验》，农业出版社，1959。

中共甘肃省委党史研究室编印《"大跃进"与人民公社化运动在甘肃》，2007。

中共甘肃省委党史研究室编印《"西兰会议"始末及其影响》，2009。

中共甘肃省委党史研究室编印《20 世纪 60 年代国民经济的调整》，2009。

中共甘肃省委党史研究室编印《甘肃粮食统购统销制度的形成及基本情况》，2009。

中共甘肃省委党史研究室编印《甘肃农业合作化运动》，2009。

中共甘肃省委党史研究室编《中国共产党甘肃大事记》，中央文献出版社，2002。

中共甘肃省委党史研究室编印《20 世纪五六十年代的农田水利建设》，2012。

中共甘肃省委党史研究室编印《中国共产党甘肃省历届代表大会文献汇编》，2007。

中共甘肃省委人民公社调查组编印《人民公社好》，甘肃人民出版社，1960。

中共甘肃省武山县委员会编《武山县的水土保持工作典型经验》，农业出版社，1959。

中共甘肃省引洮上山水利工程局委员会宣传部编《伟大的引洮上山水

利工程》，甘肃人民出版社，1958。

中共甘肃省引洮上山水利工程局委员会编《引洮上山画报》，敦煌文艺出版社，1959。

中共甘肃省引洮上山水利工程局委员会宣传部编《新洮河》，兰州部队八一印刷厂，1959。

中共甘肃省引洮上山水利工程局委员会宣传部编印《引洮工地文化工作的初步经验》。

中共甘肃省引洮上山水利工程局委员会宣传部编《引洮上山诗歌选》（共 3 集），敦煌文艺出版社，1959、1960。

中共甘肃省引洮上山水利工程局委员会资料室编《战斗在引洮工地上的人们》（共 3 辑），敦煌文艺出版社，1959、1960。

中共甘肃省引洮上山水利工程局委员会组织部编写《战斗在引洮工地上的共产党员》（共 4 辑），甘肃人民出版社，1959、1960。

中共甘肃省引洮上山水利工程局委员会组织部编著《不朽的引洮战士——袁伟》，甘肃人民出版社，1960。

中共会宁县北川渠道委员会、会宁县北川渠水利工程指挥部编《会宁北川渠水利施工的劳动组合》，甘肃人民出版社，1960。

中共会宁县委党史资料征集办公室编印《会宁党史资料》第 5 集，1996。

中共陇西县委党史研究室编印《中共陇西党史资料》第 3 辑，1998。

中共庆阳县委宣传部编《英雄的北干渠》，庆阳人民出版社。

中共天水县委会：《继武山东梁渠之后的又一面红旗——天水县中梁渠情况介绍》，1958 年 8 月。

中共天水县委会：《天水县几年来水土保持开展情况》，1958 年 8 月。

中共武山县委：《引水上山　幸福万年——武山县东梁渠引水上山的情况》，1958 年 8 月。

中共引洮工程局委员会编《引洮工程的技术革新》，北京水利电力出版社，1959。

中共榆中县政协编印《榆中史志》，1990。

中国共产党永靖县委员会、永靖县人民委员会编印《黄河飞渡——英雄渠资料汇编》第 1 集。

中国科学院青海甘肃综合考察队编《引洮上山工程地质问题》（共 2

辑），北京科学出版社，1960。

中国人民政治协商会议甘肃省临洮县委员会文史资料委员会编印《临洮文史资料选》第3集，2002。

中国人民政治协商会议甘肃省渭源县委员会编印《渭源文史资料选辑》第2辑，1999。

中国人民政治协商会议岷县委员会文史资料委员会编印《岷县文史资料选辑》第4辑，1997。

中国作协兰州分会编《山上运河》，作家出版社，1960。

四　著作

〔美〕阿玛蒂亚·森：《贫困与饥荒——论权利与剥夺》，王宇、王文玉译，商务印书馆，2001。

薄一波：《若干重大事件与决策的回顾（修订本）》，中共党史出版社，2008。

曹树基：《大饥荒：1959～1961年的中国人口》，香港，时代国际出版有限公司，2005。

曹应旺：《周恩来与治水》，中央文献出版社，1991。

陈峰主编《明清以来长江流域社会发展史论》，武汉大学出版社，2006。

陈桂棣、春桃：《调查背后》，武汉出版社，2010。

陈永发：《中国共产革命七十年》，台北，联经出版事业股份有限公司，2006。

丛进：《曲折发展的岁月》，人民出版社，2009。

戴晴编《长江，长江——三峡工程论争》，贵州人民出版社，1989。

戴晴：《谁的长江——发展中的中国能否承担三峡工程》，牛津大学出版社，1996。

〔美〕戴维·艾伦·佩兹：《工程国家：民国时期（1927～1937）的淮河治理及国家建设》，姜智琴译，江苏人民出版社，2011。

丁抒主编《五十年后重评"反右"：中国当代知识分子的命运》，香港，田园书屋，2007。

丁抒：《人祸："大跃进"与大饥荒》，香港，九十年代杂志社，1991。

董毓昌主编《定西建设四十年》，甘肃人民出版社，1992。

杜澄、李伯聪主编《工程研究：跨学科视野中的工程》，北京理工大学出版社，2009。

〔德〕斐迪南·滕尼斯：《共同体与社会：纯粹社会学的基本概念》，林荣远译，北京大学出版社，2010。

冯客：《毛泽东的大饥荒——1958～1962年的中国浩劫史》，郭文襄、卢蜀萍、陈山译，香港，新世纪出版及传媒有限公司，2011。

冯贤亮：《近代浙西的环境、水利与社会》，中国社会科学出版社，2010。

甘肃省统计局编《甘肃四十年》，中国统计出版社，1989。

高尔泰：《寻找家园》，北京十月文艺出版社，2011。

高华：《在历史的风陵渡口》，香港，时代国际出版有限公司，2008。

郭德宏等主编《中华人民共和国专题史稿》第2卷，四川人民出版社，2004。

华东师范大学当代中国史研究中心编《中国当代史研究（一）》，九州出版社，2011。

《黄河水利史研究》，黄河水利出版社，2003。

冀朝鼎：《中国历史上的基本经济区与水利事业的发展》，朱诗鳌译，中国社会科学出版社，1981。

贾斯柏·贝克：《饿鬼：大饥荒揭秘》，姜和平译，香港，明镜出版社，2005。

贾征、张乾元编著《水利社会学论纲》，武汉水利电力大学出版社，2000。

〔美〕卡尔·A. 魏特夫：《东方专制主义——对于极权力量的比较研究》，徐式谷等译，中国社会科学出版社，1989。

〔美〕克利福德·格尔茨：《文化的解释》，韩莉译，译林出版社，1999。

李伯聪等：《工程社会学导论：工程共同体研究》，浙江大学出版社，2010。

李锐：《"大跃进"亲历记》，南方出版社，1999。

林蕴晖：《乌托邦运动：从大跃进到大饥荒（1958～1961）》，香港中文大学出版社，2008。

凌志军：《历史不再徘徊——人民公社在中国的兴起和失败》，人民出版社，1996。

刘毓汉主编《当代中国的甘肃》（上、下），当代中国出版社，1992。

鲁家果编著《另一视角看世纪工程》，香港，中国国际文化出版社，2010。

鲁西奇、林昌丈：《汉中三堰：明清时期汉中地区的堰渠水利与社会变迁》，中华书局，2011。

雒鸣狱：《浅谈陇中水利兼论引洮工程》，甘肃省水利厅学会，1993。

孟昭华等：《中国灾荒史（1949～1989）》，水利电力出版社，1989。

〔法〕米歇尔·福柯：《规训与惩罚——监狱的诞生》，刘北成、杨远婴译，三联书店，2003。

〔美〕R. 麦克法夸尔、费正清：《剑桥中华人民共和国史：革命的中国的兴起（1949～1965年）》，谢亮生等译，中国社会科学出版社，2006。

〔英〕麦克法夸尔·罗德里克：《文化大革命的起源》第2卷《大跃进：1958～1960》，魏海生等译，求实出版社，1990。

〔英〕麦克法夸尔·罗德里克：《文化大革命的起源》第1卷《人民内部矛盾：1956～1957》，魏海生等译，求实出版社，1989。

〔美〕莫里斯·梅斯纳：《毛泽东的中国及其发展——中华人民共和国史》，张瑛等译，社会科学文献出版社，1992。

庞瑞琳：《幽灵飘荡的洮河》，作家出版社，2006。

逄先知、金冲及主编《毛泽东传（1949～1976）》，中央文献出版社，2003。

〔美〕彭尼·凯恩：《中国的大饥荒（1959～1961）——对人口和社会的影响》，郑文鑫、毕健康、戴龙基等译，中国社会科学出版社，1993。

〔德〕佩特拉·多布娜：《水的政治：关于全球治理的政治理论、实践与批判》，强朝晖译，社会科学文献出版社，2011。

钱杭：《库域型水利社会研究——萧山湘湖集团的兴与衰》，上海人民出版社，2009。

〔日〕森田明：《清代水利与区域社会》，雷国山译，山东画报出版社，2008。

沙青：《依稀大地湾——我或我们的精神现实》，1988年报告文学。

师守祥、张智全、李旺泽：《小流域可持续发展论——兼论洮河流域资源开发与可持续发展》，科学出版社，2002。

《水利辉煌 50 年》，中国水利水电出版社，1999。

石峰：《非宗族乡村——关中"水利社会"的人类学考察》，中国社会科学出版社，2009。

思涛：《刘澜涛生平纪事》，中央文史出版社，2010。

宋永毅、丁抒编《大跃进—大饥荒：历史和比较视野下的史实和思辨》，香港，田园书屋出版，2009。

汪峰传编写委员会：《汪峰传》，中共党史出版社，2011。

王吉泰：《黑霜》，作家出版社，2007。

王吉泰：《引洮梦》，广州出版社，2001。

王应榆：《治理黄河意见书》，1933。

〔法〕西尔维·布吕内尔：《饥荒与政治》，王吉会译，社会科学文献出版社，2010。

肖焕雄主编《中国水利百科全书·水利工程施工分册》，中国水利水电出版社，2004。

辛逸：《农村人民公社分配制度研究》，中共党史出版社，2005。

《新中国农田水利史略（1949～1988）》，中国水利水电出版社，1999。

行龙、杨念群主编《区域社会史比较研究》，社会科学文献出版社，2006。

行龙：《以水为中心的晋水流域》，山西人民出版社，2007。

杨继绳：《墓碑——中国六十年代大饥荒纪实》，香港，天地图书有限公司，2008。

杨奎松：《"边缘人"纪事：几个"问题"小人物的悲剧故事》，广东人民出版社，2016。

杨奎松：《中华人民共和国建国史研究 1》，江西人民出版社，2009。

杨显惠：《定西孤儿院纪事》，花城出版社，2007。

杨显惠：《夹边沟纪事》，花城出版社，2008。

姚汉源：《中国水利发展史》，上海人民出版社，2005。

应星：《三峡大上访：大河移民上访的故事》，香港，文化中国出版有限公司，2010。

《引洮纪实之圆梦九甸峡》，甘肃人民出版社，2011。

袁光裕、胡志根：《水利工程施工（第 5 版）》，中国水利水电出版社，2009。

〔美〕詹姆斯·C. 斯科特：《国家的视角：那些试图改善人类状况的项目是如何失败的》，王晓毅译，社会科学文献出版社，2004。

张含英：《治河论丛续编》，水利电力出版社，1992。

张济顺：《远去的都市：1950 年代的上海》，社会科学文献出版社，2015。

张乐天：《告别理想——人民公社制度研究》，东方出版中心，1998。

张亚辉：《水德配天：一个晋中水利社会的历史与道德》，民族出版社，2008。

赵鼎新：《社会与政治运动讲义》，社会科学文献出版社，2006。

赵旭：《大饥饿》，作家出版社，2004。

郑新：《国家任务》，中国青年出版社，2008。

五　研究论文

陈乐道：《朱德为甘肃"引洮工程"的题词》，《党的建设》2007 年第 7 期。

陈晓东：《引洮工程世纪梦想》，《甘肃水利水电技术》2009 年第 4 期。

范子英、孟令杰、石慧：《为何 1959～1961 年大饥荒终结于 1962 年》，《经济学（季刊）》2008 年第 1 期。

高华：《大跃进运动与国家权力的扩张：以江苏省为例》，《二十一世纪》总第 48 期，1998 年 8 月号。

高峻：《新中国治水事业的起步（1949～1957）》，博士学位论文，福建师范大学，2003。

葛玲：《二十世纪五十年代后期皖西北河网化运动研究——以临泉县为例的初步考察》，《中共党史研究》2013 年第 10 期。

葛玲：《天堂之路：1959～1961 年饥荒的多维透视——以皖西北临泉县的乡村十年为中心》，博士学位论文，华东师范大学，2014。

葛玲：《新中国成立初期皖西北地区治淮运动的初步研究》，《中共党史研究》2012 年第 4 期。

龚启圣：《近年来之 1958～61 年中国大饥荒起因研究的综述》，《二十一世纪》总第 48 期，1998 年 8 月号。

郭峰：《"大跃进"时期甘肃的粮食问题及人口状况研究》，《长治学院学报》2010 年第 3 期。

郭峰：《建国初期甘肃自然灾害及救助研究（1949～1957）》，硕士学位论文，西北师范大学，2011。

郭丽娟：《河北省根治海河民工研究》，硕士学位论文，河北师范大学，2006。

郭省娟：《大跃进时期农村妇女劳动简述》，《宁波党校学报》2007 年第 5 期。

郭维仪：《西兰会议与甘肃党内纠"左"的艰难曲折》，《甘肃社会科学》1995 年第 4 期。

韩民青：《从人类中心主义到大自然主义》，《东岳论丛》2010 年第 6 期。

何来：《欣慰的记忆——忆组诗〈引洮工地短诗〉在〈诗刊〉的发表》，《诗刊》2006 年 10 月下半月刊。

黄爱军：《"大跃进"运动发生原因研究述评》，《当代中国史研究》2005 年第 1 期。

黄正林：《民国时期甘肃农田水利研究》，《宁夏大学学报》（人文社会科学版）2011 年第 2 期。

李斌：《政治动员与社会革命背景下的现代国家构建——基于中国经验的研究》，《浙江社会科学》2010 年第 4 期。

李春来：《对西方学界有关"大跃进"运动研究的述评》，硕士学位论文，华东师范大学，2010。

李富强：《新中国农田水利建设研究（1949～1959）》，硕士学位论文，湘潭大学，2012。

李庆刚：《十年来"大跃进"研究若干问题综述》，《当代中国史研究》2006 年第 2 期。

李若建：《理性与良知："大跃进"时期的县级官员》，《开放时代》2010 年第 9 期。

刘建辉：《1960～1965 年农田水利建设调整研究》，湘潭大学，2013。

刘愿：《"大跃进"运动与中国 1958～1961 年饥荒——集权体制下的国家、集体与农民》，《经济学（季刊）》第 9 卷，2010 年第 3 期。

刘愿：《中国"大跃进"饥荒成因再辩——政治权利的视角》，《经济学（季刊）》第 9 卷，2010 年第 3 期。

刘璨：《人民公社初期水利建设工地管理与民工日常生活——以 1958～1960 年太浦河工程上海段为例》，硕士学位论文，上海师范大学，2010。

吕志茹：《集体化时期大型水利工程中的民工用粮——以河北省根治海河工程为例》，《中国经济史研究》2014 年第 3 期。

吕志茹：《主体与后盾：根治海河运动中的生产队角色》，《中共党史研究》2013 年第 5 期。

齐霁：《八十年代以来"大跃进"运动研究若干问题述评》，《北京党史》1999 年第 6 期。

钱杭：《共同体理论视野下的湘湖水利集团——兼论"库域"型水利社会》，《中国社会科学》2008 年第 2 期。

秋帆、方学：《洮水谣——引洮工程的历史回望》，《档案》2002 年第 2 期。

尚长风：《三年经济困难时期的紧急救灾措施》，《当代中国史研究》2009 年第 4 期。

石红刚、傅敏：《红旗渠总设计师杨贵的传奇人生》，《文史月刊》2005 年第 2 期。

田仲勋：《运动高压下的权力斗争陷阱——通渭大跃进运动研究》，博士学位论文，中国人民大学，2009。

王瑞芳：《大跃进时期农田水利建设得失问题研究评述》，《北京科技大学学报》（社会科学版）2008 年第 4 期。

王绍光：《政治文化与社会结构对政治参与的影响》，《清华大学学报》（哲学社会科学版）2008 年第 4 期。

王涛：《20 世纪 50 年代末中国社会控制与"大跃进"运动研究》，硕士学位论文，西北大学，2001。

王志强：《甘肃引洮工程重大工程地质问题研究》，博士学位论文，兰州大学，2006。

王宗敏：《"大跃进"运动时期中国社会舆论研究》，硕士学位论文，西北大学，2008。

魏德忠：《红旗渠十年简述追忆》，《中国文化遗产》2008 年第 4 期。

谢春涛：《"大跃进"运动研究述评》，《当代中国史研究》1995 年第 2
期。

谢丁：《我国农田水利政策变迁的政治学分析：1949～1957》，硕士学
位论文，华中师范大学，2006。

徐庆贺：《大跃进时期浮夸风研究》，硕士学位论文，华中师范大
学，2007。

扬大利：《从大跃进饥荒到农村改革》，《二十一世纪》总第 48 期，
1998 年 8 月号。

杨洪远：《民国时期甘肃灾荒研究》，硕士学位论文，西北师范大
学，2007。

杨涛：《探讨大饥荒的成因：集权、计划失误与政治行为的影响》，
《经济学（季刊）》第 9 卷，2010 年第 3 期。

杨闻宇：《大跃进年代西北的荒诞事——"引洮上山"的回忆》，《炎
黄春秋》1993 年第 3 期。

余礼荣：《参加引洮上山渠道选线的一些经验》，《兰州大学学报》
1961 年第 1 期。

张艾平：《1949～1965 年河南农田水利评析》，硕士学位论文，河南大
学，2007。

张实祥、李惠敏：《关于引洮工程规划的几个问题》，《水利规划》
1996 年第 3 期。

六　英文文献

James Kai-sing Kung, Shuo Chen, "The Tragedy of the Nomenklatura：
Career Incentives and Political Radicalism during China's Great Leap Famine",
American Political Science Review, Vol. 105, No. 1 February 2011.

E. B. Vermeer, *Water Conservancy and Irrigation in China：Social, Eco-
nomic and Agrotechnical Aspects*, Leiden University Press, 1977.

Frank Dikotter, *Mao's Great Famine：The History of China's most devasta-
ting catastrophe, 1958 - 62*, Bloomsbury Publishing Plc, 2010.

David Bachman, *Bureaucracy, economy, and leadership in China-The in-
stitutional origins of the Great Leap Forward*, New York：Cambridge University

Press, 1991.

Dali L. Yang, *Calamity and Reform in China: State, Rural Society, and Institutional Change Since the Great Leap Famine*, Stanford: Stanford University Press, 1996.

Judith Shapiro, *Mao's War against Nature: Politics and the Environment in Revolutionary China*, New York: Cambridge University Press, 2001.

Ralph A. Thaxton, *Catastrophe and Contention in Rural China: Mao's Great Leap Forward Femaine and the Origins of Righteous Resistance in Da Fo Village*, New York: Cambridge University Press, 2008.

Daivd A. Pietz, *The Yellow River: The Problem of Water in Modern China*, Cambridge: Harvard University Press, 2015.

附录 "大跃进"时期的甘肃
引洮工程述评*

引洮工程是"大跃进"期间甘肃省委为解决定西、平凉等地区干旱少雨、植被稀疏、苦瘠异常等生存问题而仓促上马的"样板水利工程",有"银河落人间""高山运河"之称。1958年6月开工之际曾被宣传为"共产主义的工程,英雄人民的创举"。然而这项工程历时三年多,耗费几十万民力,最终却以"一无效益"的结局收场。本文立足于地方性档案史料,综合运用报刊文献和部分口述史料,拟对引洮工程的来龙去脉做一较为完整的历史梳理。

一

洮河属黄河上游支流,发源于甘肃省碌曲县境西部的西倾山东麓,流经甘肃省碌曲、夏河、卓尼、临潭、渭源、临洮、永靖等县,全长673.1公里,流域面积25527平方公里,年平均径流量53亿立方米,河水资源非常丰富。① 早在民国时期,甘肃省参议会就三次向省政府提案,提出"引洮济渭"和"引洮入渭"的设想,即将本来北流的洮河水拦住,使其东流至甘肃东部干涸之地,接济此地渭河水量之不足。② 新中国成立后,中共中央高度重视大江大河的治理与开发和群众性的水利建设,"兴修水利是保证农业增产的大事,小型水利是各县各区各乡和各个合作社都可以办的"。③ 全国各地据此开展了广泛的兴修水利的群众运动。

---

* 原文刊发于《中共党史研究》2013年第5期,收入本书时有所修订。

① 参见《甘肃省志·水利志》,第38页。

② 参见《甘肃省引洮上山水利工程档案史料选编》,第481~497页。

③ 《毛泽东文集》第6卷,第451页。

在此背景下，甘肃省武山县于 1956 年初开始修建东梁渠，将聂河水引向海拔 1900 多米高的柏家山。工程于 1957 年 6 月修成，干渠长 27 公里，当年上报灌地面积 4000 多亩（后被夸大至 1.8 万亩）。《人民日报》予以高度赞扬："如果作为一种自然现象看，拿这条渠同大江大河比，不过是条小溪，每秒钟流量只有零点七立方公尺，微不足道。然而作为人和自然斗争的现象看，它却是农民追求幸福生活、大胆进行创造、变古老幻想为现实的大涛大浪！同时也是一面旗帜，是号召人们向干旱进军的旗帜。这面旗帜，应该被所有干旱地区的人民高高举起！"① 但要根本解决甘肃中部的干旱问题，单靠几十公里长的渠道无疑杯水车薪。甘肃省委遂于 1957 年 9 月要求省农林厅水利局研究如何引黄河水解决靖远县兴仁堡川和时属甘肃管辖的海原县的 80 万亩旱川地的灌溉问题。省农林厅水利局安排勘测设计处负责人先在地形图上寻找研究可行性，几经周折提出引洮方案，所选线路不仅能满足兴仁堡川的灌溉要求，更可解决榆中、定西、会宁等县和靖远县黄河以南的川台塬地的灌溉问题。与此同时，定西专署农业基本建设局也在思考如何把黄河水引到靖远县旱坪川发展水浇地，并组织技术人员查勘。

1957 年冬，中共甘肃省第二次代表大会第二次会议在兰州召开。在当时整个中国社会正迈向"大跃进"的形势下，这次会议集中批判所谓"右倾保守主义思想"和"地方主义"，制订了"苦战三年基本改变全省面貌""六年实现农业四十条"的全面规划。会议期间，由定西派出负责查勘引黄线路的技术人员向与会领导汇报，指出引黄河水（大通河）到靖远旱坪川的渠线必须经兰州市区才能实现，但在兰州市开挖渠道需大量迁户移民且不在定西管辖范围，难度较大。既然从北向南引黄河水存在困难，只有从南部的洮河入手。久为干旱困扰的定西干部此刻认为"引洮济渭"设想或可尝试，随即与希望实施支农项目的铁道部第一设计院与会人员商议并得到其支持。定西地委向省委汇报，当即得到"要积极抓紧去办"的指示。定西专署农业基本建设局在组织本区人员的同时联系上级主管部

---

① 顾雷：《引水上山丰收万年——记甘肃武山县东梁渠的修建》，《人民日报》1957 年 12 月 17 日，第 2 版。

门，与在地图上画出引洮线路的省农林厅水利局的想法一致。在省委支持下，水利局、铁道部第一设计院、西北水利勘测设计院、定西农建局等单位联合派出工作人员一同实地勘查。① 然而，查勘队伍尚未归队，省委便在 1958 年 2 月会议结束时决定实施引洮工程。②

1958 年 3 月，勘查人员提出引洮工程的雏形，即"由岷县龙王台引水，沿洮河左岸经岷县的梅川、会川的中寨集……到靖远新堡子川，长达 760 公里，加上从月亮山引到董志塬，长约 350 公里，共长 1100 公里"。③ 这一线路几乎横跨整个甘肃东部，单从规划就可见其难度。时人已意识到渠道所经地区全是黄土高原，由于高山颗粒稀疏、含有盐碱、空隙很大，一旦水流侵蚀易渗漏，引起渠道底层塌方和下沉，但这一攸关渠道质量的土质问题在世界上还没有有效解决的办法；由于渠道途经很多高大的分水岭，需穿越量大而复杂的水洞，这一问题将直接影响渠道的完工时间。④ 一个是当时科技水平难以企及的技术难题，另一个是缺乏大型机械的情况下极度费时费力的工效难题，都是制约工程在预计的三年甚至两年内完成的瓶颈。

但引洮工程计划引水 30 亿公方，流经陇中十多个县市，灌地 700 多万亩，"每亩增产 300 斤，即可增产 21 亿斤粮食"⑤，单此一项便足以让常年在温饱线上挣扎的旱塬百姓甘愿喊出"只要能把洮河引上山，要什么我们有什么""水不上山不结婚"等口号，更遑论当时规划的美好愿景还包括将水引至庆阳地区的董志塬（可灌地 1900 余万亩）、加速旱区绿化和农村电气化、发展水产和水上运输等。对这些美好愿景的迫切向往使客观存在的困难被人为地缩小了。为尽快启动工程建设，甘肃省委开始从多方面进行筹备。

1958 年 3 月，省委先在定西专区抽调 20 多名干部，后又在省级各机关抽调干部 200 多人，组成引洮水利工程局。工程局为省委直接领导的专

---

① 转引自《甘肃省志·水利志》，第 832 页。

② 《十六、引洮上山水利工程》（1960 年 6 月 7 日），甘档，档案号：231 - 1 - 503。

③ 《引洮水利工程在施工准备工作中需要解决的几个问题》（1958 年 3 月 28 日），甘档，档案号：231 - 1 - 426。

④ 《甘肃引洮灌溉工程面临重大困难》（1958 年 4 月 14 日），《内部参考》，香港中文大学中国研究服务中心藏。

⑤ 《引洮灌溉工程情况简报》（1958 年 3 月 24 日），甘档，档案号：96 - 1 - 294。

区级机关，党委下设组织、宣传两部和秘书、资料两室，工程局下设办公室，以及工务、材料供应、生活供给、勘测设计、财务计划、卫生、交通运输、公安、人事九处，并成立法院和检察院。①

工程所需劳力全部由受益区（定西、天水、平凉）承担，抽调原则为"农忙期间抽调男全劳的40%左右，农闲期间抽调70%～80%的比例参加施工"②，并要求经常保持16万人参加施工，其中定西专区抽调10万人，天水专区4万人，平凉专区2万人。③ 施工组织采用以各参加分段施工的县为单位的工区制，命名方式与原县市同名，工区主任由各县级干部担任。

为弥补技术人才的不足，省委决定把甘肃水利学校搬到工地。1958年3月，该校教职工与一、二年级学生共260余人，组成1个定线队、3个查勘队、14个水平组来到工地。同年5月，省委向中国科学院提出请派地质专家支援的要求，随后科学院地质研究所7名技术人员带着一批化验土质的仪器前来。④ 与此同时，各县也在竭尽全力地培养技术员，定西县"已在三个点上培训技术员150人"。⑤ 在准备水利技术人才的同时，省卫生厅还专门抽调400余名医务人员以支持工程医疗所需。⑥

工程所需物资除就地加工、当地采购和国家调拨的部分由计委负责统一调拨外，省委要求各单位以募捐、借用、集资、价让的方式清理仓库来支援，并列出详细物资表。各省级机关积极行动，如省民族事务委员会支援的物资甚至包括"五灯直流收音机一部，搪瓷茶缸子14个，搪瓷小碗21个，红铜小勺17个，蚊子油17瓶"。⑦ 物资支援名义上是为发挥集体主

① 《中共甘肃省委关于引洮灌溉工程组织领导问题的决议》（1958年6月17日），甘档，档案号：91-4-247。

② 《甘肃省洮河水利工程委员会第一次会议纪要》（1958年4月3日），甘档，档案号：231-1-439。

③ 《引洮上山水利工程委员会第四次会议纪要》（1958年9月3日），甘档，档案号：231-1-439。

④ 《复关于派地质专家支援引洮上山水利工程事》（1958年5月23日），甘档，档案号：91-8-193。

⑤ 《定西工作汇报》（1958年5月14日），甘档，档案号：231-1-574。

⑥ 《全国人民大力支援引洮工程》，《甘肃日报》1958年6月18日，第1版。

⑦ 《甘肃省民族事务委员会：支援引洮工程物资表（手稿）》（1958年8月14日），甘档，档案号：113-1-276。

义协作精神的主动援助，实际具有一定程度的行政强制性。甘肃省相关领导在一次会上就要求："8月份省级各单位特别是与洮河工程有直接联系关系的单位，都要进行一次检查评比，检查对引洮工程的支援情况"。① 工区来源各县亦积极参与，如定西县就指定专人拟定用粮计划、订购煤炭1千吨，并派40个民工建炉灶、20个民工种菜、10个民工筹备工具等，县级各单位积极支援的物资也有80余种、2300多件。②

在工程资金的筹措方面，由于受到"民办公助"方针的规制，不可能大部依靠中央投注资金。洮河水利工程委员会第一次开会时曾提出，暂由定西抽调900万元、兰州市200万元、天水100万元、国家投资200万元。③ 省委、省政府号召百姓发扬集体主义协作精神捐款，省团委在全省青年中开展"献金一元"活动，榆中县甚至要求机关干部"按每月收入的20～30%集资"。④

然而，采用"边勘测、边设计、边施工"的"三边"政策、勘测未完成就仓促上马的引洮工程，从一开始就埋下了失败隐患。要求用三年甚至两年时间，依靠简单手工工具穿山越岭完成长达1100公里的主干渠，显然夸大了"人定胜天"的精神作用。"民办公助、就地取材"的兴办方针意味着国家投资为辅、人民群众支援为主，而工程所需的劳动力、资金、粮食、物资远远超出省委最初的预计，随着工程的持续和难度的加大，工地所需物资大大超过了旱塬百姓的承受能力。甚至工程最终产生的效益之一——灌地的田亩数，也不过是向渠道所经地区的行政领导简单询问其辖境内耕地面积所得的结果，根本没有勘测并确定渠道的具体流向以及渠道流经地的实际情况，潦草程度可见一斑。⑤ 尽管存在上述种种隐患，引洮工程还是在全省人民的热切期望下开工了。

---

① 《甘肃省引洮上山水利工程委员会第三次会议纪要》（1958年8月1日），甘档，档案号：231－1－439。
② 《定西工作汇报》（1958年5月14日），甘档，档案号：231－1－574。
③ 《甘肃省洮河水利工程委员会第一次会议纪要》（1958年4月3日），甘档，档案号：231－1－439。
④ 《关于检查榆中引洮工程准备情况》（1958年5月16日），甘档，档案号：231－1－574。
⑤ 2011年9月6日笔者访问曾全程参与引洮工程的甘肃省水利水电勘测设计院工作人员王某某的口述回忆。

二

1958 年 6 月 17 日，引洮工程正式开工。按照最初的计划，最先施工的是第一期第一大段岷县古城至定西大营梁段。这一段有环山而行的渠线 350 公里、隧洞 23 座以及枢纽工程——古城水库。为了使民工服从工程建设安排，上级使用了各种提高工效的方法，并辅之以整风、大辩论、整党、整团等政治运动来规诫民工思想。

由于缺乏必要的大型机械设备，只能采用土法施工。数十万民工以工区、大、中、小队为单位开山凿石，依靠人力用简单手工工具开挖平台渠道。为了提高工效，上级不断推动展开工具改革、高工效、劳动竞赛、争先进学先进等群众性运动。以技术革新和技术革命运动为中心的工具改革为例。由于缺乏必要的钢材制造滚珠轴承、车轮、滑轮，大多工具改革局限在木制手工工具上，风靡一时的品种有木火车、手推车、运土旱船、高线运土器等。如高线运土器是在两点之间拉一根绳子，悬坠两个装土篮，利用坡度和重力，将挖出的土从一点送至另一点，据说使用这种工具"2人操作在运距 100 公尺，每天每架可运土 90 公方"。① 有材料载，"半年来创造发明各类工具 250 种，推广使用各类先进工具 177409 件"②，显然言过其实。此类工具能够减轻部分人力，但效果很有限。有民工回忆："所谓'高线运输'是两个大木箱子，顺斜坡，一个上一个下。车往下运土时人还要跟着。常常有摔下崖的车子。"③ 有群众说工具改革是"形式主义"，有"三个作用，一是照象，二是拍电影，三是进博物馆"。④

在"大跃进"的特殊背景下，引洮工程被当作"共产主义大熔炉"，工地上人们不仅注重工程建设，也追求所谓"精神与文化建设"，扫盲运

---

① 《甘肃省引洮上山水利工程施工中的工具改革工作》（1958 年 10 月），甘肃省图书馆藏，索书号 443.340.178。
② 《甘肃省引洮上山水利工程局工务处关于 1958 年施工工作初步总结》（1958 年 12 月 30 日），甘档，档案号：231 - 1 - 579。
③ 转引自庞瑞琳《幽灵飘荡的洮河》，第 212 页。
④ 《右倾机会主义言论汇集》（1960 年 2 月 21 日），甘档，档案号：231 - 1 - 174。

动、红专学校在工地盛行一时，形式主义和浮夸现象更为严重。1958 年 10 月，工程局宣布经过一个多月的突击扫盲，"90% 以上的青壮年摘掉了文盲帽子，全工区基本上成为无盲区"，"目前，全工区已建立初级红专学校 481 所，参加学习的民工 59878 人，中级红专学校 94 所，参加学习的干部和技术员 5931 人"。① 然而在一天"三班倒"的劳动强度下，民工根本无暇顾及文化知识学习，"无盲区"的宣传只是一纸空文。

这种人为制造的浮夸与甘肃省乃至中央对引洮工程的宣传造势交相呼应，使其在全国影响大增，吸引各方竞相参观。1958 年 8 月，中共中央发出《关于水利工作的指示》，指出"山区、半山区和丘陵高原地区，应像甘肃武山、湖北襄阳、河南浉河那样实行山上蓄水，水土保持，山区、平原、洼地全面治理，引水上山、上塬，开盘山渠道以至像引洮工程那样，开辟山上运河，解决山区水利"。② 对引洮工程的肯定也屡屡出现在《人民日报》上。③ 在这种形势推动下，开工半年内引洮工程已先后接待全国、本省参观团 94 个，2435 人④。蜂拥而来的演出、慰问团体不断造访引洮工地，高度肯定这样一个"人工天河"的设计、规划以及民工的奉献精神。

但种种实际困难还是让无数民工萌生离开的念头：极少蔬菜副食品供应，食盐匮乏，馒头、面片食之无味；没有房子，只能住在潮湿的窑洞里；由于缺乏燃料，开水供应极少，更无法烧热炕；施工点道路不通，只能靠人力往山上背粮食；没有机械化施工工具，只能靠人力肩扛背背；施工时间长，"两头不见太阳"，动不动搞"夜战"；等等。在如此艰难的条件下，要在海拔一千多米的高山上修建一条"山上运河"，所遭遇的抵制与质疑可想而知，民工的怠工与逃跑从未停止。据统计，开工半年共有9000 余人逃跑，有 1000 余人又被遣返工地，4000 余人跑回原籍，2000 余

---

① 《在引洮工程上举办红专学校情况和经验的报告》（1958 年 10 月 25 日），甘档，档案号：97－1－71。

② 《建国以来重要文献选编》第 11 册，第 457 页。

③ 段玫：《引洮工地掀起工具改革热潮，掘土石方纪录日日刷新》，《人民日报》1958 年 11 月 16 日，第 5 版；《工具改革加上大办工厂，甘肃引洮工程工效提高七倍》，《人民日报》1959 年 1 月 18 日，第 2 版；顾雷：《鹰——访引洮工程九甸峡工地爆破手关振才》，《人民日报》1959 年 8 月 24 日，第 3 版；等等。

④ 《关于半年来接待外宾、来宾工作的总结报告》（1958 年 12 月 6 日），甘档，档案号：231－1－432。

人在兰州、白银、玉门等城市打工,近 1000 人逃往青海、新疆等省外谋生,还有 900 余人下落不明;① 1959 年 3 月中旬引洮工地实到民工 16.9 万人,到 7 月初已逃跑 2 万多人。② 然而,民工大都来自受益区的旱塬百姓,后方的县、公社、大队与工地上的工区、大队、中队一一对应。民工一旦逃跑,后方党政组织即迅速得到通知,会将逃到家里的民工再度送回工地,全家也因其"为共产主义抹黑的逃跑行为"而饱受牵连。为制止类似逃跑行为,上级使用整风、大辩论等政治运动以整顿思想、提高觉悟。

1958 年 8 月,工程局号召开展全面整风运动,并采用对机关干部和普通民工区别对待的策略。针对干部的内容是:如何认识红专问题、怎样才能红透专深、应该采取什么态度参加引洮、应如何检查和批判资产阶级个人主义思想、应如何贡献自己力量等,主要方法是组织干部开展交心运动、写大字报,通过大字报暴露自己和他人的思想,再进行归纳整理以拟出辩论题目进行大辩论,结束时要求写出个人思想检查总结和红专计划。针对民工的中心内容为:对加大工程任务的认识、实现全线通航有什么好处,能否按期完成工程任务,能否幸福万年,能不能又红又专,怎样才能成为有社会主义觉悟、有文化、有科学技术知识的新劳动者等。③ 整风和大辩论运动给予犯错误或思想不"正确"的人以相应处分,"据定西、榆中、靖远、会宁、甘谷、工程局等单位的不完全统计,在整风中共拔掉白旗 165 人"④,"给予干部纪律处分的,一般在 15% 到 20%"⑤。这种手段非常有震慑力,效果显著,"工地上,天不亮上工,晚上黑透了才回来。很苦,但不敢有怨言,动不动就拔白旗"⑥。

这类政治运动在整个工程建设阶段呈现不同面相,如 1958 年 12 月开始的"社会主义、共产主义教育运动",1959 年 9 月的"反右倾、鼓干劲、

① 《甘肃省引洮上山水利工程局关于迅速制止民工逃跑问题的指示》(1959 年 1 月 3 日),甘档,档案号:231 - 1 - 12。
② 《关于引洮工程精减民工问题的简报》(1959 年 7 月 6 日),甘档,档案号:231 - 1 - 23。
③ 《关于在引洮工程上展开全面整风运动的通知》(1958 年 8 月 2 日),甘档,档案号:231 - 1 - 3。
④ 《关于第四阶段整风补充通知》(1958 年 11 月 26 日),甘档,档案号:231 - 1 - 3。
⑤ 《引洮工地社会主义和共产主义思想教育运动的情况和问题》(1959 年 2 月 3 日),甘档,档案号:231 - 1 - 176。
⑥ 转引自庞瑞琳《幽灵飘荡的洮河》,第 215 页。

增产节约运动"、"反透右倾、大鼓干劲的高工效运动"，1960 年 3 月的"三反"运动，以及持续不断的整党、整团、整顿民兵组织等运动，随时消除不利于工程建设的各种思想，以制止民工的逃跑、怠工以及小偷小摸等各种不良行为。

政治高压使大多民工对上级安排只能服从而少有抵制。在这种背景下，工程局党委于 1958 年 9 月提出"苦战一冬，大干一春，确保每月完成一亿土石方，1959 年 5 月把水引到大营梁"的口号。但由于所定目标过大，施工中遇到炸药、水泥等物资供应不足和山体滑坡、黄土渗漏等技术难题，都使施工步履维艰。据统计，从开工到同年 12 月底"共完成土方 1.93581258 亿，占总土方量的 32%；完成石方 50.837011 万公方，占石方总量的 21.1%；共挖出平台 70.193 公里，渠道断面 3.26 公里"①。也就是说，6 个月完成原定任务的 30%，"五一"通水大营梁的口号落空。1959 年 2 月，上级又将口号改为"七一"通水大营梁，但渠首水利总枢纽工程——古城水库无法导流成功，使这一口号同样落空。

引洮工程的渠首设在岷县古城村，在此修古城水库可以抬高洮河水位，使它经过修好的导流槽，流向所设计的渠道，因此其能否修成与整个工程休戚相关。1958 年 8 月，引洮工程局提出《古城水库规划设计要点（草案）》，9 月 1 日正式开工，2 万民工先后在此劳动。1959 年 4 月 8 日，古城水库实施强制截流，14 日围堰龙口合龙。但由于导流槽工程还没开挖到设计断面，致使导流能力不足，加之洮河水势凶猛，冲垮决口截流失败，损失麦草 80 万斤、铅丝 7.5 吨、麻绳 3.5 吨。② 7 月 1 日，古城水库再次截流成功。但 8 月 11 日突降大雨使洮河水位骤升，12 日再次决口，损失惨重，"冲走木料约 1500 公方，炸药 70 多吨，粮食 17000 余斤，其他物资价值约 38 万元，淹死抢救物资的民工 3 人，毁民房 1300 间，田禾 3800 亩，受灾居民 4000 户，20000 多人"。③ 古城水库的再次决口打断了"七一"通水大营梁的计划，严重影响民工情绪，逃跑现象更加严重，"天

---

① 《关于 1958 年施工工作初步总结》（1958 年 12 月 30 日），甘档，档案号：231 - 1 - 579。
② 《关于古城水库草土围堰决口情况的报告》（1959 年 4 月 23 日），甘档，档案号：231 - 1 - 31。
③ 《关于古城水库第二次决口向省委的检讨报告》（1959 年 8 月 17 日），甘档，档案号：231 - 1 - 31。

水工区一大队一夜就逃跑了 39 人"。①

　　1959 年 6 月底，夏收在即，各地均感劳力不足。在省委指示下，工程局决定精减部分民工充实农业生产，将 4 万多劳力送返农村。然而庐山会议打乱了省委计划此后在引洮工程上实行"从长计议"的部署，重新将大量人力物力集中在"只准加快、不准拖延"的集体主义工程上，严重影响了农业生产。

三

　　1959 年 7 月 15 日，甘肃省向中央报告称："严重缺粮地区的人口共有154 万。这些地区，一般的吃不到半斤粮，全省浮肿病 96000 多人，据初步统计因缺粮和浮肿病致死的有 2200 多人，非正常流入邻省的人口约有60000 多人，本省境内各县互流的还有 10000 多人。有些地方生产陷于停顿状态。"② 然而，庐山会议风向急转，呈交这份报告的甘肃干部被打成"右倾机会主义反党集团"，形势又"一片大好"，"总的看，我省粮食生产、征购、供应情况都是好的，前途是光明的，今年部分地区在粮食上存在的困难，早在六月底七月初已经解决。并不象右倾机会主义分子在七、八月间所叫喊的那样严重，前途也绝不是那样悲观"。③ 各地的"反右倾"运动很快兴起，并在农村展开了整风整社和大算账运动，到处挖粮、整干部，缺粮现状被隐瞒。甘肃省委将本就面临缺粮问题的受益区的人力物力重新集中至工地，强调"引洮工程是我省英雄人民的伟大创举，是大跃进的产物，它集中的反映了全省人民摆脱更穷更白面貌的迫切愿望，和敢想、敢作的共产主义风格。只准办好，不准办坏；只准加快，不准拖延"。④

---

① 《李培福关于目前干部、民工思想情况向省委的报告》（1959 年 8 月 16 日），甘档，档案号：231 - 1 - 28。
② 《省委关于粮食问题向中央的报告》（1959 年 7 月 15 日），甘档，档案号：91 - 4 - 719。
③ 《省委关于粮食工作给主席和中央的报告》（1959 年 9 月 11 日），甘档，档案号：91 - 4 - 719。
④ 《高举毛泽东思想的旗帜　团结一致奋勇前进——在中国共产党甘肃省第三次代表大会上的报告》，《甘肃日报》1960 年 6 月 4 日第 1 版。

1959 年八九月，引洮工程局党委接连发出"反右倾、鼓干劲、掀起施工高潮"的号召，在工程局机关、工区、大队三级 368 名领导干部中列为重点批判的对象 119 人，在 850 名脱产的一般党员干部中列为重点批判的对象 112 人，占比异常之高。[①] 在"左"的方针制约下，很多符合实际的观点被强力打压。比如从 1959 年 11 月开始，由于粮食及副食品阶段性匮乏，个别工段先后发生浮肿病及死亡现象。工程局卫生处副处长经过细致调查，认为"营养缺乏"所致。但此类言论立即被视为"右倾言论"，卫生处大肆批判此类"资产阶级主观主义错误观点"。[②]

和全国其他地区一样，伴随着"反右倾"运动的开展，"大跃进"运动也再次掀起高潮。甘肃省委号召各地积极支援，本已缩紧的引洮安排再次高调展开。《甘肃日报》于 1959 年 12 月 12 日发表题为《誓把洮河早日引上山》的社论，要求"全省各地委、各县委、各人民公社党委，也应该辩论：能不能提早把洮河引上山？用什么办法早把洮河引上山？你为把洮河早日引上山贡献什么？"并号召"人人为引洮贡献一臂之力，早日把洮河引上高山峻岭"。受益区的百姓不得不再次响应。

定西地委早在 1959 年 11 月便决定增派劳力，陇西、岷县、临洮、靖远各增加 1 万人。[③] 12 月，再次要求将民工中的老弱病残孕换为强壮劳力，除上述各县 1 万人配齐之外，临洮再增 6000 人，通渭再增 2000 人。[④] 平凉专区主动"支援火硝六千斤、猪肉二千斤、粉条一千斤、毛巾、鞋 22000 双（件）"。[⑤] 非受益区的捐献也同样积极，张掖地区短短 4 天就"集中蔬菜四万多斤，肉类一万多斤，食盐一万多斤，硫磺、炸药和各种机用油一百多吨，并有大批柳筐、枣树种子等"送往引洮工地。[⑥]

在"反右倾"运动和各地人力物力高调支援的双重压力下，1959 年

---

① 《反右倾斗争情况简报（第 7 期）》（1960 年 2 月 1 日），甘档，档案号：231 - 1 - 41。
② 《坚决批判"营养缺乏论"的资产阶级观点，为消灭目前的多发病而努力》（1960 年 2 月 3 日），甘档，档案号：231 - 1 - 628。
③ 《定西地委关于增加引洮民工事宜》（1959 年 11 月 13 日），定西市档案馆，档案号：1 - 1 - 209。
④ 《关于继续做好支援引洮工程工作的几项通知》（1959 年 12 月 28 日），定西市档案馆，档案号：1 - 1 - 209。
⑤ 《平凉地区关于学习讨论甘肃日报"誓把洮河早日引上山"的社论情况和支援引洮工程的报告》（1960 年 1 月 14 日），甘档，档案号：96 - 1 - 397。
⑥ 《为引洮河早上山　全省人民齐支援》，《引洮报》1960 年 1 月 9 日，第 1 版。

10 月工程"完成土石方任务 2271 万公方,占计划任务 1746 万公方的 130.1%,比 9 月份实际完成土石方 980 万公方,增长 131.6%,平均工效 15.8 方,较 9 月份增长两倍多"。[①] 截止到 1960 年 7 月,共开挖土石方 28700 万公方,古城至漫坝河 200 公里渠道完成 81.1%,古城水库完成 63.6%。[②] 但即使如此,仍然无法实现在 1959 年"七一"通水大营梁计划 落空后又提出的 1960 年"五一"通水漫坝河的目标。同时,1960 年 10 月 上级对渠道质量检查时,发现已完成渠道普遍存在黄土填筑的含水率不 够、黄土填筑的干容重不够、取样数量不够、机械队碾压不及时等各种质 量问题。

更为严重的问题是,甘肃像中国其他地区一样进入极端经济困难时 期,饥饿与死亡的威胁无处不在。由于后方粮食日渐紧缺,尽管工地粮食 属特供,但随着甘肃整体粮食普遍紧张,加上路途遥远,供应渠道不畅。 民工们不得不使用粮食增量法、寻找代食品、自种蔬菜、自养家畜,将一 部分精力用于生产自救,在某种程度上也影响了工程建设。在这种情况 下,中央和省委开始寻找解决之道。

四

1960 年 5 月底,中央发出调运粮食的紧急指示,指出"近两个月来, 北京、天津、上海和辽宁省调入的粮食都不够销售,库存已几乎挖空了, 如果不马上突击赶运一批粮食去接济,就有脱销的危险"[③],中央不得不调 整需要大量人力物力投入的基建项目的生产策略。1960 年 8 月,中央批准 国家计委、国家建委党组缩短基本建设战线保证生产的措施中指定甘肃停 建引洮工程等 20 个项目。甘肃省委遵照指示停建省内 90 个项目,唯引洮 工程持异议,指出当前若停工,古城水库将无法进行导流,尚需加固导流 槽;隧洞工程若不很快进行衬砌,将遭风化坍塌;已成雏形的渠道将遭洪

[①] 《关于十月份施工高潮的情况简报》(1959 年 11 月 6 日),甘档,档案号:91-8-289。

[②] 《关于工程安排问题的报告》(1960 年 7 月 22 日),甘档,档案号:231-1-82。

[③] 《中央关于调运粮食的紧急指示》(1960 年 5 月 28 日),甘档,档案号:91-9-91。

水侵袭，造成巨大损失。这些问题都为将来复工带来较大困难，省委请求在精减人数、减少明年投资的基础上继续施工。① 不久，省委很快决定再精减 15000 人，余留工地 35000 人。② 但显然客观的经济困难已经让甘肃省委无力再在引洮工程上投入更多，省内到处都是饥饿的人群，每日口粮在 7 两（16 两秤）以下的就有 510 万，其中约 80 万人每天只能吃到 2两。③ 甘肃的饥馑和人口外流已到了不可收拾、难以掩盖的地步。1960 年11 月，中央派出工作组，在西北局协同下赴甘肃进行深入调查，甘肃灾情由此被揭发。

1960 年 12 月 2 日至 5 日，中共中央西北局在兰州召开第六次书记处扩大会议（通称"西兰会议"）。这次会议带来甘肃整个工作重心的转移和指导方针的转变，从"群众粮食不够吃、害浮肿病、饿死人的现象……终究只有一个指头的问题"，转变为"用下水救人的精神，首先把肿病、死亡现象停止下来，切实安排好群众生活"。在该会议精神指引下，1960 年12 月，工程局党委第八次全体委员扩大会议在古城水库召开，相关领导做检查，承认引洮工程存在"共产风"，比其他地方都刮得早且严重，没有大力贯彻多快好省的方针，没有勤俭办水利，缺乏群众路线和群众观点，领导工作不扎实，组织性和纪律性不强等错误，工程建设中诸如工程技术、粮食调运与安排、渠道设计、工具改革、工伤事故的处理等具体错误亦逐渐被揭发出来。④

1961 年初，引洮工程局党委又在兰州和古城几次召开常委会，反复讨论引洮工程当前形势、剩余工作量和今后工作意见。工程局承认："两年多来，国家投入了大量的劳动力和资金……但至今剩余工作量仍然十分艰巨"，决定暂停施工渠道工程和宗丹岭隧洞，集中力量修建古城水库。⑤ 截止到 1961 年 3 月，古城水库工地上只剩民工 3251 人。⑥ 但干部和普通民工

① 《要求引洮工程继续施工的请求》（1960 年 9 月 3 日），甘档，档案号：91 - 9 - 73。
② 《省委关于精减人员的紧急通知》（1960 年 10 月 9 日），甘档，档案号：91 - 4 - 654。
③ 《甘肃省委关于粮食问题向中央、西北局的请示报告》（1960 年 11 月 21 日），甘档，档案号：91 - 18 - 161。
④ 《引洮工程局党委第八次全体委员（扩大）会议简报第 1 期》（1960 年 12 月 7 日），甘档，档案号：231 - 1 - 93。
⑤ 《关于引洮工程今后工作意见的报告》（1961 年 2 月 13 日），甘档，档案号：91 - 4 - 879。
⑥ 《关于引洮民工返工地情况的报告》（1961 年 4 月 1 日），甘档，档案号：231 - 1 - 97。

的思想状况非常不稳定,水库修建鲜有进展。

1961 年 4 月 22 日,甘肃省委向水利电力部、西北局发出特急电报,指出引洮工程工作量很大且存在重大技术问题,请求水利电力部组织工作组协助解决。6 月 13 日,水利电力部党组回复请甘肃省水利厅及西北勘测设计院派人携带资料来京汇报后再定。8 月 17 日至 22 日,水利电力部在北京举行座谈会,经商议讨论后同意甘肃提出的"引洮工程 1970 年以前不复工,古城水库五年以后看情况的意见"。① 古城水库的修建至此基本结束,民工和干部大都返回原籍。

1962 年 3 月 8 日,甘肃省委第 105 次常委会议决定引洮工程彻底下马,以加强农业生产。4 月 18 日,省委向西北局报告,承认"当前对于工程量太大和技术没有过关的两大问题确实无法解决……技术上对防治大滑坡和处理大孔性黄土渠道渗陷等主要问题,都未得到解决的办法",因此决定彻底下马。② 引洮工程只留部分人员处理所余物资的善后工作,工程建设告一段落。

引洮工程历时三年多,其间国家投资 1.5 亿元,至少花费劳力 6000 多万工日,以及难以计量的水泥、钢材和木材,其中 2418 人死亡、400 人伤残。③ 大量劳动力投入引洮工程建设,挤掉了提供粮食的受益区民众的口粮,加剧了粮食的过量消耗,破坏了相关区域农业生产的正常秩序。工程无偿调拨的旱塬百姓的物力、财力,在工程下马时共计平调 4314 万元。④

① 《寄送引洮工程座谈会纪要》(1961 年 9 月 1 日),甘档,档案号:91 - 4 - 879。
② 《甘肃省委关于引洮工程彻底"下马"的报告》(1962 年 4 月 18 日),甘档,档案号:91 - 18 - 250。
③ 《甘肃省委关于引洮工程彻底"下马"的报告》(1962 年 4 月 18 日),甘档,档案号:91 - 18 - 250。关于民工伤亡数字,还有档案材料称共计 2657 人(因工 667、因病 1783、非因工 207)死亡,因工残废 473 人〔《关于引洮工程若干遗留问题的处理意见》(1964 年 4 月 30 日),甘档,档案号:138 - 1 - 754〕。笔者于 2012 年 4 月在榆中县采访相关历史当事人时,一位当年曾受到毛泽东接见的引洮英雄向笔者提及民工伤亡人数达"九千人",问及出处,却道"内部传达"而来,且言"与总人数十万人相比,是十分之一,也不算多"。在工地上亡故的民工尚可留下一些统计资料,而因伤病被精减或自行逃跑而死在半路或病殁家中的民工数目则难以计量,因家中主要劳动力去了工地留下孤儿寡母,当饥饿来临更无力抵抗的家庭也不计其数(参见杨显惠的《定西孤儿院纪事》,书中所记述的定西孤儿的父亲大都参加了引洮工程,尽管这不能成为他们成为孤儿的唯一原因,但有着直接的历史关联)。
④ 《关于彻底清算平调、坚决退赔意见的报告》(1961 年 7 月 16 日),甘档,档案号:231 - 1 - 97。

洮河沿岸大量的原始树木，在"就地取材"方针指引下被大量砍伐用来制造木制工具、烧饭、取暖，破坏了当地生态环境。高山断崖、滚滚洮河以及用简单工序制造出的炸药、绳索、手工工具等增添了施工的种种危险，政治运动所带来的改造、批斗使挨打、自杀的人数骤升，简陋的医疗卫生条件导致病伤员难以得到有效医治，亦有因阶段性缺粮、缺副食品而带来的浮肿病甚至死亡。另外，伤残民工也较难得到有效的善后抚恤，如榆中县1万民工陆续开赴引洮工地进行施工，"因工牺牲300人"，但"抚恤情况无考"。①

引洮工程能够草草上马并在经济困难时仍得以持续投入大量人力、物力、财力，充分体现了特殊年代里政治力量的强大干预。这种干预贯穿整个工程的始终。早在开工之初，甘肃省委就指出"引洮工程，在经济上的巨大意义是非常明显的。但是，它的意义不仅在于经济上，重要的在于政治上；它不仅标志着甘肃水利建设事业的新发展，更重要的标志着甘肃人民在总路线的光辉照耀下，共产主义思想的新高涨"②，突出强调了经济建设的政治意义。而引洮工程所急需的地质、水文、勘探、设计以及机械设备、建材、专家等科学技术与物资储备层面的关键因素则在政治的强力主导下，被人们的建设热情严重忽略。本不具备建设条件的引洮工程在"大跃进"的特殊历史背景下仓促上马，成为盛极一时的政绩工程。"大跃进"时期在全国一度涌现出许多类似工程，给国家和社会造成了巨大损失。③

---

① 《榆中县水利志》（内部资料），1991，第305页。
② 《共产主义的工程，英雄人民的创举——张仲良同志在引洮工程开工典礼上的讲话》，《甘肃日报》1958年6月18日，第1版。
③ 虽然"大跃进"时期的引洮工程以失败而告终，但不能否认其良好初衷。正是基于其必要性，甘肃省历届政府都没有放弃引洮。省委、省政府正式向国务院提出引洮工程的设想或报告计有12次，向国务院有关部门汇报不下百次。经过重重论证，引洮工程终于在新世纪再次上马，九甸峡水利枢纽工程已于2008年12月初步建成投产发电，引洮供水一期工程计划通水，二期工程也在进行。

后 记

本书是在我博士论文的基础上修改而成的。研究对象"引洮工程"是我的博士导师高先生与我一同定下的。2009 年 10 月，他听到我想以此作为博士论文选题时眼睛发亮、声音略微提高的一段评论，至今仍响在耳边。他说："这个题目好啊！引洮可是个大工程，张仲良行伍出身，真是敢做啊，把人都拉到山上要挖运河，全国有名。透过引洮看'大跃进'、'大饥荒'，还可以看水利思想，是个好题目。但是有没有材料最关键。"后来甘肃省档案馆 2258 卷"引洮工程局"卷宗为此选题定下基础，在此要特别感谢甘肃省档案馆允许我使用这些档案资料，并在资料搜集与档案整理方面提供诸多信息和方便。从 2009 年 12 月起，埋首于浩瀚档案与文献资料的摘抄、阅读、分析，在崇山沟壑间实地寻访"山上运河"的残垣断壁，凭着蛛丝马迹联系一个个当事人再三访谈，与不同学校、学科领域老师、同学的交流、请益甚至赤面辩驳，便构成我这近十年来念兹在兹的学术轨迹。

我在博士论文中以"工地社会"为核心概念来叙述引洮工程的始末。"本课题以引洮工程为切入点，研究的主要内容表现在三个层次。首先利用未被挖掘使用的大量一手档案资料，勾勒出这个影响新中国的重大历史事件的来龙去脉。其次，揭示出透过这个事件背后所隐藏的有关甘肃省'大跃进'和'大饥荒'的历史细节。最后，在此基础上表现水利、政治和社会的多重变奏。叙述线索为被政治所紧紧左右的引洮工地社会的形成、运行和坍塌的过程。"然而，在论文答辩时却有两种不同的观点。一种认为将引洮工程的始末讲清楚是最重要的，不必要造出新概念"工地社会"；另一种则认为"工地社会"是个新颖的提法，虽停留在描述上，但仍有提炼和创新的空间。我承认，我想清楚地展现引洮工程的来龙去脉，但档案资料的浩繁使我难以单纯依照时间逻辑来叙述始末，使用"工地社会"是想对这一超级水利工程的建设过程进行切割，以展现它的多个棱角，但我当时尚无力实现理论升华。我的答辩委员会——复旦大学金光耀教授，上海师范大学钱杭教授，华东师范大学杨奎松、韩钢、方平诸位教授，从不同角度给予我修改意见，在此向他们表示感谢。

从华东师大毕业之后，我到哈佛大学进修一年。我所提出的"工地社会"得到裴宜理（Elizabeth J. Perry）、温奈良（Nara Dillion）等教授的赞同，我后来的导师张济顺先生更是大力支持我朝"工地社会"的方向进行修改。裴宜理教授提醒我注意有关大庆油田的研究，介绍我阅读哈佛大学设计学院侯丽的博士论文"Urban Planning in Mao's China: the Rise of the Daqing Model"，从城市空间的角度来看社会主义计划经济时期中共的城市设计理念。这促使我将思考延续下去，如果引洮工程成功了，会发展成为像三门峡市、刘家峡市那样的城市吗？我提出，工地社会是国家政权建设的非常规路径，那么最好的出路是否发展成为一般意义的城市，回到国家—社会的老路上？中共有一套自己的"生产建设型城市"发展理念，表现在这些以水利工程为基础发展起来的城市上，也表现在一些新型工矿业城市如玉门、大庆、鞍山，以及喧腾一时的"三线"建设城市上。在这些城市发展的最初级阶段，不也正是有一批像建设引洮工程一样的拓荒者以天为被、地为床，和着梦想与汗水、血泪逐渐开疆拓土而发展起来的吗？不也正是像引洮工地一样以政治为主导吗？不也正是在追求现代化的过程中，以革命和集体主义为底色而建设起来的吗？我以为，这个最初阶段真正展现了中共的这套理念特征及运作机制。引洮工程的失败反倒给我们提供一个更好的窗口使我们聚焦于这个初始阶段。

在这本书中，我着重呈现在中国共产党领导下的一批普通人如何在经济和技术设备都极端落后的年代做大型水利工程。詹姆斯·斯科特《国家的视角：那些试图改善人类状况的项目是如何失败的》对我启发很大。但我想追问的是，这些大型工程缘何能够在不同年代和国度层出不穷的出现？这必然有其内在逻辑。我所提出的解释就是"工地社会"的存在，而它又是特殊"时间"和"空间"共同作用的结果。中国的"大跃进"为斯科特的理论分析提供了绝佳案例。但我并不想重述那些以"左"倾、"狂热"与"荒唐"为特点的"大跃进"，也不愿去追究这个大型工程如何荒诞不经及不可能成功，而将落脚点放置在以这个大型工程为摇篮的工地社会是如何生成的，着重分析由修建这个工程而形成的工地社会的存在状态，将研究重点放在对其运作机制的考察上。因此对引洮工程来龙去脉的考察仍是本书的目标之一。但在修改过程中，我把主体分为工地社会的诞生、运行和坍塌三个部分，在每一部分都注意从环境、制度、人群等方面来表现普通人到底以怎样的方式生活在这个特殊的工地社会中。

传统中国一直不缺乏大型工程，其中能够在短时间内聚集大量人力、物力、财力的体制起了重要作用。本书的主题就是讨论在共和国成立后，在科技和经济条件有限的集体化时代如何能够兴修众多大型水利工程，进而讨论"集中力量办大事"的中国模式在微观世界究竟如何具体运作。希望用一个历史学的个案，用丰富的档案文献资料再现那个激情的年代，用普通人的经历去诠释宏观理论问题。之所以朝这个方向迈进，是受张济顺先生的启发。我们曾多次对举国体制、社会主义集中力量办大事的体制特点等理论问题进行讨论，她敏锐的洞察力常常让我惊讶。

从哈佛归来后，我就职于华东师大的思勉人文高等研究院，这里自由思考和兼容并蓄的学术氛围让我受益和着迷。徜徉于此，让我能凝神聚力对博士论文进行深度思考和修改。2016 年，我整个一年在牛津大学中国研究中心访问，合作导师沈艾娣（Henrietta Harrison）认真负责，不仅允准我参与她的公开课堂，还允许我与她的硕博士一起接受她的私人授课，更在每周与我见面叙谈，给了我一年西方式的学术训练，使我仿佛又读了一年博士。而她为本书写的序言，更使本书增色不少。在此向她表示诚挚的感谢。

我必须承认，是华东师范大学历史系和思勉人文高等研究院为本书的孕育提供了最温暖的土壤，向这两个机构的师友表示感谢。而如果没有哈佛燕京学社的慷慨资助，我不仅无法在 2012 年作为访问学人赴哈佛大学进修一年，更无法使这本书有经费出版，因此我要特别鸣谢燕京学社。

一本脱胎于博士论文的著作常常是学生、导师共同灌溉哺育的心血结晶，本书也不例外。我的两位博士生导师都竭尽所能地指导我、帮助我，是我学术航海生涯中的灯塔，给我以温暖和方向。而我的硕士生导师辛逸先生在十年前将懵懂无知的我引入追求光和真理的学术圣殿，即便我离京赴沪仍时时关心我的学术成长。还有我读书求教中遇到的老师、学友，查资料中给予帮助的工作人员，访谈中为我再现历史的当事人，生活中全力支持我的父母、亲友，他们的名字我无法在此逐个列举，但我感恩于心。无奈由于个人学识的局限，许多真知灼见我无法一一呈现在本书中，但仍想借此机会表示感谢。

最后，我想特别感谢社会科学文献出版社，如果没有徐思彦首席编审、李丽丽编辑等坚持不懈的努力和细致入微的编辑工作，可能根本无法看到本书现在的样子，向出版社致敬！

2017 年 10 月于上海

图书在版编目（CIP）数据

工地社会：引洮上山水利工程的革命、集体主义与
现代化／刘彦文著. -- 北京：社会科学文献出版社，
2018.11
ISBN 978 - 7 - 5201 - 2275 - 7

Ⅰ.①工…　Ⅱ.①刘…　Ⅲ.①调水工程 - 研究 - 定西
Ⅳ.①TV68

中国版本图书馆 CIP 数据核字（2018）第 030271 号

工地社会：引洮上山水利工程的革命、集体主义与现代化

著　　者／刘彦文

出 版 人／谢寿光
项目统筹／李丽丽
责任编辑／李丽丽

出　　版／社会科学文献出版社·近代史编辑室（010）59367256
　　　　　地址：北京市北三环中路甲 29 号院华龙大厦　邮编：100029
　　　　　网址：www. ssap. com. cn
发　　行／市场营销中心（010）59367081　59367083
印　　装／天津千鹤文化传播有限公司

规　　格／开　本：787mm × 1092mm　1/16
　　　　　印　张：26.25　字　数：422 千字
版　　次／2018 年 11 月第 1 版　2018 年 11 月第 1 次印刷
书　　号／ISBN 978 - 7 - 5201 - 2275 - 7
定　　价／95.00 元